典型生态区与城市抗旱应急保障关键技术

杨立彬　牛文娟　刘柏君 等　著

科学出版社
北京

内 容 简 介

本书基于中国典型生态区和典型城市干旱特征，通过数据分析、规律揭示、方法创建、技术集成等多种手段，开展生态区和城市抗旱应急保障关键技术研究。本书探明生态区与城市全景式流程再造及多维协同决策支持的科学问题，突破面向生态的多水源联合调配抗旱应急保障的关键技术，为显著提升中国生态区和城市抗旱应急保障能力、减少旱灾损失提供科技支撑。

本书可供研究和关心生态区及城市抗旱应急与管理的专业人士、管理者参考，也可供水利工程、环境科学、生态学、管理科学等相关专业的科技工作者、技术人员、研究生、本科生阅读和参考。

图书在版编目（CIP）数据

典型生态区与城市抗旱应急保障关键技术 / 杨立彬等著. —北京：科学出版社，2024.5

ISBN 978-7-03-075917-7

Ⅰ. ①典… Ⅱ. ①杨… Ⅲ. ①抗旱-应急对策-中国 Ⅳ. ①S423

中国国家版本馆 CIP 数据核字（2023）第 119471 号

责任编辑：杨帅英 / 责任校对：郝甜甜
责任印制：徐晓晨 / 封面设计：图阅社

科学出版社出版
北京东黄城根北街 16 号
邮政编码：100717
http://www.sciencep.com
北京建宏印刷有限公司印刷
科学出版社发行 各地新华书店经销
*
2024 年 5 月第 一 版 开本：787×1092 1/16
2024 年 5 月第一次印刷 印张：18 1/4
字数：433 000

定价：210.00 元

（如有印装质量问题，我社负责调换）

序

中国位于亚洲东部和太平洋西岸，地处气候脆弱带，地理环境复杂，是世界上水旱灾害最频繁最严重、防御难度最大的国家之一。抗旱应急保障关系人民生命财产安全、粮食安全、经济安全、社会安全、国家安全，是一项保发展、保民生、保安全、守底线的极为重要的工作。根据中国应急管理部发布的 2021 年全国自然灾害基本情况，2021 年，中国自然灾害形势复杂严峻，极端天气气候事件多发，干旱造成了山西、陕西、甘肃、云南、内蒙古、宁夏等 24 省（区、市）2068.9 万人次受灾，农作物受灾面积 3426.2 千公顷，直接经济损失 200.9 亿元。《中华人民共和国国民经济和社会发展第十四个五年规划和 2035 年远景目标纲要》以及国家发展改革委、水利部联合印发的《“十四五”水安全保障规划》中均提出了“提升水旱灾害防御能力”的目标要求，应对干旱的核心内容为结合降雨、来水情况，统筹区域水资源，开展多水源抗旱调度，为抗旱提供水源保障。

干旱是水循环系统在特定时段与区域水分收支不平衡导致的水分短缺现象，其频率高、历时长且波及范围广，是影响生态、农业及人类生活最主要的自然灾害之一。尽管过去的近十年间抗旱应急管理技术取得了重大进步，但随着生态保护需求的不断提升，生态干旱成为当下干旱的一种新表现形式。对于具有重要生态功能的区域发生干旱时，如何通过抗旱应急管理最大程度减少干旱给社会、经济、生态、环境复合系统带来的损失是当下研究的热点命题。

《典型生态区与城市抗旱应急保障关键技术》面向国家防灾减灾和水旱灾害防御的重大需求，构建生态干旱评估指标体系与等级划分标准，研发生态区多水源多尺度联调联供抗旱应急保障技术和城市抗旱应急保障技术，创建宏观-中观-微观协同应急研讨决策模型，并在黄河河口地区与鄂尔多斯市开展示范应用，提出生态区和城市的抗旱应急协同治理的体制机制保障策略。研究成果可为中国水旱灾害防御能力提升及抗旱应急管理提供科学依据和技术支撑，特此为序。

夏军

中国科学院院士

2023 年 7 月 28 日

前　言

在气候变化、经济发展和人口增长背景下，我国水资源短缺现象日趋严重，直接导致干旱地区扩大与干旱化程度加重，但传统的旱灾应急管理模式和技术还不能满足减灾需要；同时，随着生态文明建设的深入推进，以及黄河流域生态保护和高质量发展等国家战略的不断实施，生态区和城市应急抗旱保障技术与管理措施研究不足。本书以“提出生态区多水源多尺度联调联供抗旱应急保障技术、城市应急抗旱保障技术、抗旱应急管理措施”为目标，建立生态区旱灾评估指标体系及等级标准，研究多水源多尺度联调联供抗旱应急保障技术；研究城市旱情判别及旱灾风险评估、应急供水机制和雨水利用策略及城市抗旱应急预案制定的关键技术；构建城市、生态区抗旱应急多主体协同治理，优化全景式应急流程，建立宏观-中观-微观协同应急研讨决策模型。主要解决典型生态区与城市全景式流程再造及多维协同决策支持的科学问题和面向生态的多水源联合调配抗旱应急保障关键技术，为显著提升国家生态与城市抗旱应急保障能力、减少旱灾损失提供重要技术参考。

本书共分 11 章。第 1 章绪论，从研究背景与意义着手，论述干旱评估、生态评价、区域干旱演变与生态因子互馈关系、生态干旱及抗旱应急保障、水资源调配、城市干旱及抗旱应急保障、抗旱应急管理等方面的国内外研究进展，并提出本书的研究内容和技术路线。第 2 章对生态干旱概念及评估指标体系开展研究，探讨典型生态区生态干旱概念，识别生态干旱代表性指标，构建生态干旱评价指标体系。第 3 章多水源多尺度联调联供抗旱应急保障技术，基于多水源下水资源竞争协调理论，分析多水源多尺度联调联供抗旱应急保障策略，建立多水源多尺度联调联供模型并介绍模型求解技术。第 4 章城市旱情判别与旱灾风险评估技术，研讨城市旱灾风险评估内容及流程，搭建区域干旱危险性、脆弱性和灾害风险评估框架。第 5 章应对旱灾的城市应急供水机制及雨水利用策略，分析应急供水保障需求，研究应急供水系统布局及水厂规划、应急配水管网规划，通过雨水资源可利用量计算方法，探讨雨水资源综合利用方法。第 6 章抗旱应急协同治理分析，探讨抗旱应急协同治理内涵和系统特点，研究抗旱应急协同治理决策环境。第 7 章生态区与城市抗旱应急协同治理设计，构建宏观-中观-微观层面干旱应急协同决策模型，研究贫信息条件下混合动机多主体综合集成设计。第 8 章典型生态区与城市概况，从自然概况、三角洲演变和流路变迁或矿产与资源、生态环境特征、社会经济概况分析黄河河口区和鄂尔多斯市概况。第 9 章黄河河口区抗旱应急保障研究，分析黄河河口区水环境和水生态指标监测研究、黄河河口区水文与干旱特征、黄河河口区生态需水量，开展黄河河口区生态干旱评价与水资源供需分析，根据不同生态干旱等级，提出黄河河口区多水源多尺度联调联供方案及保障对策；优化黄河河口区全景式抗旱应急流程，提出黄河河口区抗旱应急协同治理保障策略。第 10 章鄂尔多斯市抗旱应急保障研究，评估鄂尔多斯市旱情判别与旱灾风险，研究鄂尔多斯市雨水利用策略，优化鄂尔多斯市全景式抗旱应急流程，搭建鄂尔多斯市抗旱应急协同治理法治化保障框架。第 11 章成果与展望，总结本书的主要研究成果，提出典型生态区与城市抗旱应急保障关键技术未来的关键研究内容与方向。

本书的出版得到国家重点研发计划课题（2018YFC1508706）“重点生态区与城市抗旱应急保障管理措施及技术”资助，在此诚表谢意！本书由黄河勘测规划设计研究院有限公司、河海大学、中国城市规划设计研究院等单位的研究人员共同完成。撰写人员为杨立彬、牛文娟、刘柏君、郭其峰、刘钢、李帅杰、王林威、唐晋、刘亭仪。其中，前言由杨立彬执笔；第 1 章由王林威、刘柏君、唐晋执笔；第 2 章由杨立彬、刘柏君、刘亭仪执笔；第 3 章由杨立彬、王林威、唐晋、刘亭仪执笔；第 4 章由李帅杰、郭其峰、王林威执笔；第 5 章由李帅杰、唐晋、刘亭仪执笔；第 6 章由牛文娟、刘钢、郭其峰、唐晋执笔；第 7 章由牛文娟、刘钢、王林威、唐晋、刘亭仪执笔；第 8 章由杨立彬、郭其峰执笔；第 9 章由杨立彬、刘柏君、牛文娟、王林威、唐晋、刘亭仪执笔；第 10 章由刘钢、牛文娟、唐晋、李帅杰、刘亭仪执笔；第 11 章由杨立彬、刘柏君执笔；全书由杨立彬审校、统稿。

本书在研究和写作过程中，得到黄强教授、王慧敏教授、吴泽宁教授、宋刚福教授、刘攀教授、李毅教授、蒋晓辉教授等多位专家学者的指导和帮助，在此表示衷心的感谢。在中国抗旱应急保障格局转型的当下，生态区生态干旱及其评估、城市应急抗旱管理、生态区与城市抗旱应急保障技术等问题仍处于探索阶段，本书研究内容还需不断充实和完善。由于作者水平有限，书中难免存在疏漏之处，敬请读者批评指正。

作　者

2023 年 9 月

目　　录

绪　　论

1.1　研究背景与意义

干旱灾害是指在较长一段时期内，区域内因降水量严重不足，土壤蒸发过多等因素导致土壤水分含量不足、河川流量减少，破坏正常的作物生长和人类活动的灾害性天气现象，其结果造成农业生产减产、人畜饮水困难、工业用水缺乏等灾害（吴吉东等，2014）。干旱从不同研究领域进行划分，分为气象干旱、农业干旱、水文干旱和社会经济干旱。全球系统模式研究显示，21世纪全球的干旱风险将进一步增加（Dai，2011），因而对干旱的识别及其采取措施来应对和缓解旱情已成为亟待解决的重大科学问题。在我国，干旱灾害是出现频率高、持续时间长、波及范围大的自然灾害之一，给人们的生产生活，特别是农业生产造成严重损失。根据1961～2006年的统计数据可知，我国年均农作物由于干旱引起的受灾面积占全国总面积的50%，严重干旱年份的受灾面积可达75%（Dai，2011）。

我国存在5个干旱中心，分别是东北干旱区、黄淮海干旱区、长江流域地区、华南地区和西南地区。其中，东北干旱区4～8月容易发生干旱；黄淮海干旱区主要以春旱为主，且每年都会发生不同程度的干旱；长江流域地区干旱主要出现在7～9月；华南地区一年四季都可能出现干旱，多发生在3～4月；西南地区干旱范围较小，多出现在10月、11月到次年的4月、5月。干旱灾害给农业生产带来严重影响，1961～2006年间受灾最严重的年份有1961年、1972年、1978年、1986年、1988年、1992年、1994年、1997年、1999年、2000年。受灾最严重的为2000年，损失粮食达0.6亿t（吴吉东等，2014）。

同时，进入新世纪以来，随着工业化和城市化的加速，在经济社会持续高速发展的同时，长期以来我国经济社会发展所积累的诸多重大矛盾和突出问题以其特有的方式暴发即重大突发公共水灾害事件。对由国家减灾委员会办公室主持评选出的2006～2010年全国十大自然灾害事件进行分类统计，并结合2011～2017年每年国家减灾委办公室公布的全国十大自然灾害事件得出2006～2017年国内重大自然灾害统计表（表1-1），非常规突发水灾害占到总数的一半（51%）。区域性的洪水干旱灾害几乎年年发生，影响范围广、强度大、灾情重。干旱灾害方面，从1950～2019年，全国年均受旱面积约2015万hm^2，因旱绝收面积约223万hm^2，损失粮食超过160亿kg，占各种自然灾害损失粮食的60%以上，年均有2304多万农村人口和1738多万头大牲畜发生饮水困难。

表1-1 2006～2017年国内重大自然灾害统计

类型	沙尘	洪涝干旱	台风	火灾	地震	暴风雪	泥石流	总数
发生次数	1	61	18	1	17	9	13	120
占总数百分率	1%	51%	15%	1%	14%	8%	11%	100%

注：表中个别数据因修约存在误差。

从地理学角度看，我国有45%的国土属于干旱或半干旱地区，加上人类活动对植被、土层结构的破坏使大量天然降水无效流失，导致水资源持续减少，加大我国旱灾的发生概率。我国干旱灾害频发，几乎每年都会遭遇范围各异、程度不同的干旱灾害，仅21世纪前12年中就发生多次严重干旱灾害，例如：2000年和2001年是特旱年，2002年、2003年、2006年、2007年、2009年是严重旱年，2010年西南地区大旱，但全国范围来看，属于中度干旱年，2011年西南地区旱情持续、长江中下游地区和太湖河网地区旱情严重（李芬等，2011）。最新的中国水旱灾害公报显示，2019年旱情以阶段性为主，分布较广，局地出现历史罕见干旱，2019年旱情从年初开始露头，阶段性发展一直持续到年底，东北地区、西南部分地区、黄淮海地区、长江中下游地区和太湖流域部分地区先后出现旱情。

此外，生态问题是当今社会共同关心的重大问题。实现人与自然和谐共处，保护自然生态是人类社会的共同愿望，是经济社会可持续发展的基础。随着人们越来越关注生态系统的多样性及环境的可持续性，改变以人类需求为中心的水资源管理观念，强调水资源、生态系统和人类社会的相互协调，重视生态环境与水资源的内在关系，已成为各国人民的共识。党的十九大把生态优先摆在国家战略的高度来论述，突出国家对生态建设和环境保护的重视（李芬等，2011）。

生态环境是关系到人类生存和发展的基本自然条件。保护和改善生态环境是国家可持续发展的根本性问题，是保障社会经济可持续发展所必须坚持的基本方针。维护生态系统的良性循环必须重视水资源的合理开发和保护，充分考虑到生态环境用水和水资源的永续利用。水是生态环境良性循环的最重要条件，要保护生态环境，就必须在水资源调配中充分满足生态需水量。

干旱评估与多水源调配的前提是掌握区域水资源短缺范围、程度、频率、原因及影响等，区域干旱的时空演变特征及其与生态因子的交互影响研究，有利于识别变化环境下缺水形势研究的重点区域及其缺水机制和影响，指导合理规避灾害风险、布局产业结构和优化多水源水资源调配，减少干旱发生和水资源短缺给自然生态系统带来的多方位、多层次的负面影响。

因此，选择我国典型生态区，探究区域干旱特性，提出研究区干旱评估体系，并在干旱条件下，识别区域生态响应关系，揭示干旱演变与生态因子变化的交互作用，尝试提出生态干旱概念与应对措施，解决典型生态区与城市全景式流程再造及多维协同决策支持的科学问题，突破面向生态的多水源联合调配抗旱应急保障关键技术，为显著提升国家生态区与城市抗旱应急保障能力、减少旱灾损失提供科技支撑。

1.2 国内外研究进展

1.2.1 干旱评估研究进展

干旱评估是对干旱的强度、规模、损失、影响，及其造成的后果进行评价和估算（李芬等，2011）。干旱作为一种复杂的现象，其发生事件、演变过程和影响范围难以直接观测获取，通常采用干旱指标对干旱等级进行评估，表征干旱的指数目前已有近百种（Telesca and López-Moreno，2013）。干旱评估主要是通过干旱指标、模型方法、遥感等方式研究干旱发生的时长、演变过程及空间分布特性等。

干旱指标研究是干旱时空分布研究的基础，始于20世纪的美国，早期研究的指标仅考虑降水量因子，如降水距平百分率（Dutta et al.，2015；Thomas and Prasannakumar，2016）。1965年Palmer提出帕尔默指数（Palmer drought severity index，PDSI），PDSI基本原理是土壤水分平衡原理，虽然该指数计算过程相对复杂，但仍被应用到世界各地的干旱评估当中（Zhang and Jia，2013）。随后，Palmer在1968年根据作物需水情况进一步提出作物水分指数（crop moisture index，CMI），该指数也被广泛应用到农业干旱监测中（Palmer，1968）。Jackson于1988年在综合考虑植被需水的基础上提出作物缺水指数（crop water stress index，CWSI），在农业干旱评估中取得较好的效果。同年，Bergman等提出土壤含水量距平指数（soil moisture anomaly percentage index，SMAPI），土壤含水量距平指数可以直接使用土壤含水量信息来评价干旱（Eslami et al.，2016）。1933年，Mckee将降水量分布考虑为偏态分布，并用概率方法来表示降水量与同期对比的丰枯情况，从而提出标准化降水指数（standardize precipitation index，SPI），该指数只考虑降水量单一指数，但其适用于不同尺度的干旱监测，是目前应用最广泛的干旱评估指数之一（Heon and Joo，2013）。2010年，Vicente等在SPI指数的基础上考虑蒸散发对干旱的影响，提出标准降水蒸散指数（standardize precipitation evapotranspiration index，SPEI），随后，我国的张强等将SPI指数与相对湿润度指数通过加权求和得到综合指数（composite index，CI，详见国标GB/T 20481—2006），后被改为气象干旱综合指数（meteorological drought composite index，CMI，详见国标GB/T 20481—2017），《中国气象干旱图集（1956—2009年）》就采用CI指数的计算成果（Vicenteserrano et al.，2010；董安祥等，2015）。

干旱等级、规模，以及频率可以通过干旱指数进行评估，而干旱影响程度则需要借助模型方法来评估，如农业灾害损失可以通过作物生长模型和遥感反演法进行评估，作物生长模型有美国的CERES模型和GOSSYM模型、荷兰的SUCROS模型和MACROS模型、澳大利亚的APSIM模型等（Ritchie，1972；Pereira，1992；Benjamin et al.，2003）。受灾面积评估需要结合空间分析和植被覆盖数据进行，当前相关研究内容较少，具有代表性的就是刘文琨等（2014）使用侦测干旱指数（reconnaissance drought index，RDI）对渭河流域1951～2012年间的155次区域干旱时间进行干旱等级、受旱面积、干旱历时，以及干旱频率的分析。研究结果显示，干旱历时与面积的相关关系不明显，干旱等级和历时线性的关系较好。针对干旱频率的研究成果较多，但不同时间尺度的干旱评估对比分析研究内容较少。王晓峰等（2017）基于游程理论和Copula函数对区域内干旱历时和干旱强度间的联合累计概率和联合重现期进行分析，得到不同干旱历时和不同干旱强度的干旱出现概率。Pan和Chen（2015）利用自回归马尔科模型来延长水文干旱数据，并在此基础上使用Copula函数对区域内干旱历时和干旱强度的概率进行分析。

综上所述，目前干旱指标种类已多达上百种，主要为气象干旱指标、农业干旱指标和水文干旱指标，而针对生态干旱的研究基本要从零起步。随着我国对“山水林田湖草人”和谐共生美好愿景的不断追求，如何更好地识别区域干旱，探究干旱演变与生态演变间的互馈关系，明晰生态干旱概念与评价体系，是值得深入研究的重要问题。

1.2.2　生态评价研究进展

生态安全是指某个地区的环境与生存空间由于受到破坏，而影响到地区的可持续发展，使其处于面临威胁的状态。生态安全是基于经济发展与生态环境相互作用之上，生态系统功能的健全、自然资源可持续利用，以及人与自然和谐共处是它的基本要求。河流生境作为水生生物及陆生生物健康的重要指标，合理评价河流生境，是生态安全的有力保证。河流生境的评价可以追溯到19世纪末至20世纪初，但是真正系统的研究始于20世纪70年代和80年代初（Lotspeich and Platts，1982；Bailey，1983），此时也正是计算机技术高速发展的时段。国内外对生态评价的研究主要集中在评价指标选取与评价方法构建两方面。

1. 河流生境评价指标选取研究

河流生境评价主要存在5类指标：河流水质评价类、河流生物指标评价类、河流形态结构评价类、河流水文特征评价类，以及河岸带状况评价类。

1）河流水质评价类

20世纪初，工业化进程引起水质的恶化，化学物质对河流水质的影响受到重视，各种水质参数被用于表征水体状况。水质参数是能简单、直观反映河流健康状况的重要指标。水体中污染物和营养物质的含量、pH、溶解氧浓度、浑浊度、水温等参数都可能影响河流生态系统功能的正常发挥。但是随后的评价实践表明，由于其单纯利用物理化学指标和标准，无法全面评价河流生态系统（Bain et al.，2000），这也使得生物等其他类型指标开始被引入河流生态体系的评价中。

2）河流生物指标评价类

近30年，大量研究表明河流生物群落具有整合不同时间尺度上，各种化学、生物和物理影响的能力。随后生物评价方法开始被应用于研究对人类活动的响应，诊断河流退化原因，并逐渐成为河流健康评价的主要手段（Leppard，1992；Karr，1999；唐涛等，2002；Maddock，2010）。鉴于河流生态系统的复杂性，河流生态状况常用一些指示类生物群作为监测对象，其中浮游生物、大型无脊椎动物和鱼类为较多使用的类群。浮游生物处于河流生态系统食物链的初级层，可为水质变化提供早期预警信息，是河流生态系统监测的主要指示类群之一（Washington，1984）。香农-维纳（Shannon-Wiener）多样性指数、Palmer 藻类污染指数等都是基于浮游生物建立的河流生态健康评价指数。同时，大型无脊椎动物结构的变化能反映河段生境条件的变化，是河流水质状况常用的另一项监测指标（Burgos，2015）。英国的河流无脊椎动物预报与分类系统（river invertebrate prediction and classification system，RIVPACS）以及澳大利亚的河流评价体系（Australian river assessment system，AUSRIVAS）等都是在监测河流大型无脊椎动物生物多样性及其功能基础上构建的河流生态评价模型，鱼类在其中处于影响顶级层，能反映整个水生态系统的健康状况，也是河流生态的重要指示生物（Hart et al.，2001；Sudaryanti et al.，2001；Brierley et al.，2010；Smith et al.，2010）。Karr 在 1981 年提出的基于鱼类物种丰富度、鱼类数量、指示鱼种类别、营养类型等 12 项指标的生物完整性指数法（index of biological integrity，IBI）在研究中得到广泛应用（Karr，1981）。

3）河流形态结构评价类

生物群落用于评价河流生态情势，其优势在于生物群落对众多物理和化学因素的生态响应。同时生物健康与河流的物理生境必然也存在着内在联系，如河流地貌过程决定河流形态，进而决定河流生物的生境结构，并且河流的生态环境结构是生物生存繁衍的基础。基于这一思想，近年来河流形态开始被用于评价河流健康状况。澳大利亚的 Brierley 于 1994 年提出的河流地形模式，就强调河流生态健康的物理结构，并提供不同河段河流特征的基础资料及其形态结构的评价（Brierley et al.，2002；Diamond et al.，2012）。此外，美国的快速生物评价协议（rapid bioassessment protocols，RBP）、澳大利亚的河流状态调查，以及南非河流健康规划也都将河流形态因子纳入到河流生态状况评估程序中（Boulton et al.，2003）。

4）河流水文特征评价类

河流是陆地水循环的主要通道，其水文特征将直接影响河流功能的发挥。当前，水电站建设和城市化进程中流域土地利用方式的调整都改变着河流的流速、洪水频率及峰值、水文干旱频率等水文参数，而河流的水文特征对于河流流域内植被、河道形态、生物群落，以及河流水质等要素都具有重要意义（Jr，2010）。如澳大利亚的 AUSRIVAS 调查流程中将增加年平均流量作为评价参数，南非的河流健康计划（river health programme，RHP）也将水文指标作为河流生态评价的重要因子。

5）河岸带状况评价类

河岸带具有削减非点源污染、提供野生动植物生境、改善河流生境等功能，同时还能给多用途的娱乐场应用来提高河流的景观价值。而河流正常功能的发挥在很大程度上取决于河岸带的状况，河岸带宽度及其生物种类组成等都会对河流生态系统健康状况产生较大影响。近年来，随着人们对河岸带保持和恢复工作的重视，河岸带表征因子之间成为河流健康状况评价的重要指标，南非的 RHP、河滨带-河道环境清单（riparian，channel and environmental inventory，RCE），以及溪流状态指数（index of stream condition，ISC）等都在一定程度上考虑了河岸带宽度、河岸植被组成等指标（李航宇等，2013）。

2. 河流生境评价方法研究

Zadeh 在 1965 年创造了模糊数学理论，其将系统中的不确定性通过隶属度加以置化（杨毅和杨立中，2003）。由于水环境污染程度与水质分级相互联系并存在模糊性，而水质变化是连续的，使模糊数学法在理论上可行，弥补方法的不足。然而，该方法仍存在一定的缺点：由于过分强调模糊信息，对白化信息（所得评价结论十分明确的信息）反而利用率不高。当考虑因素较多，各权重值较小时，取大取小运算将遗失许多有用信息，误判现象十分严重。随后，为消除方法上的缺陷，模糊性相似优化方法、模糊距离评价模型、广义模型综合二级评价法等都进行精进。

灰色系统理论是我国学者邓聚龙于 1982 年在模糊数学的基础上提出的，该方法中心内容是充分利用已知信息将灰色系统淡化、白化，其中聚类分析就是将聚类对象在不同聚类指标下，按灰类进行归纳，最终达到评价结果。在具体应用中又可分为灰色聚类法、灰色模式识别模型、灰色局势决策级数法、斜率灰色聚类法等（王国庆，2004）。20 世纪 80 年代后期，随着国际神经网络协会的成立，人工神经网络理论的应用范围不断扩大，遗传算法作为其中的代表方法，是 Holland 在 1975 年提出。随后，多位学者采用遗传算法研究环境质量评价问题，取得较好的研究成果（罗定贵等，2004）。可以看出，干旱问题已经对区域生态情势产生一定程度的影响。对区域生态进行评价，其难点在于：相比于单一评价，在生态综合评价时如何选择合理可靠的代表性指标？如何获得优化的评价体系？

1.2.3　区域干旱演变与生态因子互馈关系研究进展

1. 干旱演变对生态因子的影响研究进展

干旱是天然植被生态系统自然演变的驱动力之一，严重干旱的水分短缺影响天然植被生态系统的正常生长，其结构和功能可能发生改变，使生态系统朝着不利的方向发生次生演替（周洪华等，2012）。植被生态系统对干旱的干扰具有一定的耐受范围，持续干旱会对植被生态系统的组成、结构和功能产生重要影响，当可用水量较少时，植被的生长受到限制，表现出严重缺水，甚至凋萎死亡，生态系统退化。

在水文干旱、气象干旱、社会经济干旱、农业干旱四类干旱中，水文干旱主要通过影响地表和地下径流干扰作物的正常生长。大多数植物遭受干旱逆境后各个生理过程将受到不同程度的影响。缺水状态下，植被通过降低叶的生长速率甚至脱落老叶等途径来减少叶面积，有效地减少蒸腾失水。归一化植被指数（normal difference vegetation index，NDVI）因与植被覆盖度、叶面积指数、生物量和生产力等性状具有很好的关系，被广泛地应用于大尺度植被动态变化的定量研究（Hansen，2015；Vicenteserrano et al.，2015；Raynolds and Walker，2016；Huang et al.，2017）。气候变化是植被分布变化的直接驱动力。近年来，国内外学者针对NDVI及其与气候因子变化之间的关系做了大量研究。例如，基于NDVI与气象因子（降水、气温、蒸发、相对湿度等）的相关性研究气候变化对植被的影响（Zhang et al.，2013；郭梦媚等，2015；张艳芳等，2017；慈晖等，2017；殷刚等，2017），或基于NDVI与气象干旱指数（SPI、SPEI、PDSI）的相关性展开研究（Wang et al.，2015；孔冬冬等，2016；王兆礼等，2016a，2016b；Chu et al.，2018）。

在大范围研究区，多基于NDVI与降水、气温或气象干旱指数的相关关系来揭示不同类型植被（林地、灌丛、草地、耕地）对干旱的响应差异，或揭示植被对干旱响应的季节性差异。如Barriopedro等针对2009～2010年的典型极端干旱，研究不同干旱发展阶段下不同植被覆盖区对干旱响应的区域差异（刘世梁等，2015）。Gobron等研究2003年典型干旱期间欧洲不同类型植被对干旱的响应差异（Barriopedro et al.，2012）。在小范围实验区域，多划分可控制水文气象要素的试验区，更加精细地定量研究植被对干旱的响应。Shinoda等（2010）在30m×30m的试验区域，模拟重现期为60～80年干旱的气候条件，研究干旱对不同类型作物地上生物量（aboveground phytomass，AGP）和地下生物量（belowground phytomass，BGP）的影响，揭示不同类型作物的响应程度及响应时间差异（Gobron et al.，2005）。Hoffman等针对多肉植物展开的研究表明，种植区选取、抽样实验设计、测量方法，以及植被类型差异将会对植被抗旱性研究结果产生影响（Shinoda et al.，2010）。

可以看出，干旱变化直接影响植被生长状况，尤其是对于地上植被生物量的影响极为显著，探讨水文干旱对植被生长的影响，对干旱影响评估和农业生产具有重要的现实意义。但是，由于干旱的时空演变监测难以实现，当前干旱对植被覆盖的影响研究主要集中于以降水变化为主的气象干旱，关于区域水文干旱对植被的影响研究仍不多见。

2. 生态因子变化对干旱演变的反馈作用研究进展

生态因子变化主要体现在土地利用变化、陆生生物变化、水生生物变化等，通过分析可知，现阶段研究主要集中在土地利用变化对水文干旱的影响，陆生生物与水生生物变化对干旱演变的反馈作用仍是具有挑战性的研究难点。土地利用变化则是人为干扰的间接表现，其引起水文循环状态和水量平衡要素在时间、空间和数量上不可忽视的变化，从而对地表径流产生影响（Hoffman et al.，2009；Ghaffariet al.，2010）。在国际地圈生物圈计划（International Geosphere-Biosphere Programme，IGBP）和国际全球环境变化人文因素计划（International Human Dimensions Programme on Global Environmental Change，IHDP）的共同推动下，有关土地利用/土地覆盖的研究成为全球环境变化研究领域的核心内容之一（Nie et al.，2011）。当前，众多研究探究了土地利用变化与水文过程的联系，预测了未来土地利用变化对水文水资源的影响，尤其是对径流变化的影响（Sriwongsitanon and Taesombat，2011；张淑兰等，2011；梁国付和丁圣彦，2012；史晓亮等，2014）。但鲜有研究将土地利用变化作为生态因子，探究其对干旱演变的反馈作用。

大尺度流域土地利用变化的水文效应研究一般基于水文模拟法展开，随着GIS、遥感等信息技术的发展，涌现出 SHE、IHDM、TOPMODEL、SWAT、DHSVM 和 WATFLOOD 等多种分布式水文模型，能够进行下垫面土地利用变化下的水文计算（梁小军等，2008；邱国玉等，2008；李佳等，2012；曾思栋等，2014）。在众多分布式水文模型中，国内外学者多选取 SWAT 模型，在 SWAT 模型中设置不同的土地利用变化情景，模拟研究径流对土地利用变化的响应过程（盛前丽等，2008；史培军等，2001；毛文静等，2022）。

可以看出，生态因子变化对干旱演变的影响研究仍处于初级阶段，尤其是水生生物变化对干旱演变的反馈作用研究还有待深入。

1.2.4 生态干旱及抗旱应急保障研究进展

董娜（2009）借鉴长期以来农业干旱及抗旱的含义，把由干旱造成的湿地生态问题称为"生态干旱"；张丽丽等（2010）在评价生态系统健康基础上，构建关于年均水位的生态干旱评价函数，分析白洋淀湿地生态干旱预警指数及预警级别。侯军等（2015）根据呼伦湖湿地水文特征与流域水循环关系，利用湿地水量平衡关系，选取湿地最小生态水位作为干旱指标，建立湿地干旱评价指数对呼伦湖湿地进行干旱评价。2016 年，人与自然合作组织（Science for Nature and People Partnership，SNAPP）[①]提出生态干旱的概念，它被定义为由自然供水短缺（自然或人为管理导致的水文过程变化）引起，继而导致地表植被生长状态和土壤水分条件发生变化的复杂综合过程，它是植被在水分胁迫与其生存环境相互作用下而构成的一种旱生生态环境，会对生态系统产生多重压力。杜灵通等（2017）利用 MODIS 归一化植被指数和地表温度数据，构建温度植被干旱指数（temperature vegetation dryness index，TVDI），定量研究宁夏三个不同生态功能区 2000～2010 年的生态干旱特征，并分析其驱动因素。

目前关于国内外生态干旱的研究刚刚起步，最早的生态干旱研究主要针对湿地，后来逐渐发展至陆生生态。总体来看，概念及内涵尚不十分清晰，也无被普遍接受的干旱评估指标，具体应急保障技术和措施方面更是鲜有涉及，制约和影响抗旱减灾工作的开展。

1.2.5 水资源调配研究进展

随着系统分析理论、优化技术运用和计算机技术的发展，模拟模型得到广泛的应用，线性规划、动态规划、多目标规划、群决策和大系统利用等优化理论与模拟模型相结合，让水资源配置研究得到迅猛的发展（Dudley et al.，1971；Joeres et al.，1971；Mulvihill and Dracup，1974）。但对于水资源短缺、水污染加剧造成水资源供需矛盾突出的问题，传统的以供水量和经济效益为最大目标的水资源优化配置模式已不能满足需求，研究方向开始向水质保障和水资源环境效益安全倾斜，即在保证经济效益的同时，

① 官方网址：https://snappartnership.net/about-us/our-approach/。

保持生态和社会环境的可持续发展，实现水资源的可持续利用（Kumar and Monicha，1999；Ryan and Getz，2005）。联合国出版的《水与可持续发展准则：原理与政策方案》明确指出：水资源与经济社会紧密相连，其多行业属性和多用途特性使其在可持续发展过程中的水资源工程规划与实施变得极为复杂（赵勇等，2007；裴源生等，2007）。

我国水资源优化配置研究与经济社会发展需求密切相关，随着系统工程理论的发展和社会经济发展，对水资源配置的需求变化也在不断变化，其研究范围由早期单纯的技术经济指标优化问题扩展为现今的多学科交叉、多维调控目标下的水资源配置问题。针对水资源优化配置的研究从初始的单一地表水分配，到地表水-地下水联合分配，而后在配置中增加非常规水的使用；同时，配置目标也从供水效益最大化发展为水资源多维调控优化配置，水资源配置的范畴与口径得到极大地增强（王浩和游进军，2008）。我国“七五”攻关期间，开展地表水和地下水的联合调控，同时考虑地表水与地下水间的动态转换关系，通过分析降水、地表水、土壤水、地下水这“四水”的水循环结果，提出“四水”间的转化规律和水资源供需分析的概念，对于提高水资源评价精度和合理指导水资源开发利用具有实用价值。但由于考虑水资源具有的生态环境和社会属性，因此忽略水资源供需与区域经济发展、生态环境保护之间的动态协调（李令跃和甘泓，2000；王浩，2006）。“九五”期间，我国西北地区由于水资源过度利用带来的生态环境问题愈演愈烈，经济发展、生态环境和水资源开发利用间的协调问题得到了重视，“西北地区水资源合理开发利用与生态环境保护研究”项目首次将水资源配置的范围扩展到社会经济-生态环境-水资源多维系统中，通过综合评估水资源承载能力、生态环境保护需求并探究西北干旱半干旱地区水循环转换机理，实现对西北地区水资源的合理配置，即得到生态环境和社会经济系统耗水各占50%的用水格局，为面向生态的水资源配置研究奠定了理论基础（王雁林等，2005；刘丙军等，2009）。随后的研究中，可以将水质、水生态、陆地生态环境等目标作为水资源配置的调控指标，综合考虑供水、用水、排水、蒸发、水质、生态需求，实现有限水资源经济效益最大化的目标（陈太政，2013）。

综上可知，干旱的发生会影响区域生态因子情势，如何将生态因子对干旱演变的反馈作用以量化的形式进行表示，并将其融入至多水源多尺度联调联供抗旱应急模型中，从而突破现有多水源联调联供技术的短板，提出更具有适应性的基于生态响应的黄河河口区多水源多尺度联调联供抗旱应急保障技术，为提升我国生态抗旱应急保障能力、减少旱灾损失提供科技支撑。

1.2.6 城市干旱及抗旱应急保障研究进展

旱灾风险评估现阶段常利用数学统计方法的理论模型，例如将集频率、历时、烈度、影响面积等作为旱灾风险指数的指数型评估方式。近期，国内外对旱灾风险评估技术逐渐转为基于旱灾形成的物理机制的评估模型，评估方式由静态风险评估向静态风险评估和动态风险评估相结合的方向发展。

当前国内外在城市旱灾应急管理与减灾技术领域的研究工作主要集中在灾前保护、

灾中响应和灾后恢复三个方面。灾前保护是基于城市抗旱防灾弹性功能建设与防灾规划，科学构建防灾体系与减灾措施；灾中响应与灾后恢复是利用旱情预警、灾情影响评估等技术，强化城市在旱灾发生期间及灾后的应急反应能力，通过科学有序的应急预案体系建设，减少旱灾的不利影响（刘学峰等，2009；王绍春，2013）。

国内外学者按照减灾技术的目标、实现途径和实施期限不同，将旱灾减灾措施分为长效措施、应急措施、响应与恢复三类。构建长效防灾减灾机制是城市未来的发展愿景，强调通过防灾理念与技术的迭代更新，构建防灾减灾功能完备的弹性城市系统；应急措施是通过合理的防灾规划，引导城市有序构建应急保障体系和工程措施；灾中和灾后的响应与恢复主要依赖于规划响应机制和应急响应机制，通过应急管理机制调动城市减灾联动响应保障体系，实现对城市旱灾不利影响的有效控制。城市旱灾风险应急管理措施分类可见表 1-2。

表 1-2　城市旱灾风险应急管理措施分类表

项目	减灾措施（长效）	减灾措施（应急）	响应与恢复
目标	防旱抗旱弹性城市	抗旱减灾	旱灾影响控制
实现途径	科学、有序、规律的城市发展建设	防旱规划	规划响应机制（技术与措施）、应急响应机制（预警预案）
实施期限	长效持续	灾前、灾中、灾后	灾中、灾后

根据城市功能运转需求的差异性，联合国教科文组织提出将城市旱灾风险管理划分为居民需求保障、城市生态系统维护与提升保障和城市经济职能正常运转 3 个层次。针对不同层次的应急保障管理，联合国教科文组织提出一系列管理对策，涵盖基于“灰绿结合”基础设施的水循环利用技术、旱情中长期预警技术、城市分质分级供水技术、提升环境流量与动植物避难生境保障技术，以及推动水敏性城市发展等（吕治湖，2006）。

国际上针对城市旱灾防灾规划与旱灾响应策略的防灾减灾效益比对分析表明，城市应急供水措施是相对较优的旱灾防治策略，许多城市已提出将保障率可靠的城市应急供水系统作为城市防灾能力提升的长效措施。同时，稳健性分析作为旱灾风险管理的重要技术，已越来越多地应用于城市抗旱应急预案制定工作，为预案措施的可靠性分析提供有效的技术支撑。

1.2.7　抗旱应急管理研究进展

应急抗旱狭义的理解是干旱灾害发生后，通过水资源的紧急调配等措施，减少旱灾带来的不利影响，这种定义将应急抗旱定位为被动的、短期的行为。长期以来，我国采用危机管理的干旱灾害管理方式。但随着干旱影响范围的扩大、我国社会主义市场经济体系的不断完善、气象、水文等方面研究技术的不断发展，传统的干旱灾害危机管理模式在观念、措施、手段和政策上呈现出各种不适应，于是“干旱灾害风险管理”应运而生。这里所指的应急抗旱引入了风险管理内容，涵盖在旱灾发生之前的工程布局、物资保障、监测预警等内容，是广义的变被动为主动的抗旱活动。

目前，国内外关于干旱灾害应急管理的理论研究和实践经验已取得显著的成果：Rouse 等将差值植被指数（difference vegetation index，DVI）非线性归一化处理后得到 NDVI，通过遥感监测 NDVI，计算旱情大小。Jakson 等利用 NDVI 监测干旱后发现水分胁迫严重阻碍作物生长时会引起植被指数的显著变化（Valor et al.，1996）。Carlson 等利用 NOAA/AVHRR 资料计算土壤有效水分和热惯量（Owen et al.，1998）。Steve 等对比分析 PDSI、Z 指数、SPI，以及 NOAA 干旱指数与 1961～1999 年加拿大西部春小麦的产量回归模型，发现 Z 指数的拟合效果最佳，适用于该区域的干旱评估（Knapp et al.，2013）。一些学者从干旱灾害管理理念革新、决策支持系统构建、应急方案制定等方面，介绍了国外干旱灾害管理经验（Ituarte and Giansante，2000；Estrela et al.，2012；Svoboda et al.，2015）。从我国干旱灾害管理实践看，应急供水不仅需要完善抗旱水利工程体系，还应发展一个整合政府、企业、公益组织等多种抗旱力量，保障多情景长历时水资源应急供给，有效应对供水破坏风险的极端干旱灾害应急管理模式（Wilhite et al.，2014）。冯平等（2000）提出基于人工神经网络技术的干旱程度评估模型，并经海河流域的实际应用表明该方法简单易行。陶鹏、腾五晓等分别以“风险-危机”演化范式、多层次网络结构为基础，构建多元治理模式和区域应急联动模式。梁忠民等在总结抗旱能力相关研究成果的基础上，探讨抗旱能力的理论内涵及其评估方法。张海滨等结合水利部等开展的《全国抗旱规划实施方案（2014—2016 年）》中期评估工作，从规划前期、建设管理、运行维护、资金保障等项目建设不同时期，从省级层面、县级层面、项目层面等不同角度，构建抗旱应急水源工程建设实施效果的评估指标体系及评价方法（张海滨等，2017）。屈艳萍等（2014a）首次提出旱灾风险定量评估总体框架，即通过建立干旱频率-潜在损失-抗旱能力之间的定量关系实现对旱灾风险的定量评估。张乐等（2014）以云南特大干旱灾害为例，提出基于多主体合作的极端干旱灾害应急管理模式，依据极端旱灾多主体合作应急管理模式，增设底层响应协调主体，设计并发式信息报送结构，重构基于 Petri Net 的应急供水响应流程模型，构建极端旱灾应急状态下水资源应急配置模型。

国家也高度重视应急抗旱问题，我国有关部门也制定了许多相关规定、标准。2006 年，我国颁布《国家防汛抗旱应急预案》；2009 年，国务院通过并公布《中华人民共和国抗旱条例》；2009 水利部颁布实施了我国历史上第一部综合评价旱情等级的行业标准《旱情等级标准》（SL 424—2008），之后相继出台区域旱情等级、气象干旱等级和农业干旱等级多个国家标准，并在 2011 年 11 月由国务院讨论通过《全国抗旱规划》。目前，一方面，我国及各省市都成立各级防汛抗旱指挥机构，制定防汛抗旱应急预案，部分地区已经绘制出干旱风险图，部分省市的各级防汛抗旱指挥机构正在建立旱情监测网络和干旱灾害统计队伍，开展节约用水宣传教育，推行节约用水措施，推广节约用水新技术、新工艺，建设节水型社会；另一方面，我国在干旱灾害补偿恢复重建方面也积极探索政府、市场合作的新模式，如提出建立国家财政支持的包括干旱灾害在内的巨灾风险保险体系，鼓励商业保险公司为社会提供巨灾风险保障，以及自 2007 年起开始推行的由中央财政支持的政策性农业保险（王冠军等，2009；吕行，2011；倪深海等，2012；陈敏建等，2015）。

1.3　生态区与城市抗旱应急保障研究概述

1.3.1　本书主要内容

针对干旱地区水资源的基本特征，探究区域干旱特性，提出研究区干旱评估体系，并在干旱条件下，识别区域生态响应关系，解决典型生态区与城市全景式流程再造及多维协同决策支持的科学问题，突破面向生态的多水源联合调配抗旱应急保障关键技术，为显著提升国家生态与城市抗旱应急保障能力、减少旱灾损失提供科技支撑。

主要研究内容包括：

（1）剖析干旱对典型生态区的影响机制，研究生态旱灾的概念和内涵，建立生态旱灾评估指标体系与等级标准；研究基于现有地表水、地下水、非常规水源，以及外调水等多水源联调联供的抗旱应急保障技术，并在黄河下游河口区等典型生态区开展示范应用，提出典型生态区抗旱应急保障方案，为实现典型生态区抗旱应急保障提供技术支撑。

（2）开展城市抗旱应急保障技术研究，研究城市旱灾风险定量评估技术，绘制旱灾损失风险曲线图；将稳健性分析引入应急供水方案制定与非常规水资源利用方案制定体系中，构建以防灾减灾效益最优为目标的城市应急供水方案；研究应急供水方案及工程措施的响应、分级供水保障，以及城市抗旱防灾功能长效发展机制制定等城市抗旱应急预案制定关键技术，并在鄂尔多斯市开展示范应用。

（3）解构典型生态区与城市水资源供需冲突的“多层面-多情境-多主体-多要素”本质特征，考虑贫信息条件下，构建典型生态区与城市抗旱应急保障规则体系，在宏观-中观-微观三层面设计典型生态区与城市的抗旱应急混合动机多主体协同治理机制，构建贫信息条件下具有情景应对能力的混合动机多主体模糊决策优化模型，设计贫信息条件下混合动机多主体综合集成研讨的“沟通-合作-共识/认同”过程的逻辑设计和研讨规则，优化全景式应急流程，提出典型生态区与城市抗旱应急保障的法治化治理模式、组织委员会模式、多部门协调机制、综合规划路径、市场保障机制。

1.3.2　生态区与城市抗旱应急保障技术路线

按照“信息集成—技术创建—管理创新—示范应用”的思路开展研究，技术路线见图 1-1。

信息集成：通过已有资料整理、野外实地查勘、遥感影像解译、文献数据挖掘等手段，集成水文气象和水资源利用、经济社会、生态环境等多维信息，为开展抗旱应急保障管理措施及技术研究提供基础支撑。

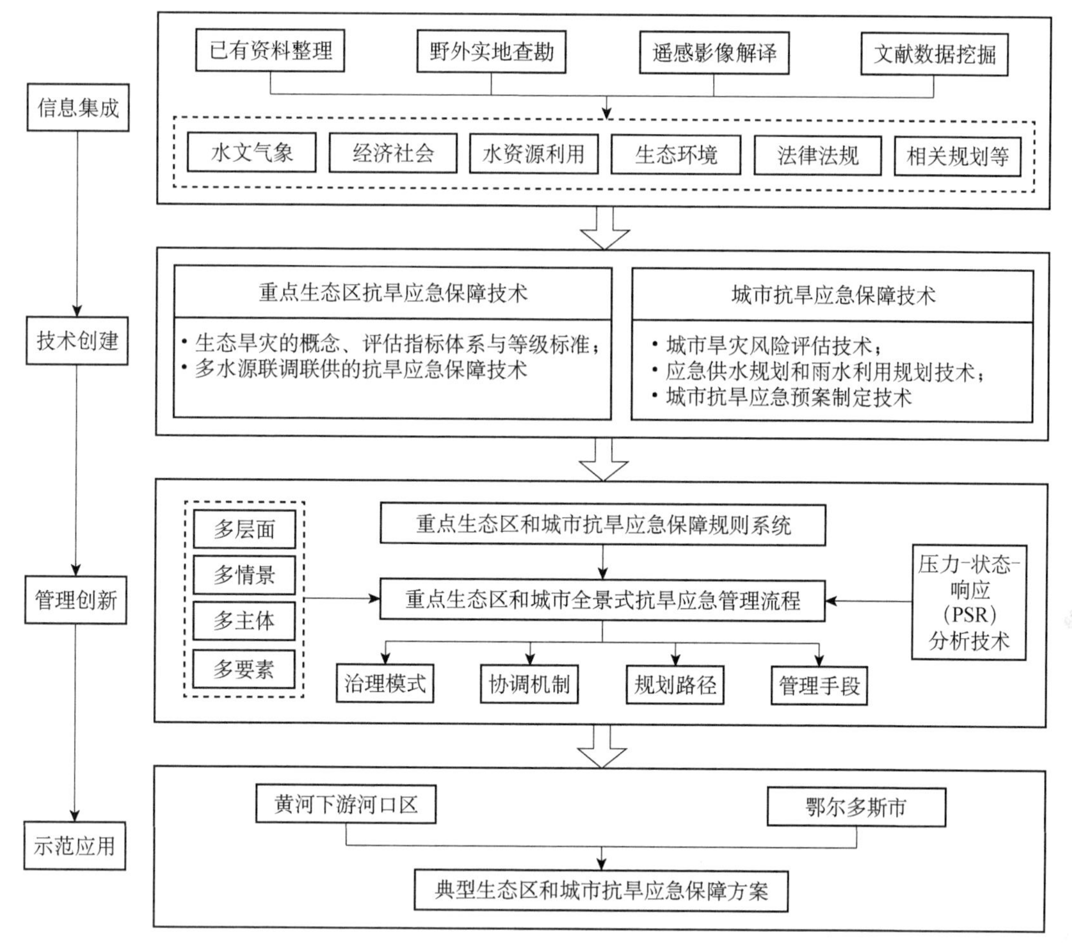

图1-1　研究技术路线

技术创建：以系统科学理论为指导，结合典型生态区和城市旱灾特点与应急需求，研究地表水、地下水、非常规水源及外调水等多水源联调联供的抗旱应急保障技术、城市旱灾风险定量评估技术、以防灾减灾效益最优为目标的城市应急供水规划技术以及城市抗旱应急预案制定等关键技术。

管理创新：从胁迫性、稀缺性、时效性出发，考虑城市水源、管网、终端用户的分布异质性，构建应急状态下典型生态区和城市抗旱应急保障规则系统；采用“多层面-多情境-多主体-多要素”的“压力-状态-响应（pressure-state-response，PSR）”分析技术，提出全景式抗旱应急管理流程；构建抗旱应急保障治理模式、协调机制、规划路径及管理手段。

示范应用：在黄河下游河口区、鄂尔多斯市等典型生态区和城市开展抗旱应急保障技术与管理措施示范应用，提出典型生态区和城市抗旱应急保障方案。

生态干旱概念及评估指标体系

2.1 典型生态区生态干旱概念

重点生态功能区是指承担水源涵养、水土保持、防风固沙和生物多样性维护等重要生态功能，关系全国或较大范围区域的生态安全，需要在国土空间开发中限制进行大规模高强度工业化城镇化开发，以保持并提高生态产品供给能力的区域。加强我国重点生态功能区环境保护和管理，是增强生态服务功能，构建国家生态安全屏障的重要支撑；是促进人与自然和谐，推动生态文明建设的重要举措；是促进区域协调发展，全面建成小康社会的重要基础；是推进主体功能区建设，优化国土开发空间格局、建设美丽中国的重要任务。

随着工农业生产的发展，水资源短缺导致区域生态系统日益退化，生态环境功能不断降低。干旱对湿地及其生态系统的影响是一个长期渐进变化过程，但目前生态干旱评价具有很大的跳跃性，不能反映区域生态系统变化的连续性特征。

干旱对区域水生态系统产生显著影响。干旱作为驱动力，造成水分亏缺，改变了流域水文循环条件，主要表现在区域水量减少、流速降低、水面面积减少、污染物的形成迁移和转化规律改变、河流各尺度的连通性降低、生物量减少和物种多样性降低等方面。干旱对流域生态系统的影响程度主要取决于干旱持续时间、干旱发生时的低径流值、发生时间和季节、发生的空间地理位置，以及发生流域的历史水文条件等因素。干旱发生时，食物链中物质和能量、栖息地的面积与深度、栖息地之间的联系减少，水生生物捕食竞争性加剧，水环境恶化，水生生物的空间分布特征改变，导致水生生物的多样性降低、繁殖能力下降、种群规模减小。

特别地，干旱会对区域水生生物物理栖息地产生一定程度的影响。干旱发生时，河道水流速度变缓，水生生物栖息地的面积、深度减小，急流栖息地，如浅滩，容易受干旱的影响。干旱初期，单位面积上的水生生物的密度增加，特别是无脊椎动物和鱼类，同时流量减少、流速降低，水流挟沙能力减弱，切断河流纵向、横向和垂向的物质、能量和信息流的交换。随着干旱的持续发展，栖息地之间缺乏联系时，河流生态系统的流态驱动食物链和营养结构，单位面积上捕食者的数量增加，物种对能量和食物的竞争性增强，食物链被压缩、营养级减少。生物会进行自然选择与进化，物种的生命周期变短、繁殖能力下降，鱼类幼崽的数量与河道外生物的数量减少。

当区域不存在传统意义上的水文干旱、农业干旱及社会经济干旱特征时，水资源是区域生态系统演化的主要控制因子，水决定区域生态系统的脆弱性和易变性。因此，区域生态旱灾可以理解为因水分收与支或供与求不平衡而形成的水分短缺现象，是威胁区域生态安全的一种主要形式；当区域湿地或河流水量短缺、发生干旱时，严重威胁区域生态系统安全。

通过分析，典型生态区生态干旱具有如下内涵：①生态干旱是一种状态，反映的是区域生态系统在外力与内力作用下所表现出来的演化程度；②生态干旱具有时间和空间两种尺度；③生态干旱具有延迟性特征，当外部环境或其内部变化时，生态系统针对诸变化的响应显现会有时间延迟；④隐性特征，当生态系统演化程度未明显显现时，并不说明生态干旱未发生改变，只有在积累到一定程度时才表现出来；⑤生态干旱可通过针对性的措施加以提高，如多水源联调联供等方式。

因此，研究对典型生态区生态干旱做出如下定义：对具有一定生态服务功能的区域，当水资源不足而无法满足生态系统需求时，导致生态系统功能受到损伤，并在人类生产、生活过程中存在间接性表现。这种状况称为“生态干旱”。

2.2　生态系统影响因素及指标识别

自然驱动力、生态结构和生态服务功能既影响生态系统自身的相对稳定性，而且对水资源系统和社会经济系统等方面都有一定程度的影响，同时，社会经济发展也会给生态系统带来影响。因此，自然驱动力、生态结构、生态服务功能和社会经济发展 4 个因素是影响区域生态系统的主要因素。

（1）自然驱动力。在自然生态系统中，自然驱动力反映没有经过人类作用的自然生态系统的自我平衡能力，是自然生态系统的本底值，主要包括地形地貌、气候条件、河川径流等。具体指标有年降水量、年均气温、水资源量等。

（2）生态结构。生态结构是生态系统的构成要素及其时空分布和物质能量循环转移的途径，是可被人类有效控制和改造的生物群结构。不同的生物种类、种群数量、种群时空分布具有不同的结构特点和不同功效。生态结构包括平面结构、垂直结构、时间结构和食物链结构四种顺序层次。一般将生态结构作为生态系统的重要部分，对生态干旱进行评价。具体指标如陆生生物丰度、水生生物丰度、景观破碎度、水域面积比。

（3）生态服务功能。生态服务功能，是生态系统为人类提供资源供给，提供环境场所，支撑地球生命存活，以及维持生物物质的地球化学要素的循环及水循环等，保持生态环境的平衡与稳定性。然而，人类通过一些不合理活动干扰破坏生态系统服务功能，又通过退耕还林、人工造林等活动来弥补生态环境功能的退化，社会经济发展是实现对生态系统及其服务功能的削弱和增强。区域社会经济发展会影响整个生态系统发展，会导致生态系统服务功能的变化。典型生态区一般分布大面积湿地，其生态服务功能包含有调节径流、控制洪水、水资源调蓄、地下水补给、水质净化（水体纳污）、气候调节等。具体指标有水资源更新率、水体纳污能力、年均地下水位等。

（4）社会经济发展。社会经济发展与生态系统相互影响，具有较大的相关性，一方面社会经济发展需要生态系统提供基础条件，另一方面，粗放的资源利用方式加快了资源环境的消耗和污染。如社会经济发展导致水资源受到污染，而污染的水资源也会破坏生态环境，造成生态干旱问题发生。因此，社会经济发展指标是生态干旱发生的主要因素之一。具体指标有人口密度、耗水指数、城市化率、人均耕地、单位耕地面积农用化肥施用量、单位面积生活污水排放量、单位面积工业废水排放量等。

2.3　典型生态区生态系统服务功能价值评估

典型生态区一般具备丰富的生态服务功能，如调节径流、控制洪水、水资源调蓄、地下水补给、水质净化（水体纳污）、气候调节、文化服务（如旅游娱乐、科研教育）等，生态地位十分重要。生态系统服务功能是指对整个生态系统提供支撑和维护的一项功能，是保证其他服务功能正常执行的基础，能够维持区域生态环境和自然条件的完整，为生物提供繁衍生息的场所，如维持物种多样性、维持生态系统完整性等。选择市场价值法、碳税法、机会成本法、替代费用法、成果参照法和旅行费用法评价典型生态区生态服务功能对应的不同评价指标价值。典型生态区生态系统服务功能价值评价指标体系可见表 2-1。

表 2-1　典型生态区生态系统服务功能价值评价指标体系

类别	评价指标		指标说明	评估方法
供给功能	1	生物资源	水产品和优势植物资源	市场价值法
	2	水资源	水量供给	市场价值法
调节功能	3	大气调节	固碳释氧能力，调节大气碳氧平衡	碳税法
	4	气候调节	水面蒸发和植物蒸腾作用，调节气温	机会成本法
	5	输沙能力	泥沙迁移	市场价值法
	6	水质净化	净化污染物	替代费用法
	7	洪水调蓄	对来临洪水进行调蓄	替代费用法
支持功能	8	生物多样性保护	陆生和水生生物种类	成果参照法
	9	生物系统完整性	维持生态系统平衡	市场价值法
文化功能	10	教学科研	提供科研资源和实验场所	成果参照法
	11	休闲旅游	提供休闲娱乐、旅游场所	旅行费用法

（1）生物资源。区域湿地提供的生物资源主要为鱼类养殖与植物资源芦苇，生物资源价值计算公式为

$$V_1 = \sum T_i \times P_i \tag{2-1}$$

式中，V_1为生物资源总价值，CNY；T_i为区域湿地主要生物资源的年产量，t；P_i为生物资源市场单位价格，CNY/t。

（2）水资源。能够为区域提供生活、灌溉、工业用水，水资源价值计算公式为

$$V_2 = \sum Q_i \times P_i \tag{2-2}$$

式中，V_2为水资源总价值，CNY；Q_i为各行业取用水量，m^3；P_i为各行业用水单位价格，CNY/m^3。

（3）大气调节。湿地通过各类水生植物进行光合作用，释放氧气，从而发挥对大气的调节作用，实现大气中的碳氧平衡。根据光合作用原理，湿地生产 1g 干物质可吸收 1.63g 二氧化碳，释放 1.2g 氧气。湿地主要水生植物为芦苇、香蒲、稗、莲等草本植物，芦苇是其典型水生植被。大气调节价值计算公式为

$$M_1 = 1.63 \times T \tag{2-3}$$

$$M_2 = 1.2 \times T \tag{2-4}$$

$$V_3 = \sum M_i \times P_i \tag{2-5}$$

式中，M_1为年固定二氧化碳量，t；M_2为年释放氧气量；T为年植物生产量，t；V_3为大气调节总价值，CNY；P_i为固碳制氧价格，CNY/t。

（4）气候调节。区域气候调节价值计算公式为

$$V_4 = \frac{E_Z + E_S}{2} \times A \times P \tag{2-6}$$

式中，V_4为气候调节总价值，单位 CNY；E_Z为库区单位面积内植物蒸散量，mm/km^2；E_S为区域湿地单位面积水面蒸发量，mm/km^2；A为湿地水面面积，km^2；P为水资源单位价格。

（5）输沙能力。区域输沙能力价值计算公式为

$$V_5 = S \times P \tag{2-7}$$

式中，V_5为输沙能力总价值，单位 CNY；S为多年平均输沙量，t；P为船舶运输沙石价格，CNY/t。

（6）水质净化。区域水质净化价值计算公式为

$$V_6 = W \times P \tag{2-8}$$

式中，V_6为区域水质净化价格，CNY；W为纳污能力，t；P为污水处理厂运营价格，CNY/t。

（7）洪水调蓄。区域湿地洪水调蓄价值计算公式为

$$V_7 = \alpha \times A \times C \times P \tag{2-9}$$

式中，V_7为区域湿地洪水调蓄价值，CNY；C为区域湿地可调蓄水量，m^3；A为湿地面积，km^2；P为湿地保护与修复费用，CNY/km^2；α为湿地调蓄系数，m^{-3}。

（8）生物多样性保护。区域通过地表水、地下水与河流水体间的转换，使其具有湿地类型多样、生物种类丰富等特点，在维护生物栖息地、保护物种多样性方面发挥重要作用。区域生物多样性保护价值计算公式为

$$V_8 = H \times P \tag{2-10}$$

式中，V_8为区域生物多样性保护价值，CNY；H为区域湿地面积；P为单位面积生物栖

息地价值，CNY/hm^2。

（9）生物系统完整性。区域生物系统完整性价值计算公式为

$$V_9 = Q_m \times P \tag{2-11}$$

式中，V_9为区域生物系统完整性价值，CNY；Q_m为区域生态蓄水量，m^3；P为水资源单位价格，CNY/m^3。我国非农业供水价格均价为0.125CNY/m^3。

（10）教学科研。典型生态区也是自然科学文明的发源地，是科研和教学的良好选择。区域教学科研计算公式为

$$V_{10} = H \times P \tag{2-12}$$

式中，V_{10}为区域教学科研价值，CNY；H为区域湿地面积；P为单位面积湿地教育科研价值，CNY/hm^2。

（11）休闲旅游。区域湿地自然环境优美，生物资源丰富多样，不仅可以近距离观赏游玩，还拥有湿地产品可供选择。区域休闲旅游计算公式为

$$V_{11} = F_1 + F_2 + F_3 \tag{2-13}$$

式中，V_{11}为年旅游总价值，单位CNY；F_1为年旅游直接收入，CNY；F_2为年旅行费用，CNY；F_3为年旅游时间价格（每小时工资标准×旅行总小时数×40%），CNY。

2.4 生态干旱评价指标体系构建原则

评价指标是度量区域生态干旱的特征参数，指标的选取对客观评价区域生态干旱起着决定性的作用。因此，在构建区域生态干旱评价指标体系时，必须遵循以下原则：

（1）科学性原则：评价指标的选择、数据的获取与计算都要建立在科学的基础上，选取的评价指标既能科学、系统、公正地评价生态系统状况，又要基于现有的技术水平。指标概念、意义明确，能够客观地反映区域生态系统的特征。

（2）整体性原则：典型生态区生态系统可能包含水域及其相邻陆地和海域，是复杂的自然-社会-经济复合生态系统，受自然因素和人为因素的共同影响。由于各子系统、各因素之间相互作用、相互影响，因此，评价指标体系既要从反映区域自然状况的物理、化学、生物等因素和体现典型生态区功能的指标，以及反映人类活动的社会经济指标等多方面综合考虑；又要避免指标之间的重叠，评价目标与评价指标有机地联系起来，组成一个层次分明的整体。

（3）代表性与敏感性原则：构建的指标体系应能全面反映区域生态系统的主要特征。在众多指标中，应选择具有代表性的指标，能从不同角度表征典型生态区生态系统状况，且具有实际指示意义，体现区域的生态变化过程。指标能响应生态系统某一层面的变化，用于说明区域生态干旱程度。

（4）规范化原则：区域生态干旱评价是一项长期性工作，采用的数据和资料无论在时间上还是空间上都应具有可比性，因而，选择的指标内容和评价标准都应做到统一和规范。选用的指标尽可能与现行国际指标接轨，指标的逻辑结构符合生态系统的客观结构。

（5）简明性与可操作性原则：选取的评价指标概念明确、易于理解和获取。指标的选择应考虑现有的生产力水平和技术水平，在方法、人力和物力上均应切实可行。

（6）动态与稳定性原则：区域生态干旱指标具有很强的时空特征，评价指标的选取随着时空变动而不同；但同时应具有稳定的测定周期，便于比较其变化。

（7）定性与定量相结合的原则：区域属于复合生态系统，具有复杂多变的特点，生态干旱是包含很多因素的复杂概念，不能简单地定量化，因此，应综合定性指标和定量指标，进行综合评价。

2.5　生态干旱评价理论与方法

生态干旱评价是实现典型生态区多水源联调联供的前提，如何进行生态干旱评价指标选取、构建合理的指标体系是本书研究的重要内容之一。目前，指标体系的构建主要有两种思路，一种是从系统论的思想出发，根据评价系统所包含的要素来建立模型。另一种是基于构建模型的方法，如压力-状态-响应（PSR）模型、驱动力-状态-响应（driving force–state–response，DSR）模型，以及在两者基础上发展而来的驱动力-压力-状态-影响-响应（driving force–pressure–state–influence–response，DPSIR）模型。考虑到生态干旱会受自然驱动力、生态结构、生态服务功能、社会经济压力的影响，选择 DPSIR 模型对生态干旱指标体系进行评价。

DPSIR 模型是欧洲环境局综合 PSR 模型和 DSR 模型的优点构建出的评价模型。其中，模型“驱动力”是引发环境变化的潜在原因，如区域的社会经济活动和产业的发展趋势；“压力”是指人类活动对自然环境的影响，是环境的直接压力因子，如海岸带开发、人口增长、环境污染、气候变化、河道断流等；“状态”是指生态环境在上述压力下所处的状况，主要表现为区域陆生生物数量、水生生物数量、河流生态需水保证程度等指标；“影响”是指系统所处的状态对区域生态环境的影响，“响应”过程表明人类在生态干旱过程中所采取的对策，如多水源联调联供、流域调水、减少污染等措施。

因此，研究通过驱动力-压力-状态-影响-响应框架，构建基于 DPSIR 框架结构的生态干旱评价指标体系，采用混合蛙跳和投影寻踪法，利用混合蛙跳算法优化投影指标函数，确定生态干旱复杂系统投影值，从而对典型生态区生态干旱进行评价。可以将区域生态干旱评价划分为 4 个等级：Ⅰ级（重度生态干旱）、Ⅱ级（中度生态干旱）、Ⅲ级（轻度生态干旱）、Ⅳ级（无生态干旱）。研究采用混合蛙跳和投影寻踪法对评价体系进行求解。

混合蛙跳算法基本原理为：首先随机生产 F 个青蛙作为初始集，第 i 只青蛙个体为 $x^i=(x_1^i,x_2^i,\cdots,x_n^i)$，计算每只个体的目标函数 $f(x^i)$，将每只青蛙根据其目标函数值的优劣进行排序。将整个群体划分为 S 个子群，每个子群包含 m 只青蛙。在迭代阶段，目标函数值最优的青蛙个体进入第一个子群，目标函数值排列第二的优秀个体进入第二个子群，依次分配下去，知道排序第 S 的个体进入第 S 个子群。然后，排列第 S+1 优秀位置的个体进入到第一子群，第 S+2 个个体进入第二子群，按此规则循环分配下去，直到所有个体分配完毕。在每一个子群体中，目标函数值最好的解和最差的个体分别记为 $x^b=(x_1^b,x_2^b,\cdots,x_n^b)$ 和 $x^w=(x_1^w,x_2^w,\cdots,x_n^w)$；群体中目标函数值最好的个体记为 $x^g=(x_1^g,x_2^g,\cdots,x_n^g)$。在每次迭代中，对 x^w 进行更新操作，更新策略为

$$D_i^j=2\times\text{rand}()(x^b-x^w) \tag{2-14}$$

$$x_{\text{new}}^w=x^w+D_i^j \tag{2-15}$$

式中，rand() 为 0～1 的随机数，D_i^j 为青蛙移动距离，$-D_{\max}\leqslant D_i^j\leqslant D_{\max}$（$D_{\max}$ 为青蛙的最大移动距离）。

若 x_{new}^w 的目标函数优于 x^w 的目标函数，则用 x_{new}^w 取代子群体中原来的 x^w；若无改进，则用 x^g 的函数值与 x^w 函数值进行比较；若优于原有 x^w 的函数值则用 x^g 替换 x^w；若仍无改进，则随机产生一个青蛙个体取代 x^w，由此完成子群体中的最差青蛙个体的更新。在预定的子群体迭代次数内继续执行上述操作，这样就完成算法的一次迭代。为了维持种群的多样性，此处结合小生境思想，对种群位置接近的青蛙个体采用随机生成个体值的步骤。本次混合蛙跳算法的参数设置为：共有 10 个子群体，每个子群体有 20 个个体，子群迭代次数为 10 代，种群总共迭代 100 代。

投影寻踪是将高维数据通过某组合投影到低维子空间，通过对投影指标函数进行优化，寻找能反映原高维数据结果或特征的投影向量，并在低维空间上对数据结构进行分析，不必预先给定评价指标权重，可有效避免主观意见干扰。设 p 为生态干旱程度评价的指标数，n 为待评价的样本个数，$\left\{x_{ij}^*\middle|i=1,2,\cdots,n;j=1,2,\cdots,p\right\}$ 为生态干旱程度评价指标样本值，$\left\{x_{ij}\middle|i=1,2,\cdots,n;j=1,2,\cdots,p\right\}$ 为指标标准化值，z_i 为样本 i 在一维线性空间的投影特征值。

基于混合蛙跳和投影寻踪的生态干旱程度评价模型建立步骤如下：

（1）指标标准化处理。由于生态干旱评价具有多指标复杂特点，故为了消除各指标的量纲影响，对于数值越大生态干旱程度越强的指标：

$$x_{ij}=(x_{ij}^*-x_{\min j})/(x_{\max j}-x_{\min j}) \tag{2-16}$$

对于数值越大生态干旱程度越弱的指标：

$$x_{ij}=(x_{\min j}-x_{ij}^*)/(x_{\max j}-x_{\min j}) \tag{2-17}$$

式中，$x_{\max j}$ 和 $x_{\min j}$ 分别为指标体系中 j 指标的最大值和最小值。通过方程（2-16）和（2-17）得到的 x_{ij} 统一为［0,1］区间上的越大生态干旱程度越强的评价指标。

（2）构造投影寻踪指标函数。投影寻踪的实质是寻找出能够最大限度地反映数据特征和最能充分挖掘数据信息的最优投影方向，将标准化后数据 $\left\{x_{ij}\right\}$ 乘以 $a=(a_1,a_2,\cdots,a_p)$ 为投影方向的一维投影值 z_i：

$$z_i=\sum_{j=1}^{p}a_jx_{ij} \tag{2-18}$$

式中，a_j 为单位长度向量，$a_j\in[-1,1]$，满足 $\sum_{j=1}^{p}a_j^2=1$。

若 $a=(a_1,a_2,\cdots,a_p)$ 为最佳投影方向，则可代入以上公式得到生态干旱程度投影值，进而对生态干旱程度进行定量分析。在综合投影值时，期望 z_i 尽量多地提取变异信息，故构造一个投影指标函数 $Q(a)$ 作为最佳选择投影方向的依据，$Q(a)$ 可通过下式计算：

$$Q(a)=S_z\times D_z \tag{2-19}$$

$$S_z=\sqrt{\frac{1}{n-1}\sum_{i=1}^{n}(z_i-\bar{z})^2} \tag{2-20}$$

$$D_z=\sum_{i=1}^{n}\sum_{k=1}^{n}(R-r_{ik})f(R-r_{ik}) \tag{2-21}$$

式中，S_z 为投影值 z_i 的标准差；D_z 为投影值 z_i 的局部密度；$\bar{z}$ 为各指标投影值 z_1，z_2，…，z_m 的平均值；R 为局部密度的窗口半径，可根据试验来确定，一般取值为 $0.1S_z$；$f(R-r_{ik})$ 为单位阶跃函数，当 $R>r_{ik}$ 时，$f(R-r_{ik})=1$，反之为 0；类内密度 D_z 越大，分类越显著。当指标函数 $Q(a)$ 达到极限时，就找到了最佳投影方向。

（3）采用混合蛙跳算法优化投影指标函数。当样本方案集给定，指标函数 $Q(a)$ 只随投影方向 a 的变化而变化，当 $Q(a)$ 取得最大值时所对应的方向 a 就为最佳投影方向矢量。故优化目标函数为

$$\begin{cases}\max Q(a)\\ \|a\|=1\end{cases} \tag{2-22}$$

该目标函数是一个以 $\left\{a_j \middle| j=1,2,\cdots,p\right\}$ 为优化变量的复杂非线性优化问题，采用混合蛙跳算法进行优化求解。

（4）确定生态干旱等级划分标准，并根据计算出的研究区样本投影值参考等级标准的投影值进行适应度评价。首先根据各评价等级所对应的指标值，将其标准化值求得的最佳投影方向 a^* 代入以上公式得到各等级对应的投影值范围，由此确定出生态干旱程度评价分级标准 $\left\{x_{ij} \middle| i=1,2,\cdots,n; j=1,2,\cdots,p\right\}$ 代入上面公式得到区域生态干旱程度投影值 y，结合各等级投影值范围，从而确定生态干旱所属范围。

由此，待量化的区域生态干旱等级划分可见表 2-2。x、y、e 为生态干旱阈值。

表 2-2　待量化区域生态干旱等级划分

Z	等级	干旱程度
$Z<x$	Ⅰ级	重度生态干旱
$x\leqslant Z<y$	Ⅱ级	中度生态干旱
$y\leqslant Z<e$	Ⅲ级	轻度生态干旱
$Z\geqslant e$	Ⅳ级	无生态干旱

2.6　生态干旱评估指标体系与等级划分标准

2.6.1　生态干旱指标分析

影响区域生态系统的压力主要包括对环境起驱动作用的人类活动和自然变化，反映某一特定时期内的资源利用强度及其变化趋势。区域内石油开采、农业开垦及非农业建设等开发活动造成湿地水资源生态调蓄功能减弱、植被退化、面积萎缩；浅海和滩涂养殖的盲目扩大干扰并破坏了重要经济繁育场的环境条件，饵料等废弃物的大量排放促进了海域无机氮浓度过高；过度捕捞致使主要传统经济鱼类资源全面衰退，海洋生物资源结构破坏严重。全球气候变化下，气温上升、降水减少、河道断流，严重影响区域的水循环，河流三角洲“失退”现象正在发生。借鉴相关研究成果，确定区域生态干旱的压力主要来自陆源污染、海岸带开发及自然变化和人口压力。陆源污染指标主要包括工业废水排放和城市污水处理指标、反映土壤污染状况的农药和化肥使用指标；海岸带开发主要考虑土地利用、海洋捕捞、滩涂开发、浅海养殖和油田建设等，其中土地利用可以以人类干扰度指数表示；自然压力包括河流断流天数、河流入海年径流量、气温、降水指标等，研究区的人口压力可以以人口密度表征。

状态指标描述了区域生态系统的现状，包括生产力、生物多样性、结构和功能，以及物理化学等因素。生产力因素表明生态系统的生产能力，是一切生态系统存在的物质基础；由于研究区包括陆地生态系统和海域生态系统，因此通过 NDVI 值代表的植被覆盖率表达陆地区域的生产力水平，通过 Chl-a 浓度表征海域的浮游生物生产力水平。生物多样性描述了生态系统中物种的丰富程度，体现生态系统的复杂性，对维护生态系统的稳定具有重要作用；景观多样性是指不同类型的景观在空间结构功能机制和时间动态方面的多样性和变异性，是人类活动与自然因素综合作用的结果，在区域尺度能很好地反映湿地的生物多样性；研究以湿地景观多样性、滩涂生物多样性、鱼类生物多样性、底栖生物多样性和浮游生物多样性等多个指标表征研究区不同生态类型的生物多样性。结构和功能指标表明生态系统中不同类型的组成及其服务和产出功能。以湿地面积指数、天然湿地面积指数、林草覆盖率、裸地指数、陆地景观破碎度表示区域景观的结构组成；湿地退化指数和海岸侵蚀两个动态指标强调湿地变化的过程和演替特点；滩涂生物量和鱼类生物量表达系统的食物自然产出功能；水文调节指数表明湿地的蓄水能力。其中，陆生生态和水生生态情势可通过多源卫星的多波段、多影像融合数据获取。

响应指标反映社会或个人为了改变或预防不利于人类生存和发展的生态环境而做出的改变，主要考虑社会经济、人类健康、文化、政策措施等因素。社会经济指标包括人均国内生产总值、国内生产总值增长率和海洋经济比重，人均国内生产总值和国内生产总值增长率综合反映了区域的人均消费能力和经济增长活力，海洋经济比重表示海洋经济占区域经济的重要程度和海洋开发强度。以国民受教育程度和对环境保护的认知程度表示文化层指标，以政策法规的贯彻力度、保护区建设投入和生态恢复工程实施效果表征政策措施指标。

2.6.2　指标深度筛选

采用粗糙集法对指标集合中的指标进行深度筛选（姜旭炜等，2015）。现有指标集合 X，指标集 X 中有 i 个指标，每个指标定义为 x_i。定义指标集 X 与筛选后指标集 X' 之间存在粗糙关系 R，则指标 x_i 的重要性可以被表述为

$$\text{IM}(i)=\left[t_{X'}(x_i),\ 1-f_{X'}(x_i)\right] \tag{2-23}$$

其中，$t_{X'}(x_i)$ 为 x_i 隶属于筛选后指标集 X' 的真值；$f_{X'}(x_i)$ 为 x_i 隶属于筛选后指标集 X' 的假值。特别地，$0 \leqslant t_{X'}(x_i)-f_{X'}(x_i) \leqslant 1$。

定义 $S_{X'}(x_i)= t_{X'}(x_i)-f_{X'}(x_i)$，当 $S_{X'}(x_i) \geqslant \alpha$（$\alpha$ 为重要性标准），则指标 x_i 可以进入筛选后指标集 X' 中。对代表性指标进行深度筛选时应考虑如下原则。

指标必要度（E_1）原则。指标必要度通过集中度（R_{11}）、离散度（R_{12}），以及协调度（R_{13}）的专家综合评分系统得出。若某个指标的综合评分结果相对集中，且偏差较小，具有协调性，则可认为该指标必要度较高。研究采用 Delphi 法来把不同指标按照重要程度区分为不同等级，赋予各个等级不同的量值，在此基础上让专家匿名对指标进行必要性的评价。例如，在一个指标体系中共有 m 个指标，根据 p 个专家对其必要性的分析结果将其分为五个等级，j=1，2，3，4，5，代表不同等级的必要性。

$$F_i=\frac{1}{P}\sum_{j=1}^{5}E_j n_{ij} \tag{2-24}$$

式中，F_i 为 p 个专家对于第 i 个指标必要度评价的期望值；E_j 为第 i 个指标第 j 级的必要度值（j 表示等级，j=1，2，3，4，5）；n_{ij} 为将第 i 个指标第 j 级必要度的专家人数。

从指标的离散度进行分析，可以判断出专家在必要度评价过程中存在的主观认识的差异。离散度分析公式为

$$\delta_i=\sqrt{\frac{1}{P}\sum_{j=1}^{5}n_{ij}(E_j-F_i)^2} \tag{2-25}$$

式中，δ_i 为专家对第 i 个指标重要程度评价的离散程度。F_i 与专家评价的指标之间存在正比关系，专家意见越集中，δ_i 值越小。F_i 与 δ_i 反映的具体结果可能存在差异，此时需通过协调度 V_i 进行判断。指标的协调度代表整个专家组对该指标协调性程度的评价，专家评价第 i 个指标的协调度 V_i 为

$$V_i=\delta_i / F_i \tag{2-26}$$

式中，F_i 值与 δ_i 值及 V_i 值呈负相关，与指标必要度呈正相关。通过对这三个值的系统性分析，可以划分指标不同的必要程度。

指标获取度（E_2）原则。指标获取度通过指标获取的平均难度来表述。该难度一般由专家分为不同的等级，从不同指标的获取难度来判断该体系是否具有实践和利用价值。可由专家对指标获取的具体难度进行界定，第 i 个指标的获取难度可被表示为 H_i。

指标独立度（E_3）原则。指标体系中各个指标的独立程度与相关程度互补，可以设指标的独立程度为相关程度的负值。由于同时存在定量与定性指标，因此直接计算 n 个定量指标的相关关系 P_{ij}，定性与定量、定性与定性指标之间的相关程度 P_{ij} 则为专家打分所得到的期望，得分设置在［0,1］区间内。指标的独立程度可被表述为

$$P_i = w_{31}\sum_{j=1}^{n} P_{ij} + w_{32}\sum_{k=1}^{m-n} P_{ik} \tag{2-27}$$

根据上述内容，构建指标深度筛选的目标函数：

$$U = w_1 E_1 + w_2 E_2 + w_3 E_3 \tag{2-28}$$

式中，w_1、w_2 和 w_3 分别为指标必要度 E_1、指标获取度 E_2 和指标独立度 E_3 对应的权重值。

其中，指标必要度 E_1 可以表示为

$$E_1 = w_{11}R_{11} - w_{12}R_{12} + w_{13}R_{13} \tag{2-29}$$

R_{11}～R_{13} 显示在最后评价结果中的指标数值（包括集中度、离散度、协调度），不用指标对应的权重可以用 w_{12}～w_{13} 表示。离散度指标值越小越好。因此，可将其设定为负值。

综上所述，第 i 个指标的目标函数值可表达为

$$U_i = w_{11}F_i - w_{12}\delta_i + w_{13}V_i + w_2 H_i - w_3 P_i \tag{2-30}$$

根据上述方法，可以实现对指标集合的深度筛选。

2.6.3　生态干旱评价指标体系构建

通过深度筛选法，选择以下指标作为基于 DPSIR 框架结构的典型生态区生态干旱程度评价体系指标（所选指标可见表 2-3）。

表 2-3　生态干旱程度评价体系指标

框架	指标	ID
驱动力	SPI 指数	D_1
	人口自然增长率	D_2
	一产比重	D_3
	河川径流	D_4
	城镇化率	D_5
压力	湿地平均水深	P_1
	亩[①]均水资源量	P_2
	人均耕地面积	P_3
	城镇人均绿地面积	P_4
	人均用水量	P_5
	城镇居民生活用水量	P_6

续表

框架	指标	ID
状态	万元工业增加值用水量	S_1
	人均水资源量	S_2
	农业用水比重	S_3
	管网漏失率	S_4
	亩均灌溉用水量	S_5
	单位 GDP 用水量	S_6
影响	植被覆盖率	I_1
	生态系统服务功能价值	I_2
	湿地面积	I_3
	生态环境用水比例	I_4
	生物多样性	I_5
响应	中水回用率	R_1
	节水灌溉面积比例	R_2
	城市节水器具普及率	R_3
	城区自来水普及率	R_4
	灌溉水利用系数	R_5
	工业用水重复利用率	R_6
	重要断面生态水量保证率	R_7

1 亩=666.67m^2，全书同。

2.7　生态干旱代表性指标阈值量化

将生态系统代表性指标的阈值进行量化，可以实现指标与评价体系的结合，即通过指标阈值范围直接反映不同等级下的生态干旱程度，从而直接利用指标对生态干旱进行快速的预判。

采用熵值法计算评价指标权重，熵值法主要借鉴信息熵的理论和方法，根据每个指标的指标值数据差异程度确定其权重。一般地，某个指标的指标值的差异程度越大，则其有序性越好，熵值越小，最后赋权的权重就越大。将典型生态区原始指标数据表示为 $S=\{X_{ij}\}_{17\times28}$，$X_{ij}$ 表示第 i 年第 j 项指标的原始数据。其中，i 表示 2000～2016 年 17 年的时间跨度；j 表示生态干旱评价模型中 28 个不同类型指标。计算步骤如下：

（1）无量纲化处理。$A_{ij(+)}$是正向指标无量纲化方程，$A_{ij(-)}$是负向指标无量纲化方程。为避免求信息熵时出现 ln0 的问题，将 0 值换为 0.000001 计算。

$$\begin{cases} A_{ij(+)}=\dfrac{X_{ij}-X_{\min}}{X_{\max}-X_{\min}} \\ A_{ij(-)}=\dfrac{X_{\max}-X_{ij}}{X_{\max}-X_{\min}} \end{cases} \tag{2-31}$$

（2）计算第 j 个指标值在所有评价对象的第 j 个指标值总和中所占比例 P_{ij}。

$$P_{ij} = \frac{A_{ij(+/-)}}{\sum_{i=1}^{17} A_{ij(+/-)}} \tag{2-32}$$

（3）计算第 j 个指标信息熵 e_j。

$$\mathrm{e}_j = \frac{1}{\ln i}\sum_{i=1}^{17} P_{ij} \times \ln P_{ij} \tag{2-33}$$

（4）计算第 j 个指标冗余度 g_j 和权重值 w_j。其中，熵值越大，冗余度越小，则权重值越小。

$$\begin{cases} g_j = 1 - e_j \\ w_j = \dfrac{g_j}{\sum_{j=1}^{28} g_j} \end{cases} \tag{2-34}$$

多水源多尺度联调联供抗旱应急保障技术

3.1　多水源下水资源竞争协调理论

3.1.1　水资源的竞争性和排他性

经济学中根据排他性和竞争性对物品进行分析的方法在水资源上也得到应用，主要用于水资源提供的生态服务的属性界定。本书将这一属性分析方法延伸到水资源利用上，主要关注资源约束和用水方式对用水关系的影响，因此假设用水户的取水均得到许可、水利设施完善、水资源调度科学，即政策、设施等不会成为约束条件。

将水资源的竞争性定义为一个用水户使用水资源将减少其他用水户对水资源使用的特性。在水资源充足的区域，用水总量不受约束，水资源不具有竞争性。本书仅关注缺水流域，即可用水量低于需水总量的流域，在这些流域一个用水户使用水资源将减少其他用水户的可用水量，因此水资源具有竞争性。

本书中水资源是否具有排他性仅受到用水方式的影响。将水资源的排他性定义为当一个用水户使用水资源时，可以阻止其他用水户使用该水资源的特性，即在某种用水方式下一份水资源只能被一个用水户使用。消耗、转移、改变水质等用水方式均能使水资源具有排他性，例如，被转移到特定位置使用的水资源不能被位于其他位置的用水户使用，工业生产中被消耗掉的水资源不能被其他用水户使用，使用过程中被严重污染的水资源也难以被其他用水户使用。

如果一份水资源可以同时被多个用水户使用，则在该用水方式下水资源具有非排他性。一些用水方式下多个用水部门可以同时使用同一份水资源，例如河道内生态用水可以同时作为发电用水、航运用水和输沙用水等。

如果一个用水部门的用水方式使得被利用的水资源具有排他性，那么将此用水部门定义为排他性用水部门，其需水和用水分别定义为排他性需水和排他性用水；反之，如果一个用水部门的用水方式使得被利用的水资源不具有排他性，那么将此用水部门定义为非排他性用水部门，其需水和用水分别定义为非排他性需水和非排他性用水。

物品在消费中有没有排他性或竞争性往往是一个程度的问题，同样，水资源的竞争性和排他性并不是绝对的，会随着水资源量、产业布局、用水方式、用水效率等发生改变。例如，跨流域调水工程可以增加缺水流域的水资源量，使竞争性变得很小甚至消失；某一种用水方式导致水质恶化，从而使水资源具有排他性，如果引入能够利用污水的用水户，那么该用水方式下水资源将不具有排他性。

3.1.2 用水竞争与协作关系

在缺水流域，不同的用水方式使得一些用水部门可以同时使用同一份水资源，而另一些用水部门需要同时竞争同一份水资源。本书通过定义供水、输沙、发电等用水部门间的协作与竞争关系，解析其内涵，为开展用水部门间互馈作用与耦合关系分析提供新的研究思路。

用水的协作关系指一份水资源同时被两个及以上的用水部门利用。当多个用水部门均属于非排他性用水部门，且部分需水在时间和空间上具有一致性时，就可以用同一份水资源满足多个用水部门间时空一致的需水，即形成协作关系。

用水协作关系仅存在于非排他性用水部门之间，而排他性用水部门无法与其他用水部门共享水资源。对于非排他性用水部门，t 时刻各部门中最大的需水量决定总需水量 $D_{\mathrm{NET},t}$，如图 3-1（a）和图 3-1（b）所示；t 时刻各部门中第二大的需水量决定了具有协作潜力的需水量 $D_{\mathrm{CR},t}$，即在充足供水的情况下的具有协作关系的用水量，如图 3-1（a）和图 3-1（c）所示。在水资源配置中，非排他性用水部门间的协作关系还取决于 t 时刻这些部门的可供水量 $M_{N,t}$，如图 3-1（b）和 3-1（c）所示，当 t 时刻具有协作潜力的需水量 $D_{\mathrm{CR},t}$ 超过可供水量 $M_{N,t}$ 时，超出部分由于得不到配水无法发挥共享水资源的特征。

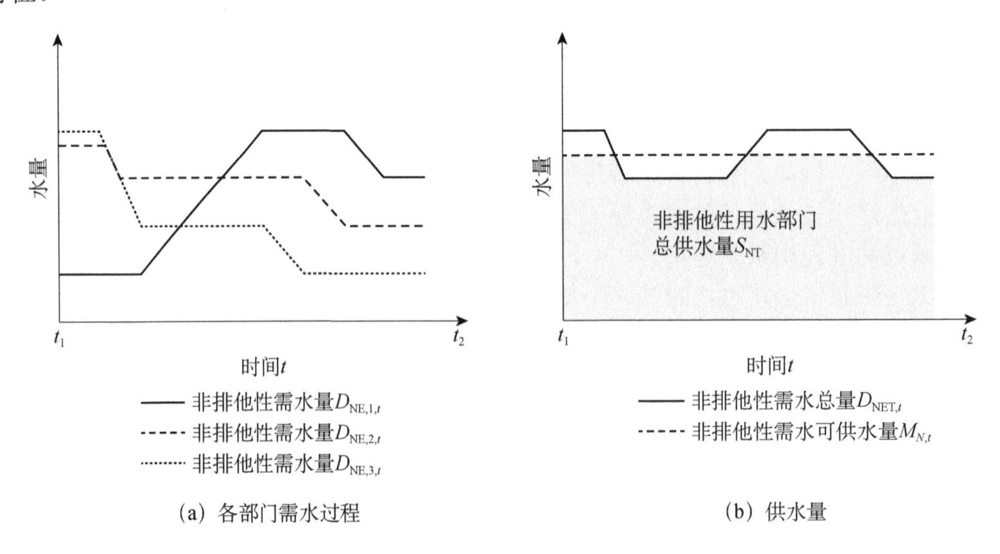

(a) 各部门需水过程　　(b) 供水量

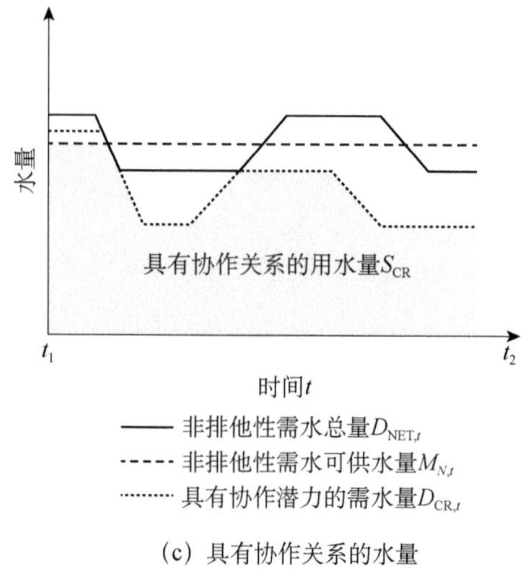

（c）具有协作关系的水量

图 3-1　多个非排他性用水部门间的协作关系

在水资源供给中，当某一时刻总需水量超过可供水量时，不能共享水资源的用水部门间需要竞争有限的可供水量，就形成竞争关系。形成竞争关系的条件为可供水量不足，且不同用水部门间无法形成协作关系：当可供水量充足时，不同用水部门间不需要竞争同一份水资源；具有协作关系的用水部门可以共享同一份水资源，彼此之间不需要进行竞争。图 3-2（a）中的用水部门间均无法形成协作关系，t 时刻的总需水量 $D_{T,t}$ 是所有部门需水量之和，如图 3-2（b）所示；t_1～t_2 时段的总供水量 S_T 小于总需水量 D_T，用水部门间形成竞争关系，如图 3-2（c）所示。

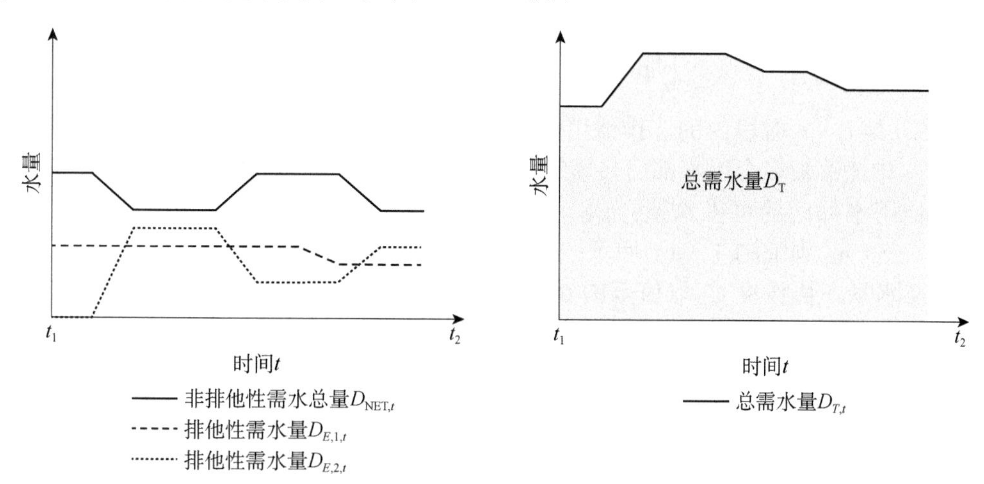

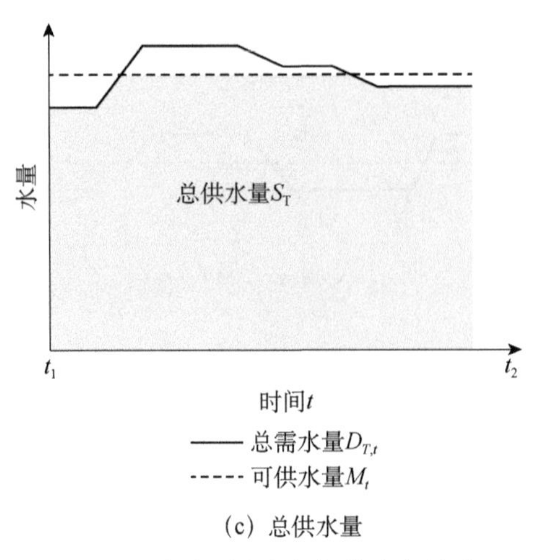

(c) 总供水量

图 3-2　多个用水部门间的竞争关系

3.1.3　协作关系度量方法

协作关系代表不同用水部门间的“一水多用”。在某一时段内被多个用水部门共享的水量占比越大，意味着用水部门间的协作关系越强。相关研究中鲜见对用水部门协作关系的量化方法，因此本书提出协作度来衡量不同用水部门间的协作关系。将 t_1～t_2 时段内各用水部门间的协作度 C_R 定义为被两个及以上的用水部门共享的供水量占总供水量的比例，即

$$C_R = \frac{S_{\mathrm{CR}}}{S_{\mathrm{NT}}} = \frac{\int_{t_1}^{t_2} \min(M_{N,t}, D_{\mathrm{NEMAX2},t})\mathrm{d}t}{\int_{t_1}^{t_2} \min[M_{N,t}, \max(D_{\mathrm{NE},1,t}, D_{\mathrm{NE},2,t}, \cdots, D_{\mathrm{NE},n,t})]\mathrm{d}t} \tag{3-1}$$

式中，S_{NT} 是 t_1～t_2 时段内的非排他用水部门的供水量，即图 3-1（b）中的阴影面积；S_{CR} 是 S_{NT} 中能够被多个用水部门共享的水量，即图 3-1（c）中的阴影面积；$M_{N,t}$ 是 t 时刻非排他用水部门的可供水量；$D_{\mathrm{NE},i,t}$ 是 t 时刻第 i 种非排他性用水部门的需水量，i=1，2，…，n，如图 3-1（a）所示；$D_{\mathrm{NEMAX2},t}$ 是 t 时刻需水量第二大的非排他性用水部门的需水量。协作度 C_R 取值范围 0～1，C_R 越大，说明不同用水部门间的协作关系越强。

3.1.4　竞争关系度量方法

竞争关系代表不同用水部门对不充足的水资源的争夺。在某一时段内需水量与可供水量之差越大，不同用水部门间对水资源的竞争也就越激烈，因此缺水率常被用来反映不同用水部门间的竞争程度。缺水率简洁直观，本书采用缺水率量化竞争关系。在进行竞争关系分析时，首先将所有能够形成协作关系的非排他性用水部门进行合并，以保证所有用水部门间均无法再形成协作关系。将 t_1～t_2 时段内各用水部门间的竞争度 C_P 定义为：

$$C_P = \frac{D_T - S_T}{D_T} = \frac{\int_{t_1}^{t_2} D_{T,t}\mathrm{d}t - \int_{t_1}^{t_2} \min(M_t, D_{T,t})\mathrm{d}t}{\int_{t_1}^{t_2} D_{T,t}\mathrm{d}t} \tag{3-2}$$

$$D_{T,t} = D_{NET,t} + \sum_{j=1}^{m} D_{E,j,t} \tag{3-3}$$

式中，D_T是t_1～t_2时段内的总需水量，即图3-2（b）中的阴影面积；S_T是t_1～t_2时段内的总供水量，即图3-2（c）中的阴影面积；M_t是t时刻的可供水量；$D_{T,t}$是t时刻的总需水量；$D_{NET,t}$是t时刻所有非排他性需水总量；$D_{E,j,t}$是t时刻第j个排他性用水部门的需水量，j=1，2，…，m，如图3-2（a）所示。竞争度C_P取值范围0～1，且C_P越大，竞争关系越强。

3.1.5　多过程间的协调度与优化方向

协作度与竞争度反映多个用水过程间的互馈作用与耦合机制。通过加权求和法将协作度与竞争度合成一个指标。本书将该指标称为协调度。协调度反映了供水过程与可供水量间的协调程度，即水资源利用过程与资源间的协调程度。协调度越高，说明在给定的水资源可利用量下，水资源利用过程越有利于缓解水资源供需矛盾。

协调度H表达式如下

$$H = \alpha C_R + (1-\alpha)(1-C_P) \tag{3-4}$$

式中，α是协作度的权重，α=0～1。

协作度的重要性受到竞争度的影响。对于一个流域/区域，用水部门间的竞争度越高，说明该流域/区域缺水越严重，也就越需要用水部门间加强协作关系，从而增强“一水多用”、减少总需水量；反之，竞争度越小，说明该流域/区域水资源供需矛盾越小，用水部门间进行协作的需求也就越小；当竞争度为0时，说明该区域水资源充足，用水部门间并没有进行协作的必要性，此时可以令α=0。因此α与竞争度C_P之间存在正相关关系，本书令α=C_P，则式（3-1）转变为

$$H = C_P C_R + (1-C_P)^2 \tag{3-5}$$

式中，协调度H取值范围0～1，H取值越大，协调度越高。H=0代表无水可供的极端情况，此时C_P=1，C_R=0；H=1代表不缺水的情况，此时C_P=0。

协调度H反映水资源供需关系与水资源之间的匹配程度。并不是缺水率越小协调度H就越大。例如在水资源极其短缺的流域/区域，通过强化用水部门间的协作关系仍然可以取得较大的协调度。

在缺水流域为了减少不同用水部门间的用水矛盾，应以增加协作度、减少竞争度为目标，即

$$C_{RT} = \max\{C_R(M_{N,t}, D_{NE,i,t})\} \tag{3-6}$$

$$C_{PT} = \min\{C_P(M_t, D_{NET,t}, D_{E,i,t})\} \tag{3-7}$$

式中，C_{RT}是协作度C_R的目标值；C_{PT}是竞争度C_P的目标值。通过增加协作度，可以增加不同用水部门间共享的水资源量，从而减少总需水量、减轻供水压力；通过减少竞

争度，可以使需水过程与供水能力更加匹配，减少部分时段的供水压力。

可以从两方面实现增加协作度、减少竞争度的目标。在供给侧，可通过调水工程、优化配置等手段增加可供水量、调整供水过程，使供水过程更加匹配需水过程；在需求侧，可通过抑制需求、优化需水过程等手段减少需水量、调整需水过程，使需水过程更加匹配供水过程。

跨流域调水、优化配置、节水等是缓解水资源供需矛盾的常用方法。缺水流域进行水资源优化配置和调度时，由于水资源供需矛盾大、资源性缺水、工程调蓄能力不足、供需关系复杂等问题，仅通过优化供水过程有时难以取得理想的配水结果。面对缺水流域存在的问题，优化需水过程，缓解水资源供需矛盾，从而减轻水资源优化配置和调度的难度，可被视为缺水流域水资源优化配置和调度的辅助措施。

协调度 H 是协作度 C_R 和竞争度 C_P 的函数。基于式（3-2），将式（3-6）和式（3-7）转化成单目标：

$$C_T = \max\{H(C_R, C_P)\} \tag{3-8}$$

即在多过程优化时，需要调节水资源供需过程，增大协作度、降低竞争度，达到最大化协调度的目标。

3.2　多水源多尺度联调联供抗旱应急保障策略

水资源配置工作要坚持以人为本的原则，切实保障公民的基本用水权益；坚持人与自然相和谐的原则，充分考虑水资源的承载能力，保障资源、环境与经济社会的协调发展；坚持因地制宜、突出重点、统筹发展的原则，统筹处理好水资源配置过程中流域与区域、城镇与农村、工业与农业、经济与环境的用水关系。具体考虑以下原则：

（1）系统原则。区域是由水循环系统、社会经济系统和生态环境系统组成的具有整体功能的复合系统。流域水循环是生态环境最为活跃的控制性因素，并构成流域经济社会发展的资源基础。水资源合理配置要从系统的角度出发，注重除害与兴利、水量与水质、开源与节流、工程与非工程措施相结合，统筹解决水资源短缺与水环境污染对经济可持续发展的制约。

（2）公平和效益原则。按照民生优先和尊重现状用水权的原则，需水中最优先满足的是生活需水和现状已取得用水权的需水。在此基础上，按照单位用水量效益从高到低的次序进行供水，依次为新增建筑业第三产业需水、新增工业需水、新增农业需水、其他需水等。在配置上，供水高效性原则的定量实施还要受到供水公平性原则的制约。

（3）分质供水原则。在优质水量有限的条件下，在调配过程中为了满足各行各业的需水要求，需要实行分质供水，即优质水优先满足水质要求高的生活和工业的需要，然后满足农业和生态环境的需要。不同行业对供水水质的要求不同，按照现阶段的用水质量标准，劣于Ⅴ类的水资源只能用于发电、航运，以及区域生态系统供水或作为弃水；Ⅴ类水可以供农业及一般生态系统，也可以用于发电、航运等；Ⅳ类水可以供工业、农业及一般生态系统；Ⅲ类水及优于Ⅲ类的水可以供各行各业使用。

（4）均衡供水原则。在水量不足情况下，水资源调配应在时段之间、地区之间、行业部门之间尽量比较均匀地分配缺水量，避免个别地区、个别行业部门、个别时段的大幅度集中缺水而形成深度破坏，做到缺水损失最小，防止配水过度集中于经济效益好的地区和行业部门，不利于地区、行业部门和人群均衡发展。

（5）生活、生产和生态用水兼顾原则。从流域经济社会和生态环境协调发展的要求出发，应兼顾生活、生产和生态用水要求。按照用户的重要性确定供水次序，优先满足生活用水，其次满足最小生态用水，最后是生产用水和一般生态用水。对于特枯年和连续枯水年的应急用水方案，应重点保障人民生活用水，兼顾重点行业用水，确保应急对策顺利实施。

（6）鼓励节水原则。考虑到各用户用水水平的差异，应体现鼓励水资源高效利用的原则，当水源缺水时（供不应求）时，在相对公平性原则的基础上，应适当提高用水水平比较高的（用水定额低）用户的水量保证率。

3.3　多水源多尺度联调联供模型

3.3.1　多水源联合调配策略

随着近年来水资源需求不断增长，水资源供需矛盾日益突出，导致区域水资源危机加剧和生态环境不断恶化。特别是国家生态优先战略的提出，对生态环境的保护提出更高的要求，应对生态干旱已成为当前社会高度关注和亟须解决的重大问题。而对不同程度的生态干旱情况，应统筹协调多种用户、综合利用多种水源，通过科学的调控策略，努力使生态干旱影响降至最低。

多水源多尺度联调联供是一个非常复杂的系统工程，考虑多种常规水源地表水、地下水、过境水、外调水，以及合理利用微咸水、雨水、再生水、矿井水等其他水资源。供水对象包括城镇生活、农村生活、农业、一般工业、能源化工工业、建筑业和第三产业，以及生态环境等 7 项用水。根据各种可能水源的特征和各项需水性质，提出多水源联合调配的关系网络图，见图 3-3。

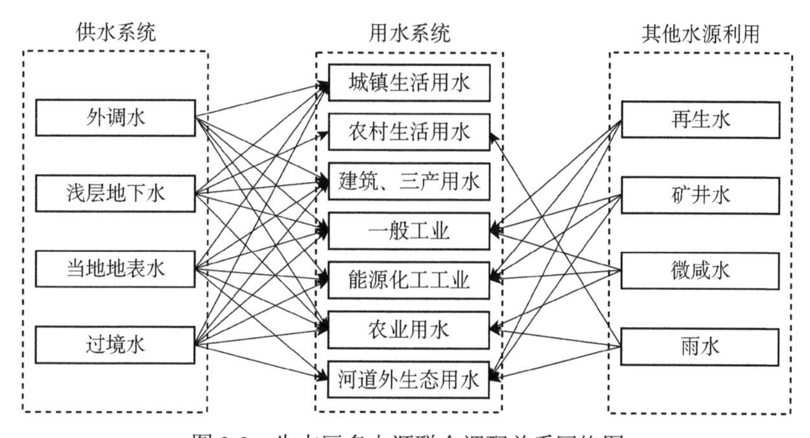

图 3-3　生态区多水源联合调配关系网络图

多水源多尺度联调联供的关系是：生活用水对水质要求较高，以优质地下水为主水源，河流引水为辅助水源；工业用水和生态环境应首先利用再生水、微咸水、矿井水等非常规水源，尽量减少地下水的开采利用；农业用水以地下水和河流引水为主水源。在多水源调配网络图的基础上，提出一套不同水源的运行规则指导水资源调配，这些规则构成多水源调配的策略。

1. 地表水利用规则

（1）没有调节能力的引水和提水工程可供水量要优先利用。优先利用无调节能力的引、提水工程满足用水需求，若引、提工程的来水量不够用时，动用水库的可调蓄水量。当水库的蓄水位达到当前时段允许的限制水位时，则停止水库供水；

（2）一个蓄、引、提工程能够同时向多个用水对象供水的情况，如果有规定的分水比例，便优先按照规定的比例供水；如果事先没有规定分水比例，依照配置准则分配。

2. 地下水利用规则

将地下水供水分为两部分：①最小供水量（以潜水以上的地下水量按照最小供水量对待）；②最小供水量与可供水量之间的机动供水量。应优先利用最小供水量，再利用机动供水量。

3. 非常规水源利用规则

非常规水源包括再生水、矿井水、微咸水、雨水等。根据用水户的水质需求，在条件允许的情况下，应优先利用非常规水源，特别是通过不同手段的处理，可以作为工业、农业、生态乃至生活的水源。

3.3.2　目标函数

根据以上目标和准则，结合区域水资源、经济社会和生态环境的特点，从区域水资源利用涉及的水资源高效利用、生态环境保护和经济社会持续发展等多目标出发，建立多目标协调模型如下

$$\max f(x) = f[S(x), E(x), B(x)] \tag{3-9}$$

式中，$f(x)$为区域水资源决策的总目标，是社会目标$S(x)$、生态环境目标$E(x)$、经济社会持续发展目标$B(x)$的耦合复合函数。

（1）社会目标$S(x)$。采用综合缺水最小作为社会目标，其表达式为

$$\min f = \sum_{i=1}^{n}[\omega_i(\frac{W_d^i - W_s^i}{W_d^i})^\alpha] \tag{3-10}$$

式中，ω_i为i子区域对目标的贡献权重，以其经济发展目标、人口、经济规模、环境状况为准则，由层次分析法确定，n为所有调水区和受水区的地区数量；W_d^i，W_s^i分别为i区域需水量和供水量；α（$0<\alpha\leqslant 2$，在此取1.5）为幂指数，体现水资源分配原则：α

愈大则各分区缺水程度愈接近，水资源分配越公平；反之则水资源分配越高效。

（2）生态环境目标 $E(x)$。选择生态环境需水量满足程度最高作为生态环境目标，其表达式为

$$\max \mathrm{ES}=\sum_{i=1}^{N}\sum_{j=1}^{T}\Phi_i\prod_{m=1}^{12}\left[\frac{\mathrm{Se}(i)}{\mathrm{De}(i)}\right]^{\lambda(t)} \tag{3-11}$$

式中，ES 为研究系列生态环境需水量满足程度；$\mathrm{Se}(i)$ 为 i 区域生态环境水量；$\mathrm{De}(i)$ 为 i 区域适宜的生态环境需水量；N 为统计生态环境需水量的区域总数；Φ_i 为区域 i 的生态环境权重指数；$\sum_{i=1}^{N}\Phi_i=1$；$\lambda(t)$ 为第 t 时段区域生态环境缺水敏感指数。

（3）经济目标 $B(x)$。选用国内生产总值最大作为经济目标，其表达式为

$$\max\left\{\mathrm{TGDP}=\sum_{i=1}^{m}\sum_{j=1}^{n}\mathrm{GDP}(i,j)\right\} \tag{3-12}$$

式中，$\mathrm{GDP}(i,j)$ 为流域国内生产总值；j 为分区，$j=1$，2，…，n，i 为经济部门，$i=1$，2，…，m。

上述各目标之间及目标和约束条件之间存在着很强的竞争性。特别是在水资源短缺的情况下，水已经成为经济、环境、社会发展过程中诸多矛盾的焦点。在进行水资源优化配置时，各目标之间相互依存、相互制约的关系极为复杂，一个目标的变化将直接或间接地影响到其他各个目标的变化，即一个目标值的增加往往要以其他目标值的下降为代价。所以多目标问题总是牺牲一部分目标的利益来换取另一些目标利益的改善。在实际进行水资源规划与水资源优化配置时，一要考虑各个目标或属性值的大小，二要考虑决策者的偏好要求，定量手段寻求使决策者达到最大限度的满足的均衡解。

3.3.3　约束条件

模型约束条件主要有水量平衡约束、水库库容约束、水资源开发利用与保护约束、变量非负约束等。

1. 水量平衡约束

（1）节点水量平衡公式如下

$$W_{\mathrm{sy}}+W_{\mathrm{qj}}=W_{\mathrm{xy}}+W_{\mathrm{u}}+W_{\mathrm{s}} \tag{3-13}$$

式中，W_{sy} 为上游来水，W_{qj} 为区间入流，W_{xy} 为下游下泄，W_{u} 为用水量，W_{s} 为损失水量。

（2）水库水量平衡公式如下

$$\mathrm{VR}(m+1,i)=\mathrm{VR}(m,i)+\mathrm{VRC}(m,i)-\mathrm{VRX}(m,i)-\mathrm{VL}(m,i) \tag{3-14}$$

式中，$\mathrm{VR}(m+1,i)$ 表示第 m 时段第 i 个水库末库容；$\mathrm{VR}(m,i)$ 表示第 m 时段第 i 个水库初库容；$\mathrm{VRC}(m,i)$ 表示第 m 时段第 i 个水库的存蓄水变化量；$\mathrm{VRX}(m,i)$ 表示第 m 时段第 i 个水库的下泄水量；$\mathrm{VL}(m,i)$ 示第 m 时段第 i 个水库的水量损失。

（3）河道回归水量平衡公式如下

$$QRe(m,t)=\sum_{i=1}^{n}\left[QRel(i,t)+QRea(i,t)+QRei(i,t)\right] \tag{3-15}$$

式中，$QRe(m,t)$ 表示第 t 时段河道上下断面区间的回归水汇入量；$QRel(i,t)$ 表示第 m 时段河道上下断面区间生活退水量；$QRea(i,t)$ 表示第 m 时段河道上下断面区间灌溉退水量；$QRei(i,t)$ 表示第 m 时段河道上下断面区间工业退水量。

2. 水库库容约束

$$V\min(m,t)\leqslant V(m,t)\leqslant V\max(m,t) \tag{3-16}$$

式中，$V\min(m,t)$ 为死库容，$V\max(m,t)$ 为当月最大库容。

3. 水资源开发利用与保护约束

（1）流域耗水总量小于可利用的水资源量公式如下

$$\sum_{t=1}^{12}Q\mathrm{con}(n,t)\leqslant \mathrm{QY}(n) \tag{3-17}$$

式中，$Q\mathrm{con}(n,t)$ 表示流域每一个时段可消耗水资源量；$\mathrm{QY}(n)$ 表示流域可消耗的水资源量（水资源可利用量）。

（2）地下水使用量约束公式如下

$$\mathrm{GW}(n,t)\leqslant \mathrm{GP}\max(n) \tag{3-18}$$

$$\sum_{t=1}^{12}\mathrm{GW}(n,t)\leqslant \mathrm{GW}\max(n) \tag{3-19}$$

式中，$\mathrm{GW}(n,t)$ 表示第 t 时段第 n 计算单元的地下水开采量；$\mathrm{GP}\max(n)$ 表示第 n 计算单元的年允许地下水开采量上限；$\mathrm{GW}\max(n)$ 表示第 n 计算单元的时段地下水开采能力。

（3）最小生态需水约束公式如下

$$\mathrm{QE}\min(i,t)\leqslant \mathrm{QE}(i,t) \tag{3-20}$$

式中，$\mathrm{QE}(i,t)$ 和 $\mathrm{QE}\min(i,t)$ 分别表示第 i 条河道实际流量和最小生态需求流量。

4. 变量非负约束

所有变量均为非负数。

3.4 模型求解技术

3.4.1 实现功能

模型的模拟主要是在一定系统输入情况下模拟水资源系统的响应，分析不同运行规则及分水政策对水资源利用带来的影响。建立模拟模型的目的就是要用计算机算法来表示原型系统的物理功能和它的经济效果，模拟系统具备以下功能：

（1）系统概化与描述。流域水资源系统通过节点和连线构成的节点图来描述。区域地域辽阔，而且各地区之间自然差异大，蓄、引、提工程设施数量多，在对流域进行概化时，应根据需要与可能，充分反映实际系统的主要特征及组成部分间的相互关系，包括水系与区域经济单元的划分、大型水利工程等。但根据研究精度要求，可对系统作某些简化，如可将支流中、小型水库及一些小型灌区概化处理等。

（2）供需平衡分析。供需分析是水资源规划的重要内容，其结果也是决策者和规划人员非常关注的问题，要求在供需计算中采用引水进行平衡计算，同时能方便地对分区及全流域进行水资源供需分析。

（3）流域水工程运行模拟。水库调节与库群补偿调节是充分利用水资源、提高其综合利用效益的主要措施，水库群补偿调节的核心问题是妥善处理蓄水与供水的关系及蓄放水次序，要求模型能方便地适应水库运行规则的变化，使得对水库运行规则的模拟具有较大的灵活性。

（4）合理开发利用水资源。按照水资源开发利用和保护的要求，对流域多水源进行联合运用，合理开发其他水资源；为此模型计算时考虑地表水与地下水联合运用，根据不同地区实际情况，采用地下水可开采量直接扣除和考虑地下水允许埋深的水均衡法。

（5）多目标模拟。水利工程运用以及水资源配置反映流域防洪、防凌、输沙、生态环境保护与经济发展等需求，对水资源配置策略进行模拟评价或进行政策试验是模型的主要功能之一，在模型研究中占有重要地位。

3.4.2　模拟方法

区域水资源系统是一个涉及面广、边界条件复杂，包括众多供水部门和多种水源，上中下游用水需统筹考虑，具有多目标特点的巨大系统。需要应用现代系统分析方法和先进模型技术研究，具体而言：

（1）水资源系统是由自然系统和人类活动系统相结合而组成的复杂系统。系统分析是一种科学的逻辑推理技术。由逻辑维-时间维-知识维。系统目标的定量化、最优化及模拟技术是系统分析的关键。

（2）系统含有诸多因素，它们彼此联系并呈线性或非线性关系，采用新发展的非线性分析法来寻求最优解。

（3）经济效益分析采用基于微观经济学原理进行分析。

（4）单产-水反映函数研究需要大量水利、农业统计资料，采用回归分析的方法较深入研究全生育期作物单产与耗水量的关系。

（5）图形显示系统采用地理信息系统（geographic information system，GIS）技术、电子表格软件技术。

系统开发的核心是建立流域水资源合理配置模型，整合水文、经济、社会、生态环境的关系，评估不同的配置模式、工程组合、发展水平和各种分配方案的经济效益、社会效益、生态效益的差别，重点反映流域内不同配置方案对地区经济社会发展的作用，选择经济合理的水资源开发利用方案。

3.4.3 系统模拟基础

1. 节点水量平衡计算

节点是模型中的基本计算单元，各节点的水量平衡保证流域内各分区、各河段、各行政区内的水量平衡，节点水量平衡考虑为多用户进行多水源供水，节点水量平衡表达式为

$$W_{上}+W_{区间}+W_{回归}+W_{调入}+W_{自产}+W_{污}+W_{库}+W_{其他}-Q_{con}-W_{水库蓄}-W_{调出}-W_{下}=0 \tag{3-21}$$

$$Q_{con}=QP_{城镇}+QP_{农村}+QP_{工业}+QP_{农业}+QP_{生态} \tag{3-22}$$

式中，$W_{上}$为上游节点来水；$W_{区间}$为区间入流；$W_{回归}$为区间回归水；$W_{调入}$为外调水；$W_{自产}$为当地地表水和地下水；$W_{污}$为污水处理回；$W_{库}$为水库存蓄水量；$W_{其他}$为雨水、微咸水等其他水源；Q_{con}为多用户需水，$QP_{城镇}$为城镇生活需水，$QP_{农村}$为农村生活需水，$QP_{工业}$为工业需水，$QP_{农业}$为农业需水，$QP_{生态}$为城镇生态、农村生态需水；$W_{水库蓄}$为水库自身调蓄水量；$W_{调出}$为调出水量；$W_{下}$为下一节点水量需求；单位均为m^3。

节点缺水量可通过供水量与需水量差值表示如下

$$QC_{总}=QS_{总}-QP_{总} \tag{3-23}$$

式中，缺水量$QC_{总}$为各用水部门量缺水之和；$QS_{总}$为总供水量；$QP_{总}$为各部门需水总量；单位均为m^3。

2. 水量计算的几个假定

①对防凌等的处理，通过水库汛限水位及河道控制流量对防凌控制给予考虑；②计算时段为月；③不考虑河道径流传播时间；④不考虑河道槽蓄影响；⑤不考虑河道内水量及含沙量对可引水量的影响。

3.4.4 模拟步骤和流程

模型模拟分析的主要步骤如下：

（1）对系统中的各个因素和它们之间的关系进行描述，绘制流域节点图；

（2）明确模型运行的各项政策：①建立作物单产-水反应函数；②计算各类用户的需水要求；③将水库库容划分若干个蓄水层，赋予相应的优先序，并将水库供水范围内各种需水的优先序组合在一起，制定水库运行规则；④确定每个节点上的生活及工业需水、农业需水、水库蓄水等项的供水优先序；⑤采用水利经济计算规程中建议的方法，对农业、工业及生活、发电等不同用水部门进行经济效益计算方法；

（3）将模型所需的各类数据整理成节点文件；

（4）根据流域情况、生产需求、政策变化及优化模型的输出成果调整运行政策或拟定运行方案，模拟模型结构流程图见图 3-4。

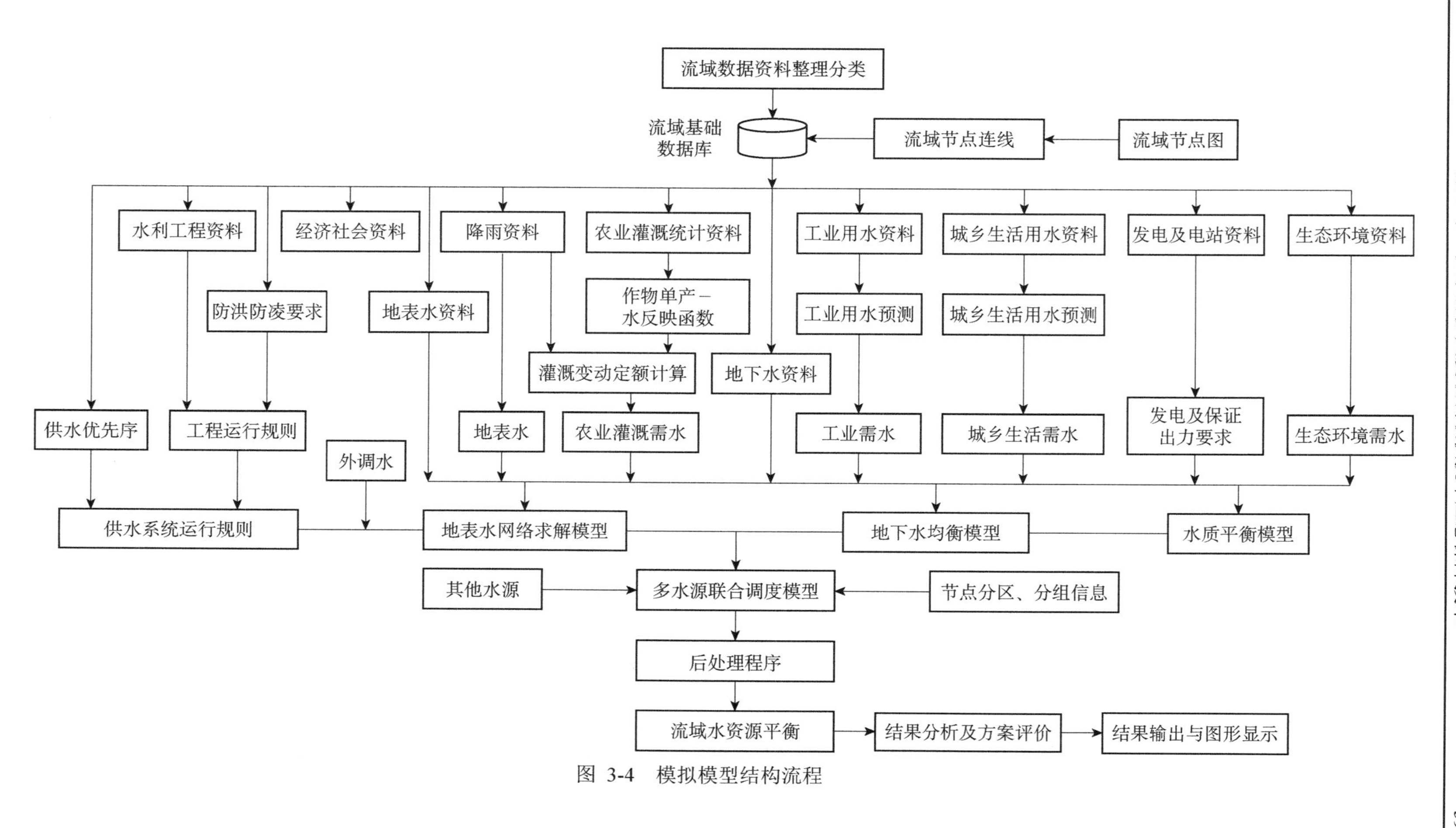

图 3-4 模拟模型结构流程

城市旱情判别与旱灾风险评估技术

4.1　城市旱灾风险评估内容及流程

城市干旱是指城市供水水源地区因遇枯水年或突发性事件，造成城市供水水源不足，城市供水能力低于正常供水能力，城市正常的生活、生产和生态环境受到影响的现象。旱灾是干旱发展到一定程度后，对正常生活、生产和生态生成不利影响的事件。为能够更好地做好城市灾害预防和应对工作，我们将按照下述流程（图4-1）建立城市旱灾风险评估体系。

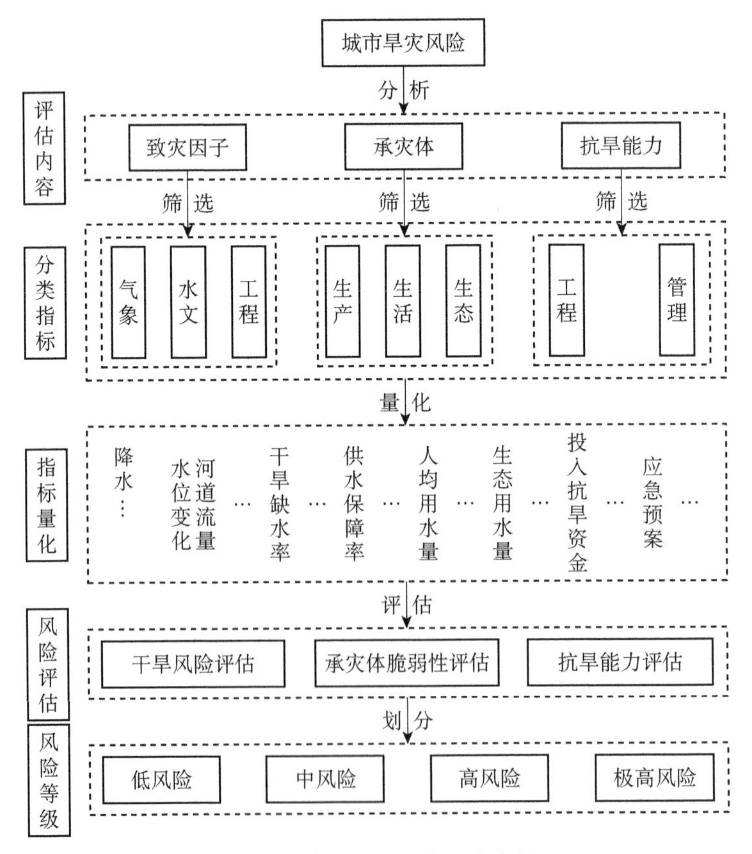

图4-1　城市旱灾风险评估流程

（1）资料收集：包括评估区域的区域背景和区域内承灾体的基本信息；干旱致灾因子的特征信息；承灾体脆弱性和区域抗旱减灾能力信息；历史灾情信息。

（2）风险源识别：干旱的灾害风险的致灾因子是偶然性或周期性的降水减少，区域外部水源补给的非正常减少，以及由于温度升高等影响造成蒸发量和耗水量的急剧增加等。

（3）承灾体识别：通过分析干旱开始、结束和持续的时间，干旱的最大强度及影响范围等，从生活、生产、生态三个方面确定干旱影响的主要对象（承灾体）。

（4）评估干旱危险程度：是在干旱灾害系统观点的指导下，以历史干旱资料为依据，分析和预测一定区域未来时段内干旱灾害的孕灾环境和致灾因子的各种危险性指标的变化情况，并估计其概率分布函数。

（5）评估承灾体脆弱性：一般按不同承灾体类型，从区域承灾体的物理暴露性、灾损敏感性和区域的抗旱减灾能力构造评价指标体系，然后采用层次分析法、模糊综合评判等方法加以耦合，进行综合评估。

（6）评估区域干旱风险级别：干旱风险评估的关键内容是估算干旱可能造成的损失，这种预期损失取决于干旱影响范围、干旱强度、承灾体的暴露性、灾损敏感性，以及区域综合抗旱减灾能力，分别按不同方法来综合评价风险可能达到的程度及承灾体风险损失度。

4.2　区域干旱危险性评估

4.2.1　指标选取

区域干旱危险性严重程度由多种因素共同决定，本书主要考虑致灾因子。选取的指标为：降水距平百分率、产水模数距平百分率和综合缺水程度。旱情分级标准如表 4-1 所示。

表 4-1　评价指标等级划分标准　（单位：%）

致灾因子指标	干旱级别				
	无旱	轻旱	中旱	重旱	特旱
降水距平百分率	−15 <	−30～−15	−40～−30	−45～−40	<−45
产水模数距平百分率	−8<	−20～−8	−30～−20	−40～−30	<−40
综合缺水程度	< 5	5～15	15～30	30～40	> 40

4.2.2　区域干旱等级评定

采用模糊综合评价方法，通过构造等级模糊子集，确定模糊指标的隶属度，然后利用模糊变换原理对各指标综合评价。

1. 构造隶属度函数关系矩阵

隶属度由隶属函数计算得到，采用三角函数作为隶属函数如式（4-1）～（4-5）所示，正相关指标的隶属度函数示意图如图 4-2 所示。

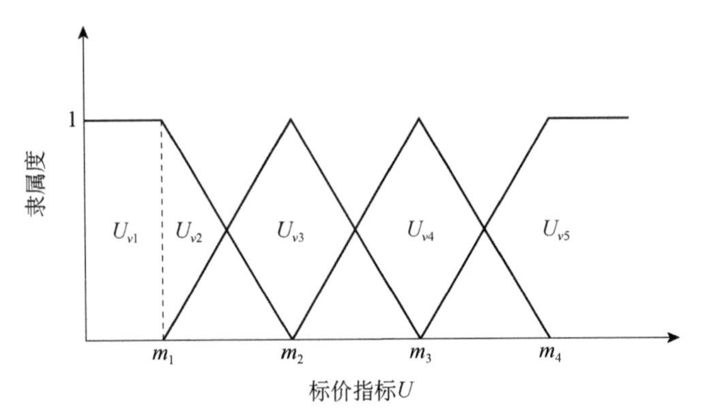

图 4-2 干旱隶属度函数示意图

正常：
$$U_{v1}(x_i)=\begin{cases}1 & x_i<m_1\\ 0 & x_i\geqslant m_1\end{cases} \tag{4-1}$$

轻度干旱：
$$U_{v2}(x_i)=\begin{cases}0 & x_i<m_1\\ 0 & m_1\leqslant x_i<m_2\\ 0 & x_i\geqslant m_2\end{cases} \tag{4-2}$$

中度干旱：
$$U_{v3}(x_i)=\begin{cases}0 & x_i\leqslant m_1\\ \dfrac{x_1-m_1}{m_2-m_1} & m_1<x_i\leqslant m_2\\ \dfrac{m_3-x_1}{m_3-m_2} & m_2<x_i\leqslant m_3\\ 0 & x_i>m_3\end{cases} \tag{4-3}$$

严重干旱：
$$U_{v4}(x_i)=\begin{cases}0 & x_i<m_2\\ \dfrac{x_1-m_2}{m_3-m_2} & m_2\leqslant x_i\leqslant m_3\\ \dfrac{m_4-x_1}{m_4-m_3} & m_3<x_i\leqslant m_4\\ 0 & x_i>m_4\end{cases} \tag{4-4}$$

特大干旱：
$$U_{v5}(x_i)=\begin{cases}0 & x_i\leqslant m_3\\ \dfrac{x_1-m_3}{m_4-m_3} & m_3<x_i\leqslant m_4\\ 1 & x_i>m_4\end{cases} \tag{4-5}$$

2. 模糊综合评价

模糊综合评价是在单因素评价的基础上，确定干旱综合评价指标向量。首先根据所选取的资料和隶属度，可以分别得到该年度各单评价隶属于某干旱等级的隶属数值，从而可以建立综合指标隶属矩阵 R。

$$R = \{r_{ij}\} \tag{4-6}$$

式中，r_{ij} 为隶属度，i 表示第一个指标，i=1～3；j 表示第 j 个干旱等级 j=1～5。

然后利用层次分析法确定评价指标的权重集。等到的权重集 ω 乘以综合指标隶属度矩阵 R 即可得到干旱综合评价指标向量 W。

$$W = \omega \cdot R \tag{4-7}$$

按照最大隶属度原则，根据综合评价指标向量 W 给出评定结果。

4.2.3　区域干旱强度概率分布

考虑到信息扩散能利用样本模糊信息弥补小样本导致的信息不足，采用信息扩散理论和模糊数学的方法来计算不同干旱强度发生的频率。

1. 干旱强度序列

为了运用信息扩散理论计算干旱强度的概率分布，需建立干旱强度序列。根据区域干旱等级模糊综合评价的结果，考虑到降雨量的是造成干旱的直接原因，用多年平均降水量的分级与 W 向量的各元素相乘，可得干旱程度评价指标 CI，以 CI 的大小来表示区域综合干旱程度。计算 CI 时，为了与干旱等级相对应，取旱涝一共九个等级进行，分别为特大湿润、严重湿润、中度湿润、轻度湿润、正常、轻度干旱、中度干旱、严重干旱和特大干旱。

CI 的表达式如下

$$\mathrm{CI} = \sum_{i=1}^{n} P_i W_i \tag{4-8}$$

式中，P 为降雨量分级向量，CI 为干旱程度评价指标。

2. 信息扩散理论计算步骤

（1）根据区域干旱等级评定结果，建立干旱强度序列（Y_i）。

（2）设定干旱强度的论域，即干旱强度的最大值和最小值及其可能的取值 $U = \{u_1, u_2, \cdots, u_n\}$。

（3）将 Y_i 的信息扩散至论域的每一个成员，并求得 Y_j 的归一化信息分布，采用的信息扩散方程如下

$$f_i(u_i) = \frac{1}{\sqrt{2\pi} \cdot h} \cdot \exp\left[-\frac{(y_i - u_i)^2}{2h^2}\right] \quad (i = 1, \cdots, n; j = 1, \cdots, m) \tag{4-9}$$

$$h=\begin{cases}1.423(b-a)/(m-1) & m<10\\ 1.4208(b-a)/(m-1) & m\geqslant 10\end{cases} \tag{4-10}$$

式中，m 样本个数，n 为论域取值个数，h 为扩散系数，b 为最大样本值，a 为最小样本值。

$$C_j=\sum_{i=1}^{n}f_j(u_i) \tag{4-11}$$

式中，$f_j(u_i)$ 表示观测样本值 y_j 扩散到点 u_i 上的信息量，u_i 为信息吸收点。C_j 为观测样本值在扩散点上的信息量和。

相应的模糊子集的隶属度函数为

$$g_j(u_i)=f_j(u_i)/C_j \tag{4-12}$$

式中，$g_j(u_i)$ 称为样本 y_i 的归一化分布。对所有样本按上式进行处理，计算经信息扩散后推断出的论域值为 u_i 的样本个数 $q(u_i)$ 及各 u_i 上的样本数的总和 Q。

（4）计算不同干旱强度的发生频率，即 u_i 的超越概率如式（4-13）、式（4-14）所示

$$q(u_i)=\sum_{j=1}^{m}g_j(u_i) \tag{4-13}$$

$$Q=\sum_{i=1}^{n}q(u_i) \tag{4-14}$$

样本落在 u_i 处的频率为

$$p(u_i)=q(u_i)/Q \tag{4-15}$$

指标超越 u_i 的超越概率为

$$p(u\geqslant u_i)=\sum_{k=1}^{i}p(u_k) \tag{4-16}$$

根据 CI 的旱情等级分级标准，当某 u_i 值处的 P（u_i）值达到某等级旱情规定的数值时，该值对应的超越概率即为对应干旱等级发生的频率。

4.2.4　评估模型

根据干旱危险性评价指标体系，构建干旱危险性评估模型为

$$D=\sum_{i=1}^{n}d_i\times P_i \tag{4-17}$$

式中，D 为干旱危险性指数，d_i 为权重，表示干旱强度的大小，取值按各干旱等级可能造成的旱灾损失的比重来确定，特旱时 $d_1=8$，重旱时 $d_2=5$，中旱时 $d_3=3$，轻旱时 $d_4=1$，P_i 对应于干旱强度发生的频率；n 为区域干旱等级个数。

对危险性进行评估之前，要对指标进行标准化处理。为了进行标准化处理，首先，将各指标对于干旱灾害的形成起积极作用还是起阻碍作用，分为正向指标和逆向指标。

4.3　区域干旱脆弱性评估

4.3.1　指标选取

脆弱性主要是研究承灾体易于受到灾害体攻击的程度和破坏情况，以及承灾体面对灾害体的应对能力和事后恢复能力。对区域内承灾体的脆弱性进行评估是为了评估未来区域干旱风险损失，因此，在选择脆弱性指标时，主要从生产、生活和生态三个方面展开。

4.3.2　评估模型

根据干旱脆弱性评价指标体系，构建干旱脆弱性评估模型为

$$C_1=\sum_{i=1}^{2}\left(\omega_1\times c_{111}+\omega_2\times c_{121}\right)\times P_i \tag{4-18}$$

$$C_2=\sum_{i=1}^{3}\left(\omega_1\times c_{211}+\omega_2\times c_{212}+\omega_3\times c_{213}\right)\times P_i \tag{4-19}$$

$$C_3=\sum_{i=1}^{4}\left(\omega_1\times c_{311}+\omega_2\times c_{321}+\omega_3\times c_{322}+\omega_3\times c_{323}\right)\times P_i \tag{4-20}$$

$$C=\omega_1\times C_1+\omega_2\times C_2+\omega_3\times C_3 \tag{4-21}$$

式中，C 为脆弱性指数，C_1、C_2、C_3 分别为生活、生产和生活脆弱性指数，ω 为权重，P_i 为对应干旱等级发生的概率。

4.4　区域旱灾风险评估

干旱风险指数是用来度量干旱灾害风险的综合指标，表示风险度的大小，按照风险度=危险度×脆弱度的基本模型来进行计算，如式（4-22）所示。城市旱灾风险评估指标体系详见表 4-2。

$$F=D\times C/K \tag{4-22}$$

式中，F 为干旱风险指数，C 为脆弱性指数，K 为抗旱能力指数。

表 4-2　城市旱灾风险评估指标体系汇总表

分类指标		表征指标	量化指标
致灾因子（*D*）	气象（*D*1）	降水量（*D*11）	降水距平百分率[1]（*D*111）
	水文（*D*2）	产流（*D*21）	产流模数距平百分率[1]（*D*211）
	工程（*D*3）	供水工程（*D*31）	综合缺水程度[1]（*D*311）

续表

分类指标		表征指标	量化指标
承灾体（*C*）	生活（*C*1）	生活用水（*C*11）	居民生活人均用水量[1]（*C*111）
		公共建筑用水（*C*12）	公共服务用水量[1]（*C*121）
	生产（*C*2）	生产（*C*21）	第一产业[2]（*C*211）
			第二产业[1]（*C*212）
			第三产业[1]（*C*213）
	生态（*C*3）	生态功能（*C*31）	城市绿化覆盖率[1]（*C*311）
		生态安全（*C*32）	流域水土保持用水量[2]（*C*321）
			绿地生态用水量[1]（*C*322）
			河/湖生态基本保障水量[2]（*C*323）
抗旱能力（*R*）	工程（*R*1）	应急供水（*R*11）	生活供水保障率[1]（*R*111）
			生产供水保障率[1]（*R*112）
			生态供水保障率[1]（*R*113）
		雨水利用（*R*12）	天然小型蓄水工程[2]（*R*121）
			人工蓄水设施/海绵城市[1]（*R*122）
		再生水利用（*R*13）	再生水利用量[1]（*R*131）
			再生水利用率[1]（*R*132）
	管理（*R*2）	应急管理（*R*21）	旱情监测预警系统[1]（*R*211）
			抗旱指挥调试系统[1]（*R*212）
			抗旱预案的执行[1]（*R*213）

注：上标为 1 的表示必须，上标为 2 的表示根据地方特征可选。

应对旱灾的城市应急供水机制及雨水利用策略

5.1 应急供水保障需求

5.1.1 不同旱灾情景下的应急供水保障需求

1. 轻度和中度干旱

《中华人民共和国抗旱条例》提出，当发生轻度干旱和中度干旱时，县级以上地方人民政府防汛抗旱指挥机构应当采取下列措施：

（1）启用应急备用水源或者应急打井、挖泉；

（2）设置临时抽水泵站，开挖输水渠道或者临时在江河沟渠内截水；

（3）使用再生水、微咸水、海水等非常规水源，组织实施人工增雨；

（4）组织向人畜饮水困难地区送水。

2. 严重和特大干旱

当发生严重干旱和特大干旱，县级以上地方人民政府防汛抗旱指挥机构应当按照抗旱预案的规定，采取下列措施：

（1）压减供水指标；

（2）限制或者暂停高耗水行业用水；

（3）限制或者暂停排放工业污水；

（4）缩小农业供水范围或者减少农业供水量；

（5）限时或者限量供应城镇居民生活用水。

干旱情况下城市用水可分为综合生活用水、生产（工业企业）用水、生态环境用水、消防用水、管网漏损水量和未预见用水等用水类型。其中，综合生活用水包括城市居民日常生活用水和公共设施用水两部分的总水量。城市居民日常生活用水包括饮用水和其他用水，涵盖居民饮用、生活烹调、洗涤、冲厕、洗澡等日常生活用水。公共设施用水涵盖娱乐场所、宾馆、浴室、商业、学校和机关办公楼等用水，但不包括城市浇洒道路、绿地和广场等市政用水，可分为经营服务用水（宾馆、餐饮、浴室等）和公建用水（商场、医院、学校、办公楼等）。生产（工业企业）用水是工业企业生产过程所需的用水量，包括冷却用水、冷凝用水、生产过程用水、食品加工用水、交通运输用水、发电厂用水和建筑用水。生态环境用水包括绿地浇灌用水和小区道路、广场的浇洒用水。消防用水即为消防救援用水。管网漏损水量考虑供水过程中管网损失的水量。未预见用水是城市整体用水中未纳入指标、难以预料的水量。

城市用水分类评价指标按照各类城市用水进行设计。综合生活用水按照细分类型对应为居民饮用水、综合生活用水、服务业生活用水和公建生活用水 4 个指标。生产（工业企业）用水按照具体用水分类对应指标分别为冷却用水、冷凝用水、生产过程用水、食品加工用水、交通运输用水、发电耗水量和施工期平均用水量。生态环境用水采用指标为绿化浇灌用水和小区道路、广场浇洒用水。消防用水、管网漏损水量和未预见水量指标直接采用城市用水大类，即消防用水、管网漏损水量和未预见用水（表 5-1）。

表 5-1　应急城市用水类型指标

城市用水类型	用水分类	细类	评价指标	内涵
综合生活用水	居民日常生活用水	饮用水	居民饮用水	饮用水
		其他用水	综合生活用水	生活烹调、洗涤、冲厕、洗澡等日常生活用水
	公共设施用水	经营服务用水（宾馆、餐饮、浴室等）	服务业生活用水	娱乐场所、宾馆、浴室、餐饮等用水
		公建用水（商场、医院、学校、办公楼等）	公建生活用水	商业、学校、医院和机关办公楼等用水
生产（工业企业）用水	冷却用水	冷却用水	冷却用水	高炉和炼钢炉、机器设备、润滑油和空气的冷却用水
	冷凝用水	冷凝用水	冷凝用水	锅炉和冷凝器用水
	生产过程用水	生产过程用水	生产过程用水	纺织厂和造纸厂的洗涤、净化、印染等用水
	食品加工用水	食品加工用水	食品加工用水	食品加工用水
	交通运输用水	交通运输用水	交通运输用水	机车和船舶用水
	发电厂用水	发电厂用水	发电耗水量	发电厂用水
	建筑用水	建筑用水	施工期平均用水量	各类建筑活动及建筑安装、装修、钻井、打井、勘探等用水
生态环境用水	绿化浇灌用水	绿化浇灌用水	绿化浇灌用水	用于浇灌绿化的用水
	小区道路、广场浇洒用水	小区道路、广场浇洒用水	小区道路、广场浇洒用水	用于浇洒小区道路、广场用水
消防用水	消防用水	消防用水	消防用水	消防用水
管网漏损水量	管网漏损水量	管网漏损水量	管网漏损水量	管网漏损水量
未预见用水	未预见用水	未预见用水	未预见用水	未预见用水

干旱情况下，应当着重保障城市生活、生产与生态的必要用水。供水紧张条件下，随着干旱严重等级的加剧，各类用水均需要按照比例进行压缩，详细参考应急供水计算章节。

5.1.2　应急状态下的城市分质供水保障需求

为应对干旱缺水的情景，需要针对不同用水设定水质标准，精准供水，实现有效保障。城市供水主要分为综合生活用水、生产（工业企业）用水、生态环境用水、消防用水等。其中，综合生活用水包括城市居民日常生活用水和公共设施用水，城市居民日常生活用水包括饮用水和其他用水，公共设施用水可分为经营服务用水（宾馆、餐饮、浴室等）和公建用水（商场、医院、学校、办公楼等）；生产（工业企业）用水包括冷却用水、冷凝用水、生产过程用水、食品加工用水、交通运输用水、发电厂用水和建筑用水；生态环境用水包括绿地浇灌用水和小区道路、广场浇洒用水；消防用水为消防救援用水。

1. 自来水

自来水主要保障综合生活用水，包括居民的日常生活用水与公共设施用水，与食品和人体密切接触的产品用水应采用自来水供水，达到地表水环境质量标准Ⅲ类以上水质，或者符合具体行业规定。在干旱情景不断加剧情况下，可将冲厕所用水、清扫卫生用水、大型建筑中的空调冷却水等从综合生活用水中剥离出来，使用再生水进行供水。生态环境用水优先采用就近的再生水、矿井疏干水等非常规水资源供给，不足部分可以采用自来水补充。

2. 再生水

再生水是处理回用水获得的水源，由于目前污水处理率普遍较低，且清污合流现象突出，再生水水质一般较差，这种情况下再生水一般作为工业冷却水、城市绿化用水、城市杂用等。同时，再生水往往处理成本高，输水管道费用较高，供水成本一般很高，但是，再生水有年内供水量较稳定的有利条件。干旱情况下，再生水可以保障生态环境用水和部分工业企业生产用水。对于干旱风险较大的城市应着重挖掘污水资源化潜力，提高再生水利用率。

严格执行国家规定水质标准条件下，可以通过逐段补水的方式将再生水作为河湖湿地生态补水，并用于城市绿化、景观补水、冲厕、道路清扫、车辆冲洗、建筑施工、消防等领域。

当再生水用作工业用水水源时，基本控制项目及指标限值应满足表 5-2 的规定。再生水用作冷却用水（包括直流冷却水和敞开式循环冷却水系统补充水）和洗涤用水时，一般达到表 5-2 中所列的控制指标后可以直接使用。必要时也可对再生水进行补充处理或与新鲜水混合使用。对于以城市污水为水源的再生水，除应满足表 5-2 各项指标外，其化学毒理学指标还应符合《城镇污水处理厂污染物排放标准》（GB 18918—2002）中“一类污染物”和“选择控制项目”各项指标限值的规定。使用再生水的工业用户，应进行再生水的用水管理，包括杀菌灭藻、水质稳定、水质水量与用水设备监测控制等工作。

2021 年 1 月，国家发展改革委联合九部门印发《关于推进污水资源化利用的指导意见》（以下简称《意见》）中提出，污水资源化利用（即污水经无害化处理达到特定水质标准），作为再生水替代常规水资源，可以用于工业生产、市政杂用、居民生活、生态补水、农业灌溉、回灌地下水等。根据目前我国城市普遍处理污水能力低下、难以达到居民生活和部分工业生产要求的情况来看，对于工业企业的再生水利用尤为重要和迫切，《意见》也提出要推进企业内部工业用水循环利用，提高重复利用率，推进园区内企业间用水系统集成优化，实现串联用水、分质用水、一水多用和梯级利用。以火电、石化、钢铁、有色、造纸、印染等高耗水行业为再生水利用的重点企业，进行企业、园区、区域内部废水利用。

干旱风险较大的缺水地区可以采用分散式、小型化的处理回用设施，对市政管网未覆盖的住宅小区、学校、企事业单位的生活污水进行达标处理后实现就近回用。

表 5-2　再生水用作工业用水水源的水质标准

序号	控制项目	冷却用水		洗涤用水	锅炉补给水	工艺与产品用水
		直流冷却水	敞开式循环冷却水系统补充水			
1	pH	6.5～9.0	6.5～8.5	6.5～9.0	6.5～8.5	6.5～8.5
2	悬浮物（SS）/（mg/L）	≤30	—	≤30	—	—
3	浊度/NTU	—	≤5	—	≤5	≤5
4	色度/度	≤30	≤30	≤30	≤30	≤30
5	生化需氧量（BOD_5）/（mg/L）	≤30	≤10	≤30	≤10	≤10
6	化学需氧量（CODcr）/（mg/L）	—	≤60	—	≤60	≤60
7	铁/（mg/L）	—	≤0.3	≤0.3	≤0.3	≤0.3
8	锰/（mg/L）	—	≤0.1	≤0.1	≤0.1	≤0.1
9	氯离子/（mg/L）	≤250	≤250	≤250	≤250	≤250
10	二氧化硅（SiO_2）	≤50	≤50	—	≤30	≤30
11	总硬度［以 $CaCO_3$ 计/（mg/L）］	≤450	≤450	≤450	≤450	≤450
12	总碱度［以 $CaCO_3$ 计/（mg/L）］	≤350	≤350	≤350	≤350	≤350
13	硫酸盐/（mg/L）	≤600	≤250	≤250	≤250	≤250
14	氨氮［以 N 计/（mg/L）］	—	≤10[a]	—	≤10	≤10
15	总磷［以 P 计/（mg/L）］	—	≤1	—	≤1	≤1
16	溶解性总固体/（mg/L）	≤1000	≤1000	≤1000	≤1000	≤1000
17	石油类/（mg/L）	—	≤1	—	≤1	≤1
18	阴离子表面活性剂/（mg/L）	—	≤0.5	—	≤0.5	≤0.5
19	余氯[b]/（mg/L）	≥0.05	≥0.05	≥0.05	≥0.05	≥0.05
20	粪大肠菌群/（个/L）	≤2000	≤2000	≤2000	≤2000	≤2000

注：[a] 当敞开式循环冷却水系统换热器为铜质时，循环冷却系统中循环水的氨氮指标应小于 1mg/L。
[b] 加氯消毒时管末梢值。

3. 其他用水

其他用水主要包括矿井疏干水、海水等地方特有的水资源。水利部《关于非常规水源纳入水资源统一配置的指导意见》（水资源〔2017〕274 号）中鼓励当地使用非常规水源作为城市一定供水领域的重要来源。

煤矿疏干水利用主要集中在山西省、山东省、内蒙古自治区等几个产煤大省。矿井疏干水的水质与开采区域地下水的水质基本一致，但矿井疏干水中混入了大量煤粉、岩粉等多种悬浮颗粒，矿井疏干水中的悬浮颗粒含量明显高于地表水，颗粒粒度小、比重轻、沉降效果较差，且大多不稳定，具有高悬浮物的特点，还含有少量有机物和微生物，甚至含有少量有毒有害物质，因此，疏干水经过处理，主要作为城市生态环境用水和部分工业企业生产用水。煤矿疏干水的开发利用考虑就近原则，优先供给工业园区、煤电基地等主要用水户，作为冷却水的供水水源。同时，矿井疏干水可作为供给城市生态环境用水的重要水源。

沿海或海岛等缺水地区在干旱情景下，淡化海水可以作为工业用水的重要来源，也可以直接利用海水作为工业循环冷却水。

5.1.3　其他应急保障

在干旱应急供水情况下，需要各部门协调，组建一个完善的供水应急保障团队。主要包含以下部分：

通信保障：应建立多套应急通信方案，保障供水突发事件发生时的应急通信。

现场救援和工程抢险保障：抗旱指挥机构储备的常规抢险机械、抗旱设备、物资和救生器材，应能满足抢险急需。

应急队伍保障：抗旱期间，地方各级人民政府和防汛抗旱指挥机构应组织动员社会公众力量投入抗旱救灾工作。

供电保障：电力部门主要负责抗旱救灾等方面的供电需要和应急救援现场的临时供电。

交通运输保障：交通运输部门主要负责优先保证抗旱抢险人员、抗旱救灾物资运输。

医疗保障：医疗卫生防疫部门主要负责旱灾区疾病防治的业务技术指导；组织医疗卫生队赴灾区巡医问诊，负责灾区防疫消毒、抢救伤员等工作。

治安保障：公安部门主要负责做好旱灾区的治安管理工作，依法严厉打击破坏抗旱救灾行动和工程设施安全的行为，保证抗灾救灾工作的顺利进行，维护灾区的社会治安秩序。

物资保障：干旱频繁发生地区县级以上地方人民政府应当贮备一定数量的抗旱物资，由本级防汛抗旱指挥机构负责调用。严重缺水城市应当建立应急供水机制，建设应急供水备用水源。

资金保障：中央财政安排特大防汛抗旱补助费，用于补助遭受特大水旱灾害的省、自治区、直辖市，以及计划单列市、新疆生产建设兵团进行防汛抢险、抗旱及中央直管的大江大河防汛抢险。省、自治区、直辖市人民政府应当在本级财政预算中安排资金，用于本行政区域内遭受严重水旱灾害的工程修复补助。

社会动员保障：抗旱是社会公益性事业，任何单位和个人都有抗旱的责任。旱季，各级抗旱指挥机构应根据干旱灾害的发展，做好动员工作，组织社会力量投入抗旱。各级抗旱指挥机构的组成部门，在严重旱灾期间，应按照分工，特事特办，急事急办，解决抗旱的实际问题，同时充分调动本系统的力量，全力支持抗灾救灾和灾后重建工作。市级人民政府应加强对抗旱工作的统一领导，组织有关部门和单位，动员全社会的力量，做好抗旱工作。在抗旱的关键时刻，各级抗旱行政首长应靠前指挥，组织广大干部群众奋力抗灾减灾。

技术保障：建设国家抗旱指挥系统，形成覆盖国家防汛抗旱总指挥部、流域机构和各省、自治区、直辖市抗旱部门的计算机网络系统，提高信息传输的质量和速度。各级抗旱指挥机构应建立专家库，当发生旱灾时，由抗旱指挥机构统一调度，派出专家组，指导抗旱工作。

5.2 应急供水计算

5.2.1 城市不同干旱情景下的供水保障次序

干旱应急情景中城市用水可分为综合生活用水、生产（工业企业）用水、生态环境用水、消防用水等。应按先生活、后生产、再生态的顺序，降低供应。干旱时期的供水总策略是在节约用水的前提下，优先保证城市居民的基本生活用水；其次为重大生命线工程和重要基础设施的用水需求，包括医院、电力、通信、消防、供热供气、党政机关、公用公共服务等，以及其他特殊用水，如重点企业、科研机构的用水；最后考虑生态用水、一般企事业单位用水和其他特殊用水。现行国家标准《城市给水工程规划规范》（GB 50282—2016）根据分析《城市居民生活用水量标准》（GB/T 50331—2002）的居民家庭生活人均日用水调查统计表，规定应急供水量应首先满足城市居民基本生活用水要求，城市应急供水期间，居民生活用水指标不宜低于 80L/（人 · d）。根据 2011 年 11 月水利部发布的《全国抗旱规划》，当发生特大干旱（97%来水频率）时，保障城镇居民 30～40L/（人 · d）的最基本用水需求。此外，应根据城市性质及特点，确定工业用水及其他用水的压缩量。

初级干旱：为防止地表水水质进一步恶化，除重点企业外，停止一切污染型企业的用水和排污，压缩工业用水至平时的 70%，优先保证城市用水和居民生活基本用水；适当减少农业和生态用水。

中级干旱：限量、定时供水优先确保城市用水和居民生活基本用水；除兼顾关系国计民生的重点单位、重点企业及生活必需品生产企业外，其他企业限额或降压供水，压缩工业用水至平时 50%；削减农业用水，按最低需要向农业和生态用水供水。

严重干旱：优先保证城市用水和居民生活用水，对城乡生活用水限量、定时供水以满足其最低阈值；除兼顾关系国计民生的重点单位、重点企业及生活必需品生产企业外，其他企业限额或降压供水，压缩工业用水至平时 30%；禁止农业取水。

极度干旱：按最低需求限量、定时供水以保证城市用水和居民生活用水，无法保证时，居民生活用水可采用水车送水等；除兼顾关系国计民生的重点单位、重点企业及生活必需品生产企业限额降压以满足最低阈值供水外，其他企业一律关闭；禁止农业取水。

5.2.2　不同旱灾情景下的应急蓄水量预测方法

1. 供水量计算方法

在进行应急水源规模预测时，除考虑基本生活用水外，还需考虑重要机构用水、基础工业用水、生态环境用水、消防用水、未预见用水、管网漏损和水厂自用水。重要机构用水属于生活用水，将该部分与基本生活用水一起预测，采用指标法预测基本生活需水量；计算工业、生态等需水量采用压缩系数法。应急蓄水量预测模型如下：

（1）根据用水定额、供水人口采用定额法预测基本生活用水量，预测模型为

$$\mathrm{WL}_1 = M_1 \cdot L_1 / 1000 \tag{5-1}$$

式中，WL_1 为紧急情况下基本生活需水量，万 m^3/d；M_1 为用水人口；L_1 为突发情况下基本生活用水量指标，L/（人 · d）。

（2）根据给水工程专项规划确定的工业需水量、地区用水量组成等，确定工业用水压缩系数，预测规划地区紧急情况下基础工业需水量，预测模型为式（5-2）

$$\mathrm{WL}_2=\alpha \cdot Q_{工} \tag{5-2}$$

式中，WL_2 为紧急情况下重点工业需水量，万 m^3/d；α 为工业用水压缩系数，根据规划地区用水量组成确定；$Q_{工}$为正常情况下工业需水量，万 m^3/d。

（3）公共设施用水按整个城市用水的 10%～15%，确定公共设施用水压缩系数，预测模型为

$$\mathrm{WL}_3=\beta \cdot Q_{城} \tag{5-3}$$

式中，WL_3 为紧急情况下公共设施用水量，万 m^3/d；β 为公共设施用水压缩系数，根据规划地区用水量组成确定；$Q_{城}$为正常情况下城市需水量，万 m^3/d。

（4）根据城市绿化、广场、道路等面积或者给水工程专项规划确定生态环境用水量、地区用水总量等确定生态环境用水压缩系数，预测规划地区紧急情况下生态环境用水需水量，预测模型为

$$\mathrm{WL}_4=\gamma \cdot Q_{生} \tag{5-4}$$

式中，WL_4 为紧急情况下生态环境用水需水量，万 m^3/d；γ 为生态环境用水压缩系数，根据规划地区用水量组成确定；$Q_{生}$为正常情况下生态环境需水量，万 m^3/d。

（5）根据给水工程专项规划、《建筑设计防火规范》（GB 50016—2014）和《消防给水及消火栓系统技术规范》（GB 50974—2014）确定消防需水量，当规划地区属于干旱紧急情况时，属于火灾易发阶段，须保障消防用水正常足量供给，如下式

$$\mathrm{WL}_5=Q_{消} \tag{5-5}$$

式中，WL_5 为紧急情况下消防用水需水量，万 m^3/d；$Q_{消}$为正常情况下消防需水量，万 m^3/d。

（6）因紧急情况下水厂自用水量、未预见水量、管网漏失水量不可避免，应进行考虑，预测模型为

$$WL_6=n\cdot(WL_1+WL_2+WL_3+WL_4+WL_5) \tag{5-6}$$

式中，WL_6 为未预见水量及管网损失量，万 m^3/d；n 为未预见水量及管网漏损水量系数，根据《城镇供水管网漏损控制及评定标准》（CJJ92—2016）应急供水应控制在 5%以内，未计入水量及管网漏损水量正常情况下按最高日用水量的 10%～20%合并计算。

2. 供水量指标确定

1）城市居民生活用水指标确定

根据现行国家标准《城市给水工程规划规范》（GB 50282—2016），当发生突发性水污染事故时，需保证居民基本生活用水，包括饮用、厨用、冲厕、淋浴，这部分用水按照拘谨型压缩后约为 80L/（人 · d）。因此在保障基本生活的拘谨型用水条件下，居民生活用水量可压缩平均日用水量的 30%～40%，但不宜低于 80L/（人 · d）。若极端情况下，仅保证居民基本生命用水，包括饮用和厨用，则压缩后为 20～25L/（人 · d）。根据 2011 年 11 月水利部发布的《全国抗旱规划》，当发生特大干旱（97%来水频率）时，保障城镇居民 30～40L/（人 · d）的最基本用水需求。

结合以上普查情况与各规范标准，当缺乏基础资料时，城市居民生活用水量供水可以按照用途进行压缩（表 5-3）。

表 5-3　应急供水情况下城市居民生活用水量的供水压缩比

干旱情景		初级干旱/[L/（人·d）]	压缩比/%	中级干旱/[L/（人·d）]	压缩比/%	严重干旱/[L/（人·d）]	压缩比/%	极度干旱/[L/（人·d）]	压缩比/%
饮用		2.7～3	0～10	2.4～2.7	10～20	2.1～2.4	20～30	1.8～2.1	30～40
其他	冲厕	36～40	0～10	28～36	10～30	24～28	30～40	12～24	40～70
	淋浴	35.6～39.6	0～10	27.7～35.6	10～30	19.8～27.7	30～50	7.9～19.8	50～80
	洗衣	8.4～9.3	0～10	7.5～8.4	10～20	6.5～7.5	20～30	2.8～6.5	30～70
	厨用	26.6～29.6	0～10	20.7～26.6	10～30	17.8～20.7	30～40	5.9～17.8	40～80
	浇花	7.2～8	0～10	5.6～7.2	10～30	4～5.6	30～50	0.8～4	50～90
	卫生	7.2～8	0～10	5.6～7.2	10～30	4～5.6	30～50	0.8～4	50～90
合计		123.7～137.5	0～10	97.5～123.7	10～30	78.2～97.5	30～40	32～78.2	40～80

针对我国用水量情况，《城市居民生活用水量标准》（GB/T 50331—2002）编制组对用水洁具、洗浴频率、用水内容进行跟踪调查，汇总居民家庭生活用水量调查统计表

（表 5-4）。

表 5-4　城市居民生活用水量标准

地域分区	日用水量/［L/（人·d）］	适用范围
一	80～135	黑龙江、吉林、辽宁、内蒙古
二	85～140	北京、天津、河北、山东、河南、山西、陕西、宁夏、甘肃
三	120～180	上海、江苏、浙江、福建、江西、湖北、湖南、安徽
四	150～220	广西、广东、海南
五	100～140	重庆、四川、贵州、云南
六	75～125	新疆、西藏、青海

注：表中所列日用水量是满足人们日常生活基本需要的标准值。在核定城市居民生活用水量时，各地应在标准值区间内直接选定；标准值中的上限是根据气温变化和用水高峰月变化参数确定的，可作为一个年度中最高月的指标值。

2）城市工业生产用水指标确定

对于中国大部分省市来说工业用水量在整个城市用水量中所占的比例很大，约有15个省的工业用水量所占比例超过50%。

城市应急供水时，各地工业用水量的压缩比例对于城市应急供水规模的确定仍然起着至关重要的作用，尤其对于重工业省份，在保障城市支柱产业的前提下，应根据城市工业各行业用水的特点，合理选择不同压缩比例。在干旱情景较严重时，可根据城市特点限制或暂停用水大户及高耗水行业的用水。

当城市发生干旱灾害时，应优先保证生命线系统相关企业如供热、供电、供气、通信的用水量，其次是影响居民日常生活的粮食蔬菜和副食品生产用水，以及部分依赖城市供水的重点工业用水。根据城市工业用水特点，一类、二类工业中宜压缩与居民生活或城市发展关系不大的工业用水指标，三类工业中宜压缩采掘、冶金、建材等用水量较大的工业用水量指标，或采取分质供水方案，利用再生水、疏干水等非常规水资源为一些企业提供符合生产要求的供水。

根据应急供水的特点，应急供水时应优先保障居民生活用水，工业用水可根据供水优先顺序尽量压缩。将工业用水分为锅炉补给水、工艺用水、产品用水、冷却用水、洗涤用水、除尘水这几种类型，根据《城市供水应急和备用水源工程技术标准》（CJJ/T 282—2019）参考城市居民生活用水量分类和压缩比例，以及国内一些城市在发生供水危机所采取的压缩比例，工业用水比例在干旱情景逐渐加深的条件下可分别采用0%～30%，30%～50%，50%～70%，70%～90%四种压缩比（表 5-5）。

表 5-5　城市工业生产用水的供水压缩比

类别	初级干旱	中级干旱	严重干旱	极度干旱
锅炉补给水	0%～30%	30%～50%	50%～70%	70%～90%
工艺用水	0%～30%	30%～50%	50%～70%	70%～90%
产品用水	0%～30%	30%～50%	50%～70%	70%～90%
冷却用水	0%～30%	30%～50%	50%～70%	70%～90%
洗涤用水	0%～30%	30%～50%	50%～70%	70%～90%
除尘水	0%～30%	30%～50%	50%～70%	70%～90%

3）城镇公共设施用水指标确定

干旱应急供水情境下，居民生活用水和生命线系统用水为优先保障用水类型，其中涉及城镇公共设施用水的生命线系统用水为医院。将城镇公共设施用水分为经营服务用水和公建用水，前者可以细分为宾馆、餐饮和浴室等，后者可以细分为商场、医院、学校和办公楼等，在长期干旱情况下，需尽量保障城市居民基本的工作和学习，而经营服务用水可以进行相对较大压缩，根据《城市供水应急和备用水源工程技术标准》（CJJ/T 282—2019）参考城市居民生活用水量分类和压缩比例和工业生产用水的供水压缩比，以及国内一些城市在发生供水危机所采取的压缩比例，城镇公共设施用水在干旱情景由轻到重不同阶段下的指标压缩比分别采用 0%～10%，10%～30%，30%～40%，40%～80%四种压缩比（表 5-6）。

表 5-6　城镇公共设施用水的供水压缩比

类别		初级干旱	中级干旱	严重干旱	极度干旱
经营服务用水	宾馆	0%～20%	20%～40%	40%～60%	60%～90%
	餐饮	0%～20%	20%～40%	40%～60%	60%～90%
	浴室	0%～20%	20%～40%	40%～60%	60%～90%
公建用水	商场	0%～10%	10%～30%	30%～40%	40%～80%
	医院	0%～10%	10%～20%	20%～30%	30%～50%
	学校	0%～10%	10%～30%	30%～40%	40%～80%
	办公楼	0%～10%	10%～30%	30%～40%	40%～80%

4）城市生态环境用水指标确定

为应对干旱情景，保障城市基本生活生产生态功能运行，城市生态环境用水主要由再生水、雨水等非常规水资源提供，是污水资源化利用的重要途径，在干旱情景下可以大幅压缩用水量指标。具体地，将城市生态环境用水分为观赏性景观用水、娱乐性水景用水、绿化浇灌用水和道路浇洒用水的四个主要类型，根据《城市供水应急和备用水源工程技术标准》（CJJ/T 282—2019）参考城市居民生活用水量分类和压缩比例、工业生产和公共设施用水的供水压缩比，以及国内一些城市在发生供水危机所采取的压缩比例，生态环境用水在不同干旱情况下的指标可分别压缩 0%～50%、50%～80%、80%～100%和 100%（表 5-7）。

表 5-7　城市生态环境用水量指标

类别	初级干旱	中级干旱	严重干旱	极度干旱
观赏性景观用水	0%～70%	70%～100%	100%	100%
娱乐性水景用水	0%～70%	70%～100%	100%	100%
绿化浇灌用水	0%～50%	50%～80%	80%～100%	100%
道路浇洒用水	0%～50%	50%～80%	80%～100%	100%

5）城市供水压缩比

根据干旱程度的不同，按照各类用水进行城市供水的压缩比率（表 5-8）。

初级干旱：保证城市居民一般型家庭生活用水指标，在标准指标基础上压缩 0%～10%，137L/（人 · d）；工业用水压缩系数占工业取水量的 0%～30%；城镇公共设施用水压缩系数按 0%～10%压缩潜力考虑；生态环境用水压缩系数按 0%～50%压缩潜力考虑；未预见水量及管网损水量系数取 0.20。

中级干旱：保证居民节约型家庭生活用水指标，城市居民生活用水在基础用水标准上压缩 10%～30%，108L/（人 · d）；工业用水压缩系数取工业取水量的 30%～50%；城镇公共设施用水压缩系数按 10%～30%压缩潜力考虑；生态环境用水压缩系数按 50%～80%压缩潜力考虑；未预见水量及管网损水量系数取 0.20。

严重干旱：保证居民拘谨型家庭生活用水指标，城市居民生活用水在基础用水标准上压缩 30%～40%，86L/（人 · d）；工业用水压缩系数取工业取水量的 50%～70%；城镇公共设施用水压缩系数按 30%～40%压缩潜力考虑。生态环境用水压缩系数按 80%～100%压缩潜力考虑；未预见水量及管网漏损水量系数取 0.20。

极度干旱：根据 2011 年水利部发布的《全国抗旱规划》，发生特大干旱（97%来水频率）时，保障城市居民 30～40L/（人 · d）的最基本用水需求；工业用水压缩系数取工业取水量的 70%～90%。公共设施用水压缩系数按 40%～80%压缩潜力考虑。生态环境用水压缩系数按 100%压缩潜力考虑；未预见水量及管网损水量系数取 0.20。

表 5-8　应急供水情况下不同类别用水的供水压缩比

类别	初级干旱	中级干旱	严重干旱	极度干旱
城市居民生活用水	0%～10%	10%～30%	30%～40%	40%～80%
工业用水	0%～30%	30%～50%	50%～70%	70%～90%
城镇公共设施用水	0%～10%	10%～30%	30%～40%	40%～80%
生态环境用水	0%～50%	50%～80%	80%～100%	100%

注：初级、中级、严重干旱供水压缩比来自《城市供水应急和备用水源工程技术标准》（CJJ/T 282—2019）。

5.3　应急备用水源

5.3.1　水资源概况

我国近 31%的国土分布在干旱区内（年降雨量在 250mm 以下），生产力布局和水土资源不相匹配，供需矛盾尖锐，缺口很大。600 多座城市中有 400 多个供水不足，严重缺水城市有 110 个。随着人口增长，区域经济发展、工业化和城市化进程加快，城市用水需求不断增长，使水资源供应不足、用水短缺问题日益严重，成为制约经济社会发展的主要阻力和障碍。在紧急干旱缺水条件下，合理地配置应急水源尤为重要。

应急水源是相对于常规水源而言的，通常是指平常不启用，只在因城市发生突发事件导致常规水源不能使用或不够使用时，为保障城市基本用水需求而紧急启用的备用水源，其中旱灾便是城市应急水源需要供应的紧急或极端情况之一。旱情发生时应急水源将起到积极重要作用。在特殊情况下，常规水源也可以作为应急之用，关键是要做到必要性、安全性和经济性的统一。一个城市是否需要应急水源，关键要看这个城市的水源结构、供水系统和设施状况，通常需要遵循以下原则。

1. 应急水源建设的基本原则

（1）对于单一水源供水的城市，无论其供水系统及设施状况如何，原则上都需要另外建设应急水源。尤其资源型缺水地区城市应更偏重采用加大节水及扩大其他水源利用量的措施，加强污水收集、处理，使得再生水利用率不应低于 20%。

对于双水源供水的城市，原则上可以不建专门的应急水源。若其中一个水源遭受污染，另一个水源可以应急，但前提条件是其中一个水源的供水量足以满足居民生活的基本用水需求。否则，也需要另外考虑备用应急水源问题。

（2）对于三个或三个以上的多水源供水的城市，包括取用地下水源且有多个相对独立水源地的城市，原则上不需要专门新建应急水源。当其中某个水源或局部地下水源遭受污染而净水厂又无法应对时，其他水源可作为应急之用。但在这种情况下，要分析不同水源的规模及服务范围，以便为制订应急期的水源调度和应急方案提供依据。

2. 应急水源的规模

应急水源实际上是一种备用水源，平时虽然不用，但仍需要持续投入一定的人力、物力加以维护。因此，必须坚持经济性原则，即规模要适度。过大的应急水源规模势必会造成过高的建设和维护费用支出，这是地方财力难以承受的。一般情况下，应急水源的规模应以满足居民生活基本用水需求和特殊部门（如城市供热、机关、学校、医院、部队、重点宾馆、消防等）的用水需求为前提，最低限度是确保居民的饮用需求。考虑到随着经济的发展和城市人口的增加，城市未来用水量会有一定程度的增加，有条件的地方可以适当扩大应急水源规模，例如，在多水源互济和水源设施能力有富余的情况下，可以适当加大应急水源的规模。

应急期城市基本需水量计算参考前面章节。

3. 应急水源的建设与保护

应急水源是在原有水源地的使用受到威胁，为保障城市供水的安全性，维持经济社会的正常运行的情况下启用的，因此，必须保证应急水源符合水源水的水质标准，应急水源地应选择在远离污染源的地方，且建成后需要加强应急水源地的保护，以保障应急水源的安全性。

应急水源地的选择，必须考虑经济性，要尽量选择建设条件好、储水功能强、离水厂比较近且易于保护的地方建设水源地。从这个意义上讲，应急水源的选择应优先考虑地下水，因为地下水水质一般较好且不易受污染，建设成本和保护成本都比较低。

应急水源的选择应根据城市具体情况统筹考虑、全面规划、“平战”结合，既要考虑应急时的供水需求，又要与城市的供水规划相结合。在近期，应急水源可以为城市供水应急服务；在远期，可以将应急水源转变为常规水源。

4. 应急水源的启用和调度

启用应急水源时，要考虑水厂位置和运行情况，合理确定调度水源的优先顺序。当应急水源不能保证城市正常用水需求时，要制定城市用水的优先顺序，首先保证居民家庭的基本生活用水，然后保证医院、机关、学校、部队、重点宾馆、消防、供暖等特殊行业的用水，如果还有富余，可以为重点企业及其他行业供水。

各地都应根据本地实际制定城市供水应急预案，将应急水源作为重要内容纳入其中，明确应急水源调度的程序和方法。应急水源的启用和调度要严格按照程序执行，便于操作，同时必须保证信息畅通，保障决策和执行的及时、快捷。

5. 应急水源具体分类

1）本地水源

（1）地表水源主要包括江河水、湖泊水，以及水库水等。根据应急备用专用程度可将应急地表水源划分为常规备而不用、应急启用的专备水、常规供农业等其他对象用水、可应急转换为城市供水水源兼备水等。地表水通常情况下矿化度、硬度较低，含铁量及其他物质较少，但由于受地面气候等各种因素显著影响，导致地表水浑浊度与水温变化幅度均较大、易被污染，水质处理和水源地保护成本较高。地表水一般水量较大，但季节性差异显著，因此在干旱情况下城市难以得到持续稳定供水保证，且取水设施易遭到破坏。可加强流域水资源配置工程的联合调度和水量统一调度，特别是加强流域骨干水资源配置工程在左右岸、干支流、上下游之间的水量联合调度，进一步使得工程供水在合理、优化、统一和精细调度情况下，最大限度增加地表应急供水量。

（2）地下水水源主要有深层、浅层两种，包括深层承压水、上层滞水、潜水等。一般来说，地下水由于经地层过滤且受地面气候及其他因素的影响较小，通常表现出与地表水相反的特点，具有无杂质、无色、水温变化幅度小、不易受到污染等优点，一般经简易消毒后可直接并网供水，具有一定调节能力，尤其在地表缺水干旱情况下能保证一定时间内连续稳定供水，且取水设施不易遭到破坏。但是，由于受到埋藏与补给条件、地表蒸发及流经地层的岩性等因素的影响，又具有径流量较小（相对于地表径流）、水的矿化度和硬度高等特点，且地下水时效性强，容易产生恶劣的环境地质问题。因此当采用地下水作为应急水源时，应根据应急水源的开采方案，进行可开采量分析评价，并应采用开采与养蓄相结合的方式。极端干旱特殊情况下，经评价分析后可酌情开采深层承压水作为极端应急用水。

（3）其他水源主要包括矿井疏干水、再生水、雨水、海水等来源。矿井疏干水作为非常规用水，是在煤炭开采过程中开拓巷道打破含水层屏障时产生的涌水，由于其水源受到采矿和人为活动的影响，疏干水极易受到污染，其中含有大量矿粉、岩石粉尘等杂质，悬浮物浓度较高，并含有少量有机物和微生物。煤矿疏干水的开发利用考虑就近原则，优先供给工业园区、煤电基地等主要用水户，作为冷却水的供水水源。同时，矿井疏干水可作为供给城市生态环境用水的重要水源。我国煤炭资源具有西多东少，北多南少的分布特征，与水资源在空间上呈逆向分布，近年来能源需求激增，疏干水量伴随着大规模采煤而逐年增长，资源型城市产量尤为丰富，其中大部分煤矿都分布在水源匮乏、生态环境脆弱的西北干旱和半干旱地区，发生城市干旱情况概率较大，矿井疏干水作为其特有的应急备用水源可极大程度上缓解干旱情况下的水资源供需矛盾。

再生水即污水回用是废水经适当处理后，达到一定的水质指标，满足某种使用要求，可以进行有益使用的非常规用水。城市污水作为一种潜在的资源，数量巨大，经适当处理后可作为城市的第二水源，结合再生水水量和回用类型合理容量方式贮存（干旱区考虑季节性贮存），最终会用于工业、市政、消防、农业等用水领域，既治理污染又增加可用水资源。当干旱情况发生时，再生水也可作为应急备用水源，极大程度上解决城市水资源短缺问题。《“十四五”城镇污水处理及资源化利用发展规划》提出，到2025年，全国地级及以上缺水城市再生水利用率达到25%以上（较2020年提升5%），京津冀地区达到35%以上（较2020年提升5%），黄河流域中下游地级及以上缺水城市力争达到30%。整体而言，当前再生水利用率偏低，未来增长空间巨大，是一种战略性安全应急、备用用水水源。

雨水利用是一种综合考虑雨水径流污染控制、城市防洪，以及生态环境的改善等要求，建立包括屋面雨水集蓄系统、雨水截污与渗透系统、生态小区雨水利用系统等，在常规或干旱缺水情况下将集蓄的雨水用作喷洒路面、灌溉绿地、蓄水冲厕等城市杂用水的技术手段，是城市水资源可持续利用的重要措施之一，可作为干旱情况下城市应急水源缓解区域用水紧张问题。

海水淡化即利用海水脱盐生产淡水。是实现水资源利用的开源增量技术，可以增加淡水总量，且不受时空和气候影响，水质好、价格渐趋合理，可以保障沿海城市长期干旱缺水情况下居民饮用水和工业锅炉补水等稳定供水。

2）外部水源

《城市供水应急和备用水源工程技术标准》（CJJ/T 282—2019）指出当本地水源无法满足应急、备用需求时，可通过异地调水或就地建设调蓄设施作为应急水源和备用水源。其中外部应急水源大部分针对受自然条件局限水源单一、抗旱能力非常脆弱的资源型缺水地区，依据相邻流域供需水量进行流域间水量平衡，采取跨流域、区域引水等措施实现应急供水要求。具体措施例如新建干渠引水渠配套工程，增加外调水供水量等。

根据《城市应急供水规划》要求，对于极易发生干旱地区可建立城市区域联网供水系统，将干旱城市与附近地区的给水系统相连接，当城市出现长时期干旱缺水时，由与之给水系统相连接的城市通过连接管供给基本生活用水，作为干旱城市的备用用水，并可预先规划城市间供水连接管道、签署应急供水协议，为极端干旱情况下临时连接管道提供保障，大大完善应急供水保障水源。

除应急水源工程外，可组织动员社会力量，为干旱受灾区域机动拉水送水，实施人工增雨等方式，提供应急供水。

5.3.2　应急供水水源分析

应急水源泛指能满足临时应急水量需求且水质尚可、制水成本较低、水环境功能区划不局限饮用水的各类水源。可靠的应急备用水源是整个城市应急供水系统的基础和关键，因此在对城市应急水源分析中，必须对城市水源进行深入调查研究，全面搜集有关城市应急水源的水文、气象、地形、地质，以及水文地质资料，并进行城市应急水资源勘测和水质分析，确定应急水源的可供水量和水源水质。并根据不同干旱情境下，对不同城市用水的水源水质做出相应分类分析。

1. 可供水量

可供水量预测应在现状供水设施与供水能力调查分析的基础上，考虑新建工程和设施增加的供水能力及其他水源开发利用增加的水量。

1）地表水源

应急地表水可利用量估算指在经济合理、技术可能及满足河道内用水并顾及下游用水的前提下，通过蓄水等表水工程措施可能控制利用的一次性最大水量（不包括回归水的重复利用）。某一分区的应急地表水资源可利用量，不应大于当地河川径流量与入境水量之和，再扣除相邻地区分水协议规定的出境水量。具体可通过干旱期单站径流资料统计分析，对所有河流年径流量计算，分区应急地表水资源数量计算，地表水时空分布特征分析，入海、出境、入境水量计算，应急地表水可利用量估计，人类活动对河川径流的影响分析。其中分区应急地表水资源数量估算应符合下列要求：针对不同干旱情况，采用不同方法计算分区年径流量系列；当区内河流有水文站控制时，根据控制站天然年径流量系列，按面积比修正为该地区年径流系列；在没有测站控制的地区，可利用水文模型或自然地理特征相似地区的降雨径流关系，由降水系列推求径流系列；还可通过逐年绘制年径流深等值线图，从图上量算分区年径流量系列，经合理性分析后采用。

（1）当采用河流作为应急供水水源时，河流的最枯流量应按枯水流量保证率为90%～97%考虑，并视干旱期城市规模和工业用水所占比例而定。一般在有利的情况下，例如河流窄而深，下游有浅滩、潜堰，在枯水期形成壅水时，或取水河段为一深潭时，可取水量 Q_k 和设计枯水量 Q_s 关系为：$Q_k \leqslant$（0.3～0.5）Q_s。

当满足城市水厂给水系统（或工业企业给水站）的需要，从水源设计最枯流量中的取水量 Q_k 应大于取水构筑物的设计取水量：$Q_k \geqslant Q_p/3600$，Q_p 为取水构筑物的实际取水量（m^3/h）。

当极端干旱事件发生时，根据干旱程度适当调整地表水源供水量，调节可取水量系数以应对紧急缺水情况。初级干旱、中级干旱、严重干旱、极度干旱河流可取水量系数分别设为 0.4～0.6、0.5～0.7、0.6～0.8、0.8～1。在选用地面水源时，必须确定具有一定保证率的设计枯水流量 Q_s 和设计枯水位等。如果河流可取水量小于城市给水系统用水量，则应考虑作径流调节，或者选用其他水源。

（2）当蓄水工程作为应急供水水源时，不同蓄水量库型可供水量存在不同。大型水库可供水量计算：大型水库多为年或多年调节水库，其可供水量计算在遵循水量平衡原理的基础上采用长系列月调节计算方法，如式（5-7）、（5-8）所示：

$$V(t+1)=V(t)+Q(t)-W_e(t)-W_i(t)-W_s(t)-q(t) \tag{5-7}$$

$$W_{大型}=\sum_{t=1}^{12}W_s(t) \tag{5-8}$$

式中，$V(t+1)$ 为水库 $t+1$ 时段末调蓄库容（不含死库容），万/m^3；$V(t)$ 为水库 t 时段初调蓄库容，万 m^3；$Q(t)$ 为水库 t 时段来水量，m^3/s；$W_e(t)$ 为水库 t 时段水面蒸发量，万 m^3；$W_i(t)$ 为水库 t 时段渗漏量，万 m^3；$W_s(t)$ 为水库 t 时段供水量，万 m^3，包括对生活、生产、生态的供水量；$q(t)$ 为水库 t 时段弃水量，万 m^3。

中型水库可供水量计算：原则上应对每一座水库采用长系列计算方法，但城市中型水库数量多，逐一调节计算不仅基础资料不足且工作量大。通过数理统计方法分析其实际年供水量与设计年供水量的比值，作为水库可供水量利用系数 k，采用式（5-9）进行计算：

$$W_{中型}=kW_{设计} \tag{5-9}$$

式中，$W_{中型}$ 为中型水库可供水量；$W_{设计}$ 为水库设计供水量；k 为设计供水量利用系数，不同来水频率 k 不同。

小型水库、塘坝可供水量计算：城市小型水库、塘坝数量众多，且缺乏相应工程运行资料，故采用复蓄次数法估算其可供水量。根据式（5-10）进行计算：

$$W_{小型水库、塘坝}=nV \tag{5-10}$$

式中，$W_{小型水库、塘坝}$ 为小型水库或塘坝的可供水量；n 为水库的复蓄次数；V 为小型水库兴利库容或塘坝有效库容。

2）地下水源

应急地下水可利用量估算应包括干旱期补给量、排泄量、可开采量的计算和时空分布特征分析，以及人类活动对地下水资源的影响分析。应急地下水资源数量估算应符合下列要求：①根据不同干旱情况下水文气象条件、地下水埋深、含水层和隔水层的岩性、灌溉定额等资料的综合分析，正确确定应急地下水资源数量计算中所必需的水文地质参数，主要包括给水度、降水入渗补给系数、潜水蒸发系数、河道渗漏补给系数、渠系渗漏补给系数、渠潜入渗补给系数、井灌回归系数、渗透系数、导水系数、越流补给系数。②应急地下水资源数量的计算系列应尽可能与应急地表水资源数量的计算系列同步，进行不同干旱区多年平均地下水资源数量计算。③应急地下水资源数量按水文地质单元进行计算，并要求计算不同干旱情况下的流域分区和行政分区的应急地下水资源量。

当采用常规地下水源作为应急供水水源时，应进行地下储水量计算。地下水储量分为天然储量和调节储量。天然储量包括静储量和动储量。

（1）静储量（永久储量），最低潜水面以下含水层中水的体积，静储量 W_j 为

$$W_j=U_j\cdot H\cdot F \tag{5-11}$$

式中，W_j 为静储量（m^3）；F 为含水层的分布面积（m^2）；H 为含水层的厚度（m）；U_j 为给水度，指在重力作用下从饱和水岩层中流出的水量，其数值为流出水的体积与

岩层总体积之比，以百分数表示（表 5-9）。静储量变化不大。

表 5-9　不同含水层给水度（U_j）经验取值表

含水岩层	给水度/%	含水岩层	给水度/%
黏土	0	中细砂	20～25
黏砂土	12～14	砾石含少量粉砂	20～35

（2）动储量，地下水在天然状态下的流量，在单位时间内，通过某一过水断面的地下水流量，其值等于在一定时间内，由补给区流入的水量，或向排泄区排出的水量，相当于地下水径流量，通常根据达西公式计算，即式（5-12）

$$Q_D = K \cdot I \cdot H \cdot B \tag{5-12}$$

式中，Q_D 为地下水动储量（m^3/d）；K 为含水层渗透系数（m/d）（表 5-10）；I 为计算断面间地下水的水力坡降；H 为计算断面上含水层平均厚度（m）；B 为计算断面的宽度（m）。

表 5-10　不同含水层渗透系数（K）经验取值表

含水岩层	粒径/mm	占重量比/%	给水度/%
粉砂	0.05～0.10	<70	1～5
细砂	0.10～0.25	>70	5～10
中砂	0.25～0.50	>50	10～25
粗砂	0.50～1.00	>50	25～50
极粗砂	1.00～2.00	>50	50～100
砾石夹砂	—		75～150
带粗粒砾石	—		100～200
清洁砾石	—		>200

（3）调节储量，地下水中最高水位与最低水位间含水层中水的体积 Q_t 为

$$Q_t = U_j \cdot \Delta H \cdot F \tag{5-13}$$

式中，ΔH 为最高水位与最低水位之差（m）；F 为含水层的分布面积（m^2）。

（4）开采储量，非干旱开采期内，不使地下水位连续下降或水质变化的条件下，从含水层中所能取得的地下水流量。

城市地下水取水构筑物，每日抽取水量不应大于地下水开采储量，即

$$24Q_p \leqslant Q_c \tag{5-14}$$

式中，Q_p 为城市地下水取水构筑物取水量（m^3/h）；Q_c 为地下水开采储量（m^3/d）。

开采储量可包括动储量、调节储量和部分静储量为

$$24Q_p \leqslant Q_D + Q_t + W_j \tag{5-15}$$

不同干旱情况下，地下水取水量应有适当应急调整。初级干旱情况下，每日抽应急取水量应继续保持不大于地下水的开采储量，但禁止开采无法快速补给条件下的静储量。中级干旱情况下，每日应急取水量可略大于地下水的 30%开采储量，动储量、调

节储量充分调用开采，但禁止开采无法快速补给条件下的静储量。严重干旱情况下，每日应急取水量可大于地下水的50%开采储量，动储量、调节储量充分调用开采，可部分开采静储量。极度干旱情况下，每日应急取水量可大于地下水的100%开采储量，动储量、调节储量、静储量充分调用开采。

当采用矿井疏干水地下水源作为应急供水水源时，大气降水对矿井水的影响程度受地下水埋深、采空区面积、大气降水大小，以及年内分布特征等多种因素影响。由于受多种因素限制，可供水量预测采用现有每款涌排水实际调查值和拟建煤矿用水量预测值相结合，同时考虑大气降水因素的方法［式（5-16）］。

$$W_a = Q_{正常} \cdot 24 \cdot 365 \cdot 0.75 + Q_{最大} \cdot 24 \cdot 365 \cdot 0.24 - Q_{自用} - Q_{配套} \tag{5-16}$$

式中，W_a 为疏干水水量（万 m^3/a）；$Q_{正常}$ 为非汛期矿井涌水量（m^3/h）；$Q_{最大}$ 为汛期矿井涌水量（m^3/h）；$Q_{自用}$ 为矿井生产、生活、消防等自用水量（m^3/h）；$Q_{配套}$ 为煤矿配套项目用水量（m^3/h）。

3）其他水源

再生水的可供水量估算应考虑居民生活习惯、企业生产方式、城市供水情况、再生水厂建设情况、城市环卫建设、水价、水利用政策、管网铺设、城市污水处理设施建设、污水量等多种因素协同考虑。各种因素时间变化规律差异较大，存在着相互作用的非线性关系。系统动力学将变化率的描述分解为若干流率方程来描述，能将各因素间的相互作用关系有机统一到一个模型中，因此结合系统动力学建立干旱区城市应急再生水供水量预测模型。再生水供水量预测模型主要变量及常量见表 5-11。

表 5-11　再生水供水量预测模型主要变量及常量

种类	参数
状态变量	供应水量、总人口数、工业再生水使用比例、生活再生水使用比例，河湖再生水使用比例、生活供水管网
速率变量	年增长量、人口增长量、工业供水年增长量、使用比例增长率、河湖补水年增长量、生活管网年增长量
辅助变量	道路面积、绿地面积、人口增长率、生活用水量、生活供水管网、生活管网年增长率、再生水供应紧张程度、再生水利用量、再生水可供量、污水处理率、再生水利用率
常量	人口增长率、河湖补水面积、生活用水水价弹性系数、其他再生水水量相对比率

模型中的变量来源影响再生水供水量的各种因素，其中水价弹性系数表示水价上涨1%时，用水量减少的比例；生活供水管网用来反映管道建设等市政设施对再生水利用的影响；其他再生水水量相对比率表征再生水渗漏等不可测因素。

在建模过程中对存在相互影响的变量建立表征相互影响关系的方程式，即联系方程式。本模型中主要联系方程式如下：

再生水供应紧张程度=（再生水可供量-再生水利用量）/再生水可供量

再生水利用量=（道路清扫用水量+绿地浇洒用水量+生活再生水水量+河湖补水量+工业再生水需求量）×其他再生水水量相对比率

生活再生水水量=生活用水量×生活再生水使用比例×生活供水管网

工业再生水需求量=工业用水量表函数（〈Time〉）×工业再生水使用比例

河湖补水量=河湖补水定额表函数（〈Time〉）×河湖补水面积×河湖再生水使用比例

污水量=排污系数×地下水渗入量相对比率×供水量

再生水可供量=污水量×再生水利用率×污水处理率

对于不同干旱程度均应最大限度提供城市再生水水量，不断完善城市应急再生水供水网络。

雨水利用、海水淡化可供水量根据当地降水雨水储蓄和海水净化工程最大限度供应。

4）外地水源

外区域调水应急可调水量估算应结合以往相关调查资料对应急调水区地表水和地下水的可供水量进行分析，使用皮尔逊Ⅲ型曲线来明确不同频率水资源的数量，根据应急受水区的相关水利工程的实际情况及水资源的利用率，对实际可供水量进行计算。此外，考虑相关基础设施和配套应急水利工程规划对应急水资源利用情况加以预测。调水区的应急可供水量依据相关文件规划标准调引区域水资源的相应指标进行计算。外区域调水应急可供水量在现状年及规划年的基础上，对不同干旱情况下提供不同保证率，初级干旱、中级干旱、严重干旱、极度干旱的保证率分别为30%、50%、75%和95%，依次估算出不同干旱情况下的外区域调水应急可供水量。具体如下

$$Q_L = \gamma Q_{标} \tag{5-17}$$

式中，Q_L 为紧急情况下外区域调水可供水量，万 m^3/d；γ 为外区域调水保证系数，根据规划地区干旱程度确定；$Q_{标}$ 为流域规划标准文件内调引区域水资源的相应指标，万 m^3/d。

2. 水质保障需求

按照分质供水的思路，饮用水优先保障，其他用水根据水质要求，分类保障。

城市统一供给的或自备水源供给的生活饮用水水质应符合现行国家标准《生活饮用水卫生标准》（GB 5749—2006）的规定。采用地表水为生活饮用水水源时应符合《地表水环境质量标准》（GB 3838—2002）要求，达到地表水环境质量标准Ⅲ类以上标准；采用地下水为生活饮用水水源时应符合《地下水质量标准》（GB/T 14848—2017）要求，达到地下水质量标准Ⅲ类以上标准。

处理生活饮用水采用的混凝、絮凝、助凝、消毒、氧化、pH 调节、软化、灭藻、除垢、除氟、除砷、氟化、矿化等化学处理剂要符合国家相关标准的规定。严格检测应急供水的气味、口感、纯洁度、pH 等性状，保证应急供应水的感官品质。在微生物指标确立方面，以耐热大肠杆菌群作为主要评价标准；化学指标确立方面，主要是对于氟化物、氰化物、硝酸盐等进行卫生指标的确立，实现应急供应水水质卫生的有效分析；放射性指标确立方面，在没有发生爆炸或者核泄漏的情况下，往往不需要进行检测，以保证整个应急供水可以快速供给，改善饮用水紧张问题。

城市统一供给的生产（工业企业）用水水质应符合相应的水质标准。采用地表水为生产（工业企业）用水水源时应符合《地表水环境质量标准》（GB 3838—2002）要求，达到地表水环境质量标准Ⅳ类以上标准，其中食品加工用水应符合地表水环境质量标准Ⅲ类以上标准；采用地下水为生产（工业企业）用水水源时应符合《地下水质量标准》（GB/T 14848—2017）要求，达到地下水质量标准Ⅳ类以上标准。

城市统一供给的生态环境用水与消防用水水质应符合相应的水质标准。采用地表水为市政用水与消防用水水源时应符合《地表水环境质量标准》（GB 3838—2002）要求，达到地表水环境质量标准Ⅴ类以上标准；采用地下水为市政用水与消防用水水源时应符合《地下水质量标准》（GB/T 14848—2017）要求，达到地下水质量标准Ⅴ类以上标准。

再生水利用分类要符合现行国家标准《城市污水再生利用分类》（GB/T18919—2002）的规定。根据再生水用途不同，其水质要符合国家现行的《城市污水再生利用工业用水水质》（GB/T 19923—2005）、《城市污水再生利用农田灌溉用水水质》（GB/T 20922—2007）、《城市污水再生利用城市杂用水水质》（GB/T 18920—2020）、《城市污水再生利用景观环境用水水质》（GB/T 18921—2002）、《城市污水再生利用绿地灌溉水质》（GB/T 25499—2010）等的规定。当再生水用于多种用途时，应按照优先考虑用水量大、对水质要求不高的用户，对水质要求不同用户可根据自身需要进行再处理。

根据《城市供水应急和备用水源工程技术标准》（CJJ/T 282—2019），应急供水水源条件受限时，水质卫生标准可适当放宽。不同干旱情况下水质要求如下表5-12：

初级干旱：居民饮用水和烹调、洗涤、冲厕、洗澡等居民日常生活用水，宾馆、餐饮、洗浴等经营服务用水，商场、学校、办公楼等公建用水和食品加工厂生产用水的水质要求均应达到地表水环境质量标准Ⅲ类以上；高炉和炼钢炉、机器设备、润滑油和空气的冷却用水，锅炉和冷凝器冷凝用水，纺织厂和造纸厂的洗涤、净化、印染等生产过程用水，机车和船舶交通运输用水，发电厂用水，各类建筑活动及建筑安装、装修、钻井、打井、勘探等建筑用水的水质要求均应达到地表水环境质量标准Ⅳ类以上；浇洒市政道路、广场和绿地浇灌的生态环境用水，以及消防用水水质要求均应达到地表水环境质量标准Ⅴ类以上，其中消防用水pH应为6.0～9.0。

中级干旱：居民饮用水和烹调、洗涤、洗澡等居民日常生活用水，宾馆、餐饮、洗浴等经营服务用水，商场、学校、办公楼等公建用水和食品加工厂生产用水的水质要求均应达到地表水环境质量标准Ⅲ类以上；居民日常冲厕、工业企业高炉和炼钢炉、机器设备、润滑油和空气的冷却用水，锅炉和冷凝器冷凝用水，纺织厂和造纸厂的洗涤、净化、印染等生产过程用水，机车和船舶交通运输用水，发电厂用水，各类建筑活动及建筑安装、装修、钻井、打井、勘探等建筑用水的水质要求均应达到地表水环境质量标准Ⅳ类以上；浇洒市政道路、广场和绿地浇灌的生态环境用水，以及消防用水水质要求均应达到地表水环境质量标准Ⅴ类以上，其中消防用水pH应为6.0～9.0。

重度干旱：居民饮用水和烹调日常生活用水，餐饮经营服务用水和食品加工厂生产用水的水质要求均应达到地表水环境质量标准Ⅲ类以上；居民日常洗涤、洗澡等综合生活用水，宾馆、洗浴经营服务用水，商场、学校、办公楼等公建用水的水质要求均应达到地表水环境质量标准Ⅳ类以上；居民日常冲厕、工业企业高炉和炼钢炉、机器设备、润滑油和空气的冷却用水，锅炉和冷凝器冷凝用水，纺织厂和造纸厂的洗涤、净化、印染等生产过程用水，机车和船舶交通运输用水，发电厂用水，各类建筑活动及建筑安装、装修、钻井、打井、勘探等建筑用水的水质要求均应达到地表水环境质量标准Ⅴ类以上；浇洒市政道路、广场和绿地浇灌的生态环境用水，以及消防用水水质要求均应达到地表水环境质量标准Ⅵ类以上，其中消防用水pH应为6.0～9.0。

表 5-12　不同干旱情况下城市用水水质要求

城市用水类型	用水分类	细类	评价指标	备注	水质要求			
					初级干旱	中级干旱	重度干旱	极端干旱
综合生活用水	居民日常生活用水	饮用水	居民饮用水	综合生活用水包括城市居民日常生活用水和公共设施用水两部分的总水量	地表水环境质量标准Ⅲ类以上	地表水环境质量标准Ⅲ类以上	地表水环境质量标准Ⅲ类以上	地表水环境质量标准Ⅲ类以上
		其他用水	综合生活用水	生活烹调、洗涤、冲厕、洗澡等日常生活用水	地表水环境质量标准Ⅲ类以上	生活烹调、洗涤、洗澡等生活用水达地表水环境质量标准Ⅲ类以上；冲厕水地表水环境质量标准Ⅳ类以上	生活烹调达地表水环境质量标准Ⅲ类以上；洗涤、洗澡等达Ⅳ类以上；冲厕水地表水环境质量标准Ⅴ类以上	生活烹调达地表水环境质量标准Ⅲ类以上；洗涤、洗澡等达Ⅳ类以上；冲厕水地表水环境质量标准Ⅵ类以上
	公共设施用水	经营服务用水（宾馆、餐饮、浴室等）	服务业生活用水	娱乐场所、宾馆、餐饮、浴室等用水，不包括城市浇洒道路、绿地和广场等市政用水	地表水环境质量标准Ⅲ类以上	地表水环境质量标准Ⅲ类以上	餐饮经营服务用水达地表水环境质量标准Ⅲ类以上；宾馆、洗浴地表水环境质量Ⅳ类以上	餐饮经营服务用水达地表水环境质量标准Ⅲ类以上；宾馆、洗浴地表水环境质量Ⅳ类以上
		公建用水（商场、学校、办公楼等）	公建生活用水	商场、学校和机关办公楼等用水	地表水环境质量标准Ⅲ类以上	地表水环境质量标准Ⅲ类以上	地表水环境质量标准Ⅳ类以上	地表水环境质量标准Ⅳ类以上
生产（工业企业）用水	冷却用水	冷却用水	冷却用水	高炉和炼钢炉、机器设备、润滑油和空气的冷却用水	地表水环境质量标准Ⅳ类以上	地表水环境质量标准Ⅳ类以上	地表水环境质量标准Ⅴ类以上	地表水环境质量标准Ⅴ类以上
	冷凝用水	冷凝用水	冷凝用水	锅炉和冷凝器用水	地表水环境质量标准Ⅳ类以上	地表水环境质量标准Ⅳ类以上	地表水环境质量标准Ⅴ类以上	地表水环境质量标准Ⅴ类以上
	生产过程用水	生产过程用水	生产过程用水	纺织厂和造纸厂的洗涤、净化、印染等用水	地表水环境质量标准Ⅳ类以上	地表水环境质量标准Ⅳ类以上	地表水环境质量标准Ⅴ类以上	地表水环境质量标准Ⅴ类以上
	食品加工用水	食品加工用水	食品加工用水	—	地表水环境质量标准Ⅲ类以上	地表水环境质量标准Ⅲ类以上	地表水环境质量标准Ⅲ类以上	地表水环境质量标准Ⅲ类以上

续表

城市用水类型	用水分类	细类	评价指标	备注	水质要求			
					初级干旱	中级干旱	重度干旱	极端干旱
生产（工业企业）用水	交通运输用水	交通运输用水	交通运输用水	机车和船舶用水	地表水环境质量标准Ⅳ类以上	地表水环境质量标准Ⅳ类以上	地表水环境质量标准Ⅴ类以上	地表水环境质量标准Ⅴ类以上
	发电厂用水	发电厂用水	发电耗水量	—	地表水环境质量标准Ⅳ类以上	地表水环境质量标准Ⅳ类以上	地表水环境质量标准Ⅴ类以上	地表水环境质量标准Ⅴ类以上
	建筑用水	建筑用水	施工期平均用水量	各类建筑活动及建筑安装、装修、钻井、打井、勘探等的用水	地表水环境质量标准Ⅳ类以上	地表水环境质量标准Ⅳ类以上	地表水环境质量标准Ⅴ类以上	地表水环境质量标准Ⅴ类以上
生态环境用水	绿化浇灌用水	绿化浇灌用水	绿化浇灌用水	浇洒市政道路、广场和绿地用水参考《建筑给水排水设计标准［附条文说明］》（GB 50015—2019）	地表水环境质量标准Ⅴ类以上	地表水环境质量标准Ⅴ类以上	地表水环境质量标准Ⅵ类以上	地表水环境质量标准Ⅵ类以上
	小区道路、广场的浇洒用水	小区道路、广场的浇洒用水	小区道路、广场的浇洒用水	—	地表水环境质量标准Ⅴ类以上	地表水环境质量标准Ⅴ类以上	地表水环境质量标准Ⅵ类以上	地表水环境质量标准Ⅵ类以上
消防用水	消防用水	消防用水	消防用水	市政给水、消防水池、天然水源等可作为消防水源，并宜采用市政给水；雨水清水池、中水清水池、水景和游泳池可作为备用消防水源	pH 值应为 6.0～9.0，地表水环境质量标准Ⅴ类以上	pH 值应为 6.0～9.0，地表水环境质量标准Ⅴ类以上	pH 值应为 6.0～9.0，地表水环境质量标准Ⅵ类以上	pH 值应为 6.0～9.0，地表水环境质量标准Ⅵ类以上

极端干旱：居民饮用水和烹调日常生活用水，餐饮经营服务用水和食品加工厂生产用水的水质要求均应达到地表水环境质量标准Ⅲ类以上；居民日常洗涤、洗澡等综合生活用水，宾馆、洗浴经营服务用水，商场、学校、办公楼等公建用水的水质要求均应达到地表水环境质量标准Ⅳ类以上；工业企业高炉和炼钢炉、机器设备、润滑油和空气的冷却用水，锅炉和冷凝器冷凝用水，纺织厂和造纸厂的洗涤、净化、印染等生产过程用水，机车和船舶交通运输用水，发电厂用水，各类建筑活动及建筑安装、装修、钻井、打井、勘探等建筑用水等水质要求应达到地表水环境质量标准Ⅴ类以上；居民日常冲厕、浇洒市政道路、广场和绿地浇灌的生态环境用水，以及消防用水水质要求均应达到地表水环境质量标准Ⅵ类以上，其中消防用水 pH 应为 6.0～9.0。

5.4　应急供水系统布局和水厂规划

5.4.1　应急供水系统布局原则

面对干旱缺水状况下，应先对现有供水系统的水源与配水调度和处理设施进行应急处理的能力评估，确定主要薄弱环节和应急建设需求。在以上风险评价和能力评估的基础上，进行城市供水系统应急能力建设规划，确定应急建设的具体任务。对于多水源的城市，应考虑不同水源间的联合调度。对于同时有地表水和地下水水源的城市，可考虑以地下水源作为应急水源，满足应急条件下的基本供水要求；对于单一水源的城市，应考虑建设第二水源或备用水源。对采用多水厂供水的地区或城市，应在区域或城市之间实现互联互通，能够进行清水应急调度，满足应急时的基本用水需求，提高供水管网应急联合调度水平。

以城市总体规划及其他相关规划为依据，全盘考虑，合理布局，考虑干旱情况下不同区域水量、水质、水压及安全供水要求，结合当地自然地势地形条件，以及不同用户的水质要求，经综合评价后确定。应急供水系统布局原则如下：

（1）安全性原则：以饮用水的安全保障目标为依据，对备用水源地的保护区域进行划分，对水源地的保护措施进行明确，使干旱应急时备用水源在水质上、水量上都能满足应急供水的需求，降低供水设施运行能耗、药耗、漏耗。

（2）经济性原则：在满足城市用水的各项要求的前提下，合理的给水系统布局对降低基建造价、减少运行费用、提高供水安全性、提高城市抗灾能力等方面是极为重要的。例如对连续干旱时的应急水源规模进行估测确定，避免由于备用水源的规模过大造成的投资浪费，规模太小而无法满足应急供水的需求等。

（3）可行性原则：应急供水系统布局规划方案在技术上必须可行，优化管网布局，提高供水安全可靠性。城市供水管网必须实现相互连通，尽量形成环状管网，方便发生紧急事件时的供水统一调度和相互补充，以提高干旱时期给水系统事故应对能力。

（4）协调性原则：应急供水系统布局规划应按城市总体规划范围、发展规模、主要发展方向合理安排供水资源和建设步骤，结合远期留有余地。必须和水资源综合利用规划，城市总体规划、给水工程专项规划、水功能区划等相协调。

（5）科学性原则：针对不同干旱程度地区的供水安全存在的问题以及供水现状等，根据地方和国家的相关法律法规，对城市别用水源进行科学规划。供水系统规划的工程编制应遵循的标准规范有：《城市给水工程规划规范》（GB 50282—98）、《室外给水设计标准》（GB 50013—2018）和《城市居民生活用水量标准》（GB/T 50331—2002）等。

5.4.2　应急供水系统布局规划

城市供水系统重点任务是合理确定供水设施规模、布局和工艺，主要内容应包括合理选择城市供水水源地取水口；确定供水模式和系统布局；明确供水厂的规模和用地；制定供水水压的控制目标和供水水质的措施，建立供水安全的保障体系，提出近期建设项目与远景规划设想。

在干旱应急缺水条件下，根据城市布局、地形地质等自然条件，水源情况，用户对水量、水质、水压的要求等，城市给水系统可以采用不同的布置方式。

（1）统一给水系统：根据生活饮用水水质要求，由统一管网供给居民日常生活用水（饮用水和烹调、洗涤、洗澡等其他用水）、公共设施用水（经营服务用水和公建用水）、食品加工用水和消防用水到用户。对于严重干旱或极度干旱情况，仅保留居民饮用给水和食品加工用水供水系统。

（2）分质给水系统：取水构筑物从同一水源或不同水源取水，经过不同程度的净化过程，通过不同的管网系统，分别将不同水质的水供给各个用户的给水系统。将原水分别经过不同处理后供给对水质要求不同的用户；分设污水回用系统，将处理后达到水质要求的再生水供给相应的用户；也可采用将不同的水源分别处理后供给相应的用户。干旱应急过程中，居民日常生活用水中的冲厕及生产用水中的冷却用水、冷凝用水、生产过程用水、交通运输用水、发电厂用水、建筑用水，市政用水中的绿地浇灌用水、小区道路广场浇洒用水和消防用水均可降质供应。

（3）分区给水系统：根据城市地形将给水系统分成几个区，每区有泵站和管网等，各区之间有适当的联系，以保证供水可靠和调度灵活。在城市地形起伏大或规划范围广时可采用分区、分压给水系统。一般情况下供水区地形高差大且界线明确宜于分区时，可采用并联分压系统；供水区狭长带形，宜采用串联分压系统；大中城市宜采用分区分压系统；在高层建筑密集区，有条件时宜采用集中局部加压系统。

（4）区域性给水系统：在严重极端干旱情况下，水源贫乏，城镇或工业区只能远距离集中取水，将若干城镇或工业区的给水系统联合起来。

（5）重复使用给水系统和循环给水系统：某些企业排出相对洁净的废水，可重复运用到水质要求较低的生产生活中；工业废水不排入水体，经冷却降温或其他处理又循环用于生产。在干旱缺水情况下，应优先考虑重复使用及循环给水系统。

5.4.3　应急供水水厂及加压站规划

1. 应急给水厂规划

1）应急供水规模

在结合城市总体规划、城市给水工程规划等相关规划基础上、充分考虑干旱情况下区域统筹供水，根据城市应急供水供需平衡分析，预测初级干旱、中级干旱、严重干旱和极度干旱四种不同干旱情况下的应急水厂的供水能力，综合考虑城市的给水现状和城市周边的水资源情况，合理规划应急给水厂布局，将近、远期结合，合理确定应急水厂供水范围及规模。

2）应急给水厂厂址和用地

应急给水厂厂址的选择与城市总体规划、水源地位置、城区位置、地形地貌、气候条件及生产废水的出路等因素均有密切的关系，并在此基础上要考虑不同干旱情况下区域需水量及区域紧急缺水优先状况分布。应急给水厂厂址选择原则如下：符合城市总体规划；给水系统应布局合理，应尽可能地利用地形，节约能耗；有良好的供电、排水、交通等基础设施条件；厂址具有良好的工程地质条件，有利于降低工程造价；有良好的环境条件，便于净水厂的卫生防护；有便于远期发展控制用地的条件；有利于提高供水系统的安全可靠性；符合土地利用和保护规划，少拆迁，尽量不占用农田保护区；优先分布紧急缺水且需求量较大的地区。

根据应急水源地类型的不同，应急水厂厂址选择原则有所差异：应急地表水厂的位置应根据应急给水系统的布局确定；地下水水厂的位置应根据应急水源地的地点和取水方式确定，选择在应急取水构筑物附近；非常规应急水源水厂的位置宜靠近非常规水资源或用户集中区域。

应急水厂用地应按应急给水规模确定，用地指标宜按表 5-13 采用，应急水厂厂区周围应设置宽度不小于 10m 的绿化带。

表 5-13　应急水厂用地指标

给水规模 /（万 m³/d）	地表水水厂		地下水水厂 /[m²/（m³/d）]
	常规处理工艺 /[m²/（m³/d）]	预处理+常规处理+深度处理工艺 /[m²/（m³/d）]	
5～10	0.40～0.50	0.60～0.70	0.30～0.40
10～30	0.30～0.40	0.45～0.60	0.20～0.30
30～50	0.20～0.30	0.30～0.45	0.12～0.20

注：给水规模大的取下限，给水规模小的取上限，中间值采用插入法确定；给水规模大于 50 万 m³/d 的指标可按 50 万 m³/d 指标适当下调，小于 5 万 m³/d 的指标可按 5 万 m³/d 指标适当上调；地下水水厂建设用地按消毒工艺控制，厂内若需设置除铁、除锰、除氟等特殊水质处理工艺时，可根据需要增加用地；本表指标未包括厂区周围绿化带用地。

2. 应急加压站规划

1）应急加压站设置原则

在各水厂出厂水压控制在较合理的 0.33～0.58MPa 时，根据各水厂供水规模及分区需水量进行管网平差计算，根据其计算结果，在供水压力不足的区域设置加压站；对现有已建及在建加压站尽量予以保留；对拟建加压站进行优化，部分小规模加压站由较大加压站代替，现有临时加压站应建设永久性加压站予以代替；应急水源泵站在确定工作水泵和型号及台数时，应根据应急和用水量需求、水压要求、水质情况、调节水池大小、机组的效率和功率等因素，综合考虑确定；应急水源泵站备用水泵数量可减少。

2）应急供水水压

应急供水水压应符合国家现行有关法规和标准的规定，并应保证管网末梢压力。依据《城市给水工程规划规范》（GB 50282—2016）、《城镇供水服务》（CJ/T 316—2009）、《城镇供水厂运行、维护及安全技术规程》（CJJ 58—2009）等现行有关标准，城市配水管网的供水水压应满足用户接管点处的服务水头 0.28MPa 的要求。消防时管道的压力应保证灭火时最不利点消火栓的水压不小于 0.1MPa（从地面算起）。在应急供水时，由于管网输水量急剧下降，相应服务水压也随之降低，难以满足与正常供水相同的需要。在不同干旱条件下，可适当减小供水水压。按《城市供水行业 2010 年技术进步发展规划及 2020 年远景目标》，以服务水压满足 0.16MPa 为最低要求来衡量应急供水方案的管网水力效果。尽可能多点供水，服务水压趋于平衡。

3）应急加压站厂址和用地

考虑城市地理空间布局特点，对应急供水距离较长或地形起伏较大的城市，宜在配水管网中设置加压泵站，厂址与用户较集中地区距离不宜太远，以免因长距离输送造成运行费用高和管理维护上的不便；加压站厂址的选择充分结合进站管道水压情况合理确定，站址地面标高留有量的前提下，充分考虑利用进站管道富裕压力，位于配水管网水压较低处，并靠近紧急用水优先级用户集中区域；有较好的废水排除条件；有较好的工程地质条件；有便于远期发展控制用地的条件；有良好的卫生环境，并便于设立防护地带；少拆迁，不占或少占农田；施工、运行和维护方便。

应急加压站用地应按应急给水规模确定，用地形状应满足功能布局要求，其用地面积宜按下表采用，泵站周围应设置宽度不小于 10m 的绿化带，并宜与城市绿化用地相结合（表 5-14）。

表 5-14　应急加压站用地面积

给水规模/（万 m^3/d）	用地面积/m^2
5～10	2750～4000
10～30	4000～7500
30～50	7500～10000

注：给水规模大于 50 万 m^3/d 的用地面积可按 50 万 m^3/d 用地面积适当增加，小于 5 万 m^3/d 的用地面积可按 5 万 m^3/d 用地面积适当减少；加压站有水量调节池时，可根据需要增加用地面积；本表指标未包括厂区周围绿化带用地。

5.5 应急配水管网规划

5.5.1 应急配水管布局

1. 应急配水管网的布置原则

供水管道定线时，必须考虑供水安全，施工安全，节约劳动力，选线时应符合城市总体规划要求，应选最短的线路，尽量沿现有道路定线，以便施工和检修，尽可能少占用农田，减少与铁路、公路和河流的交叉；管线应避免穿越滑坡、岩层、沼泽、高地下水位和河水淹没与冲刷地区，以降低造价和便于管理。从投资、施工、管理等方面对各种方案进行技术经济比较，才能最后确定管道的走向、位置和根数。

2. 应急配水管网布置基本要求

（1）管网按最终规模及走向确定，分期分步实施。城市配水干管的设置及管径应根据城市规划布局、规划期给水规模并结合近期建设确定。

（2）管道平行道路布置时应简洁，少占地下空间，避免重复布管。其走向应沿现有或规划道路布置，并宜避开城市交通主干道。

（3）配水管与构筑物或其他管道的间距及管线在城市道路中的埋设位置应均符合现行国家标准《城市工程管线综合规划规范》（GB 50289—2016）的规定。

（4）配水管网应按最高日最高时供水量级设计水压进行水力平差计算，并应分别按下列两种情况和要求进行校核：发生消防时的流量和消防水压的要求；最大传输时的流量和水压要求；最不利管段发生故障时的事故用水量和设计水压要求。

（5）配水管网应进行优化设计，在保证设计水量、水压、水质和安全供水的条件下，进行不同方案的技术经济比较。对现有的老化管道及瓶颈处逐步改造。当道路横断面小于 40m 时，给水管道单侧铺设，当道路断面大于 40m 时，给水管道可两侧铺设。

（6）规划给水范围较大时，还应积极探索管网区域分区工作，降低供水产销差、均匀管网压力和缩短水力停留时间。分区供水的规模和范围，应满足分区管网的水压均衡和水质稳定，提高给水系统水压和水质管理的要求。

（7）供水分区间根据给水系统调度及应急供水的需要，须设置联络管、阀门等设施。分区管网的进水点应在满足压力控制和水量水质安全的前提下尽可能少。

3. 应急配水管网输水管线根数比较

应急输水管线的根数主要是根据给水系统的重要性、输水规模、事故时必须保证的用水量、输水管线长度、当地有无其他水源等综合因素考虑。从技术分析，根据《室外给水设计标准》（GB 50013—2018）中 7.1.3 条规定：输水干管不宜少于两条，当有安全贮水池或其他安全供水措施时，也可修建一条。

输水管线数量就单线和双线进行比较：

（1）单线输水，初期投资小，但运行不灵活，管线事故，将会造成输水中断，必须在管线末端设置较大容量调蓄水池，满足事故情况下安全供水。

（2）双线输水，增加初期投资，但管理简单，运行灵活，可提高供水保证率，相对单线供水安全可靠，在事故情况下保证 70%供水。

对于应急干旱情况，应急水源大多为补充性水源，保证率低，输水干管可采用单管供水，且应急水源输水干管应设废水排放口。

4. 应急配水网管道的直径选择

应急输水流量较大、压力高、管线长，地形起伏大、地质条件复杂，因此管径、管材的选择不仅对工程的造价影响大，而且直接影响工程的运行安全。为此输水管线根据地形、地质条件布置，管径根据经济流速、运行费、投资等因素综合考虑。在城区，配水管网称为城区给水管网，城市给水管网按管线作用的不同可分为干管、支管、分配管和接户管等。

干管的主要作用是输水至城市各用水地区，直径一般在 100mm 以上，在大城市为 200mm 以上。城市给水网的布置和计算，通常只限于干管。支管是把干管输送来的水量送到分配管网的管道，适用于面积大、供水管网层次多的城区。

分配管是把干管或支管输送来的水量送到接户管和消火栓的管道。分配管的管径由消防流量来决定，一般不予计算。为满足安装消火栓所要求的管径，不致在消防时水压下降过大，通常配水管最小管径，小城市采用 75～100mm，中等城市 100～150mm，大城市采用 150～200mm。

接户管又称进水管，是连接配水管与用户的管道。

5. 应急配水网输水方案

根据城市规划、用户分布及用水的要求等，配水网分为树枝状管网和环状管网，也可根据不同情况混合布置。树枝状管网：优点管材省、投资少、构造简单；缺点供水可靠性较差，一处损坏则下游各段全部断水，同时各支管尽端易造成“死水”，导致水质恶化。环状管网：环状管网中每条管都有两个方向来水，供水安全可靠，可降低管网中水的水头损失，节省动力，管径可稍减小，减轻管内水锤的威胁，有利于管网的安全；缺点管线较长，投资较大。

在干旱应急情况下，配水网布置应结合城市现有的配水管网进行整体调控，对于新增的配水网应选择构造简单、投资少，工程周期短的树枝状管网，起到及时供应满足城区生产生活紧急配水需求。在应急输水管线选线应优先考虑用户用水紧急情况和用水需求量，再综合考虑投资、征地难度、地形及地质情况、施工难度和运行管理情况来结合现有道路情况确定应急输水线路。

初级干旱：结合现有的城市配水管网，首先供给居民区较集中的区域，满足城市居民的基本生活用水；其次为重大生命线工程和重要基础设施，包括医院、电力、通信、消防、供热供气、党政机关、公共服务等用水大用户区域进行管网配水；最后为一般生产、工业企业、绿化浇灌、小区道路、广场的浇洒开通输水线路。

中级干旱：结合现有的城市配水管网，首先供给居民区较集中的区域，满足城市居民的基本生活用水；其次为重大生命线工程和重要基础设施，包括医院、电力、通信、消防、供热供气、党政机关、公共服务等用水大用户区域进行管网配水；最后为一般生产、工业企业开通输水线路，停止绿化浇灌、小区道路、广场的浇洒输水线路供水。

严重干旱：结合现有的城市配水管网，首先供给居民区较集中的区域，满足城市居民的基本生活用水；其次为重大生命线工程和重要基础设施，包括医院、电力、通信、消防、供热供气、党政机关、公共服务等用水大用户区域进行管网配水；最后停止一般生产、工业企业、绿化浇灌、小区道路、广场的浇洒输水线路。

极端干旱：结合现有的城市配水管网，首先供给居民区较集中的区域，满足城市居民的基本生活用水，除兼顾关系国计民生的重点单位、重点企业及生活必需品生产企业进行管网配水外，其余企业、部门一律停止配水线路分配。结合城市应急水源地，应急铺设单线输水管道保证最低标准下的城市用水安全。

5.5.2 应急配水管道

1. 管材选择

在供水工程中，管道投资占工程投资的比重比较大，且因管材选择不当，造成事故或增加不必要的投资的实例较多。因此，在管材选择时，必须结合工程的实际情况，综合考虑管材的技术性能及主要特性，根据生产和使用情况、供水安全性、经济合理性、维护管理方便等因素进行分析确定。

配水管材的选择原则有：

（1）使用寿命长，抗震性能好，具备一定的抗外荷的能力，安全可靠性强，维修量少。

（2）管道内壁光滑，长期运行过程中输水能力基本保持不变，能承受所需的内压。

（3）在保证管道质量的前提下，综合造价相对较低。

近年来随着国内工程技术和新型材料的发展，同时引进大量国外先进技术，为市场提供更多可供选择的供水工程管道材质。管材的选择不仅对工程的造价影响较大，而且也直接影响工程的安全运行。为此，结合实际情况，选择涂塑复合钢管、球墨铸铁管（ductile iron pipe，DIP）、聚乙烯管（PE/PE 复合）、玻璃钢管（reinfored plastic mortal pipe，RPMP）和预应力钢筒混凝土压力管（prestressed concrete cylinder pipe，PCCP）五种管进行比较，见表 5-15。

表 5-15 管材性能比较

管材名称	优点	缺点
涂塑复合钢管	运用广泛，强度高，具有良好的韧性，承受内压大，施工敷设方便，适应性强，接口形式灵活，管道渗漏量较少，单位管长重量较轻，可用来埋设穿越各种障碍；管材及管件易加工	造价偏高、内外均须防腐，施工过程中组合焊接工作量大，需要进行焊缝无损检测

续表

管材名称	优点	缺点
球墨铸铁管	强度高，具有柔韧性，不易弯曲变形，能承受较大负荷，材料耐腐蚀性能好，接口为滑入式和机械柔性接口方式，施工简单，安全可靠，接口作业完毕，可立即进行回填	腐蚀性较强的土壤中埋设，容易腐蚀穿孔，管外壁必须喷锌后作防腐涂层或用塑料薄膜包裹，才能达到铸铁管的使用年限。大口径管道的生产厂家较少，且价格昂贵
聚乙烯管	承受内压相对较小，内壁光滑水阻小，耐腐蚀不需防腐，柔韧性、抗冲击性好，维修简单方便	以小管径为主，大管径管材价格偏高，适用性不强
玻璃钢管	粗糙率低，过流能力大，重量轻，运输和安装较方便，无须附加内衬层和外防腐涂层而直接埋设在高酸性和高碱性土壤中，不需要电化学保护	刚度低，抗外压性能差，管基处理费用较大，易漏水
预应力钢筒混凝土压力管	价格比金属管便宜，管材抗渗压力高，工作压力通常在1.0～2.0MPa，对埋设土壤适应性强，防腐工艺复杂	自重较重，运输不便。对管基土质较差的情况，如长距离的淤泥段，管基处理费用较大，技术上要求均匀沉降较困难

2. 接口型式

不同类型管材接口型式分别为：
（1）球墨铸铁管：橡胶圈接口；
（2）预应力钢筋砼管：橡胶圈接口；
（3）预应力钢筋套筒混凝土管：橡胶圈接口；
（4）塑料管：承插式接口或黏接；
（5）钢管：焊接或法兰连接。

3. 管道防腐

根据规划的管材选择情况，各种管材的防腐要求如下：①钢管及管件外壁采用新型高分子防腐涂料做加强级防腐。内壁采用新型高分子防腐涂料进行普通防腐。环氧煤沥青漆等有可能影响水质的涂料不得采用。②塑料管无须防腐处理。③铸铁管、球墨铸铁管的内外壁防腐必须在制管厂完成。④预应力钢筋砼管：管材无须防腐处理。

5.6 雨水资源可利用量计算方法

雨水可利用量计算中的两个重要因素，一个为实际可利用降雨量，一个为对应的实际收集面积。

5.6.1 降雨典型年法

1. 降雨统计分析

雨水的可利用量与气象水文年内每一场降雨都有直接的关系，统计得到的多年平均的年降雨量中只有部分可被雨水收集设施收集和利用。因此，选择更加贴近多年平均降雨频次的典型年作为计算依据，利用城市多年（不少于30年）日降雨量统计数据，绘制不同降雨量的降雨次数频率曲线。

降雨次数频率曲线是基于降雨统计数据绘制，选取城市至少近 30 年（反映长期的降雨规律和近年气候的变化）日降雨（不包括降雪）资料，扣除小于等于 2mm 的降雨事件的降雨量，将降雨量日值按雨量由小到大进行排序，统计小于某一降雨量的降雨总量（小于该降雨量的按真实雨量计算出降雨总量，大于该降雨量的按该降雨量计算出降雨总量，两者累计总和）在总降雨量中的比率，此比率（即年径流总量控制率）对应的降雨量（日值）即为设计降雨量。

2. 降雨典型年选取

参考《气候状况公报编写规范》（DB13/T 1270—2015）相关标准来进行降水年型划分（表 5-16），若某年降水量较常年偏多 30%以上（显著偏多），则将该年划分为典型丰水年，若年降水量较常年偏少 30%以上（显著偏少），则将该年划分为典型枯水年。

表 5-16　降水量月、年尺度气候评价标准

统计特征	年尺度/%	月尺度/%
异常偏多	$60\leqslant\Delta R$	$100\leqslant\Delta R$
显著偏多	$30\leqslant\Delta R<60$	$50\leqslant\Delta R<100$
偏多	$15<\Delta R<30$	$25<\Delta R<50$
正常	$-15\leqslant\Delta R\leqslant15$	$-25\leqslant\Delta R\leqslant25$
偏少	$-30<\Delta R<-15$	$-50<\Delta R<-25$
显著偏少	$-50<\Delta R\leqslant-30$	$-80<\Delta R\leqslant-50$
异常偏少	$\Delta R\leqslant-50$	$\Delta R\leqslant-80$

5.6.2　雨水收集利用设施调蓄容量计算方法

1. 可收集利用雨水径流总量计算

城市某一区域/场地内可控制利用的雨水径流总量可按照式（5-18）计算

$$W=10(\psi_c-\psi_0)h_yF \tag{5-18}$$

式中，W 为可收集利用的雨水径流总量（m^3）；ψ_c 为雨量径流系数；ψ_0 为城市化未开发之前的径流系数；h_y 为设计日降雨量（mm）；F 为硬化汇水面积（hm^2）。

2. 雨水渗透设施

根据《建筑与小区雨水控制及利用工程技术规范》（GB 50400—2016）可知：

（1）渗透设施的日雨水入渗量计算公式为

$$W_s=\alpha\cdot K\cdot J\cdot A_s\cdot t_s \tag{5-19}$$

式中，W_s 为日雨水渗透量（m^3）；α 为综合安全系数，一般可取 0.5～0.8；K 为土壤渗透系数（m/s）；J 为水力坡度，一般可取 J=1.0；A_s 为有效渗透面积（m^2）；t_s 为渗透时间（s）。

（2）入渗系统应设置雨水储存设施，单一系统储存容积应能蓄存入渗设施内产流历时的最大蓄积雨水量，按式（5-20）计算

$$V_s = \max(W_c - \alpha \cdot K \cdot J \cdot A_s \cdot t_s) \tag{5-20}$$

式中，V_s 为入渗系统的储存水量（m^3）；W_c 为渗透设施进水量（m^3）。

（3）渗透设施进水量按式（5-21）计算

$$W_c = \left[60 \cdot \frac{q_c}{1000} \cdot (F_y \psi_c + F_0)\right] t_c \tag{5-21}$$

式中，F_y 为渗透设施受纳的汇水面积（hm^2）；F_0 为渗透设施的直接受水面积（hm^2），埋地渗透设施取为 0；t_c 为渗透设施设计产流历时（min），不宜大于 120min；q_c 为渗透设施设计产流历时对应的暴雨强度［L/（s · hm^2）］，按 2 年重现期计算。

3. 雨水调蓄设施

雨水调蓄设施储存水量可按下式计算，当具有逐日用水量变化曲线资料，可根据逐日降雨量和逐日用水量变化曲线，通过式（5-22）计算

$$V_h = W - W_i \tag{5-22}$$

式中，V_h 为收集回用系统雨水储存设施的储水量（m^3）；W 为区域/场地可收集利用的雨水径流总量（m^3）；W_i 为初期径流弃流量（m^3）。

初期径流弃流量可按式（5-23）计算

$$W_i = 10 \cdot \sigma \cdot F \tag{5-23}$$

式中，W_i 为初期径流弃流量（m^3）；σ 为初期径流弃流厚度（mm）。

雨水收集设施调蓄容积设计流程见图 5-1。

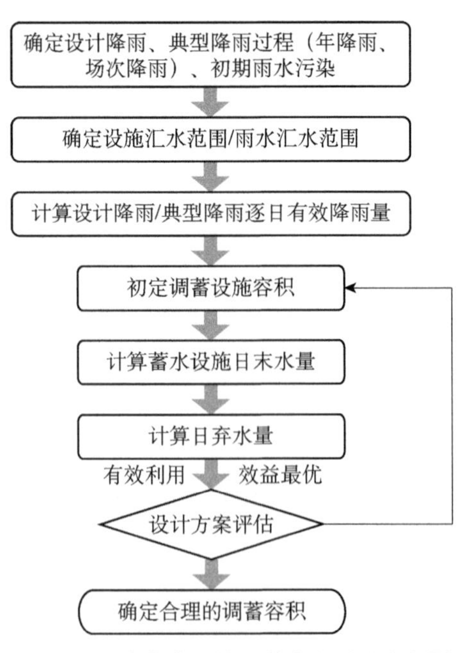

图 5-1　雨水收集设施调蓄容积设计流程图

5.7　雨水资源综合利用方法

5.7.1　雨水资源利用策略

新型雨水系统规划重视雨水的调、蓄、滞、排。雨水调、蓄系统最突出优势主要体现在将雨水当作一种资源来对待，充分考虑区域存储雨水、利用雨水和排出滞水，在控制面源污染的同时，最大可能地实现雨水资源的再利用，实现发展和自然的和谐。

目前城市雨水系统的调蓄针对的雨水主要来自两方面，即屋顶雨水收集和城市路面雨水利用。屋顶雨水收集，就是利用建筑物屋顶拦蓄雨水，地面或地下储存，经过滤和反渗透过滤，利用原有水管输送，供用户就地使用。城市路面雨水利用分设城市排污管道和雨水集流管道。雨水集流管道分散设置，蓄水池置于绿地下，雨天集存，晴天利用。应根据城市规划布局、地形，集合竖向规划和城市废水受纳体的位置，按照就近分散、自流排放的原则进行流域划分和系统布局。应充分利用城市中的洼地、池塘和湖泊调节雨水径流，必要时可建人工调节池。

按照利用方式划分，可将雨水利用分为直接利用与间接利用两种方式，前者是将雨水收集后直接回用，用于绿化、冲洗道路、洗车或景观用水等；后者是将雨水简单处理后下渗或回灌地下，补充地下水。

规划为提高雨水资源利用率，可采用分散与集中相结合的方式对雨水资源进行充分、合理地收集利用。分散型雨水收集利用设施是指在建筑小区、公共建筑、工业企业、道路广场，以及公园绿地等区域设置的用于收集屋顶和硬化地面径流，并进行原位利用的小型雨水收集设施。集中式雨水利用设施主要指设置在城市公园绿地、立交桥下，以及其他开敞空间的相对成规模的雨水调蓄设施，用于收集一定汇水区域内的雨水径流，收集到的雨水可用于城市绿化用水和景观用水。

1. 分散式雨水利用

分散式雨水收集利用设施包括但不限于如下多种设施：一是以原位入渗功能为主的小型的渗井、渗渠、渗沟、渗透池/室等，渗井通常设置在屋顶雨落管附近，屋顶产生的雨水径流可通过雨落管进入渗井下渗进入下层土壤，渗渠主要沿道路铺设于地下，适用于高密度居住区或其他空间狭窄的地区。渗井或渗渠一般只收集来自居住用地屋顶和人行道上的雨水径流，也可用于收集来自雨水罐或蓄水池的雨水，渗室是渗井的另一种变化形式，通常呈长方形，主要铺设于停车场或广场的地下，用于对雨水进行临时调蓄并下渗到底部土壤中，一般收集来自屋顶、人行道、停车场的雨水径流。二是绿色屋顶，绿色屋顶在改善城市的热岛效应、提升能源利用效率和营造绿色空间等方面均有良好的功效，如针对雨水资源，绿色屋顶可对雨水水质、水量平衡和径流峰值起到有效的控制作用，绿色屋顶可将雨水蓄存在植物生长介质和表面的洼地当中，过量的降雨径流会通过排水管和溢流孔被输送至建筑物的排水系统，城市建筑屋顶分布相对广泛，可筛选其中能够作为绿色屋顶的屋面，构建成为分散式的雨水收集设施，实现雨水分区域收集的规划目标。三是分散式的雨水收集设施，包括雨水桶、雨水罐、蓄水池，以及小型地下蓄水模块等。

2. 集中式雨水利用

城市集中式雨水收集利用形式上可分为基于天然调蓄空间/设施的雨水收集和基于人工调蓄工程设施的雨水收集。前者可为湿地、坑塘、湖泊等城市自然调蓄水面，后者主要包括地下雨水调蓄池、调蓄模块、深邃、城市雨洪调蓄公园、具有复合利用功能的运动场等。集中调蓄空间/设施通常设置有一定的汇水面积，汇水区内用地的雨水可通过传输系统汇流进入调蓄空间/设施。

5.7.2　雨水资源利用管控指标确定

根据分散式雨水收集利用的特征，确定以雨水资源利用率作为各类用地的管控指标，以城市用地规划确定的地块或道路为管控单元。雨水资源利用率是指某地块内全年降落的雨水资源中，被收集后利用的雨水量占全年降雨总量的比例。

1. 居住、共建与工业用地

考虑建设项目的性质差异，借鉴其他城市的相关经验，各类用地的雨水资源利用率管控指标按照：①公建用地>居住用地>一类工业用地、一类仓储用地，②新建建筑>改造建筑等两个原则设定。经比对分析，确定我国干旱地区各类用地雨水利用率管控指标，如表 5-17 所示。

表 5-17　干旱地区各类用地雨水利用率建议管控指标　　（单位：%）

用地类型	雨水资源利用率	
	新建建筑	改造建筑
公建用地	≥18	≥12
居住用地	≥10	≥8
一类工业用地	≥10	≥5
一类仓储用地	≥10	≥5

2. 市政道路用地

道路雨水收集后主要用于道路两侧绿化带和防护绿地的灌溉用水。从收集和利用两方面考虑，道路雨水资源利用率主要受制于可利用雨水量和灌溉需水量。可利用雨水量受制于道路宽度，灌溉需水量受制于防护绿地宽度，因此道路雨水资源利用率取决于道路与防护绿地宽度比。按照道路与防护绿地的宽度比值将中心城区市政道路分为三类，分别确定其雨水资源利用率。分类方式及道路雨水利用率控制指标见表 5-18。

表 5-18　道路雨水利用率建议管控指标

编号	道路与防护绿地宽度比值	雨水资源利用率/%
1	$W_{道路}/W_{防护绿地}<1$	20
2	$1\leqslant W_{道路}/W_{防护绿地}<2$	15
3	$W_{道路}/W_{防护绿地}\geqslant 2$	10

5.7.3　雨水资源利用效益评估方法

1. 雨水资源收集利用效益

海绵城市采用雨水集蓄利用措施（如蓄水池、储水罐等）将雨水储存起来，作为绿化、消防、景观、道路和汽车冲洗用水等，提高水资源的利用率，减少城市自来水用量并缓解市政供水压力。该项收益可用收集回用的雨量乘以自来水的价格进行计算，具体为

$$M=(Q_1+Q_2+Q_3)p \tag{5-24}$$

式中，M 为收集利用雨水的收益（元）；Q_1 为不透水下垫面雨水资源利用潜力（m^3）；Q_2 为透水下垫面雨水资源利用潜力（m^3）；Q_3 为水域雨水资源利用潜力（m^3）；p 为自来水的价格（元）。

（1）不透水下垫面雨水资源利用潜力（Q_1）计算

$$Q_1=1000\sum_{i=1}^{m}(R_i-R_k)A_1 \tag{5-25}$$

（2）透水下垫面雨水资源利用潜力（Q_2）计算

$$Q_2=1000\sum_{i=1}^{m}(R_i-R_a)A_2 \tag{5-26}$$

（3）水域雨水资源利用潜力（Q_3）计算

$$Q_3=1000RA_3 \tag{5-27}$$

式中，R_i 为降水量（mm）；R_k 为降水损失和初期弃流的降水量（mm）；m 为某时段降水次数；A_1 为城市不透水下垫面的总面积（km^2）；R_a 为植被截流量（mm）；A_2 为城市透水下垫面的总面积（km^2）；R 为某时段的总降水量（mm）；A_3 为城市水域面积（km^2）。

2. 节省的水处理费和城市排水管网运行费

海绵城市通过各种雨水渗透、集蓄和利用设施等，降低场地内的雨水径流量，减少市政管网雨水排放量，从而减小水处理压力。节省的水处理费和排水设施运行费可用替代工程法进行计算，该项收益即为节省的水处理费与管网运行费之和。

$$M_f=(Q_1+Q_2)\cdot(p_1+p_2) \tag{5-28}$$

式中，p_1为雨水管网的运行费（元/m^3）；p_2为污水处理费（元/m^3）；M_f为水处理与排水设施运行费节省效益。

3. 节省的绿地浇灌用水效益

海绵城市实施雨水利用工程如下凹式绿地、雨水花园等雨水蓄渗设施后，部分不透水路面或屋顶的雨水直接排入雨水蓄渗设施中，增加绿地雨水的下渗量，减少绿地浇灌的次数，从而减少自来水用量。这部分收益可根据《室外给水设计标准》（GB 50013—2018）进行计算。

$$M_g = A \cdot \text{浇灌定额} \cdot \text{年浇灌次数} \cdot p \tag{5-29}$$

式中，A为城市绿地面积（m^2）；M_g为绿地浇灌用水节省效益；p为自来水浇灌绿地对应水价。

4. 渗透补充地下水的收益

海绵城市通过各种雨水渗透、集蓄利用设施等，消减雨水径流量、延缓径流峰值，在一定程度上补给城市地下水，降低城市内涝发生的风险。该项地下水的收益M_d可根据增加的入渗量、降雨对地下水的入渗补给系数和自来水价格进行计算。

$$M_d = \alpha \cdot R \cdot A_d \cdot 10^{-3} \cdot p_3 \tag{5-30}$$

式中，α为降雨对地下水的入渗补给系数，取0.2；R为土壤容量（g/cm^3）；A_d为透水面面积（km^2），取各类透水下垫面面积之和；p_3为以地下水为水源的自来水的价格，用水资源的影子价格计算。

5.7.4　雨水利用设施规划布局方法

1. 设施选取与布局要求

（1）分散式雨水收集/下渗/调蓄设施设计规模。

城市道路、广场、居民小区，以及公共建筑等适合场地来因地制宜地设置分散式雨水收集设施、入渗设施和调蓄设施，设施总规模可根据各类用地雨水资源利用率进行设计计算。

（2）分散式雨水收集/下渗/调蓄设施布局。

分散式设施通常占地面积不大，可布置在居民小区和公共建筑地块的屋顶、绿地，以及地上停车场等，也可布置在道路沿线的绿化用地空间、街边游园和小公园内，形式上以插花式的设计为主，如果条件适宜也可采用地埋式设施。

绿色屋顶优先布置在城市公共建筑屋顶，其次是新建或工程质量条件相对较好的居民小区屋顶，而老旧社区、棚户区及超高建筑等屋面建议不用作绿色屋顶。

分散式调蓄设施主要用以收集屋顶和路面上的雨水，设置空间布局原则上以分散形式为主来就近收集和利用雨水。如可以为每栋楼为单元设置一个或数个雨水罐或雨水池，也可在楼宇之间绿地上设计渗透沟、渗渠或渗井等，将雨水集中收集过滤之后下渗回补地下水。

（3）集中式雨水下渗/调蓄设施设计规模。

集中式下渗设施主要包括容量较大的集中式深井，其应用原理是将净化后的雨水回灌深层地下水，若城市的主要饮用水源为地下水，则在水源地保护范围之内区域不作回灌设施，其他区域也应慎重使用该入渗回补地下水的方式。

集中式下渗设施通常应布置在渗透条件较好的地区，或布置在城市地下水水位漏斗区域，回灌地下的雨水能够进入含水层，有效补充地下水提升地下水位。

集中式调蓄设施包括城市湖库（自然湖、人工湖、水库等）、湿塘、湿地、坑塘、蓄水池和深邃等。根据我国海绵城市建设理念，城市中集中式调蓄设施通常可作为洪涝水体的调蓄空间，其作用主要是防治内涝、雨水径流峰值控制，以及减轻城市排水系统防洪排涝压力。若非汛期连续降雨情况下，自然或人工的大型调蓄设施内的雨水通常可作为部分城市用水行业的替代型资源。城市湖泊、食堂和坑塘通常可设置在城市用地空间相对较大的绿地公园、广场、园林绿地，以及其他具有生态功能的用地空间上。雨水利用设施适用和建设比选条件见表 5-19，各类用地中雨水利用设施比选条件见表 5-20。

表 5-19 雨水利用设施适用和建设比选条件

设施类型	单项设施	功能			处置方式		经济型		景观效果
		集蓄利用雨水	补充地下水	净化雨水	分散	相对集中	建造费用	维护费用	
雨水收集	绿色屋顶	○	○	◎	√	—	高	中	好
雨水下渗	渗透塘	○	●	◎	—	√	中	中	一般
	渗井	○	●	◎	√	√	低	低	—
	渗透沟	○	●	◎	√	—	低	低	—
	渗透池	○	●	◎	√	—	中	中	—
	湿式深井回灌	●	●	◎	—	√	高	高	—
	干式集中回灌	●	●	◎	—	√	高	高	—
	渗管/渠	○	◎	○	√	—	中	中	—
雨水调蓄	湿塘	●	○	◎	—	√	高	中	好
	雨水湿地	●	○	●	√	√	高	中	好
	自然湖/人工湖			◎	—	√	—	高	好
	雨水罐	●	○	◎	√	—	低	低	—
	蓄水池	●	○	◎	—	√	高	中	—
	深邃	●	○	○	—	√	高	高	—

注：●——强 ◎——较强 ○——弱或很小。

表 5-20　各类用地中雨水利用设施比选条件

设施类型	单项设施	用地类型			
		建筑与小区	城市道路	绿地与广场	城市水系
收集设施	绿色屋顶	●	○	○	○
渗透设施	渗透塘	●	◎	●	○
	渗井	●	◎	●	○
	渗透沟	◎	◎	●	○
	渗透池	●	○	●	○
	湿式深井回灌	○	○	●	○
	干式集中回灌	○	○	●	○
	渗管/渠	●	○	●	○
调蓄设施	湿塘	●	◎	●	●
	雨水湿地	●	●	●	●
	湖泊	◎	○	●	●
	蓄水池	◎	◎	●	○
	雨水罐	●	○	◎	○
	深邃	○	●	●	◎

注：●——宜选用 ◎——可选用 ○——不宜选用。

2. 设施规划布局指引

（1）湿地/湿塘是具有雨水调蓄和净化功能的景观水体空间，湿地与湿塘的构成要素基本相同，湿塘的主塘水体较深，湿地的主塘水体较浅。

湿地/湿塘通常布置在城市园林绿地、公园绿地、其他绿地空间，以及河道蓝线空间内的植被缓冲区内，可将周边不透水地面（道路、广场、建筑屋面等）上的雨水径流引入其中进行调蓄。

（2）绿色屋顶也被称为“活屋顶”或者“屋顶花园”，由植被层与生长介质层组成，通常可铺设在平屋顶和坡度适当的坡屋顶上。研究认为绿色屋顶在改善城市的热岛效应、提升能源利用效率和营造绿色空间等方面均有良好的功效，如针对雨水资源，绿色屋顶可对雨水水质、水量平衡和径流峰值起到有效的控制作用；从水文角度看，绿色屋顶可将雨水蓄存在植物生长介质和表面的洼地当中，过量的降雨径流会通过排水管和溢流孔被输送到建筑物的排水系统，降雨过后大部分绿色屋顶介质层中蓄存的雨水会通过植物蒸腾和蒸发作用散发或通过管道排出。

绿色屋顶通常包括两种类型，即重型绿色屋顶和轻型绿色屋顶。重型绿色屋顶要求植被生长介质的厚度不小于 15cm，可以种植深根性植物和创造休闲空间；重型绿色屋顶的屋顶结构应具备较强的承载能力。轻型绿色屋顶植被生长介质的厚度一般不超过 15cm，适宜种植草本植物。

（3）渗井、渗渠、渗透池。渗井，也被称作干井，通常呈长方形或圆形铺设于地下，设置在屋顶雨落管附近，屋顶产生的雨水径流可通过雨落管进入渗井下渗进入下层土壤。渗井通过挖坑再回填骨料碎石的方式为雨水调蓄和下渗提供空间，同时应设置有与公共排水通道连接的紧急溢流结构，以便应对大降雨径流。渗井对雨水中的泥沙、锌、铅等具有显著的去除作用，对雨水中的氮、磷元素的去除作用相对较弱。

渗渠的构造与渗井基本相同，通常呈长方形，主要沿道路铺设于地下，适用于高密度居住区或其他空间狭窄的地区。渗井或渗渠一般只收集来自居住用地屋顶和人行道上的雨水径流，也可用于收集来自雨水罐或蓄水池的雨水。

渗透池是渗井的另一种变化形式，通常呈长方形，主要铺设于停车场或广场的地下，用于对雨水进行临时调蓄并下渗到底部土壤中。渗室通常成条状或带状铺设，一般收集来自屋顶、人行道、停车场的雨水径流，道路上的雨水经预处理设施过滤后也可引入渗室。

（4）蓄水池/雨水罐是用于收集和储存屋顶雨水径流的蓄水容器。用于雨水收集的调蓄容器主要包括蓄水池和雨水罐两种，雨水罐通常用于居民区屋顶雨水收集；蓄水池主要用于工业或商业用地的雨水收集，其设计容积相对较大，设置安装方式可分为地上和地下两种（地下调蓄池和地上调蓄池），常用的蓄水池构建材料包括玻璃纤维、混凝土、塑料和砖等。

通过蓄水设施（蓄水池和雨水罐）收集的雨水可作为户外非饮用的有效替代水源，可用于灌溉、压力冲洗、建筑内冲厕等。利用蓄水池开展雨水收集与利用不仅有助于节约饮用水资源，而且可减少雨水径流。如将收集的雨水用于城市绿地景观的灌溉，雨水可经过蒸腾与下渗作用进入大气和地下水系统，能够有效地调节城市的水资源平衡。

抗旱应急协同治理分析

6.1 抗旱应急协同治理内涵

在协同学中，协同是指系统各个组成部分或系统之间的协调一致，共同合作而产生的新的结构和功能。管理协同是指在系统处于变革或临界状态下，以协同思想为指导，综合运用管理方法、手段促使系统内部各子系统或要素按照协同方式进行整合，相互作用、相互合作和协调而实现一致性和互补性，进而产生支配整个系统发展的序参量，使系统实现自组织，而从一种序状态走向另一种新的序状态，并使系统产生整体作用大于各要素作用力之和的系统管理方法。

治理是个多维的概念，涉及公司治理语境中的治理、新公共管理语境下的治理概念、善治的概念、作为社会控制系统的概念、作为自我组织网络的概念，以及作为最小国家的概念。因此，治理可以理解为来自而非超越政府的制度体系和执行者、明确处理社会经济问题边界和责任的模糊性、明确卷入集体行动中机构间的权力依赖、关于参与者网络的自治，以及识别新工具和新能力来解决问题（臧雷振，2011；陈新明，2019）。随着近几十年世界范围内新公共管理运动改革浪潮的推进，应对复杂社会和经济问题需要借助政府和政府以外的组织及参与者的力量，参与治理的主体组成自我管理的网络。参与公共事务治理的政府和非政府组织团体，在自身利益价值和目标上往往并不相同，如何将这些参与者纳入决策制订与执行过程中，如何建立促进不同参与主体的协同体系从而提高决策的质量成为协同治理的重要研究内容。协同治理中，政府仍然起到关键作用，并强调非政府参与组织团体的参与有效性，协同各方的关系更加紧密和正式。协同治理包括动因、思想和能力层面的研究主题。

所谓抗旱，在《现代汉语词典》中的解释为：在天旱时，采取水利措施使农作物不受损害。我国水利部颁布的《中华人民共和国抗旱条例》中第二条指出："在中华人民共和国境内从事预防和减轻干旱灾害的活动，应当遵守本条例"。根据《国家防汛抗旱应急预案》，我国抗旱应急响应机制共分为四级，最高级别为一级，最低级别为四级，根据不同应急响应级别做出与此对应的防汛抗旱和抗灾救灾工作。

协同治理是一种不同于官僚机制、市场机制的新型公共事务治理制度，也是对于治理主体集体行动模式的规范（廖婧，2022），核心是政府与非政府参与者平等地协商、共同治理复杂公共事务。抗旱应急协同治理既包括正式的制度安排，如政府颁布的抗旱应急预案，表达上级政府对下级政府的期望和要求，具有权力和法律的色彩，也包括非正式的制度安排，如政府部门与企业和民间志愿者组织之间的合作伙伴关系。

6.1.1　生态区抗旱应急协同治理内涵

1. 典型生态区抗旱应急协同治理概念界定

生态区干旱可以理解为生态区内水资源供求不平衡引起的水资源短缺现象。生态区实际供水能力低于正常供水能力，造成生态区的居民生活、工业生产和生态环境受到影响的现象，其中生态环境占主导。生态区干旱的形成，既有自然地理条件方面的原因，也有来自经济社会发展的原因，为消除这种不利灾害影响，需要建立一种积极的灾害管理范式。

生态区抗旱应急管理指通过采取合适的应对措施，实现高效水资源应急供给，以改善干旱造成的供需不平衡局面。通过有计划地对生态区进行生态补水，使得生态环境得到改善，地下水位得到抬升、淡水湿地规模逐渐恢复、生物多样性不断增加等。以黄河河口区为例，我国在生态区防汛抗旱应急管理与减灾技术领域的研究工作主要集中在灾前预防、灾中响应和灾后恢复三个方面。灾前预防是基于生态区抗旱防灾弹性功能建设与防灾规划，科学构建防灾体系与减灾措施，如获取旱情预警信息，进行旱情等级初步判断，向各县区通报应急响应命令等；灾中响应与灾后恢复是利用旱情预警、灾情影响评估等技术，强化生态区在旱灾发生期间及灾后的应急反应能力，如灾中高效开展调水工作，灾后旱情评估，现场修复等。目前，国内在生态区抗旱应急管理的政策措施主要是实施应急生态补水。根据《2019—2020 年黄河三角洲应急生态补水实施方案》，东营市人民政府要求生态补水实行总量控制、分区域实施的办法，按照受水县区、单位申请，市里统一指令启动生态补水程序。各受水县区、单位结合实际需水情况，编制“月补水计划”并上报备案，“补水计划”经批准后，黄河河口管理局下达各县区河务局执行，并抄送市水务局。

根据《国家防汛抗旱应急预案》《东营市防汛抗旱应急预案》等，在抗旱应急管理过程中，需要高效协调由政府机构、武警官兵、专业救援队伍、医疗组织及社会力量等组成的跨组织、跨部门、跨专业的应急管理团队。因此，生态区抗旱应急管理是公共部门、非政府部门、社会公众等组成的多主体协同治理。应急主体主要分为政府、企业、抗旱服务组织等三大类，其中政府机构处于主导地位，负责应急管理方案制定及指挥控制；企事业、抗旱服务组织等在其统一指挥下辅助参与。

综上所述，典型生态区抗旱应急协同治理是政府主导下多主体合作的，跨部门联动的协同治理，是为应对干旱风险而采取的有组织、有计划、持续动态的管理过程和管理活动所构成的系统，以减轻干旱灾害对生态区所造成的生产生活及生态损失，维持生态区的生态稳定。

2. 典型生态区抗旱应急协同治理边界

黄河河口区抗旱应急保障的难点主要体现在“水权缺失、制度缺位”的双缺特征。具体表现为：①黄河来水时空分布不均，无法保障河口区的全部用水需求，时间上补水主要靠凌汛期、小浪底水库腾库期、调水调沙期等大河流量较大时进行相机补水，其他时间则几乎没有水量能够用于补水。空间上，由于现行的单一黄河入海流路，主河槽、滩地与整个三角洲缺少相应的横向联通机制，导致保护区外生态用水常年无法得到足量补充。②生态区抗旱应急保障尚无完善的管理体系，没有健全的生态区抗旱应急预案，导致一旦发生生态区旱灾（河口地区湿地及河道得不到足量的水源补充，不能满足生态系统生存需求），则必将导致土地盐碱化加剧、物种丰度和生物量减少等问题，直接影响黄河河口区域的生态安全、经济安全、社会安全。与此同时，生境破损的修复工作具有严重的滞后性、高成本性、不确定性等，因此，生境破损也必将对周边区域的可持续发展造成显著影响。

黄河河口区抗旱应急保障的“双缺”难点，其根源在于区域水资源为准公共物品属性下，水资源配置高收益用水偏好，导致的生态区用水“双重忽视”。即为面对可用水资源总量稀缺的区域，为保障黄河流域沿线城市的经济社会发展，在“生产、生活、生态”三生用水配置遵循用水效益最大化目标，生态用水不可避免地“被动忽视”。同时，受科学技术水平制约，关于生态区需水量的核算仍存在显著的认知盲区，而生态区需水量核算的无标准状态，也进一步导致管理部门在三生用水配置上的“主动忽视”。因此，解决黄河河口抗旱应急保障的关键，是基于需水核算的生态区旱灾等级辨识、多水源多尺度联调联供技术研发、混合动机主体抗旱的应急协同治理机制。其中，从制度层面来看，如何在明确旱灾等级、联调联供技术的基础上，协调人水冲突中的异质利益，优化全景式抗旱应急流程是治理的关键。

依据《东营市防汛抗旱应急预案》等，围绕黄河河口区抗旱应急过程开展全流程分析，分别针对旱灾前期、旱灾中期、旱灾后期三个时期，梳理涉及其中的异质利益主体及其权责关系，形成黄河河口区抗旱应急保障基本面貌，详见表 6-1。从表 6-1 可知，一方面，现状下生态区抗旱应急保障的主体主要集中在黄河河口区域的相关政府部门，拥有水量调度权力的黄河水利委员会、区域预留水权的省政府，以及参与其中的企业主体、公众主体均未考虑在内。另一方面，通过实地调研发现，山东省各级政府尚未形成针对黄河河口区的抗旱应急预案，对于生态区抗旱应急，目前仍处于被动应急状态，即向上级政府申请预留水权，向下疏浚河道，充分利用汛期水量进行相机生态补水，无法针对生态区旱灾等级，以生态保护为底线进行全景式应急。

表 6-1　黄河河口抗旱应急保障管理主体权责关系

灾情	主体	权责关系
灾前	黄河河口管理局、东营市气象局	获取旱情预警信息 数据处理、数据分析 旱情等级初步判断
	黄河河口管理局	向市防汛抗旱指挥部（简称市防指）提请发布旱情预警

续表

灾情	主体	权责关系
灾前	东营市人民政府防汛抗旱指挥部办公室	市防指发布旱情预警 向各县区通报应急响应命令
	东营市防汛抗旱指挥部 各县区防汛抗旱指挥部 黄河河口管理局 山东省黄河三角洲国家级自然保护区管理局	组织会商 各单位进行各项准备工作
灾中	东营市防汛抗旱指挥部 各县区防汛抗旱指挥部	依据旱情等级成立现场指挥部 开展联调联供协同应急模式
	山东黄河三角洲国家级自然保护区管理局	组织开展生态救援工作 向自然保护区开闸放水
	黄河河口管理局	获取自然保护区需水量 建议市防指向省政府提请水权 开展调水工作
	东营市应急局	进行物资调配工作
灾后	东营市防汛抗旱指挥部办公室	旱情评估
	山东黄河三角洲国家级自然保护区管理局	现场恢复

综上所述，受区域水资源管理的生态区用水“双重忽视”制约，黄河河口区抗旱应急保障具有“水权缺失、制度缺位”的双缺特征，并具体体现为生态区用水权难保障、主体利益难协调、应急预案难制定等突出问题。

6.1.2　城市抗旱应急协同治理内涵

1. 城市水资源供需冲突

城市水资源供需冲突是指城市水资源供给总量低于经济社会对水资源的需求的现象。以鄂尔多斯市为例，鄂尔多斯市需水主要来自于工农业的发展和居民日常生活用水。但是水资源供给来源单一，主要依赖黄河水，占鄂尔多斯城市水资源供给总量的 6 成左右。还有部分来源于地下水开采。鄂尔多斯水资源供需冲突的根源在于水资源的供给的不确定性加剧，近年来由于黄河来水的差异较大，再加上地下水过度开采的问题，很难保证鄂尔多斯地区水资源供给的稳定性，因而需要应对不同情形的旱灾而制定出相应的应急方案。

城市水资源供需冲突的形成，既有自然地理条件方面的原因，也有来自经济社会发展的原因，人类不合理的生产活动也有着不可忽视的影响。①鄂尔多斯市属典型的干旱、半干旱温带大陆性气候，风大沙多，降水量少且时空分布不均，以雷雨为主，集中在每年 6 月 15 日至 9 月 15 日左右，年降水量 150～350mm，年蒸发量 2000～3000mm，水资源匮乏，属资源性、工程性和结构性缺水并存的地区，致使降水量在年内和年际间的时空分布差异很大，这是鄂尔多斯市旱灾频发的主要原因。②随着人口数量不断增加，进而用水增多导致水资源紧张和人类对水资源的浪费、污染、不合理地开发利用水资源等都是造成干旱的罪魁祸首。③还有随着经济迅猛发展带动城市化进程加快，工农业生产和生活用水急剧上升，水量的供需矛盾进一步加剧，会带来干旱的恶劣后果。④2020年12月17日，水利部印发《水利部关于黄河流域水资源超载地区暂停新增取水许可的通知》，通知表明内蒙古自治区巴彦淖尔市作为鄂尔多斯市重要的水源地，由于浅层地下水超采将被暂停新增取水许可，给未来鄂尔多斯市抗旱应急用水的获取减少风险。

2. 城市抗旱应急协同治理概念界定

我国《旱情等级标准》（SL 424—2008）中，城市干旱的定义为因干旱导致城市居民和工商企业缺水的情况，包括缺水历时及程度等。一些水利专家对城市干旱的定义又进行扩展，认为城市干旱是指城市供水水源地区因遇枯水年或突发性事件，造成城市供水水源不足，城市实际供水能力低于正常供水能力，造成城市正常的生活、生产和生态环境受到影响的现象（李树军，2014）。

在相同的致灾强度下，灾情会因对干旱灾害预防、应对、缓冲和恢复的不同反应而呈现出较大的差异，从而“放大”或“缩小”灾情的影响（商彦蕊，2000；屈艳萍等，2014b）。旱灾风险管理是一种公共危机管理（唐明和邵东国，2008），是一种政府主导实施的有组织、有计划、持续动态的管理过程。对旱灾公共危机管理的研究，逐渐确立政府主导下多主体合作、跨部门联动的管理体制和机制。将微观与宏观视角相结合，将自上而下的影响力与个体或群体本身的资源可得性相结合，将增强风险的可管理性（陶鹏和童星，2011）。

城市干旱应急管理系统面临着外部宏观环境的不确定性。外部宏观环境包括外部自然环境和外部社会环境。外部自然环境主要指各种因素导致的城市干旱灾害风险的不确定性，外部社会环境包括政治、经济、文化、技术等。外部宏观环境对城市干旱应急管理系统施加的影响，需要通过城市干旱应急管理系统的跨部门主体协同、信息共享利用和抗旱应急行动发生作用，即政府协调资金、人力、设备、技术等对干旱风险进行管理（吴青熹，2020）。美国创立综合应急管理模式CEM（comprehensive emergency management），通过全危险方法、信息共享和应急管理循环三大制度支撑体系进行灾害统一管理。我国在2003年“非典”之后建立国家应急管理体系，出台《中华人民共和国突发事件应对法》，由各级政府统一应对突发事件，建立突发公共事件应急系统（integrated emergency management information system，IEMIS）进行信息共享，建立应急管理循环，包括预防与准备、监测与预警、救援与处置、善后与恢复对灾害进行全过程风险管理，强调分类管理原则（张海波和童星，2015）。由于旱灾影响范围广，持续时间长，给生产线、生命线，以及社会基础设施和服务都带来严重伤害，并可能引发火灾、虫灾等灾害链式反应，因此，政府在资源、信息、人员、政策等方面的跨部门管理协同是城市抗旱应急管理系统得以运行、进化的基础和保障。

我国城市干旱协同应急管理是政府主导下多主体合作的，为应对干旱风险而采取的有组织、有计划、持续动态的管理过程和管理活动所构成的系统，以减轻干旱灾害对城市所造成的经济社会损失，满足居民需求保障、城市生态系统维护与提升保障，以及城市经济职能正常运转三个不同层次的需求。按照干旱风险发生的时间维度，将城市干旱协同应急管理划分为防备、响应与恢复子系统。干旱防备子系统是指在干旱发生前构建干旱预防和准备系统，对可能出现的灾害进行准备、预测、预警、减灾等管理活动，以预判、避免、降低和转移风险，是一个动态的、连续发展和不断演变的系统。干旱响应子系统是指当干旱发生并认识到其影响之后所制定和实施的一系列措施，并根据干旱的动态特点及时调整运行管理措施。由于干旱灾害是一种缓慢发展的自然灾害，不像洪水、地震等其他自然灾害，会造成直接的人员伤亡及建设设施的损毁破坏，因此，干旱恢复子系统是指在灾情产生造成城市损失后，弥补灾害损失使城市生产生活恢复到正常以上水平的管理活动。

综上所述，城市抗旱协同应急管理是由干旱防备子系统、响应子系统和恢复子系统三者协调互动的结果，三者共同构成城市干旱风险管理的内部系统。三个子系统之间并不是简单的时间序逻辑循环关系，干旱防备子系统是干旱响应子系统和干旱恢复子系统的基础，良好的干旱防备子系统的运行和进化有利于干旱响应和恢复子系统的运行，并提高二者的风险处置效率。同理，干旱响应子系统也有利于提高恢复子系统的运行效率。并且三个子系统之间的这种“化学反应”需要政府管理协同的“催化剂”作用。

3. 城市抗旱应急协同治理边界

在全球气候变化的背景下，干旱灾害有愈加频繁且剧烈的趋势。全球气候的系统性变迁和频繁的人类活动引起自然-人工水文循环的深刻演变，导致全球干旱灾害发生频率增加，干旱持续时间和强度加重，干旱灾害防御重心从农业领域逐渐扩大到生态环境、社会经济等各个方面。联合国 1999 年在日内瓦战略中就明确提出 21 世纪全球减灾的重点在城市。人口的高度集中、经济的迅速发展、城市范围的不断扩大，大大增加城市灾害损失的风险，提高对城市减灾防灾能力的要求。因此，如何建立城市干旱灾害风险防范、及时响应及弹性恢复系统，最大可能减轻灾害损失是城市干旱灾害风险管理的目标。

考虑到城市当前水资源短缺现状和持续增长的水资源需求之间的矛盾，如何解决由于水资源不足而引起的城市水资源冲突就成为摆在水资源管理工作者面前的一个重大问题。鄂尔多斯市依据《中华人民共和国水法》《中华人民共和国水土保持法》《中华人民共和国水污染防治法》《中华人民共和国防洪法》《中华人民共和国抗旱条例》《城市节约用水管理规定》等相关法律、法规、规章、政策制定《鄂尔多斯市抗旱应急预案》，以提高应对干旱灾害的应急能力，最大限度地减轻旱灾对城乡人民生活、生产和生态环境等造成的影响和损失，保障经济和社会全面、协调、可持续发展。城市抗旱应急预案采用多部门的“协同管理”模式是为集多部门之合力进行水资源管理，以“工程+技术+制度”的模式应对干旱灾害下城市水资源供需矛盾，以“统筹兼顾，控制需求，协调供给，突出重点，公平用水”为管理原则，坚持以人为本，贯彻“坚持以防为主、防抗救相结合、防重于抗、抗重于救，坚持常态减灾和非常态救灾相统一，从注重灾后救助向注重灾前预防转变，从应对单一灾种向综合减灾转变，从减少灾害损失向减轻灾害风险转变”的防灾减灾新理念，实行先生活、后生产，先地表、后地下，先节水、后调水，科学调度，优化配置，最大限度地满足城乡生活、生产、生态用水需求。

6.2 抗旱应急协同治理系统特点

6.2.1 生态区抗旱应急协同治理系统特点

生态区抗旱应急协同治理系统是一个开放的复杂巨系统，具有多尺度、多层面、多情境、多主体、多要素的特点，下面以黄河河口区为例进行说明。

1. 多尺度

从黄河流域尺度来看，黄河河口区是国家级湿地自然保护区，生物多样性丰富，生态价值显著。维持黄河河口生态系统的用水需求，既是保证河口地区生态安全之所需，也是确保黄河流域生态保护和高质量发展的关键。

从山东省域尺度来看，黄河河口包括黄河河口三角洲及其相关国土空间，涉及山东省东营市全部、滨州市部分地区。各级地方政府在各自辖区内均拥有旱灾应急处置权，同时对本辖区的旱灾事件负责。一方面，行政区划限制也将导致自扫门前雪的决策偏好，特别是当旱灾发生在行政区交界地带时，行政管辖权归属难以界定将导致抗旱应急缺乏责任主体。另一方面，旱灾管理中存在显著的溢出效应，难以排除在效益共享和成本分担方面的“搭便车”现象，导致抗旱应急保障主体的权责难以匹配。

从黄河河口区的区域尺度来看，黄河河口区涉及黄河现行流路（自然保护区）区域、黄河干流以北刁口河流路、清水沟流路，以及干流北部其他地区、黄河干流以南的马新河、十八户流路地区。这些地区之间并没有统一协调的抗旱应急管理体制与机制，但由于河流自然序贯特征，生态区抗旱应急补水也具有显著的河网特征，不同流路之间如何实现水资源联防联调，依然存在难点。

2. 多层面

由于我国当前实行水资源流域管理与行政区域管理相结合，以区域管理为主、流域管理为辅的流域水资源管理体制，流域内任何一个行政区域都只对本区域的水资源具有管辖的权限，导致流域、省域和区域多个层面的主体具有较大的权责差异，导致面对旱灾时难免相互掣肘，出现条块衔接配合不够、管理脱节、协调困难等问题。

从宏观层面来看，黄河河口区抗旱应急保障管理问题应由黄河水利委员会总体负责，从黄河流域整体考虑水资源联防联调。

从中观层面来看，需要以山东省政府统一协调区域水资源用水结构配置、预留水权配置、跨区域调水工程等资源，通过全省资源协同治理，保障黄河河口生态抗旱应急需求。

从微观层面来看，需要黄河河口管理局、东营市政府（主要指市防指）、山东黄河三角洲国家级自然保护区管理局为主的各个部门协调配合。

因此，黄河河口区抗旱应急问题需要从多个层面共同一致行动，实现流域机构与政府部门之间的跨层级、跨部门协调治理。

3. 多情境

黄河河口区属黄河冲积平原，地下水为微咸水，且埋深浅不能利用，90%左右的淡水依赖黄河水。虽然自1999年黄河实施全流域水资源统一调度以来，黄河流域20年不断流，一定程度上保障黄河河口区的基本生态功能。但是由于黄河来水时空分布不均，自然保护区功能尚未得到全面发挥。并且现行的单一黄河入海流路，主河槽、滩地与整个三角洲缺少相应的横向联通机制，导致保护区外生态用水常年无法得到足量补充，无法实现整个河口区生态系统的良性维持。例如黄河故道刁口河流路流量较小导致河道常年堵塞，需要提前疏浚河道才能进行生态补水。若发生极端旱灾情况，即使获取了调水许可也不能马上开闸放水，严重影响河口区抗旱应急行动的效率。

因此，黄河河口抗旱应急必须结合气候变化加剧、来水不确定性加大、黄河入海量不断减少、海水倒灌严重等实际，按照生态区旱灾等级，综合设计多种灾害情境，实现全景式应急。

4. 多主体

利益相关主体是黄河河口区抗旱应急保障系统中的重要组成部分，主体的参与程度和效率直接影响着抗旱应急管理的效果。在黄河河口区抗旱应急过程中，利益相关主体主要包括政府主体、市场主体、公众主体（东营市居民、生态区内农户）三大类。

（1）政府主体。主要是指黄河水利委员会及其下属的山东黄河河务局、黄河河口管理局等各级流域机构、山东省政府、东营市地方各级政府、山东黄河三角洲国家级自然保护区管理局等管理主体。其中，黄河河口管理局、山东黄河三角洲国家级自然保护区管理局是河口区抗旱应急管理的核心主体，承担着调水、输水、救灾的关键任务。黄河河口管理局隶属水利部黄河水利委员会山东黄河河务局，作为水利部的派出机构，代表水利部行使黄河河口范围内的水行政管理职责，主要职责是依法对黄河河口现行河道、黄河故道、规划流路、海洋容沙区进行管理。黄河河口管理局下辖垦利、利津、东营、河口四县（区）黄河河务局。山东黄河三角洲国家级自然保护区管理局业务上隶属于山东省林业厅，行政上归东营市人民政府管理。

根据现行应急预案，东营市政府（这里具体指市防指）处于统筹全局地位，负责紧急部署，及时安排生态区抗旱工作，制定应急救援的政策方案，拨付必要的资金，督促、检查和指导有关区县、乡镇的救灾工作；灾害发生地的自然保护区管理局、区县、乡镇灌溉机构是具体政策执行落实者，负责具体实施疏浚河道、开闸调水、供应物资、恢复生态等工作。东营市政府在抗旱应急管理中，既有政治目标（如成功控制干旱灾情、确保生态区安全），又有经济目标（如尽可能地减少资金、人力、物力的投入，最大限度地减少灾害损失）。对于东营市政府来说，其政治目标高于经济目标。灾害发生地的区县、乡镇灌溉管理机构是第一责任主体，需积极组织开展风险管理及应急救援活动。

（2）市场主体。市场主体主要包括山东黄河三角洲国家级自然保护区管理局所属事业单位、水务集团、东营市水务集团、东营市生产企业、河道疏浚公司等。市场主体参与主要包括提供人力、技术、工程设备、资金等抗旱应急资源，一方面减少企业自身的灾害损失，另一方面也可争取一定的抗旱应急收益。由于市场主体在抗旱应急响应中具有危机性、主动性、效率性的特征，因此，充分发挥市场主体在抗旱应急保障中的能动作用，是提升生态区抗旱应急保障的效率保障。

（3）公众主体。公众主体是指受黄河河口区旱灾直接及间接影响的公众，主要包括生态区内农户、东营市及周边区域城乡居民。首先，公众主体自身的救灾意识、应灾能力是抗旱应急管理的组成要件，成功的抗旱应急管理离不开社会公众的自救及与政府的协同共治。其次，公众具有信息优势，往往是生态区旱灾的第一目击者，可以提供关于旱情灾害事件最直接、最真实的信息。最后，生态区抗旱应急保障涉及到百姓的生活生产安全，制度设计过程中要围绕“生态优先，以人为本”，充分开展公众参与工作。

5. 多要素

从要素的属性来看：黄河河口区抗旱应急保障既需要实际调水量的保障，也需要生态区水权的保障。

从要素的来源来看：黄河河口区抗旱应急水资源可包括地表水、地下水、非常规水源（中水回用、海水淡化、极端情况下甚至可以考虑黄河入海量）；从水权获取来源来看，可以考虑东营市用水指标、山东省政府的预留水权、黄河水利委员会的应急生态补水许可。

综上所述，黄河河口区抗旱应急保障系统具有多尺度、多层面、多情境、多主体、多要素的“五多”特征，单一维度的解决对策很难保障这一复杂系统的稳定。例如，2008～2019 年，黄河河口管理局代表河口区向黄河水利委员会山东黄河河务局提请生态补水规划，实施生态补水 11 年，为现行清水沟流路自然保护区累计补水 2.26 亿 m^3，年均向河口区补水 2200 万 m^3，恢复退化湿地面积 25 万亩。然而，尽管经历多年的生态补水，初步遏制河口区湿地退化区域地下咸水入侵的发展态势，但是由于补水时间短、补水量小，生态区的湿地作用尚未得到充分发挥。与此同时，《2019—2020 年黄河三角洲应急生态补水实施方案》确定了 2019～2020 年度的应急生态补水量 4.48 亿 m^3。如何保障近乎翻倍的生态补水量，已经成为黄河河口区可持续发展的重大风险，一旦发生极端旱灾，现有的生态区生态系统有很大概率会急剧恶化。

2020 年 12 月 17 日，水利部印发《关于黄河流域水资源超载地区暂停新增取水许可的通知》，通告山东省东营市由于黄河干流超载将被暂停新增取水许可。这一新形势进一步加剧未来黄河河口区抗旱应急补水指标的获取和实际的调水实施难度。

因此，黄河河口区抗旱应急保障必须走“系统治理、两手发力”的协同治理路径，从“五多”特征入手，针对生态区旱灾等级，统筹水权与调水能力，协调异质利益主体权责关系，构建宏观-中观-微观协同应急研讨决策模型，设计异质利益主体协同治理机制，优化全景式抗旱应急流程。

6.2.2　城市抗旱应急协同治理系统特点

城市抗旱应急协同治理系统是城市水资源供需冲突系统的应对保障系统，是在城市干旱灾害情境下对水资源供需冲突进行管理、控制、协调，保障城市机体功能政策运转的系统。从系统论的角度来看，城市干旱水资源供需冲突管理系统是一个开放的复杂巨系统，具有多尺度、多层面、多情境、多主体、多要素的特征。城市应急抗旱不仅需要完善的水利工程体系，还应整合流域、省域、区域等各个尺度的资源，厘清并协调各层面主体的权责范围，汇集整合政府、企业、公众等多种抗旱主体力量，保障城市常态或非常态干旱灾害多情景下有效减小或对冲供水破坏风险带来的社会经济损失。

1. 多尺度

多尺度主要是指在干旱灾害下从流域、省域、城市等不同的尺度上寻求备用水资源，以缓解城市的应急供水。鄂尔多斯本地可挖掘的地表地下水资源有限，因为在旱灾严重的情况下，需要考虑通过协商或水权交易的方式从黄河流域或省内其他区域调水。

鄂尔多斯市水资源贫乏，黄河是区域的主要供水水源，然而黄河取水受分水指标限制，可供水量不足。自 1980 年以来的 30 年间，鄂尔多斯市供水一直以常规水源（地表水、地下水）为主，2009 年鄂尔多斯市常规水源的供水量占总供水量的 96.7%，其中地下水开采量占总供水量的 55.9%。鄂尔多斯市非常规水源的利用起步较晚，利用量不足，2000 年以后鄂尔多斯市才开始利用非常规水源，利用量一直较少，2009 年非常规水源的利用量仅 0.74 亿 m^3，占供水总量的 3.8%。长期对非常规水源的利用不足、过度依赖常规水源加剧区域水资源供需矛盾，并且污染水环境。

现状鄂尔多斯市地表水供水中以黄河干流取水为主，2009 年鄂尔多斯市从黄河干流取水量 6.81 亿 m^3，占地表供水量的 86.7%，而对于当地地表水开发利用不足，境内河流地表供水量仅 1.04 亿 m^3，占地表供水量的 13.3%。据评价，鄂尔多斯市 1956～2009 年多年平均当地地表水资源量为 11.8 亿 m^3，可利用量为 2.41 亿 m^3，现状供水量仅占可利用量的 43.2%，当地地表水仍具有开发潜力，合理利用当地地表水资源对于支撑区域经济社会发展具有重要意义。当前鄂尔多斯市境内蓄水工程主要以小型水库为主，中型水库仅 6 座，其余大部分为塘坝，缺乏大型控制性工程，水资源调节和控制能力不足，使得水资源的时空调控能力偏低、配置能力不足。规划水平年应加强调蓄工程建设，提高水资源调控水平。

鄂尔多斯市目前城镇化及城镇供水明显呈现二元结构，形成以东胜区、康巴什区为核心的中心城市供水网络和以各旗府所在地为中心的中小城镇供水系统。从现状来看，鄂尔多斯市中心城市的供水水源集中、工程条件相对较好，水资源保障程度相对较高，但应对突发事件应对能力差，安全性不足，并且还存在着一定程度污染的问题；而一些中小城镇的供水网络不健全、覆盖城镇的管网系统尚未形成、供水水源分散，部分城镇水厂规模小、供水系统运行成本高，而且一些城镇供水工程老化严重、效益衰减等，影响供水的保证率。

因此，解决缺水问题的关键是合理运筹调配各种水资源，实现多种水资源的良性循环，以达到当地水资源与过境水资源最佳的利用效益，建立以地表水和地下水为中心、加大劣质水利用力度的多尺度水资源合理调配框架体系。

2. 多层面

多层面主要是指城市抗旱包含宏观、中观、微观不同的层面。干旱灾害下，不同尺度上的抗旱需求是不一致的，但又具有内在的关联性。

从宏观层面来说，政府、工业、农业具有不同的利益偏好和利益诉求：政府强调社会和谐稳定、经济健康发展、资源有效利用和可持续开发，政府利益包含由水资源配置、开发、保护过程中所带来的一系列经济、社会、政治利益。工业主体在水资源开发利用过程中追求自身收益的最大化，工业利益是水资源作为一种生产资料投入生产活动中所产生的经济收益。农业主体也只注重自身的利益得失，农业利益是指水资源为农民所带来的一系列收益。

从中观层面来说，各主体的用水偏好和收益函数不同：政府由中央政府和地方政府组成，中央政府代表是全国的利益，而地方政府代表地方利益；工业由重工业和轻工业构成，是由各个不同的行业和企业组成，《中国统计年鉴》中对重工业是为国民经济各部门提供物质技术基础的主要生产资料的工业。轻工业主要提供生活消费品和制作手工工具的工业，具体又分为采掘业，制造业，电力、煤气、水的生产和供应业、建筑业等，不同行业具有不同的生产技术、用水量、废水量等等，因而具有不同的用水偏好和利益函数；农业包含多个种类和多种生产方式，按照土地资源利用方式不同，可分为种植业、水产业（又叫渔业）、林业、牧业等，同时对上述产品进行小规模加工或者制作的是副业，它们都是农业的有机组成部分。

从微观层面来说，各个主体是由个体组成，政府组织、企业组织和农业合作组织都是由许多不同的个体组成，个体的社会角色和地位不同，所承担的职责和所享有的权利不同、对应的利益诉求也不相同。当具有差异性的个体组织起来，形成一个企业、一个农业合作协会或一个政府部门的管理机构，它们又具有一些共有属性维护该组织的运行，但组织之间又具有差异性。

3. 多情境

多情境是指在干旱灾害条件下由自然因素和社会因素共同确定的干旱灾害应对的外部条件。自然因素方面，主要是指干旱灾害具有不同的预警级别。比如农业干旱，根据干旱出现不同季节划分为 5 种干旱：春旱、夏旱、伏旱、秋旱和冬旱。农业干旱划分为 4 级，轻度干旱（Ⅳ级）、中度干旱（Ⅲ级）、严重干旱（Ⅱ级）、特大干旱（Ⅰ级）。城镇干旱，城镇干旱划分为三级，轻度干旱（Ⅲ级）、中度干旱（Ⅱ级）、严重干旱（Ⅰ级）。干旱等级评估，包括局部旱：某一类型的干旱受旱面积占一个旗（区）境内耕地面积的 35%以下，即为局部旱；旗（区）旱：某一类型的干旱受旱面积占一个旗（区）境内耕地面积的 35%以上，即为该旗（区）旱；全市旱：某一类型的干旱受旱旗（区）个数占全市旗（区）数的 20%以上，即为全市旱，而全市旱等级指某一等级干旱受旱旗（区）个数占全市旗（区）数的 20%以上，即为全市达到该等级干旱，等等。

社会因素方面，则是指各行业主管部门要针对本地区发生的旱情、灾情，按照应急预案响应条件及时向市防汛抗旱指挥部办公室提出启动应急响应建议（也可由市防汛抗旱指挥部办公室直接提出），由市防汛抗旱指挥部办公室提出启动响应申请。Ⅰ级应急响应：由市防汛抗旱指挥部常务副总指挥审核，由市防汛抗旱指挥部总指挥批准，遇紧急情况可由市防汛抗旱指挥部总指挥直接决定。Ⅱ级应急响应：由市防汛抗旱指挥部副总指挥审核，由市防汛抗旱指挥部常务副总指挥批准，遇紧急情况可市防汛抗旱指挥部常务副总指挥直接决定。Ⅲ级应急响应：由市防汛抗旱指挥部副总指挥审核，由市防汛抗旱指挥部常务副总指挥或副总指挥批准，遇紧急情况可由市防汛抗旱指挥部常务副总指挥或副总指挥直接决定。Ⅳ级应急响应：由市防汛抗旱指挥部成员单位（应急管理局）分管防汛副局长审核，由市防汛抗旱指挥部副总指挥批准，遇紧急情况可由市防汛抗旱指挥部副总指挥直接决定。

不同的旱情级别，对应不同的旱情响应程度，构成城市旱灾应对的多情境。但是，多情境与多主体的相互耦合关系，实际上增加情境应对的复杂性。首先，从资源禀赋上说，资源禀赋体现在不同用水主体对资源的拥有量存在差异，不同主体原有可支配水量不同，不同主体导致其他物质资源、资金资源不同，不同主体由于行业不同、生产方式不同导致生产技术和耗水量不同、单方水的产出不同，进一步导致成本与收益不同，不同主体的社会网络关系不同，影响该主体行为决策的环境存在差异。其次，从价值信念上说，由于主体的自然属性和社会属性不同，导致个体在水资源开发、利用过程中所储备的主观知识存在差异性，不同年龄阶段、不同教育程度、不同地理自然环境下的个体对水资源的稀缺性或价值的了解都是不相同的。另外，不同主体和不同用水行业对水资源的价值认知不同，利用方式和态度也不同；并且同行业中不同社会属性的个体也具有的不同的行为特征。

一般而言，利益关系一致或不存在利益冲突的情况下，较容易形成合作，而当存在利益的冲突的隐患甚至现实时，尤其在此消彼长的情况下，极易形成竞争的关系。因此，异质性对于水资源管理下的多主体合作具有两种作用。若主体间利益存在矛盾时，异质性更加剧矛盾的程度，如一定区域内不同行业对水资源争夺。而当主体间利益不存在直接的矛盾时，主体的异质性可充分在合作中发挥，相互补充、各取所需，此时，异质性对于多主体合作是有益的。因此，多主体的复杂性增加了干旱灾害下城市多情景分析和应对策略的复杂性。

4. 多主体

主体是鄂尔多斯市抗旱应急保障系统中的重要组成部分，主体的参与程度和效率直接影响着抗旱应急管理的效果。在抗旱应急管理过程中，合作主体一般包括政府部门[鄂尔多斯市防汛抗旱指挥部（简称市防指）、鄂尔多斯市防汛抗旱指挥部成员单位、鄂尔多斯市防汛抗旱指挥部办公室（简称市防办）、内蒙古自治区政府及鄂尔多斯市地方各级政府]、企业（鄂尔多斯市水务投资控股集团有限公司）、公众（鄂尔多斯市市民）、非政府组织、专家、媒体等。鄂尔多斯市城市抗旱应急协同治理系统多主体概化可见图 6-1。

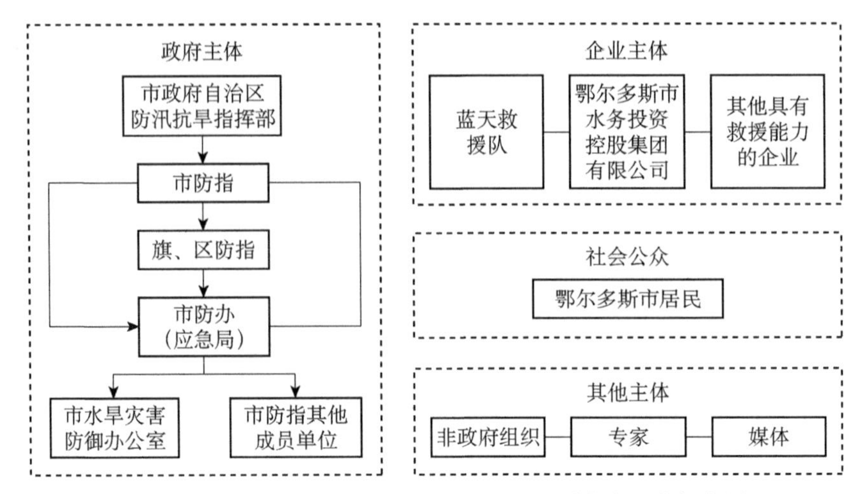

图 6-1　鄂尔多斯市城市抗旱应急协同治理系统多主体概化图

（1）政府部门

在鄂尔多斯市抗旱应急保障系统中，政府组织主要是指市防汛抗旱指挥部、鄂尔多斯市防汛抗旱指挥部办公室、市应急局、市水利局等市防指其他成员单位、内蒙古自治区政府及鄂尔多斯市地方各级政府等管理主体。其中，鄂尔多斯市防汛抗旱指挥部办公室（设在市应急局）、市水利局等市防指其他成员单位是鄂尔多斯市抗旱应急管理的核心主体，承担着调水、输水、救灾的关键任务。市防汛抗旱指挥部隶属鄂尔多斯市水务局，作为水利部的派出机构，依据国家授权，代表水利部行使鄂尔多斯市内的水行政管理职责，主要职责是：贯彻执行国家、自治区有关抗旱工作的方针、政策、法规和法令；拟制全市抗旱的政策、执法监督制度，组织编制、修订全市抗旱应急预案并负责与其他各类抗旱预案的衔接协调；负责全市抗旱工作的组织、协调、监督、指导；及时掌握旱情并协同有关部门统一发布信息；负责全市抗旱队伍建设和物资储备和调配工作；组织制定跨旗区调水方案；组织实施抗旱减灾措施、抗旱应急救援和灾后处置工作，承担上一级防汛抗旱指挥部和市政府交办的有关抗旱应急任务。

自 2018 年成立鄂尔多斯市应急管理局后，在鄂尔多斯市抗旱应急管理中，鄂尔多斯市防汛抗旱指挥部办公室（设在市应急局）处于统筹全局的地位，负责紧急部署，及时安排城市抗旱工作，制定应急救援的政策方案，拨付必要的资金，督促、检查和指导有关旗区、乡镇的救灾工作。水旱灾害防御中心（设在市水利局），水利局防御科主要行动。一般性事务由水利局单独处置，如果要调动社会资源就由应急局根据应急预案启动。在抗旱应急管理中，政府部门既有政治目标（如成功控制干旱灾情、确保居民安全），又有经济目标（如尽可能地减少资金、人力、物力的投入，最大限度地减少灾害损失）。其政治目标要高于经济目标。灾害发生地的旗区、乡镇政府是第一责任主体，需积极组织开展应急救援活动。

（2）企业组织

企业组织也必然成为鄂尔多斯抗旱应急管理直接的利益相关者，包括蓝天救援队、鄂尔多斯市水务投资控股集团有限公司，以及鄂尔多斯市其他具有抗旱救援能力的企业。其自身能力的高低直接关系到能否实现对灾害威胁的有效处置，他们也能够积极通过各种方式为受灾地区提供各种水源、资金、技术设备、救灾人员等的帮助。在灾害发生时，企业组织主体出于切身利益的保障，也需要采取相应措施降低风险，减轻损失，因此企业组织主体的响应行为主要有危机性、主动性、效率性的特征。企业组织一般具有较强的危机防范意识和潜在应急能力，在组织整合社会防汛救灾资源方面能够发挥重要作用。

（3）社会公众

鄂尔多斯市抗旱应急保障系统中的社会公众主要是指生活在鄂尔多斯市的市民。通常情况下，社会公众的生命和财产安全是抗旱应急管理中最为重要的内容，公众自身的救灾意识、能力是抗旱应急管理的要件，成功的抗旱应急管理离不开社会公众的自救及与政府的协同共治。此外，公众是灾害事件的第一目击者，可以提供关于旱情灾害事件最直接、最真实的信息。在方案的制定实施分配中要体现出社会公众参与的特征，这既是民主化进程的需要，也是建设和谐社会的需要。

（4）非政府组织（或民间组织）

非政府组织（或民间组织）典型特征就是自发性强，也可以认为是一种不以营利为目的，以促进社会公共利益为目的的“准公共部门”。由于其具有一定的群体代表性、公益性的特点，在风险管理实践中占据重要地位，它有利于弥补市场失灵与政府失灵，促进政府与社会的整合，形成对政府行为强有力的监督和制约。其主要功能和权责是协助政府对社会资源、信息、社会公众的整合，进行风险管理的自治、共治和公治。

（5）专家

专家体系作用的发挥主要体现在各个专家“心智”的运用上，专家利用人类特有的顿悟、经验和创造力，成为解决问题的关键所在。专家具有某个方面的专业知识，专家参与是科学实现防汛抗旱风险管理的重要保证。

（6）媒体

鄂尔多斯广播电视台、日报社等媒体充当政府与社会的中介角色，重要的信息通道。其主要功能和权责是进行信息的及时、公正的发布，社会救治的聚合、引导，社会公众正当需求的关注与上行传递等。

鄂尔多斯市抗旱应急协同治理主体权责边界见表 6-2。

表 6-2 鄂尔多斯市抗旱应急协同治理主体权责边界

灾情阶段	主体	权责边界
灾前阶段	鄂尔多斯市气象局 鄂尔多斯市水利局 各级气象、农业、水文、水务部门	获取旱情预警信息 数据处理、数据分析 旱情等级初步判断
	各级气象、农业、水文、水务部门	向市防指提请发布旱情预警
	鄂尔多斯市防汛抗旱指挥部办公室	市防办以市防指名义发布旱情预警 向各县区、公众通报应急响应命令
	鄂尔多斯市防汛抗旱指挥部办公室	组织抗旱工作会商 各单位进行各项准备工作

续表

<table>
<tr><th>灾情阶段</th><th>主体</th><th colspan="2">权责边界</th></tr>
<tr><td rowspan="11">灾中阶段</td><td>鄂尔多斯市防汛抗旱指挥部
各旗区防汛抗旱指挥部</td><td colspan="2">依据旱情等级情况成立现场指挥部
开展联调联供协同应急模式</td></tr>
<tr><td rowspan="8">鄂尔多斯市应急管理局、鄂尔多斯市水利局、鄂尔多斯市委宣传部、鄂尔多斯市卫生健康委员会、鄂尔多斯市工业和信息化局、鄂尔多斯军分区、鄂尔多斯市交通运输局</td><td>现场监测</td><td rowspan="8">应急响应</td></tr>
<tr><td>应急人员与群众的防护</td></tr>
<tr><td>警戒与交通管制</td></tr>
<tr><td>送水服务</td></tr>
<tr><td>医疗救护</td></tr>
<tr><td>通信保障</td></tr>
<tr><td>物资保障</td></tr>
<tr><td>新闻宣传</td></tr>
<tr><td rowspan="2">鄂尔多斯市防汛抗旱指挥部
各旗区防汛抗旱指挥部</td><td>向上级申请救援</td><td rowspan="2">事态控制</td></tr>
<tr><td>旱情等级升级</td></tr>
<tr><td rowspan="5">灾后阶段</td><td rowspan="5">鄂尔多斯市防汛抗旱指挥部</td><td colspan="2">善后处置</td></tr>
<tr><td colspan="2">调查和总结</td></tr>
<tr><td colspan="2">社会救助</td></tr>
<tr><td colspan="2">补偿机制</td></tr>
<tr><td colspan="2">奖励和责任追究</td></tr>
</table>

5. 多要素

由于城市干旱应急管理系统需要通过城市干旱应急管理系统的跨部门主体协同、信息共享利用和抗旱应急行动发生作用，具有多要素的特征。大致包括对象要素、工程要素、管理要素等。

（1）对象要素

水，是抗旱应急的对象要素，在发生干旱灾害时，地方人民政府应当按照统一调度、保证重点、兼顾一般的原则对水源进行调配，优先保障城乡居民生活用水，合理安排生产和生态用水，并按照批准的抗旱预案，制订应急水量调度实施方案，统一调度辖区内的水库、水电站、闸坝、湖泊等所蓄的水量。供水企事业单位应当加强对供水、水源和抗旱设施的管理与维护，按要求启用应急备用水源，确保城乡供水安全。干旱灾害发生地区的单位和个人应当自觉节约用水，服从当地人民政府发布的决定。

（2）工程要素

工程要素包括抗旱应急水源工程、农田水利基础设施建设和农村饮水工程建设，抗旱应急工程及其配套设施建设和节水改造，因地制宜修建中小微型蓄水、引水、提水工程和雨水集蓄利用工程等，以提高抗旱供水能力和水资源利用效率。在干旱缺水地区的政府水行政主管部门有义务组织做好农田水利基础设施和农村饮水工程的管理和维护，确保其正常运行。

在旱灾来临时，有关地方人民政府防汛抗旱指挥机构根据抗旱工作的需要，有权在其管辖范围内征用物资、设备、交通运输工具。

（3）管理要素

城市抗旱应急的管理要素主要包括与抗旱应急相关的法律法规和行政体系，在我国 1997 年 8 月 29 日第八届全国人民代表大会常务委员会第二十七次会议通过的《中华人民共和国防洪法》中指出：“编制防洪规划，应当遵循确保重点、兼顾一般，以及防汛和抗旱相结合、工程措施和非工程措施相结合的原则，充分考虑洪涝规律和上下游、左右岸的关系以及国民经济对防洪的要求，并与国土规划和土地利用总体规划相协调。”2009 年 2 月 26 日中华人民共和国国务院令第 552 号《中华人民共和国抗旱条例》是为了预防和减轻干旱灾害及其造成的损失，保障生活用水，协调生产、生态用水，促进经济社会全面、协调、可持续发展，根据《中华人民共和国水法》所制定的，包括总则、旱灾预防、抗旱减灾、灾后恢复等内容。

6.3 抗旱应急协同治理决策环境

协同治理是具有功能性和实践性的集体决策过程，即多元参与主体超越自身局限，利用自身的优势和资源，基于共识导向的协商过程，为管理公共资源制定和执行公共政策与程序。抗旱应急协同治理就是依据内外部环境信息，以干旱期间水资源保障为中心任务，参与主体之间通过上下左右的统筹协调和应急联动，制定和执行公共政策和程序，尽量减少干旱灾害对生产生活生态的影响。

6.3.1 贫信息

无论是生态区还是城市抗旱应急协同治理，都面临着贫信息的困境。信息是事物的普遍属性。当今人类社会已经从工业时代进入信息时代，人们大量地生产和使用信息。信息作为一个科学的概念，含义丰富且复杂。早期人们对信息的理解来自通信领域。1948 年，通信专家香农（Shannon）发表《通信的数学理论》论文，将信息定义为减少随机不确定性的东西，并提出了信息量计算的表达式，称其为信息熵。1950 年维纳（Wiener）在《人有人的用处：控制论与社会》一书中，将人与外部环境交换信息的过程看作是一种广义的通信过程，将信息定义为负熵。随着科学技术和社会经济的发展，人们的认识水平不断提高，信息概念也在不断拓展。当计算机出现后，信息被看作数据，在计算机科学的许多基础理论中使用。在生命科学领域，动物界与植物界的信号交换，甚至生命体由一个细胞传递给另一个细胞，由一个机体传递给另一个机体，也开始被看作是信息的传递，并诞生了生物信息学。在竞争、预测、咨询、管理、决策与博弈等领域，信息被认为是经验、知识、智慧和智能。互联网的普及将信息的概念扩展到在网络上传输的所有数据，符号，信号和资料，信息的形式也从数据扩展到文本，声音，图像和视频。

信息的概念不断发展演进，反映对信息的定义存在条件和范围。广义上来说，信息指客观事物存在、运动和变化的方式、特征、规律及其表现形式。狭义上的信息则指用来减少随机不确定性的东西。在经济管理领域，信息通常被认为是提供决策的有效数据。

“贫信息”顾名思义即信息不完全。信息不完全一般指系统的边界（或因素）不完全清楚；系统中因素间的关系不完全知道；系统的内在结构不完全明确；系统的作用原理或运行机制不完全了解。其所描述的对象通常为灰色系统，即“部分信息已知，部分信息未知”的不确定性系统。系统信息不完全的情况可以归纳为以下 4 种：①系统构成元素（参数）信息不完全；②系统结构信息不完全；③系统边界信息不完全；④系统运行行为信息不完全。

信息的不完全性是绝对的，而信息的完全性是相对的，人类利用有限的认知能力去观察无限的宇宙，不可能获得所谓的完全信息。在统计学中，大样本的概念实际上代表人类对不完全性的容忍程度。理论上，当一个样本包含至少 30 个对象时，它被认为是“大的”，但是对于某些情况，即使样本包含数千或数万个对象，仍然无法成功地揭示真实的统计规律。不确定系统的另一个基本特征是现有数据中自然存在的不精确性，不精确和不准确的意思大致相同，它们都代表错误或与实际数据值的偏差。

人们在社会、经济活动或科学研究过程中，经常会遇到信息不完全的情形。如在农业生产中，即使是播种面积、种子、化肥、灌溉条件等信息完全明确，但由于劳动力技术水平、自然环境、气候条件、市场行情等信息不明确，仍然难以准确地预计出产量、产值；价格体系的调整或改革，常常因为缺乏民众心理承受力的信息，以及某些商品价格变动对其他商品价格影响的确切信息而步履维艰；一般社会经济系统，由于其没有明确的“内”“外”关系，系统本身与系统环境、系统内部与系统外部的边界若明若暗，难以分析输入（投入）对输出（产出）的影响。同一个经济变量，有的研究者将它视为内生变量，另一些研究者却把它视为外生变量，这是因为缺乏系统结构、系统模型及系统功能信息。

城市或生态区抗旱应急管理中，由于决策对象信息的来源不一、形式各异，信息间同时具有模糊、灰色、随机等多源不确定性特征，导致大多数的决策问题是以多源不确定性信息为基础的。干旱灾害虽然变化缓慢，但是由于受到气候等自然环境的影响，不确定性程度高，旱灾的初期特征、表现难以捕捉，加上应急部门间沟通存在障碍，有效信息难以及时到达决策部门，从而导致对干旱灾害的发展认识偏差。干旱灾害爆发、决策良机骤现、现场局势复杂等诸多因素对决策者快速反应、行动准备、情报控制、调动部署、应急救援等多方面能力造成严峻的挑战。干旱灾害发生时，大多数决策都属于应急临机决策，要面对信息不完备的问题。面对干旱时，在短时间内迅速搜集有效信息，确定可行方案是非常关键的，信息模糊是影响应急决策科学性和合理性的重要因素。城市抗旱应急管理中的“贫信息”可能来源于：①对干旱发生发展的情况、影响或趋势信息不明确，包括气象、水文、土壤墒情等方面；②对参与抗旱应急管理的主体信息不明确，包括主体构成、主体行为动机、主体拥有的资源、主体行为能力、主体间的沟通协调等方面；③对抗旱主体与抗旱任务之间的匹配关系，抗旱任务与任务资源的匹配关系，抗旱任务之间的流程衔接的信息不明确。生态区抗旱应急管理中的“贫信息”可能来源于：①对生态区抗旱需水量及其可得性的信息不明确；②对生态区还没有明确的应急预案，经济生活需水是干旱期管理者的主要关注内容，导致生态需水与经济生活需水间的关系不明确；③外流域调水增补生态需水时，层层上报审批中地方政府和流域管理者的行为动机、行为能力、行为目标的信息不明确。

在研究抗旱应急管理系统时，由于内部和外部干扰的存在以及我们认知和理解的局限，现有信息往往包含各种不确定性和噪声。贫信息条件下的抗旱应急管理系统可以理解如下：由于人类认知能力有限以及相关经济条件和技术可用性的约束，对旱灾发生的内在作用机理不能做到全面的理解。人们在建模预测的过程中，通常只选取对旱灾结果影响较大的因子进行分析，从而忽视其他有用因素的作用。旱灾的形成机理复杂且影响因素多。与其他自然灾害相比，旱灾出现频率最多，持续时间最长，影响的范围最大。严重的旱灾还影响工业生产、城乡供水、人民生活和生态环境，给国民经济造成重大损失。抗旱应急管理保障系统牵涉因素众多，所以通常无法迅速了解到相关情况，获取的信息量不足，因而获得的数据是一种贫信息数据。此外由于信息差异性的存在，导致了抗旱应急管理保障系统必然会存在着贫信息的现象。

6.3.2　混合动机

干旱通常对城市多个地区构成威胁，横向上需要不同政府部门之间的沟通合作，纵向上需要不同层级的政府组织协调。政府是干旱应急管理中的核心地位主体，发挥主导作用。社会组织和公民虽然也参与干旱灾害救援活动，但我国现阶段的干旱灾害应急管理体系属于体制驱动模式，缘起于行政管理制度所决定的上级政府对下级政府的行政指导关系和政府对社会资源的综合协调能力，社会组织和公民等主体处于被动地位，属于“强政府-弱社会”的家长制社会动员模式，缺乏必要的组织社会化的手段和方式。社会力量多在危机扩散后，基于政府的动员及感召，加之关乎切身利益而采取被动配合的行动，属于撞击式临时聚合和短期联手，缺乏持续支撑组织化行动和制度化协同的常设运行机制和制度渠道，呈现较强的被动性和滞后性。例如，社会组织在接受捐赠、调配资金物资等方面受到严格的行政控制，处置救援工作被动、迟缓。企业与政府之间缺乏常态化信息沟通机制，应对责任划分模糊，企业应急准备的积极性不高。威权主义过分依靠领导权威，上级政府权力过大，对下级应急处置干预过多，导致下级政府对上级的过度依赖，自主性不足，极易贻误突发事件的应对时机。同级部门间缺乏应急合作的制度性框架，合作的形式、行动步骤依赖于主体的主观感知和选择。地方政府习惯“小事隐瞒、大事等待”，将区域问题内部化、碎片化处理，在应对区域性突发事件时，为保护自身利益，“搭便车”“公用地悲剧”的现象时有发生，甚至延报、漏报、瞒报、虚报危机信息。

由政府组成的干旱应急管理组织机构中，抗旱应急指挥部在城市干旱应急管理中是城市干旱应急管理的主要指挥者和决策者，领导小组成员单位及有关单位是干旱应急管理的主要任务执行者和配合者。已有研究表明，干旱应急组织机构中的纵向协同与横向协同是必要且困难的，其中有体制的原因，也有技术的原因。在我国的政治体制下，上级政府具有权威性，在上下级关系中起着主导作用，下级政府服从领导，接受监督，政府机构之间的这种纵向关系确保上级对下级的有效控制和领导，对于保证组织目标的实现具有重要意义。但是干旱灾害影响面广，对干旱灾害的应急决策和处置属于“低层政治”问题，具有从下到上多层级动态升级的特征（姜波等，2022），随着干旱等级的不断升级、扩大或降级、缩小，应急决策的行政等级也会相应提高或降低。

应对城市干旱是各级政府的共同目标。但是，当落实到某一具体事件时，不同层级政府由于存在异质性信念和价值排序，因而具有混合行为动机。上级政府更加关注整体利益，而下级政府在完全关注整体利益和完全关注部门利益之间存在相机决策行为动机，即在关注整体利益的同时也会尽力减少对自身利益的影响。下级政府的自利性和依赖性，使得上级政府承受更多的压力。下级政府之间的横向协同是缓解压力、维护纵向结构稳定的重要抓手（姜波等，2022）。

城市干旱应急决策是由若干个机构、部门和个体动态参与的讨论、协商、研判的分布式组织决策过程，通过组织沟通和激励惩戒，使地理上分散的水利、气象、环境保护、建设、交通、电力、财政、军队等多部门协同联动，是公共资源的联合供给和再分配。有研究表明，保护权利和地盘是所有部门的天然倾向，除非是在外部力量的作用下，与跨部门沟通相比，政府部门更愿意规避跨部门关系（姜波等，2022）。因此，通过行政激励、成本分担等方式，打破地域和部门限制，克制下级部门的混合动机，推动横向协同，优化公共资源配置。

决策者具有混合动机的另一个原因是：在复杂决策情境中，当一项任务超过人的认知加工能力范围时，决策者对行动目标与手段进行探索、判断、评价直至最后进行选择（张庆林，2000；李艾丽莎等，2011）。Dijk 等（2004）提出，根据决策者的不同反应倾向，包括①倾向于使自己收益最大化；②使己方和他方收益的总和最大化；③使己方相对于他方的收益最大化，可以预测出决策者将在多大程度上采取合作策略。

根据决策者关于事件发生的概率的知识，决策理论将决策情境区分为三大类，即风险、不确定和不知道。对于城市干旱应急情境中，人们对于干旱造成损失的概率只有一种模糊的知觉，属于可量化的不确定性（quantifiable uncertainty）。同时，对于其他决策者所掌握的信息和所做的选择也具有不确定性。有研究表明，环境和社会的信息不确定程度越高，决策者越倾向于选择不合作行为（Valenzuela et al.，2005；Day and Pérez，2013；Deng et al.，2015）。随后，资源两难的决策模型被研发出来，通过模型计算，提出以认知启发式为基础的资源分配措施（Weibust，2010）。

在人际互动情境中，人们在如何评价自己获得的结果和他人获得的结果方面存在个体差异，这被称为社会价值取向（social value orientations）（Kuhlman and Marshello，1975）。根据人们对自己得到的结果和他人得到的结果所赋予的权重的不同，可以区分出多种不同的社会价值取向，其中最常见的区分法是将人们分为三类，即亲社会型、竞争型、个人主义型。所谓亲社会型，是指倾向于尽可能地使各方的共同收益最大化，同时使各方收益实现均等。竞争型是指倾向于使自己的收益和他方的收益之间的差距最大化。个人主义型是指倾向于使个人收益最大化，而不管他方得到何种收益。

研究发现，决策者关于己方决策重要性的知觉，即自我效能感（self-efficacy）与合作行为存在正相关，不确定性因素对自我效能感产生负向影响（Kerr，1989）。己方策略的重要性对合作行动的影响受到自我效能感的调节。己方的策略很重要时，不确定程度越大，自我效能感越弱，合作行为随之减少。但是，己方的策略不怎么重要时，合作行为随不确定程度的增大而稍增强（Xia et al.，2015）。

生态区与城市抗旱应急协同治理设计

7.1 生态区抗旱应急协同治理保障规则设计

针对黄河河口区抗旱应急保障过程而言，由于决策对象信息的来源不一、形式各异，信息间同时具有模糊、灰色、随机等多源不确定性特征，导致大多数的决策问题是以多源不确定性信息为主导的。黄河河口区抗旱应急保障的“贫信息”主要是指：①生态区应急需水量、流域-区域可供水权、河道疏浚情况等水资源系统信息不确定；②利益相关主体的权责关系、抗旱应急保障主体范围等管理系统信息不明确；③生态区抗旱应急预案、常态与应急状态下利益相关主体的行为规则不清楚。

冲突在本质上是参与各方未能达成一致意见的产物。对于生态区抗旱应急保障而言，冲突意味着利益相关主体对抗旱应急保障的方式、过程、结果没有达成一致。换言之，就是利益主体或多或少地认为自身权益受到损害，而认为存在某些利益相关主体受益于现行抗旱应急保障方案而产生不满意的状态。

对于黄河河口区抗旱应急保障而言，当发生生态区旱灾时，各利益相关主体的水资源供需关系在本质上就属于混合动机冲突，既存在争夺有限水资源的竞争动机又存在合作利用有限水资源的合作动机。由于生态区抗旱涉及众多具有独立决策权的处于不同地位的异质利益主体，每个主体都可以被看作是一个决策者，而黄河河口区抗旱应急保障的混合动机冲突就是多个决策者之间的利益关系体现。

7.1.1 典型生态区抗旱应急预留水权分配冲突分析

当处于抗旱应急状态下，现有水资源难以满足各地对水的需求，包括用于生活生产、生态区保护等多方面的需求，各地方政府拟向山东省政府申请分配预留水权以应对旱情，黄河河口管理局也需要申请应急生态补水，互相竞争有限的预留水权，由此产生冲突问题。鉴于此，我们采用 Hipel 教授在经典非合作博弈（比如囚徒困境）基础上提出的冲突分析图模型方法对此进行进一步探讨分析，寻找博弈状态演化路径；同时也从博弈双方的各自角度出发，构建多种不同情境，通过对比不同情境下的结果来分析现实中最好的解决方案（Kilgour et al.，1987；Hipel et al.，1997；Fang et al.，2007；LC Rêgo and Santos，2018）。冲突分析图模型（the graph model for conflict resolution，

GMCR）是基于经典博弈论中的非合作博弈基础上提出的，博弈中各方就像下象棋一样“你一步我一步”各自采取策略选择，进而推动博弈不断演化，直到所有博弈方都无法或不愿意采取进一步选择，此时就达到博弈的均衡状态。图 7-1 展示利用图模型工具进行冲突分析的主要步骤，首先建模阶段需要确定冲突中的决策主体及其策略，再推导出所有可行的状态集合，然后获取各决策主体的偏好信息，模型构建完成之后为分析阶段，可进行个体稳定性分析、结盟稳定性分析或稳定后分析等。图模型理论从 Hipel 教授在 1980 年代提出以来，至今已在多个领域得到广泛应用，尤其是水资源和环境领域。在对无数已发生的历史冲突的分析中，基本都成功验证历史上真实的结果，而且还可以进一步分析如果当时某一方采取不同的选择，则会使得冲突往哪一个方向发展，得到什么样不同的结果。同样，运用图模型理论对当前正在发生的冲突进行分析，往往都能够准确预测出冲突的最可能结果。可以说，图模型理论是决策支持领域中的一个非常强大且好用的决策工具。

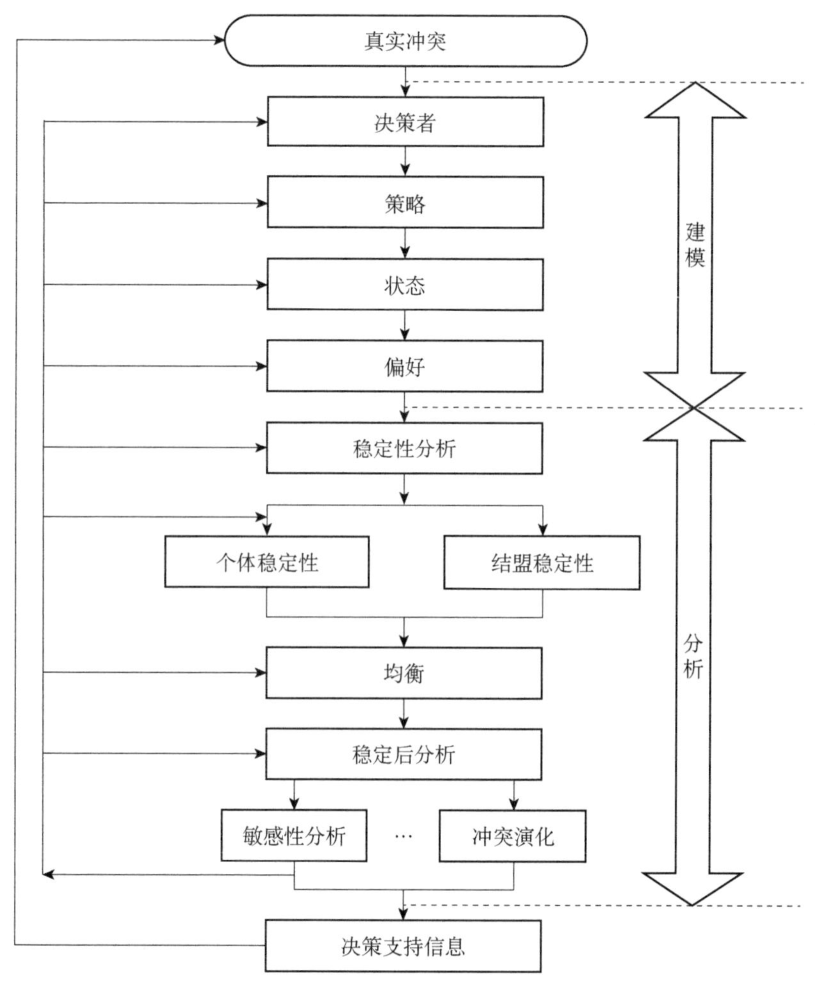

图 7-1　冲突分析图模型（GMCR）的主要步骤

决策主体及其策略方面，就整体而言，冲突涉及的决策主体包括了山东省政府、黄河河口管理局（由黄河水利委员会代表），以及周边各市级政府，如下表 7-1 所示。其中黄河水利委员会可以采取的策略包括：建议生态区所在地市级政府（东营市）向山东省政府提请预留水权，以保障典型生态区的应急生态补水；如果生态补水缺失导致生态环境恶化危及生态区生态安全，黄河水利委员会可以向上级主管部门进行申诉。对于山东省政府，其可采取的策略包括：优先响应生态区的提请，满足其最低水量要求，重点保障生态区的生境安全；正常响应生态区提请，和其他类型用水需求共享缺水率，正常分配预留水权给生态区；优先分配预留水权给城市生活生产用水，然后再考虑生态区用水需求。市级政府可采取的策略有：提请预留水权，要求优先保障城市生活生产用水需求。

表 7-1　整体冲突的决策主体与各自策略

决策主体	策略
黄河水利委员会	1. 建议生态区所在地市级政府向省政府提请预留水权，开展典型生态区应急生态补水
	2. 向上级主管部门申诉
山东省政府	3. 优先响应生态区提请，满足其最低水量要求，保障典型生态区生境安全
	4. 正常响应生态区提请，和其他类型用水需求共享缺水率，正常分配预留水权给生态区
	5. 优先分配预留水权给城市生活生产用水，然后再考虑生态区用水需求
市政府	6. 申请预留水权，优先保障城市生活生产用水需求

由于各市级政府与黄河水利委员会之间并非直接冲突，而都是与省政府产生直接冲突关系，因此考虑把冲突问题分为两个子冲突，分别为生态区子冲突即黄河水利委员会与山东省政府之间就应急生态补水分配问题的冲突，以及政府间子冲突即山东省政府与各市级政府间就预留水权分配优先序的博弈。子冲突间的结构如图 7-2 所示，两个子冲突中相关的决策主体及其各自策略如下表 7-2 和表 7-3 所示。

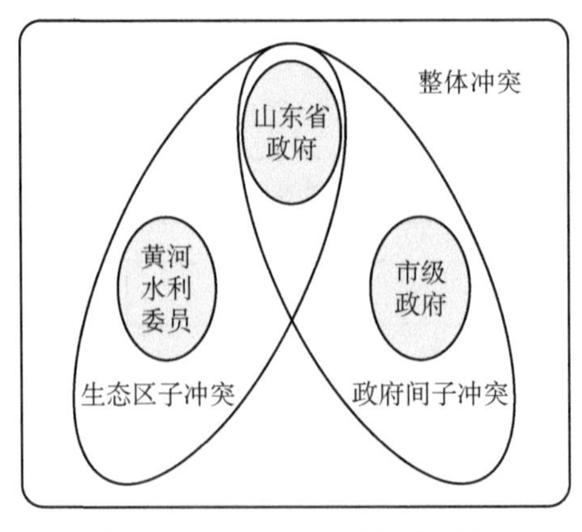

图 7-2　预留水权分配冲突结构

表 7-2　生态区冲突决策主体及其策略

决策主体	策略
黄河水利委员会	1. 建议生态区所在地市级政府向省政府提请预留水权，开展典型生态区应急生态补水
	2. 向上级主管部门申诉
山东省政府	3. 优先响应生态区提请，满足其最低水量要求，保障典型生态区生境安全
	4. 正常响应生态区提请，和其他类型用水需求共享缺水率，正常分配预留水权给生态区
	5. 优先分配预留水权给城市生活生产用水，然后再考虑生态区用水需求

表 7-3　省市政府间冲突决策主体及其策略

决策主体	策略
山东省政府	3. 优先响应生态区提请，满足其最低水量要求，保障典型生态区生境安全
	5. 优先分配预留水权给城市生活生产用水，然后再考虑生态区用水需求
市政府	6. 申请预留水权，优先保障城市生活生产用水需求

7.1.2　典型生态区抗旱应急预留水权分配冲突分析模型

1. 可行状态集合

在图模型理论中，根据博弈双方的策略选择与否，可形成相应的状态集合，排除掉逻辑上不可行的状态，比如省政府不可能同时选择优先给生态区和城市分配预留水权，两个子冲突的剩余可行状态集合分别见表 7-4 和表 7-5。举例来说，在生态区子冲突中，当黄河水利委员会和山东省政府均未做出任何选择时，就形成表 7-4 中的状态 1（NNNNN）。假设把状态 1（NNNNN）作为生态区子冲突最初的起始状态，根据两个博弈方可做出的策略选择形成所有可能的博弈演化路径见图 7-3。比如说，当黄河水利委员会选择建议生态区所在地市级政府向省政府提请预留水权时，这一选择会导致冲突从状态 1（NNNNN）演化到状态 2（YNNNN），如图 7-3 中左上角的蓝线所示。如果此时山东省政府也选择优先响应生态区提请，满足其最低水量要求，则博弈从状态 2（YNNNN）进一步演化为状态 6（YNYNN）。这样交替采取策略选择的做法可以一直重复下去，即可形成图 7-3 所示的冲突演化路径图。

表 7-4　生态区冲突可行状态集合

1. 提请	N	Y	N	Y	N	Y	N	Y	N	Y	N	Y	N	Y	N	Y
2. 申诉	N	N	Y	Y	N	N	Y	Y	N	N	Y	Y	N	N	Y	Y
3. 生态	N	N	N	N	Y	Y	Y	Y	N	N	N	N	N	N	N	N
4. 正常	N	N	N	N	N	N	N	N	Y	Y	Y	Y	N	N	N	N
5. 城市	N	N	N	N	N	N	N	N	N	N	N	N	Y	Y	Y	Y
状态编号	1	2	3	4	5	6	7	8	9	10	11	12	13	14	15	16

Y：左边对应选项被选择；N：左边对应选项未被选择。全书同。

表 7-5　政府间冲突可行状态集合

3.生态	N	Y	N	Y	N	Y
5.城市	N	N	Y	Y	N	N
6.申请	N	N	N	N	Y	Y
状态编号	1	2	3	4	5	6

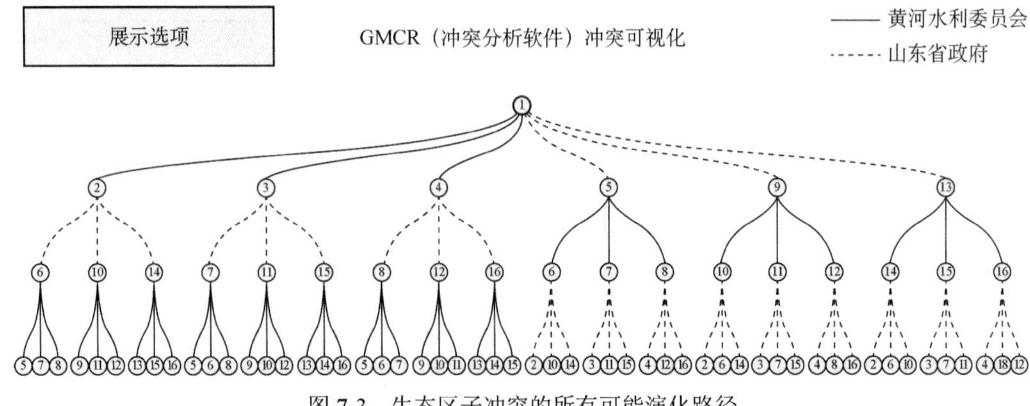

图 7-3　生态区子冲突的所有可能演化路径

对于政府间子冲突，假设把状态 1（NNN）作为起始状态，两个决策者交互形成所有可能的状态演化路径如图 7-4 所示。

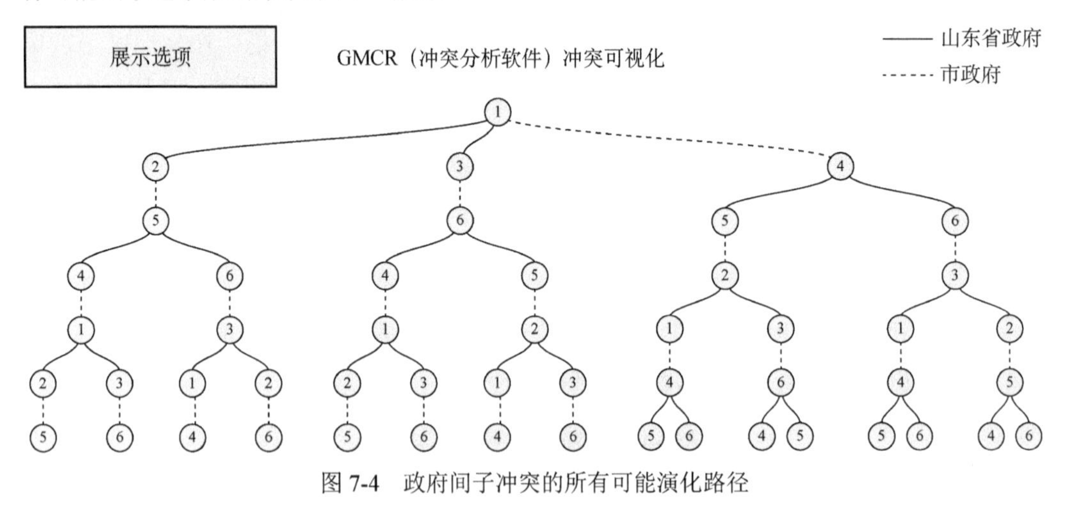

图 7-4　政府间子冲突的所有可能演化路径

2. 偏好信息构建

1）生态区子冲突偏好信息

图模型的关键步骤为构建博弈各方的偏好信息，即图 7-3 中的所有可能路径中，有些路径是会导致博弈方收益更好，而有的路径则会导致收益更差，通常博弈方都只会选择收益更好的路径。因此，获取博弈各方对所有状态的喜爱偏好顺序是非常有必要的。一种最简单直观的方法是对所有状态进行两两比较，然后整理出所有状态互相之间的偏好程度。但是这一方法工作量较大，而图模型理论提供一种更有效和人性化的偏好构建方法，即让博弈方申明其对所有策略选择的喜好程度。

在生态区子冲突中，对于黄河水利委员会而言，其最希望的情形是不管旱情如何，山东省政府都高度重视生态区的生态保护，会优先考虑给生态区分配预留水权，保障生态区的生态环境不会恶化；其次，黄河水利委员会选择建议生态区所在市级政府向省政府提请预留水权，这样也方便省政府把预留水权分配给生态区；然后黄河水利委员会希望省政府选择正常响应生态区的提请，和其他类型用水需求共享缺水率，正常分配预留水权给生态区；其最不希望的情形是省政府选择优先分配预留水权给城市用水而不考虑生态区用水，因为当省政府做出这个选择时，会危及到生态区的安全，引发一系列的生态灾难，这时黄河水利委员会可选择向上级主管部门申诉。这样就形成了如表 7-6 中的黄河水利委员会的偏好申明，表 7-6 中左边的数字表示是为了更方便地输入到计算机程序中计算得出黄河水利委员会的偏好信息。根据图模型理论中的算法，可以计算得出黄河水利委员会的偏好信息为：6=8>5=7>10=12>16>2=4>14>9=11>15>1=3>13。其中“>”表示黄河水利委员会对左边状态的偏好优于右边状态，而“=”表示黄河水利委员会对左右两边状态偏好相同。

表 7-6　黄河水利委员会偏好申明

表示	具体含义
3	黄河水利委员会最希望山东省政府优先考虑给生态区分配预留水权
1	黄河水利委员会其次选择建议生态区所在市级政府向省政府提请预留水权
4	黄河水利委员会希望省政府正常分配预留水权给生态区
2 if 5	当省政府选择优先分配预留水权给城市用水时，黄河水利委员会选择向上级主管部门申诉
−5	黄河水利委员会最不希望省政府选择优先分配预留水权给城市用水

但是，山东省政府的偏好顺序可能会根据旱情严重程度而有差异，因此我们设定三种代表性的情景分别进行分析：轻度旱情、中度旱情和重度旱情。首先，不管是任何一种旱情，省政府最不希望发生的是生态灾难，即黄河水利委员会不要向上级主管部门申诉，其次省政府希望生态区所在市级政府向其提请预留水权，这样可以方便省政府的下一步操作。

情景一：轻度旱情

接下来省政府的偏好顺序会根据情景的不同而有所差异。在轻度旱情下，当省政府判断生态区还未到引发生态灾难的程度，同时周边各城市的生活生产面临用水紧缺，可能影响到地区经济发展，这时，省政府会选择优先分配预留水权给城市用水，再考虑生态区的用水需求；然后其认为生态区用水和城市用水平等对待，按同一缺水率分配预留水权给各类用水需求；把生态区用水放在优先地位是省政府最后的选择。此时形成了如表 7-7 所示的省政府的偏好申明，同理，利用图模型中的算法计算得出省政府在轻度旱情下的偏好信息为：14>10>6>2>13>9>5>1>16>12>8>4>15>11>7>3。

表 7-7 轻度旱情下省政府的偏好申明

表示	具体含义
−2	省政府最希望黄河水利委员会不要向上级主管部门申诉
1	省政府其次希望黄河水利委员会建议提请预留水权
5	省政府选择优先分配预留水权给城市用水
4	省政府选择正常分配预留水权
3	省政府选择优先分配预留水权给生态区

情景二：中度旱情

在中度旱情情景中，如果不给生态区一定量的应急生态补水，有可能会引发更为严重的生态后果，同时城市的缺水程度也较为严重，此时省政府采取折中的方法，把生态需水和城市需水一视同仁，按同一缺水率的方式正常分配预留水权；然后在同样严重缺水的情况下，选择优先保障城市的用水需求，最后才考虑分配预留水权给生态区。这样形成如表 7-8 所示的省政府偏好申明，利用图模型中的算法计算得出省政府在中度旱情下的偏好信息为：10>14>6>2>9>13>5>1>12>16>8>4>11>15>7>3。

表 7-8 中度旱情下省政府的偏好申明

表示	具体含义
−2	省政府最希望黄河水利委员会不要向上级主管部门申诉
1	省政府其次希望黄河水利委员会建议提请预留水权
4	省政府选择正常分配预留水权
5	省政府选择优先分配预留水权给城市用水
3	省政府选择优先分配预留水权给生态区

情景三：重度旱情

当遇到重度旱情时，生态区安全岌岌可危，为了不让黄河水利委员会向上级部门申诉，山东省政府会选择优先给生态区分配预留水权，满足生态区最低的生态补水需求，防止发生生态灾难；随后，省政府考虑把预留水权分配给城市用水，以满足人们生活的基本需求；最后才会选择正常分配预留水权。这样形成如表 7-9 所示的省政府偏好申明，利用图模型中的算法计算得出省政府在重度旱情下的偏好信息为：6>14>10>2>5>13>9>1>8>16>12>4>7>15>11>3。

表 7-9 重度旱情下省政府的偏好申明

表示	具体含义
−2	省政府最希望黄河水利委员会不要向上级主管部门申诉
1	省政府其次希望黄河水利委员会建议提请预留水权
3	省政府选择优先分配预留水权给生态区
5	省政府选择优先分配预留水权给城市用水
4	省政府选择正常分配预留水权

2）政府间子冲突偏好信息

在政府间子冲突中，对于市级政府而言，其策略偏好不随旱情变化而变化，如表 7-10 所示，市政府首先是希望省政府优先分配预留水权给城市用水，其次会选择向省政府申请预留水权；其最不希望的是省政府优先分配预留水权给生态区，因为这意味着减少给城市的用水。因此，市级政府的偏好信息始终为：6>3>4>5>1>2。

表 7-10　市级政府偏好申明

表示	具体含义
5	市政府首先希望省政府优先分配预留水权给城市用水
6	市政府其次选择向省政府申请预留水权
−3	市政府不希望省政府优先分配预留水权给生态区

情景一：轻度旱情

但是山东省政府的偏好随着旱情的严重程度会有差异。具体而言，在轻度旱情下，省政府首先希望市级政府不要向其申请预留水权，这样就不用考虑怎么分配预留水权的问题；当市级政府向其申请预留水权时，省政府会选择优先分配给城市用；最后，省政府选择不优先分配给生态区。这样形成的轻度旱情下省政府偏好申明如表 7-11 所示，经过计算得到轻度旱情下省政府的偏好信息为：3>1>2>4=6>5。

表 7-11　轻度旱情下省政府的偏好申明

表示	具体含义
−6	省政府首先希望市级政府不要向其申请预留水权
5 if 6	当市级政府申请预留水权时，省政府选择优先分配预留水权给城市用水
−3	省政府选择不优先分配预留水权给生态区

情景二：中度旱情

在中度旱情时，省政府的偏好相比于轻度旱情下只有轻微的改变，省政府的选择由不优先分配给生态区变为可以优先分配预留水权给生态区，这样形成的中度旱情下省政府的偏好申明如表 7-12 所示，计算得出中度旱情下省政府的偏好为：3>2>1>5>4=6。

表 7-12　中度旱情下省政府的偏好申明

表示	具体含义
−6	省政府希望市级政府不要向其申请预留水权
5 if 6	当市级政府申请预留水权时，省政府选择优先分配预留水权给城市用水
3	省政府选择优先分配预留水权给生态区

情景三：重度旱情

在重度旱情时，相比于中度旱情下，省政府的偏好由不希望市级政府向其申请预留水权变为希望市级政府向其申请预留水权，此时的省政府偏好申明如表 7-13 所示，由此得到重度旱情下省政府的偏好为：5>4=6>3>2>1。

表 7-13　重度旱情下省政府的偏好申明

表示	具体含义
6	省政府希望市级政府向其申请预留水权
5 if 6	当市级政府申请预留水权时，省政府选择优先分配预留水权给城市用水
3	省政府选择优先分配预留水权给生态区

7.1.3　模型稳定性分析

1. 生态区子冲突均衡结果

分别使用上述偏好信息对生态区子冲突进行稳定性分析，可以得出三种代表性情景下的均衡结果，如表 7-14 所示。情景一中的最终均衡结果是状态 16（YYNNY），此时山东省政府的策略选择是优先分配预留水权给城市用水，而黄河水利委员会不仅建议生态区所在市级政府提请预留水权，而且选择向上级部门申诉。情景二中的最终均衡结果为状态 10（YNNYN）和状态 12（YYNYN）。情景三中的最终均衡结果为状态 6（YNYNN）和状态 8（YYYNN）。在情景二和情景三各自的两种可能结果中，省政府的策略选择是一致的，都采取优先分配预留水权给生态区，而黄河水利委员会都选择建议生态区所在市级政府提请预留水权，但在是否向上级部门申诉这一点上也存在差异，要根据是否会引发生态灾难来决定。

表 7-14　不同情景下的生态区子冲突的均衡结果对比

均衡结果	轻度旱情	中度旱情		重度旱情	
1. 提请	Y	Y	Y	Y	Y
2. 申诉	Y	N	Y	N	Y
3. 生态	N	N	N	Y	Y
4. 正常	N	Y	Y	N	N
5. 城市	Y	N	N	N	N
状态编号	16	10	12	6	8

2. 政府间子冲突均衡结果

对三种情景下政府间子冲突进行分析，均衡结果如表 7-15 所示。在轻度旱情情景下，最终均衡结果为状态 4（NNY）和状态 6（NYY），此时，市政府的策略选择始终都是向省政府申请预留水权，而省政府存在两种可能的选择，要么响应市级政府的申请，优先给城市分配预留水权，要么既不给城市也不给生态区分配预留水权。在中度和重度旱情下，最后的均衡结果均为状态 5（YNY），这意味着市级政府选择向省政府申请预留水权，但省政府却选择优先给生态区分配预留水权，可能是因为省政府考虑到旱情严重可能会危及生态区的安全，所以对生态区保护的优先级更高。

表 7-15　不同情景下的政府间子冲突的均衡结果对比

均衡结果	轻度旱情		中度旱情	重度旱情
3. 生态	N	N	Y	Y
5. 城市	N	Y	N	N
6. 申请	Y	Y	Y	Y
状态编号	4	6	5	5

3. 整体冲突稳定结果分析

根据两个子冲突的均衡结果可以进一步推导出不同情境下整体冲突的均衡结果。在轻度旱情下，整体的均衡结果如表 7-16 所示，黄河水利委员会选择建议生态区所在市级政府向省政府提请预留水权，其他市级政府也选择向省政府申请预留水权，但省政府要么未采取任何策略选择，要么选择优先给城市分配水权，导致黄河水利委员会向上级部门申诉。中度旱情下的整体均衡结果如表 7-17 所示，其中黄河水利委员会建议生态区所在市级政府向省政府提请预留水权，其他市级政府也选择了向省政府申请预留水权，而省政府选择了折中方案，按同一缺水率方式正常分配预留水权给生态区和城市用水，此时黄河水利委员会也有可能会向上级部门申诉。重度旱情下的整体均衡结果如表 7-18 所示，其中黄河水利委员会建议生态区所在市级政府向省政府提请预留水权，其他市级政府也选择向省政府申请预留水权，而省政府选择优先给生态区分配预留水权，此时黄河水利委员会也有可能会向上级部门申诉。

表 7-16　轻度旱情下的整体冲突均衡结果

决策者	策略	生态区子冲突均衡	政府间子冲突均衡			整体均衡	
黄河水利委员会	1. 提请	Y	—	—		Y	Y
	2. 申诉	Y	—	—		Y	Y
省政府	3. 生态	N	N	N		N	N
	4. 正常	N	—	—	→	N	N
	5. 城市	Y	N	Y		N	Y
市政府	6. 申请	—	Y	Y		Y	Y

表 7-17　中度旱情下的整体冲突均衡结果

决策者	策略	生态区子冲突均衡		政府间子冲突均衡		整体均衡	
黄河水利委员会	1. 提请	Y	Y	—		Y	Y
	2. 申诉	N	Y	—		N	Y
省政府	3. 生态	N	N	Y		N	N
	4. 正常	Y	Y	—	→	Y	Y
	5. 城市	N	N	N		N	N
市政府	6. 申请	—	—	Y		Y	Y

表 7-18　重度旱情下的整体冲突均衡结果

决策者	策略	生态区子冲突均衡		政府间子冲突均衡		整体均衡	
黄河水利委员会	1.提请	Y	Y	—		Y	Y
	2.申诉	N	Y	—		N	Y
省政府	3.生态	Y	Y	Y	→	Y	Y
	4.正常	N	N	—		N	N
	5.城市	N	N	N		N	N
市政府	6.申请	—	—	Y		Y	Y

7.1.4　子冲突均衡结果

1. 黄河河口区

1）情景一：轻度旱情（表7-19）

表 7-19　黄河河口区轻度旱情子冲突均衡结果

状态编号		1	2	3	4	5	6	7	8	9	10	11	12	13	14	15	16
1. 黄委会	提请	N	Y	N	Y	N	Y	N	Y	N	Y	N	Y	N	Y	N	Y
	申诉	N	N	Y	Y	N	N	Y	Y	N	N	Y	Y	N	N	Y	Y
2. 山东省政府	优先	N	N	N	N	Y	Y	Y	Y	N	N	N	N	Y	Y	Y	Y
	正常	N	N	N	N	N	N	N	N	Y	Y	Y	Y	N	N	N	N
	城市	N	N	N	N	N	N	N	N	N	N	N	N	Y	Y	Y	Y
黄委会收益		2	6	2	6	9	10	9	10	4	8	4	8	1	5	3	7
山东省政府收益		9	13	1	5	10	14	2	6	11	15	3	7	12	16	4	8
纳什稳定		—	—	—	—	—	—	—	—	—	—	—	—	—	—	—	Y
一般超理性稳定		—	Y	—	Y	Y	Y	—	Y	—	Y	—	Y	—	—	—	Y
序列稳定		—	—	—	—	Y	—	—	—	—	Y	—	—	—	—	—	Y
同步反制		—	—	—	—	—	—	—	—	—	—	—	—	—	—	—	Y
序列稳定与同步反制		—	—	—	—	Y	—	—	—	—	Y	—	—	—	—	—	Y
对称超理性稳定		—	Y	—	Y	Y	Y	—	Y	—	Y	—	Y	—	—	—	Y

注：黄委会是黄河水利委员会的简称，全书同。

2）情景二：中度旱情（表7-20）

表 7-20　黄河河口区中度旱情子冲突均衡结果

状态编号		1	2	3	4	5	6	7	8	9	10	11	12	13	14	15	16
1. 黄委会	提请	N	Y	N	Y	N	Y	N	Y	N	Y	N	Y	N	Y	N	Y
	申诉	N	N	Y	Y	N	N	Y	Y	N	N	Y	Y	N	N	Y	Y
2. 山东省政府	优先	N	N	N	N	Y	Y	Y	Y	N	N	N	N	Y	Y	Y	Y
	正常	N	N	N	N	N	N	N	N	Y	Y	Y	Y	N	N	N	N
	城市	N	N	N	N	N	N	N	N	N	N	N	N	Y	Y	Y	Y

续表

状态编号	1	2	3	4	5	6	7	8	9	10	11	12	13	14	15	16
黄委会收益	2	6	2	6	9	10	9	10	4	8	4	8	1	5	3	7
山东省政府收益	9	13	1	5	10	14	2	6	12	16	4	8	11	15	3	7
纳什稳定	—	—	—	—	—	—	—	—	—	Y	—	Y	—	—	—	—
一般超理性稳定	—	Y	—	Y	Y	Y	—	Y	—	Y	—	Y	—	—	—	Y
序列稳定	—	—	—	—	Y	—	—	—	—	Y	—	Y	—	—	—	—
同步反制	—	—	—	—	—	—	—	—	—	Y	—	Y	—	—	—	—
序列稳定与同步反制	—	—	—	—	Y	—	—	—	—	Y	—	Y	—	—	—	—
对称超理性稳定	—	Y	—	Y	Y	Y	—	Y	—	Y	—	Y	—	—	—	Y

3）情景三：重度旱情（表7-21）

表 7-21　黄河河口区重度旱情子冲突均衡结果

状态编号		1	2	3	4	5	6	7	8	9	10	11	12	13	14	15	16
1. 黄委会	提请	N	Y	N	Y	N	Y	N	Y	N	Y	N	Y	N	Y	N	Y
	申诉	N	N	Y	Y	N	N	Y	Y	N	N	Y	Y	N	N	Y	Y
2. 山东省政府	优先	N	N	N	N	Y	Y	Y	Y	N	N	N	N	Y	Y	Y	Y
	正常	N	N	N	N	N	N	N	N	Y	Y	Y	Y	N	N	N	N
	城市	N	N	N	N	N	N	N	N	N	N	N	N	Y	Y	Y	Y
黄委会收益		2	6	2	6	9	10	9	10	4	8	4	8	1	5	3	7
山东省政府收益		9	13	1	5	12	16	4	8	10	14	2	6	11	15	3	7
纳什稳定		—	—	—	—	—	Y	—	Y	—	—	—	—	—	—	—	—
一般超理性稳定		—	Y	—	Y	Y	Y	Y	Y	—	Y	—	Y	—	—	—	Y
序列稳定		—	—	—	—	—	Y	—	Y	—	—	—	—	—	—	—	—
同步反制		—	—	—	—	—	Y	—	Y	—	—	—	—	—	—	—	—
序列稳定与同步反制		—	—	—	—	—	Y	—	Y	—	—	—	—	—	—	—	—
对称超理性稳定		—	Y	—	Y	Y	Y	Y	Y	—	Y	—	Y	—	—	—	Y

2. 政府间

1）情景一：轻度旱情（表7-22）

表 7-22　政府间轻度旱情子冲突均衡结果

状态编号		1	2	3	4	5	6
1. 山东省政府	生态区	N	Y	N	N	Y	N
	城市	N	N	Y	N	N	Y
2. 市政府	提请	N	N	N	Y	Y	Y
山东省政府收益		4	3	5	2	1	2
市政府收益		2	1	5	4	3	6

续表

状态编号	1	2	3	4	5	6
纳什稳定	—	—	—	Y	—	Y
一般超理性稳定	—	—	Y	Y	—	Y
序列稳定	—	—	—	Y	—	Y
同步反制	—	—	—	Y	—	Y
序列稳定与同步反制	—	—	—	Y	—	Y
对称超理性稳定	—	—	Y	Y	—	Y

2）情景二：中度旱情（表7-23）

表7-23　政府间中度旱情子冲突均衡结果

状态编号		1	2	3	4	5	6
1. 山东省政府	生态区	N	Y	N	N	Y	N
	城市	N	N	Y	N	N	Y
2. 市政府	提请	N	N	N	Y	Y	Y
山东省政府收益		3	4	5	1	2	1
市政府收益		2	1	5	4	3	6
纳什稳定		—	—	—	—	Y	—
一般超理性稳定		—	—	Y	—	Y	—
序列稳定		—	—	Y	—	Y	—
同步反制		—	—	—	—	Y	—
序列稳定与同步反制		—	—	Y	—	Y	—
对称超理性稳定		—	—	Y	—	Y	—

3）情景三：重度旱情（表7-24）

表7-24　政府间重度旱情子冲突均衡结果

状态编号		1	2	3	4	5	6
1. 山东省政府	生态区	N	Y	N	N	Y	N
	城市	N	N	Y	N	N	Y
2. 市政府	提请	N	N	N	Y	Y	Y
山东省政府收益		1	2	3	4	5	4
市政府收益		2	1	5	4	3	6
纳什稳定		—	—	—	—	Y	—
一般超理性稳定		—	—	Y	Y	Y	Y
序列稳定		—	—	Y	—	Y	—
同步反制		—	—	—	—	Y	—
序列稳定与同步反制		—	—	Y	—	Y	—
对称超理性稳定		—	—	Y	Y	Y	Y

7.2　城市抗旱应急协同治理保障规则设计

7.2.1　宏观层面干旱应急协同决策模型

1. 城市抗旱应急预留水权分配冲突分析

当处于抗旱应急状态下，现有水资源难以满足各地对水的需求，包括用于生活、能源产业发展等多方面的需求，各市级政府拟向内蒙古自治区政府申请分配预留水权以应对旱情，互相竞争有限的预留水权，由此产生冲突问题。仍然采用 Hipel 教授在经典非合作博弈（比如囚徒困境）基础上提出的冲突分析图模型方法对此进行进一步探讨分析，寻找博弈状态演化路径。同时也从博弈双方的各自角度出发，构建了多种不同情景，通过对比不同情景下的结果来分析现实中最好的解决方案。

1）决策主体及其策略

整体而言，冲突涉及的决策主体包括了内蒙古自治区政府、鄂尔多斯市政府，以及周边各市级政府，如下表 7-25 所示。其中对于鄂尔多斯市政府，能源产业作为其地方经济的支柱产业，市政府为保经济可能会考虑优先保证能源产业的用水，因此其可采取的策略有：向自治区政府提请预留水权并优先保障居民生活用水安全；向自治区政府提请预留水权并优先供给能源产业用水。而作为上级的内蒙古自治区政府，他更多考虑的是整个地区的稳定和发展，需要权衡如何在各行业中分配预留水权，因此自治区政府可以采取的策略包括：优先分配预留水权给居民生活用水；优先分配预留水权给能源产业用水；优先分配预留水权给灌区农业用水。周边其他各市级政府在抗旱应急状况下也面临着缺水压力，主要是满足居民生活用水的需求，其可采取的策略有：向自治区政府申请预留水权并优先保障城市生活用水。

表 7-25　冲突的决策主体与各自策略

决策主体	策略
鄂尔多斯市政府	1. 向自治区政府提请预留水权并优先保障居民生活用水安全
	2. 向自治区政府提请预留水权并优先供给能源产业用水
内蒙古自治区政府	3. 优先分配预留水权给居民生活用水
	4. 优先分配预留水权给能源产业用水
	5. 优先分配预留水权给灌区农业用水
周边其他市政府	6. 向自治区政府申请预留水权并优先保障城市生活用水

2）可行状态集合

在图模型理论中，根据博弈双方的策略选择与否，可形成相应的状态集合，排除掉逻辑上不可行的状态，比如鄂尔多斯市政府在向自治区政府提请预留水权后不能同时保障居民和能源的用水需求，而自治区政府也不可能同时选择优先给生活、产业以及农业分配预留水权，剩余 24 个可行状态集合见表 7-26。举例来说，当鄂尔多斯市政府、内蒙古自治区政府和周边其他市政府均未做出任何选择时，就形成了表 7-26 中的状态 1（NNNNNN）。假设把状态 1（NNNNN）作为冲突最初的起始状态，根据两个博弈方可作出的策略选择形成所有可能的博弈演化路径见图 7-5。比如说，当鄂尔多斯市政府选择向自治区政府提请预留水权并优先保障居民生活用水安全时，这一选择会导致冲突从状态 1（NNNNNN）演化到状态 2（YNNNNN）。如果此时自治区政府也选择优先分配预留水权给居民生活用水，则冲突从状态 2（YNNNNN）进一步演化为状态 6（NYYNNN）。这样交替采取策略选择的做法可以一直重复下去，就形成了图 7-5 所示的冲突演化路径图。

表 7-26　城市冲突可行状态集合

1. 居民	N	Y	N	N	Y	N	N	Y	N	N	Y	N
2. 能源	N	N	Y	N	N	Y	N	N	Y	N	N	Y
3. 生活	N	N	N	Y	Y	Y	N	N	N	N	N	N
4. 产业	N	N	N	N	N	N	Y	Y	Y	N	N	N
5. 农业	N	N	N	N	N	N	N	N	N	Y	Y	Y
6. 城市	N	N	N	N	N	N	N	N	N	N	N	N
状态编号	1	2	3	4	5	6	7	8	9	10	11	12
1. 居民	N	Y	N	N	Y	N	N	Y	N	N	Y	N
2. 能源	N	N	Y	N	N	Y	N	N	Y	N	N	Y
3. 生活	N	N	N	Y	Y	Y	N	N	N	N	N	N
4. 产业	N	N	N	N	N	N	Y	Y	Y	N	N	N
5. 农业	N	N	N	N	N	N	N	N	N	Y	Y	Y
6. 城市	Y	Y	Y	Y	Y	Y	Y	Y	Y	Y	Y	Y
状态编号	13	14	15	16	17	18	19	20	21	22	23	24

2. 城市抗旱应急冲突偏好信息构建

图模型的关键步骤为构建博弈各方的偏好信息，即图 7-5 中的所有可能路径中，有些路径是会导致博弈方收益更好，而有的路径则会导致收益更差，通常博弈方都只会选择收益更好的路径。因此，获取博弈各方对所有状态的喜爱偏好顺序是非常有必要的。一种最简单直观的方法是对所有状态进行两两比较，然后整理出所有状态互相之间的偏好程度。但是这一方法工作量较大，而图模型理论提供一种更有效和人性化的偏好构建方法，即让博弈方申明其对所有策略选择的喜好程度。在城市抗旱应急冲突中，决策者的偏好顺序可能会根据旱情严重程度而有差异，因此我们设定三种代表性的情景分别进行分析，即轻度旱情、中度旱情和严重旱情。

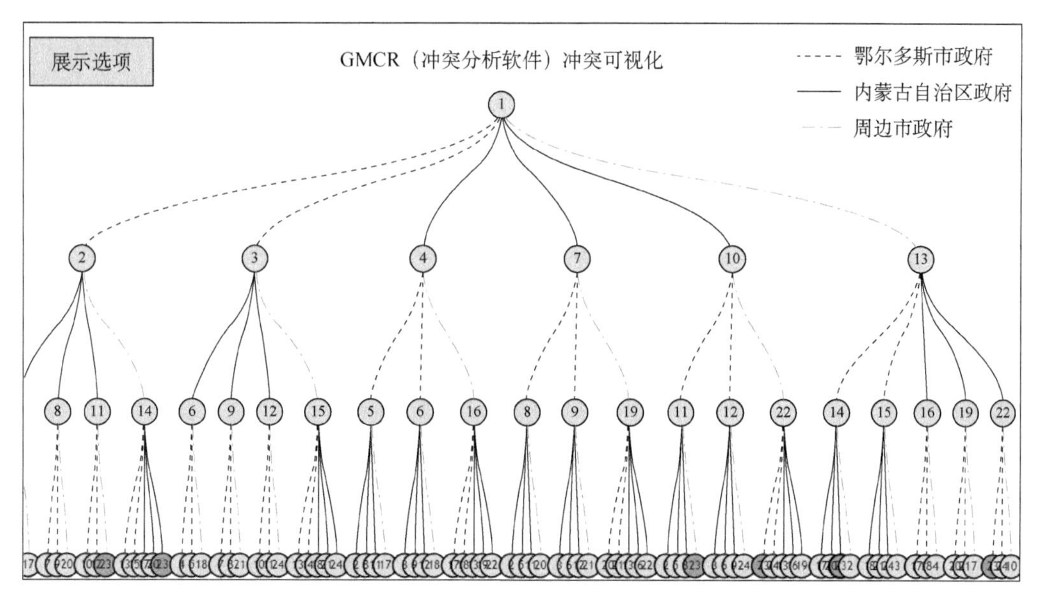

图 7-5　城市子冲突的所有可能演化路径

1）情景一：轻度旱情情景

在轻度旱情情景下，对于鄂尔多斯市政府而言，其最偏好的情形是只要旱情没严重到居民用水困难，都希望自治区政府重视其能源产业发展，优先考虑给能源产业分配预留水权；其次，鄂尔多斯市政府会选择向自治区政府提请预留水权并优先供给能源产业；第三，鄂尔多斯市政府希望周边其他市级政府选择不向自治区政府申请预留水权，这样其可以获得更多的预留水权；第四，鄂尔多斯市政府会选择向自治区政府提请预留水权并优先供给其居民生活用水；第五，鄂尔多斯市政府希望自治区政府选择优先分配预留水权给居民生活用水，这样鄂尔多斯市的生活用水也能受益；最后，鄂尔多斯市政府希望自治区政府选择优先分配预留水权给灌区农业用水。这样就形成了如表 7-27 中的鄂尔多斯市政府的偏好申明，表 7-27 中左边的数字表示是为了更方便地输入到计算机程序中计算得出鄂尔多斯市政府的偏好信息。根据图模型理论中的算法，可以计算得出鄂尔多斯市政府的偏好信息为：9>21>8>7>20>19>6>12>3>18>24>15>5>11>2>4>10>1>17>23>14>16>22>13。其中“>”表示其对左边状态的偏好优于右边状态，而“=”表示其对左右两边状态偏好相同。

表 7-27　轻度旱情下鄂尔多斯市政府偏好申明

表示	具体含义
4	鄂尔多斯市政府最希望自治区政府优先考虑给其能源产业分配预留水权
2	鄂尔多斯市政府其次选择向自治区政府申请预留水权并优先供给其能源产业
−6	鄂尔多斯市政府希望周边其他市政府不向自治区政府申请预留水权
1	鄂尔多斯市政府选择向自治区政府申请预留水权并优先供给居民生活用水
3	鄂尔多斯市政府希望自治区政府选择优先分配预留水权给居民生活用水
5	鄂尔多斯市政府希望自治区政府选择优先分配预留水权给灌区农业用水

同样的，自治区政府在不同旱情下的偏好顺序也是有差异的。在轻度旱情时，自治区政府首先希望所有市级政府都通过自身努力克服旱情，不向自治区政府申请预留水权，其次，如果确有必要使用预留水权，自治区政府会优先考虑分配给急需的部门，比如灌溉季时分给农业用水部门，此时形成如表 7-28 所示的自治区政府的偏好申明，利用图模型中的算法计算得出自治区政府在轻度旱情下的偏好信息为：4=5=16>7=8=19>10=11=22>1=2=13>17>20>23>14>6=18>9=21>12=24>3=15。

表 7-28　轻度旱情下自治区政府的偏好申明

表示	具体含义
−2	自治区政府最希望所有市级政府不要向其申请预留水权用于能源产业
−1|−6	自治区政府最希望所有市级政府不要向其申请预留水权用于居民生活用水
3	自治区政府其次选择分配预留水权给居民生活用水
4	自治区政府选择分配预留水权给能源产业
5	自治区政府选择分配预留水权给农业用水

对于周边其他城市而言，只要发生旱情，不管旱情严重与否，都会倾向于向自治区政府申请预留水权，来满足自身地区的用水缺口；同时也会希望其他城市不向自治区政府申请预留水权，并且自治区政府优先考虑分配预留水权给城市生活用水。此时，其偏好申明如表 7-29 所示，经计算可得周边其他市政府的偏好为：16=17=18>19=20=21=22=23=24>13=14=15>4=5=6>7=8=9=10=11=12>1=2=3。

表 7-29　轻度旱情下周边其他市政府偏好申明

表示	具体含义
6	周边市政府首先会选择向自治区政府优申请预留水权，以保障城市生活用水
−1|−2	其他市政府其次希望鄂尔多斯市政府不向自治区政府申请预留水权
3	其他市政府希望自治区政府优先考虑分配预留水权给居民生活用水
4|5	其他市政府希望自治区政府分配预留水权给能源产业或者农业用水

2）情景二：中度旱情情景

在中度旱情情景中，城市区的居民生活用水可能受到影响，对各地市政府而言，优先保障居民生活用水是其第一要务，能源产业用水如非必要，可以考虑暂停供给。此时，鄂尔多斯市政府的偏好顺序会有所变化，具体可参考表 7-30 中的偏好申明，利用图模型中的算法计算得出省政府在中度旱情下的偏好信息为：5>17>8>11>2>20>23>14>6>4>18>16>9>12>3>7>10>1>21>24>15>19>22>13。

表 7-30　中度旱情下鄂尔多斯市政府偏好申明

表示	具体含义
1	鄂尔多斯市政府首先选择向自治区政府申请预留水权并优先供给居民生活用水
3	鄂尔多斯市政府希望自治区政府选择优先分配预留水权给居民生活用水

续表

表示	具体含义
−6	鄂尔多斯市政府希望周边其他市政府不向自治区政府申请预留水权
2	鄂尔多斯市政府选择向自治区政府申请预留水权并优先供给其能源产业
4	鄂尔多斯市政府最希望自治区政府优先考虑给其能源产业分配预留水权
5	鄂尔多斯市政府希望自治区政府选择优先分配预留水权给灌区农业用水

在中度旱情时，所有城市的居民用水安全受到威胁，为保证社会稳定，自治区政府首先希望所有市级政府都向自治区政府申请预留水权并优先供给生活用水部门，也只有当市级政府向自治区政府申请了，才会给相应的市分配预留水权，此时，自治区政府的偏好申明如表 7-31 所示，利用图模型中的算法计算得出自治区政府在中度旱情下的偏好信息为：18>5=16=17>21>24>15>8=19=20>11=22=23>2=13=14>6>4>9>12>3>7>10>1。

表 7-31　中度旱情下自治区政府的偏好申明

表示	具体含义
1|6	自治区政府最希望所有市级政府不要向其申请预留水权
3	自治区政府其次选择分配预留水权给居民生活用水
2	自治区政府希望鄂尔多斯市政府向其申请预留水权并用于能源产业
4	自治区政府选择分配预留水权给能源产业
5	自治区政府选择分配预留水权给农业用水

对于周边其他城市而言，其偏好在三种旱情情景中保持一致，都是为从自治区政府那里最大化地争取预留水权，来满足自身地区的用水缺口；同时也会希望其他城市不向自治区政府申请预留水权，并且自治区政府优先考虑分配预留水权给城市生活用水。所以，其偏好申明如表 7-32 所示，经计算可得周边其他市政府的偏好为：16=17=18>19=20=21=22=23=24>13=14=15>4=5=6>7=8=9=10=11=12>1=2=3。

表 7-32　中度旱情下周边其他市政府偏好申明

表示	具体含义
6	周边市政府首先会选择向自治区政府优申请预留水权，以保障城市生活用水
−1|−2	其他市政府其次希望鄂尔多斯市政府不向自治区政府申请预留水权
3	其他市政府希望自治区政府优先考虑分配预留水权给居民生活用水
4|5	其他市政府希望自治区政府分配预留水权给能源产业或者农业用水

3）情景三：严重旱情情景

当遇到严重旱情时，城市居民生活用水安全岌岌可危，一切工作都围绕保障居民用水展开，此时能源产业或农业用水将最大程度被压缩。鄂尔多斯市政府的偏好如表 7-33 所示，经计算得到其偏好信息为：5>17>8>11>2>20>23>14>6>4>18>16>9>12>3>7>10>1>21>24>15>19>22>13。

表 7-33　严重旱情下鄂尔多斯市政府偏好申明

表示	具体含义
1	鄂尔多斯市政府首先选择向自治区政府申请预留水权并优先供给居民生活用水
3	鄂尔多斯市政府希望自治区政府选择优先分配预留水权给居民生活用水
−6	鄂尔多斯市政府希望周边其他市政府不向自治区政府申请预留水权
2	鄂尔多斯市政府选择向自治区政府申请预留水权并优先供给其能源产业
4	鄂尔多斯市政府最希望自治区政府优先考虑给其能源产业分配预留水权
5	鄂尔多斯市政府希望自治区政府选择优先分配预留水权给灌区农业用水

在严重旱情时，自治区政府首先希望所有市级政府都向自治区政府申请预留水权并优先供给给生活用水部门，也只有当市级政府向自治区政府申请了，才会给相应的市分配预留水权，同时不希望将预留水权用于能源产业，此时，自治区政府的偏好申明如表 7-34 所示，利用图模型中的算法计算得出自治区政府在中度旱情下的偏好信息为：5=16=17>18>2=13=14>11=22=23>8=19=20>15>24>21>4>6>1>10>7>3>12>9。

表 7-34　严重旱情下自治区政府的偏好申明

表示	具体含义
1|6	自治区政府最希望所有市级政府不要向其申请预留水权
3	自治区政府其次选择分配预留水权给居民生活用水
−2	自治区政府不希望鄂尔多斯市政府向其申请预留水权并用于能源产业
−4	自治区政府选择不分配预留水权给能源产业
−5	自治区政府选择不分配预留水权给农业用水

对于周边其他城市而言，其偏好在三种旱情情景中保持一致，都是为从自治区政府那里最大化地争取预留水权，来满足自身地区的用水缺口；同时也会希望其他城市不向自治区政府申请预留水权，并且自治区政府优先考虑分配预留水权给城市生活用水。所以，其偏好申明如表 7-35 所示，经计算可得周边其他市政府的偏好为：16=17=18>19=20=21=22=23=24>13=14=15>4=5=6>7=8=9=10=11=12>1=2=3。

表 7-35　严重旱情下周边其他市政府偏好申明

表示	具体含义
6	周边市政府首先会选择向自治区政府优先申请预留水权，以保障城市生活用水
−1|−2	其他市政府其次希望鄂尔多斯市政府不向自治区政府申请预留水权
3	其他市政府希望自治区政府优先考虑分配预留水权给居民生活用水
4|5	其他市政府希望自治区政府分配预留水权给能源产业或者农业用水

3. 城市抗旱应急冲突稳定性分析

1）冲突均衡结果分析

分别使用三种代表性情景下的不同偏好信息对冲突进行稳定性分析，可以得出不同情景下的均衡结果，如表 7-36 所示。轻度旱情下的最终均衡结果是状态 18

（NYYNNY），此时鄂尔多斯市政府倾向于选择向自治区政府申请预留水权并用于能源行业，因为其认为轻度旱情时居民生活用水仍然有保障，为促进更多经济收益，希望能源行业能有更多水资源可以使用。而内蒙古自治区政府却倾向于把预留水权分配给居民生活用途，因为在发生旱情时，维护社会稳定是其最关切的目标。周边其他城市也选择向自治区政府申请预留水权用于供城市居民使用。而在中度旱情和严重旱情下，最终的均衡结果是一样的，所有城市以及自治区政府都把满足居民生活用水放在首位，说明只要旱情达到中度以上，有可能会危及到居民生活用水安全时，所有决策者能达成一致共识，优先保障居民生活用水。

表 7-36　不同情景下的冲突均衡结果对比

均衡结果	轻度旱情	中度旱情	严重旱情
1. 居民	N	Y	Y
2. 能源	Y	N	N
3. 生活	Y	Y	Y
4. 产业	N	N	N
5. 农业	N	N	N
6. 城市	Y	Y	Y
状态编号	18	17	17

2）不同情景下的冲突均衡结果

情景一：轻度旱情（表 7-37）

表 7-37　轻度旱情冲突均衡结果

状态编号		1	2	3	4	5	6	7	8	9	10	11	12	13	14	15	16	17	18	19	20	21	22	23	24
1. 鄂尔多斯市政府	居民	N	Y	N	N	Y	N	N	Y	N	N	Y	N	N	Y	N	N	Y	N	N	Y	N	N	Y	N
	能源	N	N	Y	N	N	Y	N	N	Y	N	N	Y	N	N	Y	N	N	Y	N	N	Y	N	N	Y
2. 内蒙古自治区政府	生活	N	N	N	Y	Y	Y	N	N	N	N	N	N	N	N	N	Y	Y	Y	N	N	N	N	N	N
	产业	N	N	N	N	N	N	Y	Y	Y	N	N	N	N	N	N	N	N	N	Y	Y	Y	N	N	N
	农业	N	N	N	N	N	N	N	N	N	Y	Y	Y	N	N	N	N	N	N	N	N	N	Y	Y	Y
3. 周边市政府	城市	N	N	N	N	N	N	N	N	N	N	N	N	Y	Y	Y	Y	Y	Y	Y	Y	Y	Y	Y	Y
鄂尔多斯市政府收益		7	10	16	9	12	18	21	22	24	8	11	17	1	4	13	3	6	15	19	20	23	2	5	14
内蒙古自治区政府收益		9	9	1	12	12	4	11	11	3	10	10	2	9	5	1	12	8	4	11	7	3	10	6	2
周边市政府收益		1	1	1	3	3	3	2	2	2	2	2	2	4	4	4	6	6	6	5	5	5	5	5	5
纳什稳定		—	—	—	—	—	—	—	—	—	—	—	—	—	—	—	—	—	Y	—	—	—	—	—	—
一般超理性稳定		—	—	—	—	—	—	—	—	—	—	—	—	—	—	—	—	—	Y	Y	Y	—	—	—	—
序列稳定		—	—	—	—	—	—	—	—	—	—	—	—	—	—	—	—	—	Y	Y	Y	—	—	—	—
同步反制		—	—	—	—	—	—	—	—	—	—	—	—	—	—	—	—	—	Y	—	Y	—	—	—	—
序列稳定与同步反制		—	—	—	—	—	—	—	—	—	—	—	—	—	—	—	—	—	Y	Y	Y	—	—	—	—
对称超理性稳定		—	—	—	—	—	—	—	—	—	—	—	—	—	—	—	—	—	Y	Y	Y	—	—	—	—

情景二：中度旱情（表 7-38）

表 7-38　中度旱情冲突均衡结果

状态编号		1	2	3	4	5	6	7	8	9	10	11	12	13	14	15	16	17	18	19	20	21	22	23	24
1. 鄂尔多斯市政府	居民	N	Y	N	N	Y	N	N	Y	N	N	Y	N	N	Y	N	N	Y	N	N	Y	N	N	Y	N
	能源	N	N	Y	N	N	Y	N	N	Y	N	N	Y	N	N	Y	N	N	Y	N	N	Y	N	N	Y
2. 内蒙古自治区政府	生活	N	N	N	Y	Y	Y	N	N	N	N	N	N	N	N	N	Y	Y	Y	N	N	N	N	N	N
	产业	N	N	N	N	N	N	Y	Y	Y	N	N	N	N	N	N	N	N	N	Y	Y	Y	N	N	N
	农业	N	N	N	N	N	N	N	N	N	Y	Y	Y	N	N	N	N	N	N	N	N	N	Y	Y	Y
3. 周边市政府	城市	N	N	N	N	N	N	N	N	N	N	N	N	Y	Y	Y	Y	Y	Y	Y	Y	Y	Y	Y	Y
鄂尔多斯市政府收益		7	20	10	15	24	16	9	22	12	8	21	11	1	17	4	13	23	14	3	19	6	2	18	5
内蒙古自治区政府收益		1	9	4	7	15	8	3	11	6	2	10	5	9	9	12	15	15	16	11	11	14	10	10	13
周边市政府收益		1	1	1	3	3	3	2	2	2	2	2	2	4	4	4	6	6	6	5	5	5	5	5	5
纳什稳定		—	—	—	—	—	—	—	—	—	—	—	—	—	—	—	—	Y	—	—	—	—	—	—	—
一般超理性稳定		—	—	—	—	—	—	—	—	—	—	—	—	—	Y	—	—	Y	—	—	Y	—	—	Y	—
序列稳定		—	—	—	—	—	—	—	—	—	—	—	—	—	—	—	—	Y	—	—	—	—	—	—	—
同步反制		—	—	—	—	—	—	—	—	—	—	—	—	—	—	—	—	Y	—	—	—	—	—	—	—
序列稳定与同步反制		—	—	—	—	—	—	—	—	—	—	—	—	—	—	—	—	Y	—	—	—	—	—	—	—
对称超理性稳定		—	—	—	—	—	—	—	—	—	—	—	—	—	Y	—	—	Y	—	—	Y	—	—	Y	—

情景三：严重旱情（表 7-39）

表 7-39　严重旱情冲突均衡结果

状态编号		1	2	3	4	5	6	7	8	9	10	11	12	13	14	15	16	17	18	19	20	21	22	23	24
1. 鄂尔多斯市政府	居民	N	Y	N	N	Y	N	N	Y	N	N	Y	N	N	Y	N	N	Y	N	N	Y	N	N	Y	N
	能源	N	N	Y	N	N	Y	N	N	Y	N	N	Y	N	N	Y	N	N	Y	N	N	Y	N	N	Y
2. 内蒙古自治区政府	生活	N	N	N	Y	Y	Y	N	N	N	N	N	N	N	N	N	Y	Y	Y	N	N	N	N	N	N
	产业	N	N	N	N	N	N	Y	Y	Y	N	N	N	N	N	N	N	N	N	Y	Y	Y	N	N	N
	农业	N	N	N	N	N	N	N	N	N	Y	Y	Y	N	N	N	N	N	N	N	N	N	Y	Y	Y
3. 周边市政府	城市	N	N	N	N	N	N	N	N	N	N	N	N	Y	Y	Y	Y	Y	Y	Y	Y	Y	Y	Y	Y
鄂尔多斯市政府收益		7	20	10	15	24	16	9	22	12	8	21	11	1	17	4	13	23	14	3	19	6	2	18	5
内蒙古自治区政府收益		6	14	3	8	16	7	4	12	1	5	13	2	14	14	11	16	16	15	12	12	9	13	13	10
周边市政府收益		1	1	1	3	3	3	2	2	2	2	2	2	4	4	4	6	6	6	5	5	5	5	5	5
纳什稳定		—	—	—	—	—	—	—	—	—	—	—	—	—	—	—	—	Y	—	—	—	—	—	—	—
一般超理性稳定		—	—	—	—	—	—	—	—	—	—	—	—	—	Y	—	—	Y	—	—	Y	—	—	Y	—
序列稳定		—	—	—	—	—	—	—	—	—	—	—	—	—	—	—	—	Y	—	—	—	—	—	—	—
同步反制		—	—	—	—	—	—	—	—	—	—	—	—	—	—	—	—	Y	—	—	—	—	—	—	—
序列稳定与同步反制		—	—	—	—	—	—	—	—	—	—	—	—	—	—	—	—	Y	—	—	—	—	—	—	—
对称超理性稳定		—	—	—	—	—	—	—	—	—	—	—	—	—	Y	—	—	Y	—	—	Y	—	—	Y	—

7.2.2　中观层面干旱应急协同决策模型

中观层面城市干旱协同应急多主体协同决策模型是从城市层面进行的决策，决定了城市尺度上的抗旱应急协同治理的内部驱动力。

1. 中观层面城市干旱应急多主体协同决策系统分析

B-Z 反应系统是指在 Belousov-Zhabotinskii 复杂化学反应中，在催化剂金属铈离子的作用下，丙二酸等有机酸被溴酸氧化，3 种关键反应物质 Br^-，$HBrO_2$ 和 Ce^{4+}的浓度在自组织运动下循环往复振荡变化，产生出反应系统宏观时空结构上的有序花纹和周期性红-蓝变化，是典型的具有自组织特征的系统。B-Z 反应系统为研究城市干旱应急管理系统提供了复杂性隐喻关联。与 B-Z 反应系统类似，城市干旱应急管理系统也是一个具有自组织特征的复杂系统，经过一定的条件可以成为耗散结构。城市干旱应急管理系统的功能是干旱防备子系统、响应子系统和恢复子系统三者协调互动的结果。根据协同学理论，序参量是能够影响系统演进方向的宏观变量。根据对城市干旱应急管理系统的分析可知，干旱防备能力、响应能力与恢复能力是驱动系统演化的序参量。在战略管理中，能力被描述为一个累积的实体，它们的存量水平会正向影响自身的积累速率，此外它们彼此之间也相互影响。政府管理协同能力是指在一定的环境条件下，通过管理活动来协调和开发资源以创造价值的才能，反映政府积累知识、经验和技能，对资源进行最优配置和使用，或使系统整体功能发生倍增或放大的协同效应的能力。在政府管理协同能力的作用影响下，当干旱应急管理系统产生出干旱防备能力、响应能力与恢复能力，驱动三个子系统之间相互作用与协调，系统才得以向新的序状态演化。

干旱防备能力水平、响应能力水平与恢复能力水平三个序参量是城市干旱应急管理系统的状态变量，产生于系统内部，是三个子系统宏观上的特征表现，对系统的运转产生长期的影响。组织协同度支撑是三个子系统协同演化的控制变量，描述政府管理协同能力对城市干旱的防备、响应与恢复能力协同支持的综合效用。城市干旱应急管理系统的演化还需要确定系统状态变量之间的相互作用系数，称为调节参数（张铁男等，2011）。表 7-40 列出城市干旱应急管理系统协同演化的变量和参数。

表 7-40　城市干旱应急管理系统协同演化的变量与参数

变量与参数	变量与参数名称	变量与参数含义
状态变量 x_1	干旱防备能力水平	反映城市干旱风险管理过程中对旱灾进行防备的能力水平状态
状态变量 x_2	干旱响应能力水平	反映城市干旱风险管理过程中对旱灾进行响应的能力水平状态
状态变量 x_3	干旱恢复能力水平	反映城市干旱风险管理过程中对旱灾进行恢复的能力水平状态
控制变量 θ	组织协同度支撑	描述政府管理协同能力对城市干旱的防备，响应与恢复能力协同支持的综合效用，由指标体系综合评价获得
调节参数 α	干旱防备能力指数	衡量城市干旱防备能力自调节水平，由指标体系综合评价获得
调节参数 β	干旱响应能力指数	衡量城市干旱响应能力自调节水平，由指标体系综合评价获得
调节参数 γ	干旱恢复能力指数	衡量城市干旱恢复能力自调节水平，由指标体系综合评价获得

续表

变量与参数	变量与参数名称	变量与参数含义
管理效率 k_1	防备子系统内部效率	常数，反映干旱防备子系统因内部管理效率引起的自身衰减
管理效率 k_2	响应子系统内部效率	常数，反映干旱响应子系统因内部管理效率引起的自身衰减
管理效率 k_3	恢复子系统内部效率	常数，反映干旱恢复子系统因内部管理效率引起的自身衰减

参数θ，α，β，γ，k_1，k_2，k_3的定义如下：

$\theta=\sqrt[i]{\prod_{i=1}^{n}\theta_i}$，是组织协同度支撑，表示政府跨部门协同能力指数，作为控制变量，对干旱防备能力、响应能力和恢复能力提供协同支持，θ_i为评价体系中的指标参数；$\alpha=\sqrt[i]{\prod_{i=1}^{n}\alpha_i}$，是干旱防备能力指数，状态变量$x_1$的调节参数，衡量城市干旱防备能力自调节水平，$\alpha_i$为评价体系中的指标参数；$\beta=\sqrt[i]{\prod_{i=1}^{n}\beta_i}$，是干旱响应能力指数，状态变量$x_2$的调节参数，衡量城市干旱响应能力自调节水平，$\beta_i$为评价体系中的指标参数；$\gamma=\sqrt[i]{\prod_{i=1}^{n}\gamma_i}$，是干旱恢复能力指数，状态变量$x_3$的调节参数，衡量城市干旱恢复能力自调节水平，$\gamma_i$为评价体系中的指标参数；$k_1$，$k_2$，$k_3$分别是干旱防备子系统、响应子系统和恢复子系统的内部管理效率，表示因内部管理效率引起的自身能力衰减部分。一般认为，子系统的能力越强，其内部管理效率也越高，反之亦然。因此，为简单起见，本书选取参数k_1，k_2，k_3与子系统的能力指数数值相同。

城市干旱应急管理系统协同演化模型参数评价指标如表 7-41 所示。

表 7-41　城市干旱应急管理系统协同演化模型参数评价指标

参数	参数评价指标	评价指标说明
干旱防备能力指数	干旱灾害制度建设	干旱政策法规与制度越完善，干旱防备能力越强，指标值越高
	干旱防灾减灾规划	干旱政策法规与制度越完善，干旱防备能力越强，指标值越高
	干旱灾害监测预报能力	气象水文网站越完善，干旱防备能力越强，指标值越高
	城市供水系统建设	城市供水系统越完善，干旱防备能力越强，指标值越高
	城市备用水源建设	城市备用水源建设越完善，干旱防备能力越强，指标值越高
	其他防灾减灾基础设施建设	其他防灾减灾基础设施越完善，干旱防备能力越强
	其他防灾减灾措施建设	其他防灾减灾措施越完善，干旱防备能力越强，指标值越高
	企业及居民节水抗旱意识	企业居民节水抗旱意识越强，干旱防备能力越强，指标值越高
干旱响应能力指数	城市应急供水能力	城市应急供水能力越强，干旱响应能力越强，指标值越高
	城市应急供水秩序	城市应急供水秩序越完善，干旱响应能力越强，指标值越高
	城市应急供水价格体系	城市应急供水价格体系越完善，干旱响应能力越强
	城市干旱应急资源投入保障	资金设备人力等投入越有保障，干旱响应能力越强
	政府响应能力	政府采取综合措施进行灾情处置的能力越强，指标值越高
	干旱影响评估	干旱影响评估及时性和准确性越高，干旱响应能力越强

续表

参数	参数评价指标	评价指标说明
干旱恢复能力指数	恢复生产生活能力	旱灾后恢复生产生活能力越强，指标值越高
	旱灾损失评估能力	及时、科学、准确的损失评估能力越强，干旱恢复能力越强
	灾后重建的策略及经验总结	策略能力及经验总结能力越强，恢复能力越强，指标值越高
政府跨部门协同能力指数	跨部门信息共享能力	信息共享平台，多种方式发布信息，信息准确，指标值越高
	跨部门协调机制	跨部门协调机制越健全，指标值越高
	跨部门联动能力	跨部门联动能力越强，指标值越高

2. 中观层面城市干旱应急多主体协同决策模型构建

城市干旱应急管理系统是由防备、响应与恢复子系统构成的既竞争互补又协同演化的动态过程系统，系统的组织结构、信息共享、协调机制、防御措施、制度规范、减灾投入等物质流、资金流和信息流在子系统之间流动，为子系统的相互作用与演进提供综合支撑，是城市旱灾管理功能强弱与控制水平高低的综合体现。

（1）城市干旱应急管理系统防备能力动态演化方程。在跨组织协同度θ的影响下，状态变量x_1的 Logistic 演化方程为

$$\frac{1}{\alpha}\frac{\mathrm{d}x_1}{\mathrm{d}t}=\theta(1-\frac{1}{k_1}x_1)x_1-\beta\theta x_1x_2-\gamma\theta x_1x_3 \tag{7-1}$$

式中，θx_1表示在组织协同度θ影响下x_1的增长情况；$-\theta\frac{1}{k_1}x_1^2$表示防备子系统内部的管理效率对$x_1$增长的阻尼作用，$k_1$表示管理效率，$k_1$越大，对$x_1$增长的阻尼作用越小；$-\beta x_1x_2$和$-\gamma x_1x_3$分别表示“重应急处置，轻风险管理”下旱灾响应子系统和旱灾恢复子系统对旱灾防备子系统造成的资源竞争影响。

（2）城市干旱应急管理系统响应能力动态演化方程。在跨组织协同度θ影响下，状态变量x_2的 Logistic 演化方程为

$$\frac{1}{\beta}\frac{\mathrm{d}x_2}{\mathrm{d}t}=\theta(1-\frac{1}{k_2}x_2)x_2+\theta\frac{\alpha}{\beta}x_1 \tag{7-2}$$

式中，θx_2表示在跨组织协同度θ影响下x_2的增长情况；$-\theta\frac{1}{k_2}x_2^2$表示响应子系统内部的管理效率对$x_2$增长的阻尼作用，$k_2$表示管理效率，$k_2$越大，对$x_2$增长的阻尼作用越小；$\theta\frac{\alpha}{\beta}x_1$表示$x_1$对$x_2$的影响因子，在跨组织协同度$\theta$影响下，旱灾防备能力越强，发生旱灾时，旱灾的响应能力越强。

（3）城市干旱应急管理系统恢复能力演化方程。采取行动能力受到跨部门主体间协同能力和信息共享能力的影响，在跨组织协同度θ影响下，状态变量x_3的 Logistic 演化方程为

$$\frac{1}{\gamma}\frac{\mathrm{d}x_3}{\mathrm{d}t}=\theta(1-\frac{1}{k_3}x_3)x_3+\delta_1\theta\frac{\alpha}{\gamma}x_1+\delta_2\theta\frac{\beta}{\gamma}x_2 \tag{7-3}$$

式中，θx_3 表示在跨组织协同度 θ 影响下 x_3 的增长情况；$-\theta\frac{1}{k_3}x_3^2$ 表示恢复子系统内部的管理效率对 x_3 增长的阻尼作用，k_3 表示管理效率，k_3 越大，对 x_3 增长的阻尼作用越小；$\delta_1\theta\frac{\alpha}{\beta}x_1$ 表示 x_1 对 x_3 的影响因子，在跨组织协同度 θ 影响下，旱灾防备能力越强，旱灾结束后，旱灾的恢复能力越强；$\delta_2\theta\frac{\alpha}{\beta}x_2$ 表示 x_2 对 x_3 的影响因子，在跨组织协同度 θ 影响下，发生旱灾时，旱灾响应能力越强，旱灾结束后，旱灾的恢复能力越强。δ_1 和 δ_2 为常数。

综上所述，基于 B-Z 反应的由旱灾防备能力、响应能力和恢复能力共同构成城市干旱应急管理系统动态演化模型为

$$\begin{cases}\frac{1}{\alpha}\frac{\mathrm{d}x_1}{\mathrm{d}t}=\theta(1-\frac{1}{k_1}x_1)x_1-\beta\theta x_1x_2-\gamma\theta x_1x_3\\\frac{1}{\beta}\frac{\mathrm{d}x_2}{\mathrm{d}t}=\theta(1-\frac{1}{k_2}x_2)x_2+\theta\frac{\alpha}{\beta}x_1\\\frac{1}{\gamma}\frac{\mathrm{d}x_3}{\mathrm{d}t}=\theta(1-\frac{1}{k_3}x_3)x_3+\delta_1\theta\frac{\alpha}{\gamma}x_1+\delta_2\theta\frac{\beta}{\gamma}x_2\end{cases}\tag{7-4}$$

模型（7-4）利用三个主要状态变量的演化过程模拟城市干旱应急管理系统的演化规律，干旱防备状态变量、干旱响应状态变量和干旱恢复状态变量将城市干旱应急管理系统内外部因素进行整合，三个状态变量变化类似 B-Z 反应模型中三种主要物质的浓度状态变化，在控制变量和调整参数的作用和影响下，各状态变量自身及相互影响的演化过程反映了干旱应急管理系统及其子系统紧密协调，协同有序发展的规律。

假设 $\delta_1=\delta_2=1$，表示干旱防备能力和响应能力能够倍增干旱恢复能力。则式（7-4）转化为

$$\begin{cases}\frac{\mathrm{d}x_1}{\mathrm{d}t}=\alpha\theta(1-\frac{1}{k_1}x_1)x_1-\alpha\beta\theta x_1x_2-\alpha\gamma\theta x_1x_3\\\frac{\mathrm{d}x_2}{\mathrm{d}t}=\beta\theta(1-\frac{1}{k_2}x_2)x_2+\alpha\theta x_1\\\frac{\mathrm{d}x_3}{\mathrm{d}t}=\gamma\theta(1-\frac{1}{k_3}x_3)x_3+\alpha\theta x_1+\beta\theta x_2\end{cases}\tag{7-5}$$

系统从混乱到有序，需要经过涨落过程，以帮助系统突破阈值限制，实现系统在序参量役使下的自组织。采用李雅普诺夫第一法分析式（7-5）表示的系统动态演化模型的稳定性。

3. 中观层面城市干旱应急多主体协同决策模型稳定性分析

由矩阵论可以推导出 $x_1^0=x_2^0=x_3^0=0$ 是式（7-5）的唯一孤立平衡态。将式（7-5）在原点平衡态附近进行线性化，式（7-5）的 Taylor 展开式为

$$\dot{x} = f(x_e) + \left.\frac{\partial f(x)}{\partial x^{\tau}}\right|_{x=x_e}(x-x_e) + R(x-x_e) = A(x-x_e) + R(x-x_e)_{x=x_e} \tag{7-6}$$

求式（7-5）的雅可比矩阵 A 为

$$A = \left.\frac{\partial f(x)}{\partial x^{\tau}}\right|_{x=x_e} = \begin{bmatrix} \partial f_1/\partial x_1 & \dots & \partial f_1/\partial x_n \\ \dots & \dots & \dots \\ \partial f_n/\partial x_1 & \dots & \partial f_n/\partial x_n \end{bmatrix}_{x=x_e} = \begin{bmatrix} \alpha\theta & 0 & 0 \\ \alpha\theta & \beta\theta & 0 \\ \alpha\theta & \beta\theta & \gamma\theta \end{bmatrix} \tag{7-7}$$

则式（7-5）的线性化方程为

$$\begin{cases} \dfrac{\mathrm{d}x_1}{\mathrm{d}t} = \alpha\theta x_1 \\ \dfrac{\mathrm{d}x_2}{\mathrm{d}t} = \alpha\theta x_1 + \beta\theta x_2 \\ \dfrac{\mathrm{d}x_3}{\mathrm{d}t} = \alpha\theta x_1 + \beta\theta x_2 + \gamma x_3 \end{cases} \tag{7-8}$$

求线性化系统的特征值，解系统的特征方程 $|\lambda I - A| = 0$，则线性化系统特征值为 $\lambda_1 = \alpha\theta$，$\lambda_2 = \beta\theta$，$\lambda_3 = \gamma\theta$，则由李雅普诺夫第一法可知，由于线性化系统的特征值中至少有一个具有正实部，则原非线性系统的平衡态 x_e 不稳定。

4. 中观层面城市干旱应急多主体协同决策模型仿真分析

1）仿真情景设计

基于 Simulink 构建系统控制仿真模型，对城市干旱应急管理系统演化方程进行仿真分析。求解器选择 ode45。设置系统的初始状态为 $X_0 = (x_1, x_2, x_3)$，表示城市干旱应急管理系统构建初期干旱风险防备能力、响应能力和恢复能力的初始情况。同时，针对跨部门组织协同度，本书区分两种情形：①令 $\theta = 0.1$，反映跨组织协同度对城市干旱防备、响应和恢复的支持性较弱，城市干旱应急管理系统的发展处于不确定状态；②令 $\theta = 1$，反映跨组织协同度对城市干旱防备、响应和恢复的支持性很强，有力地推动城市干旱应急管理系统及其子系统的发展。本书针对城市干旱应急管理系统发展过程中两种不同的情况进行研究：第一，城市干旱处于“危机-应对”管理模式，城市干旱风险防备能力较弱，风险响应能力和恢复能力较强；第二，城市干旱处于“风险常态化管理”模式，城市干旱风险防备能力，响应能力和恢复能力都较强。仿真情景如下表 7-42 所示。

表 7-42　仿真情景设计

仿真情景		仿真参数							
		X_0	θ	α	β	γ	k_1	k_2	k_3
“危机-应对”管理模式	弱协同	（0，1，1）	0.1	0.1	1.0	1.0	0.1	1.0	1.0
	强协同	（0，1，1）	1.0	0.1	1.0	1.0	0.1	1.0	1.0
“风险常态化”管理模式	弱协同	（1，1，1）	0.1	1.0	1.0	1.0	1.0	1.0	1.0
	强协同	（1，1，1）	1.0	1.0	1.0	1.0	1.0	1.0	1.0

a.“危机-应对”管理模式下的城市干旱动态机制

仿真初始状态为$X_0=(0,1,1)$。在“危机-应对”管理模式下，风险防备系统较响应系统和恢复系统被忽视，因而假设风险防备系统的增长率较低$\alpha=0.1$，风险防备系统的内部协调程度较低$k_1=0.1$，响应系统和恢复系统的增长率较高$\beta=\gamma=1$，系统内部协调程度较高$k_2=k_3=1$。跨组织协同度较低环境下$\theta=0.1$ 的仿真结果如图 7-6 所示，跨组织协同度较低环境下$\theta=1$的仿真结果如图 7-7 所示。

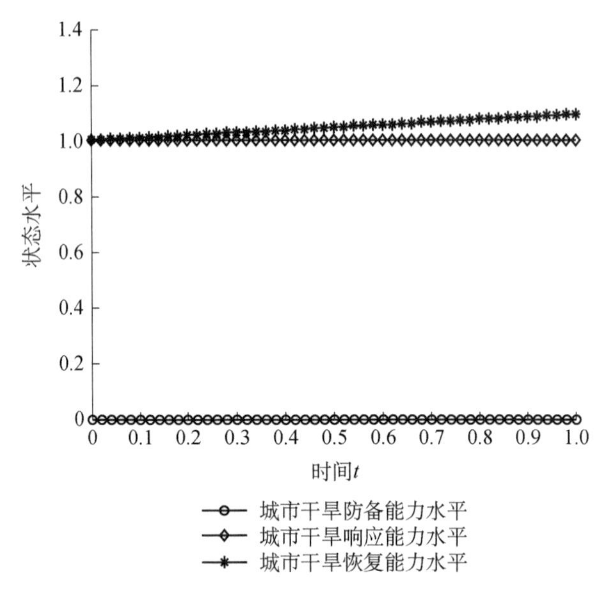

图 7-6　情景 1（弱协同，弱防备能力）协同演化

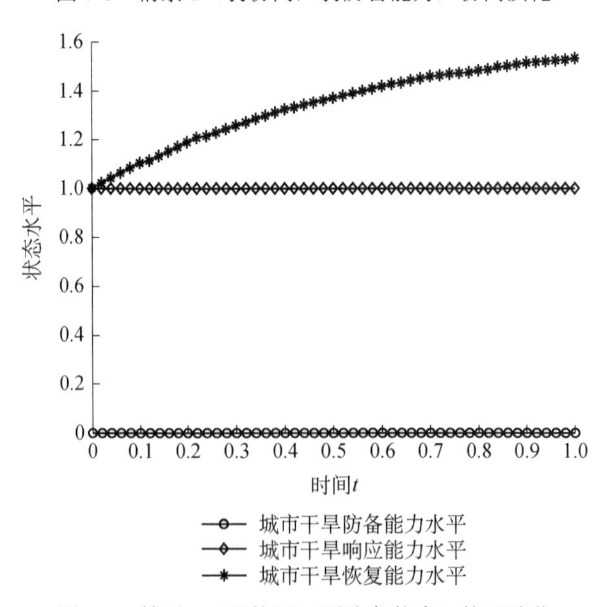

图 7-7　情景 2（强协同，弱防备能力）协同演化

b.“风险常态化”管理模式下的城市干旱动态机制

仿真初始状态为 $X_0=(1,1,1)$。在“风险常态化”管理模式下，风险防备系统被加强，因而假设风险防备系统的增长率较高 $\alpha=1$，风险防备系统的内部协调程度较高 $k_1=1$，响应系统和恢复系统的增长率较高 $\beta=\gamma=1$，系统内部协调程度较高 $k_2=k_3=1$。跨组织协同度较低环境下 $\theta=0.1$ 的仿真结果如图 7-8 所示，跨组织协同度较低环境下 $\theta=1$ 的仿真结果如图 7-9 所示。

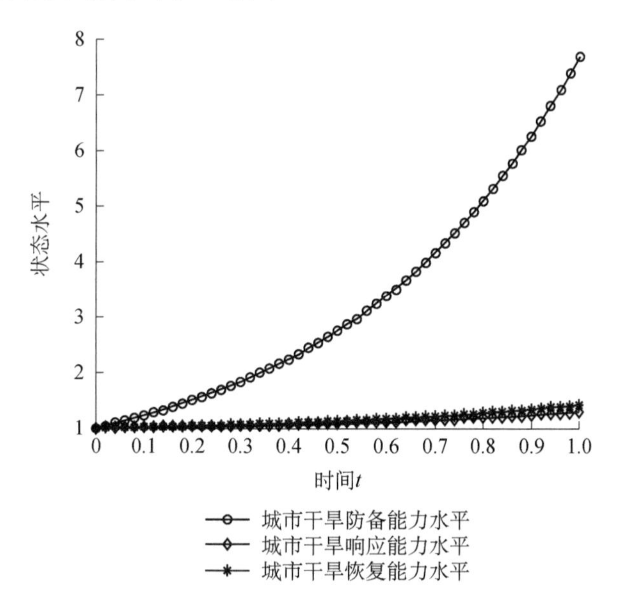

图 7-8　情景 1（弱协同，强防备能力）协同演化

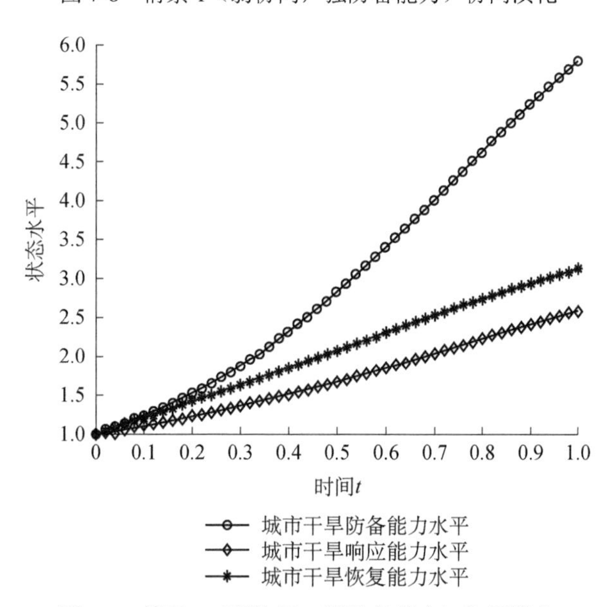

图 7-9　情景 2（强协同，强防备能力）协同演化

2）仿真结果分析

a.“危机-应对”管理模式下的动态协同机制

由图 7-6 所示，在弱协同环境下，如果起始时城市干旱风险防备能力不足，则城市干旱防备能力水平和响应能力水平随着时间的推进几乎不发生变化，城市干旱恢复能力水平在弱协同的作用下仅有缓慢的增长。由图 7-7 所示，在强协同环境下，如果起始时城市干旱风险防备能力不足，则城市干旱防备能力水平和响应能力水平随着时间的推进几乎不发生变化，城市干旱恢复能力水平在强协同的作用下会有比较快速的增长。由图 7-8 所示，在弱协同环境下，城市干旱恢复能力水平在 $t=1$ 时，增长到 1.1 的水平，而由图 7-9 所示，在强协同环境下，在 $t=1$ 时，增长到大于 1.5 的水平。

仿真结果说明：在“危机-应对”管理模式下，由于忽视城市干旱风险防备能力的建设，城市干旱风险防备能力处于较低水平，则即使是增强子系统之间的协同水平，也很难提高城市干旱风险响应能力水平。这是由于城市干旱风险的响应能力依赖于对干旱风险的防备建设，防备不足，则响应不足，对于长历程、大范围的干旱尤其如此，甚至造成“应急失灵”。无论是弱协同还是强协同条件下，干旱恢复能力都会有增长，协同水平越强，干旱恢复水平越高。这可以解释为：干旱恢复发生在干旱灾害已经结束的情况下，干旱恢复能力比较不依赖于干旱防备能力和响应能力；对于管理组织机构而言，此时气象、降雨、供水等条件的变化已经解除了干旱危机，形势趋于稳定，各种信息都比较充分完全，利于管理机构进行灾害恢复。但是在干旱防备能力和响应能力均较低的情况下，干旱灾害造成的城市损失均较大，干旱恢复水平越高，也意味着付出的干旱恢复成本越高。这正是“危机-应对”管理模式被动性、滞后性所造成的后果。

b.“风险常态化”管理模式下的动态协同机制

“风险常态化”管理模式下，由图 7-8 所示，在弱协同环境下，如果起始时城市干旱风险防备能力很强，则城市干旱防备能力水平随着时间的推移会显著快速增长，但是响应能力水平和恢复能力水平随着时间的推进仅有缓慢增长。由图 7-9 所示，在强协同环境下，如果起始时城市干旱风险防备能力很强，则城市干旱防备能力水平、响应能力水平和恢复能力水平随着时间的推进都比较快速地增长。进一步比较图 7-8 和图 7-9 还可以看出，在弱协同环境下，城市干旱防备能力水平在 $t=1$ 时，增长到 7.8 的水平，远远高于响应能力和恢复能力在 $t=1$ 时刻的值 1.2 和 1.4，3 个子系统之间的发展很不平衡；而在强协同环境下，在 $t=1$ 时，仅增长到大于 5.8 的水平，此时响应能力和恢复能力的值分别为 2.6 和 3.2，3 个子系统之间的发展略为平衡。同时，7.8>5.8，说明在弱协同下，由于子系统之间的发展不平衡，防备子系统获得了发展优势，后续会一直延续这种发展优势，更进一步加剧子系统之间的不平衡；而在强协同下，由于在 3 个子系统之间平衡分配发展资源，使得防备能力水平低于弱协同下的水平值，体现了在城市有限资源约束下子系统之间存在相互制约作用。

仿真结果表明：①在城市干旱风险防备能力水平都很强的情况下，强协同比弱协同会更加有力地推进城市干旱防备能力、响应能力和恢复能力的同时快速增长。②强协同比弱协同会更加促进三个子系统之间的互动，从而促进 3 个子系统之间的平衡发展，对于城市应对干旱更加有效率。③在城市有限资源约束下，3 个子系统之间存在相互制约作用，强协同比弱协同在更加平衡子系统之间的发展的同时，会限制具有发展最优势的防备能力达到弱协同下的水平。城市旱灾具有影响范围广，持续时间长，在自然环境变化影响下高度不确定性的特点。

c. 两种管理模式下的对比

对比图 7-6 和图 7-8 可以看出，在同样的弱协同环境下，如果起始时城市干旱风险防备能力不足，则防备能力、响应能力随着时间几乎没有增长，恢复能力仅有小幅缓慢增长；但是如果起始时城市干旱风险防备能力很强，即使协同较弱，防备能力、响应能力和恢复能力都会有明显增长。对比图 7-7 和图 7-9 则可以看出，在强协同环境下，如果起始时城市干旱风险防备能力不足，则防备能力、响应能力随着时间几乎没有增长，仅恢复能力有较大增长；但是如果起始时城市干旱风险防备能力很强，防备能力、响应能力和恢复能力都会有显著增长。因此，仿真结果表明：无论是在强协同还是弱协同环境下，城市干旱风险防备能力越强，防备能力、响应能力和恢复能力越会有显著快速增长。

5. 算例分析

2009 年鄂尔多斯成立以市长担任总指挥的突发公共事件应急指挥部，2014 年鄂尔多斯市人民政府印发抗旱应急预案，建立鄂尔多斯城市抗旱应急管理系统。通过发放调查问卷，获得鄂尔多斯市的干旱风险防备系统的增长率 $\alpha = 0.3546$，风险防备系统的内部协调程度 $k_1 = 1$；响应系统的增长率 $\beta = 0.4309$，系统内部协调程度较高 $k_2 = k_3 = 1$；恢复系统的增长率 $\gamma = 0.4309$，系统内部协调程度较高 $k_2 = k_3 = 1$；跨组织协同度 $\theta = 0.4100$。

为了观察跨组织协同度与子系统内部协调程度对城市干旱风险管理系统动态机制的影响，设计跨组织协同度和三个子系统的内部协调程度分别处于很弱（$\theta = 0.1$，$k_i = 0.1, i = 1,2,3$）、较弱（$\theta = 0.4100$，$k_1 = \alpha$，$k_2 = \beta$，$k_3 = \gamma$）、较强（$\theta = 0.8$，$k_i = 0.8, i = 1,2,3$）和很强（$\theta = 1.0$，$k_i = 1.0, i = 1,2,3$）几种情况进行仿真。仿真初始状态均设为 $X_0 = (1,1,1)$。仿真结果表明，跨组织协同度和内部协调程度在很弱和较强情况下的系统动态演进趋势分别与跨组织协同度和内部协调程度在较弱和很强情况下的趋势相同。篇幅所限，这里仅展示跨组织协同度和内部协调程度处于较弱和很强两种情况下的仿真结果，如图 7-10 所示。

图 7-10（a）是鄂尔多斯市在实际参数值和较弱内部协调程度情况下的协同演化图，此时跨组织协同度为 $\theta = 0.4100$，内部协调程度 $k_1 = \alpha$，$k_2 = \beta$，$k_3 = \gamma$，跨组织协同度和内部协调程度均较弱。图 7-10（b）为跨组织协同度不变 $\theta = 0.4100$，增强内部协调程度 $k_i = 1.0, i = 1,2,3$。图 7-10（c）为内部协调程度不变 $k_1 = \alpha$，$k_2 = \beta$，$k_3 = \gamma$，增强跨组织协同度 $\theta = 1.0$。图 7-10（d）为同时增强跨组织协同度与内部协调程度，即 $\theta = 1.0$，$k_i = 1.0, i = 1,2,3$。

从图 7-10（a）可以看出，鄂尔多斯市在当前的跨组织协同度支撑和较低的内部协调程度下，城市干旱防备能力水平、响应能力水平和恢复能力水平都会逐渐增长，但是增长较为缓慢。这是符合对鄂尔多斯城市干旱风险管理水平的发展预期的。鄂尔多斯市虽然已经建立了城市干旱应急预案体系，并且每年组织开展应急预案演练工作，在应急救援队伍和应急专家队伍建设方面取得了初步成果，但是应急预案体系还有待增强实用性和可操作性，在应急资金储备、装备储备和技术储备方面略显落后，政府相关部门协同仍是工作难点。按照目前的要求，应急管理办公室需要协调包括气象、水利、环境保护、交通、电力、通信、民政、卫生、公安、消防、财政等在内的几十家单位，在实际工作中凸显出因人员、资源、体制、机制等造成的能力不足问题。图 7-10（c）为其他参数不变，将跨组织协同度支撑增强之后的协同演化图，对比图 7-10（a）可以看出，城市干旱防备能力水平、响应能力水平和恢复能力水平都逐渐增长，并且增长加快。在图 7-10（a）中，$t=1$时，城市干旱防备能力水平、响应能力水平和恢复能力水平分别由 1 增长到 1.55，1.28 和 1.48，而在图 7-10（c）中，则分别由 1 增长到 1.8，1.7 和 2.25。说明，在所有因素不变的条件下，增强跨组织协同度支撑可以有效提高城市干旱防备能力水平、响应能力水平和恢复能力水平。

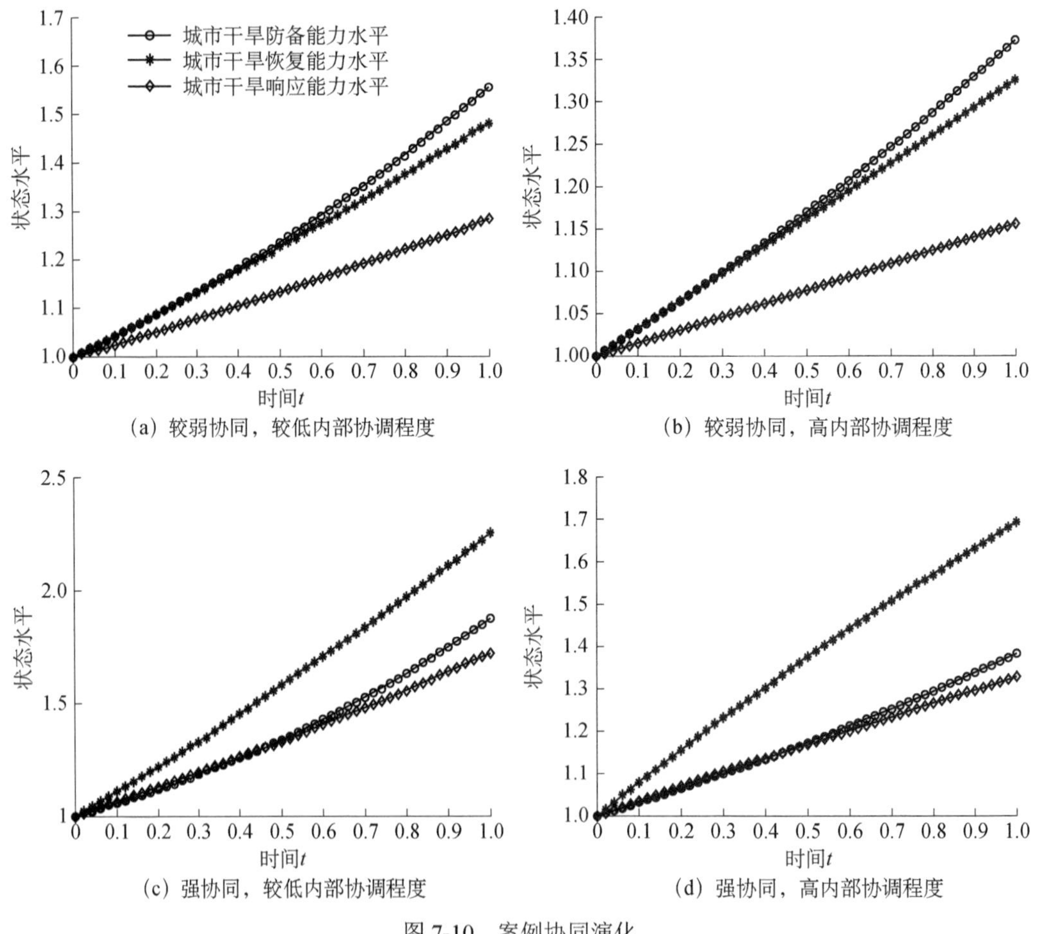

图 7-10　案例协同演化

进一步地，对比图 7-10（a）和图 7-10（b）可以发现，在外部协同度不强的情况下，只增加内部协调程度是效果不佳的。图 7-10（a）和图 7-10（b）的跨组织协同度支撑都较弱，图 7-10（b）增强内部协调程度以后，城市干旱防备能力水平、响应能力水平和恢复能力水平的增长反而不如内部协调程度较弱下的情况。图 7-10（a）中，$t=1$时，城市干旱防备能力水平、响应能力水平和恢复能力水平分别由 1 增长到 1.55，1.28 和 1.48，而在图 7-10（b）中，则分别由 1 增长到 1.375，1.15 和 1.325。这说明城市干旱风险管理系统的整体性与 3 个子系统的独立性之间的辩证关系，3 个子系统是相互独立的，但是不能脱离开彼此各顾各运行，三者之间的相互协调对三者的发展具有重要的促进作用。图 7-10（c）和图 7-10（d）的对比发现，在外部协同度增强，内部协调程度也增强的情况下，反而引起子系统增长水平的降低。图 7-10（c）中，$t=1$时，城市干旱防备能力水平、响应能力水平和恢复能力水平分别由 1 增长到 1.8，1.7 和 2.25，而在图 7-10（d）中，则分别由 1 增长到 1.39，1.32 和 1.72。可见在强外部协同度下，内部协调程度也并不是越大越好。但是，图 7-10（a）和图 7-10（c），图 7-10（b）和图 7-10（d）的对比都说明，在内部协调程度不变的情况下，增强跨组织协同度支撑对于 3 个子系统能力水平的增长促进作用。

6. 政策建议

全球气候的系统性变迁与频繁的人类活动大大增加了城市面临的干旱风险。2020 年我国召开了水资源管理工作会议，强调推进系统治水。我国城市长期面临着资源型或者水质型缺水问题，中央政府已经高屋建瓴地提出了建设海绵城市、节水型社会等战略举措，但是城市应对突发干旱灾害的能力仍急需提升，需要运用系统工程思维和方法探索城市干旱灾害应对规律和策略。本书借鉴 B-Z 反应系统的隐喻，从复杂自组织系统的角度建立了城市旱灾应急管理系统的演化模型，并对“危机-应对”和“风险常态化”模式下的城市旱灾应急管理系统演化规律进行仿真研究。在此基础上，对我国城市旱灾应急管理工作提出以下政策建议：

（1）城市旱灾应急管理是一个多部门、跨组织协同工作的系统工程。必须打破组织部门之间的合作壁垒，在跨组织协同度和组织内部协调度之间取得平衡，通过建立信息共享、跨部门协调、跨部门联动机制增强跨组织协同度，提高对干旱灾害的实时反应和应对能力。

（2）城市旱灾应急管理具有阶段性和长历程的特征，“风险常态化”模式比“危机-应对”模式具有更高效的风险管理效率和效果。通过应急水源储备、跨流域调水框架协议等措施建立旱灾前的防备管理系统，类似于充分的战前准备，平战结合，可以大大提高战时响应能力和战后恢复能力，能够大幅度减轻灾害影响。

（3）城市旱灾应急管理枢纽是信息交汇、形势研判、资源调配、应急决策、跨组织协调的灵魂组织，要重视发挥城市旱灾应急管理枢纽的领导地位和作用，对抗旱应急管理的各个子系统进行流程监控、任务评估、事件记录和经验总结，建立抗旱应急管理知识发现、知识储备、知识管理、知识复用的工作机制，在不断的应急管理实践中优化抗旱应急预案体系，提高应急管理中枢机构的组织管理水平和工作效率。

（4）城市旱灾具有影响范围广，持续时间长，在自然环境变化影响下高度不确定性的特点。城市供水保障策略，如开拓应急水源、外流域调水、水权交易等，均需要消耗很高的经济和社会成本。因此，城市旱灾管理还需要随着旱灾发生发展的状况，及时进行研判，以确定更进一步的城市供水保障策略，过度的防备策略容易造成不必要的成本损失。这些仿真结果体现了政府跨组织协同度促进城市干旱应急管理系统动态演进的机制。

7.2.3 微观层面干旱应急协同决策模型

将应急管理体系简化为由一个上级领导小组 C 和两个下级政府职能部门 A 和 B 三方构成。上级领导小组为应对城市干旱所付出的努力为 $E_s(t)$，下级政府职能部门 A 和 B 与上级领导小组的相机抉择行为动机分别为 δ_a 和 δ_b， $\delta_a \in [0,+\infty)$， $\delta_b \in [0,+\infty)$，相应地其所付出的努力程度分别为 $E_a(t)$ 和 $E_b(t)$， $E_a \in [0,1)$， $E_b \in [0,1)$。

三方为抗旱应急管理和技术的投入分别为 $C_g(t)$， $C_a(t)$ 和 $C_b(t)$：

$$\begin{cases} C_g(t) = \dfrac{\mu_g}{2} E_g^2(t) \\ C_a(t) = \dfrac{\mu_a}{2} E_a^2(t) \\ C_b(t) = \dfrac{\mu_b}{2} E_b^2(t) \end{cases} \tag{7-9}$$

则城市干旱应急管理效率随时间变化可用如下方程描述为

$$\frac{\mathrm{d}\,R_g(t)}{\mathrm{d}t} = \pi E_c(t) + \alpha E_a(t) + \beta E_b(t) - \gamma R(t) \tag{7-10}$$

$$\frac{\mathrm{d}\,R_a(t)}{\mathrm{d}t} = \alpha E_a(t) - \gamma R_a(t) \tag{7-11}$$

$$\frac{\mathrm{d}\,R_b(t)}{\mathrm{d}t} = \beta E_b(t) - \gamma R_b(t) + \kappa \frac{\mathrm{d}\,R_a(t)}{\mathrm{d}t} \tag{7-12}$$

式中， π ， α ， β 分别表示领导小组和职能部门 A 和 B 付出努力对干旱应急管理效率的影响程度。$\gamma > 0$ 表示应急管理效率的衰减程度。$\kappa \geqslant 0$ 表示（核心部门）水利部门 A 的效率对部门 B 的影响系数。$L(t)$ 表示城市在时刻 t 的干旱灾害损失， $S(t)$ 表示城市在时间 $0-t$ 的全部灾害损失，如式（7-13）所示

$$L_g(t) = M(t) - \varepsilon[R_g(t) + R_a(t) + R_b(t)] \tag{7-13}$$

式中， ε 是领导小组与部门 A 和 B 之间的协同指数，反映应急管理效率对城市灾害损失的综合影响程度。下面分三种协同模式分别进行讨论。

1. 自主治理模式

三方展开非合作博弈， Γ_g 、 Γ_a 和 Γ_b 分别表示三方在时间 $0-t$ 的全部灾害损失，各方均以自身灾害损失最小化为目标，据此选择努力程度，做出理性决策，则城市干旱应急管理的目标函数可表示为

$$\Gamma_g = \int_0^\infty \mathrm{e}^{-\rho t}\{(1-\omega_a-\omega_b)[M(t) - \varepsilon(R_g(t) + R_a(t) + R_b(t))] + \frac{\mu_g}{2} E_g{}^2(t)\}\,\mathrm{d}t \tag{7-14}$$

$$\varGamma_a = \int_0^{\infty} \mathrm{e}^{-\rho t} \{\omega_a[M(t) - \varepsilon(R_g(t) + R_a(t) + R_b(t)) + \frac{\mu_a}{2} E_a{}^2(t)]\} \mathrm{d}t \tag{7-15}$$

$$\varGamma_b = \int_0^{\infty} \mathrm{e}^{-\rho t} [\omega_b(M(t) - \varepsilon(R_g(t) + R_a(t) + R_b(t)) + \frac{\mu_b}{2} E_b{}^2(t)] \mathrm{d}t \tag{7-16}$$

式中，ρ 为贴现率，$1-\omega_a-\omega_b$、ω_a 和 ω_b 分别表示领导小组、部门 A 和 B 承担的灾害损失，表示 ω_a 和 ω_b 分别为部门 A 和 B 分担的干旱灾害损失比例，其余的干旱灾害损失由上级政府部门兜底。模型包含控制变量 $E_g(t)$，$E_a(t)$，$E_b(t)$，状态变量 $R_g(t)$，$R_a(t)$，$R_b(t)$，其余均为与时间不相关的参数。

在三方非合作博弈情形下，领导小组与部门 A 和 B 三方的静态反馈纳什均衡策略分别为

$$e_g{}^* = \frac{(1-\omega_a-\omega_b)\pi\varepsilon}{(\gamma-\tilde{\rho})\mu_g} \tag{7-17}$$

$$e_a{}^* = [\frac{\alpha}{\mu_a}(\frac{\omega_a\varepsilon}{\gamma-\tilde{\rho}} + \frac{\omega_a\varepsilon(\gamma-\tilde{\rho}-\kappa\gamma)}{(\gamma-\tilde{\rho})^2} + \kappa\frac{\omega_a\varepsilon}{\gamma-\tilde{\rho}})]^{\delta_a} \tag{7-18}$$

$$e_b{}^* = [\frac{\beta}{\mu_b}(\frac{\omega_b\varepsilon}{\gamma-\tilde{\rho}} + \frac{\omega_b\varepsilon}{\gamma-\tilde{\rho}})]^{\delta_b} \tag{7-19}$$

证明：考虑混合动机，混合动机一方面影响付出的努力水平，另外一方面影响期望效用。令 $E_a(t) = e_a{}^{1/\delta_a}(t)$，$E_b(t) = e_b{}^{1/\delta_b}(t)$，$e_a(t)$ 和 $e_b(t)$ 分别为考虑混合动机前的努力程度，δ_a 和 δ_b 为下级政府职能部门 A 和 B 的相机抉择行为动机，$\delta_i \in [0,+\infty)$，$i=a,b$。$0<\delta_i<1$ 表示不合作动机。$\delta_i>1$ 表示合作动机。考虑混合动机以后的贴现率为 $\tilde{\rho}$。借鉴 Logistic 方程，得式（7-20）为

$$\tilde{\rho} = f(\rho) = \frac{1}{1+10000(\frac{1-\rho}{10000\rho})^{\delta_i}}，\quad i=a,b \tag{7-20}$$

式（7-20）表明，当 $0<\delta_i<1$ 时，贴现率会被缩小，表示不合作动机下对损失更加敏感。当 $\delta_i>1$ 时，贴现率会被放大，表示合作动机下对损失更加不敏感。$\delta_i=1$ 时，贴现率不变。

为得到非合作博弈的马尔可夫精炼纳什均衡，假设存在连续有界的微分城市干旱灾害损失函数 $V_i(R_g,R_a,R_b)$，$i\in(g,a,b)$，对所有的 $R_g \geqslant 0$，$R_a \geqslant 0$，$R_b \geqslant 0$ 都满足 HJB 方程：

$$\tilde{\rho}\cdot V_g(R_g,R_a,R_b) = \min_{e_g \geqslant 0}\left\{\begin{array}{l}(1-\omega_a-\omega_b)[M-\varepsilon(R_g+R_a+R_b)] + \frac{\mu_g}{2}e_g^2 \\ -\frac{\partial V_g}{\partial R_g}(\pi e_g + \alpha e_a^{1/\delta_a} + \beta e_b^{1/\delta_b} - \gamma R_g) - \frac{\partial V_g}{\partial R_a}(\alpha e_a^{1/\delta_a} - \gamma R_a) \\ -\frac{\partial V_g}{\partial R_b}(\beta e_b^{1/\delta_b} - \gamma R_b + \kappa(\alpha e_a^{1/\delta_a} - \gamma R_a)\end{array}\right\} \tag{7-21}$$

$$\tilde{\rho}\cdot V_a(R_g,R_a,R_b)=\min_{e_a\geqslant 0}\left\{\begin{aligned}&\omega_a[M-\varepsilon(R_g+R_a+R_b)]+\frac{\mu_a}{2}(1-\lambda_a)e_a^{2/\delta_a}\\&-\frac{\partial V_a}{\partial R_g}(\pi e_g+\alpha e_a^{1/\delta_a}+\beta e_b^{1/\delta_b}-\gamma R_g)-\frac{\partial V_a}{\partial R_a}(\alpha e_a^{1/\delta_a}-\gamma R_a)\\&-\frac{\partial V_a}{\partial R_b}[\beta e_b^{1/\delta_b}-\gamma R_b+\kappa(\alpha e_a^{1/\delta_a}-\gamma R_a)]\end{aligned}\right\} \tag{7-22}$$

$$\tilde{\rho}\cdot V_b(R_g,R_a,R_b)=\min_{e_b\geqslant 0}\left\{\begin{aligned}&\omega_b[M-\varepsilon(R_g+R_a+R_b)]+\frac{\mu_b}{2}(1-\lambda_b)e_b^{2/\delta_b}\\&-\frac{\partial V_b}{\partial R_g}(\pi e_g+\alpha e_a^{1/\delta_a}+\beta e_b^{1/\delta_b}-\gamma R_g)-\frac{\partial V_b}{\partial R_a}(\alpha e_a^{1/\delta_a}-\gamma R_a)\\&-\frac{\partial V_b}{\partial R_b}[\beta e_b^{1/\delta_b}-\gamma R_b+\kappa(\alpha e_a^{1/\delta_a}-\gamma R_a)]\end{aligned}\right\} \tag{7-23}$$

分别对式（7-21）、式（7-22）、式（7-23）的右边求关于e_g，e_a和e_b的一阶偏导数，令其等于零，可得

$$e_g=\frac{\pi}{\mu_g}\frac{\partial V_g}{\partial R_g} \tag{7-24}$$

$$e_a=[\frac{\alpha}{\mu_a(1-\lambda_a)}(\frac{\partial V_a}{\partial R_g}+\frac{\partial V_a}{\partial R_a}+\kappa\frac{\partial V_a}{\partial R_b})]^{\delta_a} \tag{7-25}$$

$$e_b=[\frac{\beta}{\mu_b(1-\lambda_b)}(\frac{\partial V_b}{\partial R_g}+\frac{\partial V_b}{\partial R_b})]^{\delta_b} \tag{7-26}$$

将式（7-24）、式（7-25）、式（7-26）代入式（7-21）、式（7-22）、式（7-23），得

$$\begin{aligned}\tilde{\rho}V_g=&[\frac{\partial V_g}{\partial R_g}\gamma-(1-\omega_a-\omega_b)\varepsilon]R_g+[(\frac{\partial V_g}{\partial R_a}+\kappa\frac{\partial V_g}{\partial R_b})\gamma-(1-\omega_a-\omega_b)\varepsilon]R_a\\&+[\frac{\partial V_g}{\partial R_b}\gamma-(1-\omega_a-\omega_b)\varepsilon]R_b+(1-\omega_a-\omega_b)M+\frac{\pi^2}{2\mu_g}(\frac{\partial V_g}{\partial R_g})^2\\&-\frac{\alpha^2}{\mu_a}(\frac{\partial V_g}{\partial R_g}+\frac{\partial V_g}{\partial R_a}+\kappa\frac{\partial V_g}{\partial R_b})(\frac{\partial V_a}{\partial R_g}+\frac{\partial V_a}{\partial R_a}+\kappa\frac{\partial V_a}{\partial R_b})-\frac{\beta^2}{\mu_b}(\frac{\partial V_g}{\partial R_g}+\frac{\partial V_g}{\partial R_b})(\frac{\partial V_b}{\partial R_g}+\frac{\partial V_b}{\partial R_a})\end{aligned} \tag{7-27}$$

$$\begin{aligned}\tilde{\rho}V_a=&(\frac{\partial V_a}{\partial R_g}\gamma-\omega_a\varepsilon)R_g+[(\frac{\partial V_a}{\partial R_a}+\kappa\frac{\partial V_a}{\partial R_b})\gamma-\omega_a\varepsilon]R_a+(\frac{\partial V_a}{\partial R_b}\gamma-\omega_a\varepsilon)R_b\\&+\omega_a M-\frac{\partial V_a}{\partial R_g}\frac{\pi^2}{\mu_g}\frac{\partial V_g}{\partial R_g}-\frac{\alpha^2}{2\mu_a}(\frac{\partial V_a}{\partial R_g}+\frac{\partial V_a}{\partial R_a}+\kappa\frac{\partial V_a}{\partial R_b})^2\\&-\frac{\beta^2}{\mu_b}(\frac{\partial V_a}{\partial R_g}+\frac{\partial V_a}{\partial R_b})(\frac{\partial V_b}{\partial R_g}+\frac{\partial V_b}{\partial R_a})\end{aligned} \tag{7-28}$$

$$\tilde{\rho}V_b = (\frac{\partial V_b}{\partial R_g}\gamma - \omega_a\varepsilon)R_g + [(\frac{\partial V_b}{\partial R_a} + \kappa\frac{\partial V_b}{\partial R_b})\gamma - \omega_a\varepsilon]R_a + (\frac{\partial V_b}{\partial R_b}\gamma - \omega_a\varepsilon)R_b$$
$$+\omega_b M - \frac{\partial V_b}{\partial R_g}\frac{\pi^2}{\mu_g}\frac{\partial V_g}{\partial R_g} - \frac{\beta^2}{2\mu_b}(\frac{\partial V_b}{\partial R_g} + \frac{\partial V_b}{\partial R_b})^2$$
$$-\frac{\alpha^2}{\mu_a}(\frac{\partial V_b}{\partial R_g} + \frac{\partial V_b}{\partial R_a} + \kappa\frac{\partial V_b}{\partial R_b})(\frac{\partial V_a}{\partial R_g} + \frac{\partial V_a}{\partial R_a} + \kappa\frac{\partial V_a}{\partial R_b}) \tag{7-29}$$

由式（7-27）～式（7-29）可知关于 R_g、R_a、R_b 的线性最优函数式是 HJB 方程的解。令

$$V_g(R_g, R_a, R_b) = x_g R_g + y_g R_a + z_g R_b + d_g \tag{7-30}$$
$$V_a(R_g, R_a, R_b) = x_a R_g + y_a R_a + z_a R_b + d_a \tag{7-31}$$
$$V_b(R_g, R_a, R_b) = x_b R_g + y_b R_a + z_b R_b + d_b \tag{7-32}$$

式中，x_i, y_i, z_i，$i \in (g,a,b)$ 是常数。将式（7-30）～式（7-32）求导后代入式（7-27）～式（7-29），可得

$$\tilde{\rho}(x_g R_g + y_g R_a + z_g R_b + d_g) = [x_g\gamma - (1-\omega_a-\omega_b)\varepsilon]R_g + [(y_g + \kappa z_g)\gamma$$
$$-(1-\omega_a-\omega_b)\varepsilon]R_a + [z_g\gamma - (1-\omega_a-\omega_b)\varepsilon]R_b + (1-\omega_a-\omega_b)M$$
$$+\frac{\pi^2}{2\mu_g}(x_g)^2 - \frac{\alpha^2}{\mu_a}(x_g + y_g + \kappa z_g)(x_a + y_a + \kappa z_a) - \frac{\beta^2}{\mu_b}(x_g + z_g)(x_b + y_b) \tag{7-33}$$

$$\tilde{\rho}(x_a R_g + y_a R_a + z_a R_b + d_a) = (x_a\gamma - \omega_a\varepsilon)R_g + [(y_a + \kappa z_a)\gamma - \omega_a\varepsilon]R_a$$
$$+(z_a\gamma - \omega_a\varepsilon)R_b + \omega_a M - x_a\frac{\pi^2}{\mu_g}x_g - \frac{\alpha^2}{2\mu_a}(x_a + y_a + \kappa z_a)^2$$
$$-\frac{\beta^2}{\mu_b}(x_a + z_a)(x_b + y_b) \tag{7-34}$$

$$\tilde{\rho}(x_b R_g + y_b R_a + z_b R_b + d_b) = (x_b\gamma - \omega_b\varepsilon)R_g + [(y_b + \kappa z_b)\gamma - \omega_b\varepsilon]R_a$$
$$+(z_b\gamma - \omega_b\varepsilon)R_b + \omega_b M - x_b\frac{\pi^2}{\mu_g}x_g - \frac{\beta^2}{2\mu_b}(x_b + z_b)^2$$
$$-\frac{\alpha^2}{\mu_a}(x_b + y_b + \kappa z_b)(x_a + y_a + \kappa z_a) \tag{7-35}$$

若式（7-33）～式（7-35）满足 $R_g \geqslant 0$，$R_a \geqslant 0$，$R_b \geqslant 0$，可得

$$x_g = \frac{(1-\omega_a-\omega_b)\varepsilon}{\gamma - \tilde{\rho}}, y_g = \frac{(1-\omega_a-\omega_b)\varepsilon(\gamma - \tilde{\rho} - \kappa\gamma)}{(\gamma - \tilde{\rho})^2}, z_g = \frac{(1-\omega_a-\omega_b)\varepsilon}{\gamma - \tilde{\rho}},$$
$$d_g = \frac{1}{\tilde{\rho}}\{(1-\omega_a-\omega_b)M + \frac{\pi^2}{2\mu_g}[\frac{(1-\omega_a-\omega_b)\varepsilon}{\gamma - \tilde{\rho}}]^2$$
$$-\frac{\alpha^2[2\gamma - (\kappa+2)\tilde{\rho}]^2}{\mu_a(\gamma - \tilde{\rho})^4}(1-\omega_a-\omega_b)\omega_a\varepsilon^2$$
$$-\frac{2\beta^2(2\gamma - 2\tilde{\rho} - \kappa\gamma)}{\mu_b(\gamma - \tilde{\rho})^2}(1-\omega_a-\omega_b)\omega_b\varepsilon^2\} \tag{7-36}$$

$$x_a=\frac{\omega_a\varepsilon}{\gamma-\tilde{\rho}},y_a=\frac{\omega_a\varepsilon(\gamma-\tilde{\rho}-\kappa\gamma)}{(\gamma-\tilde{\rho})^2},z_a=\frac{\omega_a\varepsilon}{\gamma-\tilde{\rho}},$$

$$d_a=\frac{1}{\tilde{\rho}}\{\omega_a M-\frac{\pi^2(1-\omega_a-\omega_b)\omega_a\varepsilon^2}{\mu_g(\gamma-\tilde{\rho})^2}-\frac{\alpha^2}{2\mu_a}[\frac{\omega_a\varepsilon(2\gamma-(\kappa+2)\tilde{\rho})}{(\gamma-\tilde{\rho})^2}]^2-\frac{2\omega_a\omega_b\varepsilon^2\beta^2(2\gamma-2\tilde{\rho}-\kappa\gamma)}{\mu_b(\gamma-\tilde{\rho})^3}\} \tag{7-37}$$

$$x_b=\frac{\omega_b\varepsilon}{\gamma-\tilde{\rho}},y_b=\frac{\omega_b\varepsilon(\gamma-\tilde{\rho}-\kappa\gamma)}{(\gamma-\tilde{\rho})^2},z_b=\frac{\omega_b\varepsilon}{\gamma-\tilde{\rho}}$$

$$d_b=\frac{1}{\tilde{\rho}}\{\omega_b M-\frac{\pi^2(1-\omega_a-\omega_b)\omega_b\varepsilon^2}{\mu_g(\gamma-\tilde{\rho})^2}-\frac{2\beta^2}{\mu_b}(\frac{\omega_b\varepsilon}{\gamma-\tilde{\rho}})^2-\frac{\omega_a\omega_b\varepsilon^2\alpha^2[2\gamma-(\kappa+2)\tilde{\rho}]^2}{\mu_a(\gamma-\tilde{\rho})^4}\} \tag{7-38}$$

将式（7-36）～式（7-38）代入式（7-33）～式（7-35），可得最小灾害损失函数

$$V_g^*=\frac{(1-\omega_a-\omega_b)\varepsilon}{\gamma-\tilde{\rho}}R_g+\frac{(1-\omega_a-\omega_b)\varepsilon(\gamma-\tilde{\rho}-\kappa\gamma)}{(\gamma-\tilde{\rho})^2}R_a+\frac{(1-\omega_a-\omega_b)\varepsilon}{\gamma-\tilde{\rho}}R_b+\frac{1}{\tilde{\rho}}\{(1-\omega_a-\omega_b)M+\frac{\pi^2}{2\mu_g}[\frac{(1-\omega_a-\omega_b)\varepsilon}{\gamma-\tilde{\rho}}]^2-\frac{\alpha^2[2\gamma-(\kappa+2)\tilde{\rho}]^2}{\mu_a(\gamma-\tilde{\rho})^4}(1-\omega_a-\omega_b)\omega_a\varepsilon^2-\frac{2\beta^2(2\gamma-2\tilde{\rho}-\kappa\gamma)}{\mu_b(\gamma-\tilde{\rho})^2}(1-\omega_a-\omega_b)\omega_b\varepsilon^2\} \tag{7-39}$$

$$V_a^*=\frac{\omega_a\varepsilon}{\gamma-\tilde{\rho}}R_g+\frac{\omega_a\varepsilon(\gamma-\tilde{\rho}-\kappa\gamma)}{(\gamma-\tilde{\rho})^2}R_a+\frac{\omega_a\varepsilon}{\gamma-\tilde{\rho}}R_b+\frac{1}{\tilde{\rho}}\{\omega_a M-\frac{\pi^2(1-\omega_a-\omega_b)\omega_a\varepsilon^2}{\mu_g(\gamma-\tilde{\rho})^2}-\frac{\alpha^2}{2\mu_a}[\frac{\omega_a\varepsilon(2\gamma-(\kappa+2)\tilde{\rho})}{(\gamma-\tilde{\rho})^2}]^2-\frac{2\omega_a\omega_b\varepsilon^2\beta^2(2\gamma-2\tilde{\rho}-\kappa\gamma)}{\mu_b(\gamma-\tilde{\rho})^3}\} \tag{7-40}$$

$$V_b^*=\frac{\omega_b\varepsilon}{\gamma-\tilde{\rho}}R_g+\frac{\omega_b\varepsilon(\gamma-\tilde{\rho}-\kappa\gamma)}{(\gamma-\tilde{\rho})^2}R_a+\frac{\omega_b\varepsilon}{\gamma-\tilde{\rho}}R_b+\frac{1}{\tilde{\rho}}\{\omega_b M-\frac{\pi^2(1-\omega_a-\omega_b)\omega_b\varepsilon^2}{\mu_g(\gamma-\tilde{\rho})^2}-\frac{2\beta^2}{\mu_b}(\frac{\omega_b\varepsilon}{\gamma-\tilde{\rho}})^2-\frac{\omega_a\omega_b\varepsilon^2\alpha^2[2\gamma-(\kappa+2)\tilde{\rho}]^2}{\mu_a(\gamma-\tilde{\rho})^4}\} \tag{7-41}$$

将式（7-39）～式（7-41）求偏导数，代入式（7-27）～式（7-29），得

$$e_g^*=\frac{(1-\omega_a-\omega_b)\pi\varepsilon}{(\gamma-\tilde{\rho})\mu_g} \tag{7-42}$$

$$e_a^*=[\frac{\alpha}{\mu_a}(\frac{\omega_a\varepsilon}{\gamma-\tilde{\rho}}+\frac{\omega_a\varepsilon(\gamma-\tilde{\rho}-\kappa\gamma)}{(\gamma-\tilde{\rho})^2}+\kappa\frac{\omega_a\varepsilon}{\gamma-\tilde{\rho}})]^{\delta_a} \tag{7-43}$$

$$e_b^*=[\frac{\beta}{\mu_b}(\frac{\omega_b\varepsilon}{\gamma-\tilde{\rho}}+\frac{\omega_b\varepsilon}{\gamma-\tilde{\rho}})]^{\delta_b} \tag{7-44}$$

在纳什非合作均衡状态下，三方的应急决策效率分别为

$$
\begin{cases}
R_g^*(t) = \dfrac{1}{\gamma}D_g + (R_{g0} - \dfrac{1}{\gamma}D_g)\mathrm{e}^{-\gamma t} \\
R_g^*(0) = R_{g0} \\
D_g = \dfrac{(1-\omega_a-\omega_b)\pi^2\varepsilon}{(\gamma-\tilde{\rho})\mu_g} + \alpha\{\dfrac{\alpha}{\mu_a}[\dfrac{\omega_a\varepsilon}{\gamma-\tilde{\rho}} + \dfrac{\omega_a\varepsilon(\gamma-\tilde{\rho}-\kappa\gamma)}{(\gamma-\tilde{\rho})^2} + \kappa\dfrac{\omega_a\varepsilon}{\gamma-\tilde{\rho}}]\}^{\delta_a} \\
\quad + \beta[\dfrac{\beta}{\mu_b}(\dfrac{\omega_b\varepsilon}{\gamma-\tilde{\rho}} + \dfrac{\omega_b\varepsilon}{\gamma-\tilde{\rho}})]^{\delta_b}
\end{cases} \tag{7-45}
$$

$$
\begin{cases}
R_a^*(t) = \dfrac{1}{\gamma}D_a + (R_{a0} - \dfrac{1}{\gamma}D_a)e^{-\gamma t} \\
R_a^*(0) = R_{a0} \\
D_a = \alpha\{\dfrac{\alpha}{\mu_a}[\dfrac{\omega_a\varepsilon}{\gamma-\tilde{\rho}} + \dfrac{\omega_a\varepsilon(\gamma-\tilde{\rho}-\kappa\gamma)}{(\gamma-\tilde{\rho})^2} + \kappa\dfrac{\omega_a\varepsilon}{\gamma-\tilde{\rho}}]\}^{\delta_a}
\end{cases} \tag{7-46}
$$

$$
\begin{cases}
R_b^*(t) = \dfrac{1}{\gamma}D_b + \kappa(D_a - \gamma R_{a0})te^{-rt} + (R_{b0} - \dfrac{1}{\gamma}D_b)e^{-\gamma t} \\
R_b^*(0) = R_{b0} \\
D_b = \beta[\dfrac{\beta}{\mu_b}(\dfrac{\omega_b\varepsilon}{\gamma-\tilde{\rho}} + \dfrac{\omega_b\varepsilon}{\gamma-\tilde{\rho}})]^{\delta_b}
\end{cases} \tag{7-47}
$$

2. 主从治理模式

领导小组是行动的主导者，部门 A 和 B 是行动的跟随者，三方展开斯塔克尔伯格（主从）博弈。在主从模式下，部门 A 和 B 各自承担一定的救灾职能，比如水利和电力部门，投入成本减轻灾害损失。领导小组统筹领导抗旱，分配抗旱救灾任务给部门 A 和 B，并激励部门 A 和 B 努力救灾。设领导小组给部门 A 和 B 的激励是部门 A 和 B 投入成本的一定百分率，分别记为 $\lambda_a(t)$ 和 $\lambda_b(t)$。则城市干旱应急管理的目标函数可表示为

$$
\begin{aligned}
\Gamma_g = \int_0^\infty e^{-\tilde{\rho}t}\{&(1-\omega_a-\omega_b)[M(t)-\varepsilon(R_g(t)+R_a(t)+R_b(t)]+\frac{\mu_g}{2}E_g{}^2(t) \\
&+\frac{\mu_a}{2}\lambda_a E_a{}^2(t)+\frac{\mu_b}{2}\lambda_b E_b{}^2(t)\}\mathrm{d}t
\end{aligned} \tag{7-48}
$$

$$
\Gamma_a = \int_0^\infty e^{-\tilde{\rho}t}\cdot\{\omega_a[M(t)-\varepsilon(R_g(t)+R_a(t)+R_b(t))]+\frac{\mu_a}{2}(1-\lambda_a)E_a{}^2(t)\}\mathrm{d}t \tag{7-49}
$$

$$
\Gamma_b = \int_0^\infty e^{-\tilde{\rho}t}\{\omega_b[M(t)-\varepsilon(R_g(t)+R_a(t)+R_b(t))]+\frac{\mu_b}{2}(1-\lambda_b)E_b{}^2(t)\}\mathrm{d}t \tag{7-50}
$$

在主从博弈情形下，三方的静态反馈纳什均衡策略分别为

$$
e_g{}^* = \frac{(1-\omega_a-\omega_b)\pi\varepsilon}{(\gamma-\tilde{\rho})\mu_g} \tag{7-51}
$$

$$
e_a{}^* = \{\frac{\alpha}{\mu_a(1-\lambda_a)}[\frac{\omega_a\varepsilon}{\gamma-\tilde{\rho}} + \frac{\omega_a\varepsilon(\gamma-\tilde{\rho}-\kappa\gamma)}{(\gamma-\tilde{\rho})^2} + \kappa\frac{\omega_a\varepsilon}{\gamma-\tilde{\rho}}]\}^{\delta_a} \tag{7-52}
$$

$$e_b^* = [\frac{\beta}{\mu_b(1-\lambda_b)}(\frac{\omega_b \varepsilon}{\gamma-\tilde{\rho}}+\frac{\omega_b \varepsilon}{\gamma-\tilde{\rho}})]^{\delta_b} \tag{7-53}$$

$$\lambda_a^* = \frac{2-3\omega_a-2\omega_b}{2-\omega_a-2\omega_b} \tag{7-54}$$

$$\lambda_b^* = \frac{2-2\omega_a-3\omega_b}{2-2\omega_a-\omega_b} \tag{7-55}$$

证明：通过逆向归纳法求解斯塔克尔伯格博弈均衡。假设存在连续有界的微分城市干旱灾害损失函数$V_i(R_g,R_a,R_b)$，$i\in(g,a,b)$，对所有的$R_g \geqslant 0$，$R_a \geqslant 0$，$R_b \geqslant 0$都满足 HJB 方程为

$$\tilde{\rho}\cdot V_a(R_g,R_a,R_b)=\min_{e_a\geqslant 0}\left\{\begin{array}{l}\omega_a[M-\varepsilon(R_g+R_a+R_b)]+\frac{\mu_a}{2}(1-\lambda_a)e_a^{2/\delta_a} \\ -\frac{\partial V_a}{\partial R_g}(\pi e_g+\alpha e_a^{1/\delta_a}+\beta e_b^{1/\delta_b}-\gamma R_g)-\frac{\partial V_a}{\partial R_a}(\alpha e_a^{1/\delta_a}-\gamma R_a) \\ -\frac{\partial V_a}{\partial R_b}[\beta e_b^{1/\delta_b}-\gamma R_b+\kappa(\alpha e_a^{1/\delta_a}-\gamma R_a)]\end{array}\right\} \tag{7-56}$$

$$\tilde{\rho}\cdot V_b(R_g,R_a,R_b)=\min_{e_b\geqslant 0}\left\{\begin{array}{l}\omega_b[M-\varepsilon(R_g+R_a+R_b)]+\frac{\mu_b}{2}(1-\lambda_b)e_b^{2/\delta_b} \\ -\frac{\partial V_b}{\partial R_g}(\pi e_g+\alpha e_a^{1/\delta_a}+\beta e_b^{1/\delta_b}-\gamma R_g)-\frac{\partial V_b}{\partial R_a}(\alpha e_a^{1/\delta_a}-\gamma R_a) \\ -\frac{\partial V_b}{\partial R_b}[\beta e_b^{1/\delta_b}-\gamma R_b+\kappa(\alpha e_a^{1/\delta_a}-\gamma R_a)]\end{array}\right\} \tag{7-57}$$

分别对式（7-56）、式（7-57）的右边求关于e_a和e_b的一阶偏导数，令其等于零，可得

$$e_a = [\frac{\alpha}{\mu_a(1-\lambda_a)}(\frac{\partial V_a}{\partial R_g}+\frac{\partial V_a}{\partial R_a}+\kappa\frac{\partial V_a}{\partial R_b})]^{\delta_a} \tag{7-58}$$

$$e_b = [\frac{\beta}{\mu_b(1-\lambda_b)}(\frac{\partial V_b}{\partial R_g}+\frac{\partial V_b}{\partial R_b})]^{\delta_b} \tag{7-59}$$

领导小组根据部门 A 和 B 的努力程度来确定自身的努力策略和激励力度，领导小组的 HJB 方程为

$$\tilde{\rho}\cdot V_g(R_g,R_a,R_b)=\min_{e_g\geqslant 0}\left\{\begin{array}{l}(1-\omega_a-\omega_b)[M-\varepsilon(R_g+R_a+R_b)]+\frac{\mu_g}{2}e_g^2+\frac{\mu_a}{2}\lambda_a e_a^{2/\delta_a}+\frac{\mu_b}{2}\lambda_b e_b^{2/\delta_b} \\ -\frac{\partial V_g}{\partial R_g}(\pi e_g+\alpha e_a^{1/\delta_a}+\beta e_b^{1/\delta_b}-\gamma R_g)-\frac{\partial V_g}{\partial R_a}(\alpha e_a^{1/\delta_a}-\gamma R_a) \\ -\frac{\partial V_g}{\partial R_b}(\beta e_b^{1/\delta_b}-\gamma R_b+\kappa(\alpha e_a^{1/\delta_a}-\gamma R_a)\end{array}\right\} \tag{7-60}$$

将式（7-58）、式（7-59）代入式（7-60），并对其右端部分求关于 e_g ，λ_a 和 λ_b 的一阶偏导数，令其等于零，可得

$$e_g = \frac{\pi}{\mu_g}\frac{\partial V_g}{\partial R_g} \tag{7-61}$$

$$\lambda_a = \frac{2(\frac{\partial V_g}{\partial R_g} + \frac{\partial V_g}{\partial R_a} + \kappa\frac{\partial V_g}{\partial R_b}) - (\frac{\partial V_a}{\partial R_g} + \frac{\partial V_a}{\partial R_a} + \kappa\frac{\partial V_a}{\partial R_b})}{2(\frac{\partial V_g}{\partial R_g} + \frac{\partial V_g}{\partial R_a} + \kappa\frac{\partial V_g}{\partial R_b}) + (\frac{\partial V_a}{\partial R_g} + \frac{\partial V_a}{\partial R_a} + \kappa\frac{\partial V_a}{\partial R_b})} \tag{7-62}$$

$$\lambda_b = \frac{2(\frac{\partial V_g}{\partial R_g} + \frac{\partial V_g}{\partial R_b}) - (\frac{\partial V_b}{\partial R_g} + \frac{\partial V_b}{\partial R_b})}{2(\frac{\partial V_g}{\partial R_g} + \frac{\partial V_g}{\partial R_b}) + (\frac{\partial V_b}{\partial R_g} + \frac{\partial V_b}{\partial R_b})} \tag{7-63}$$

将式（7-56）、式（7-57）、式（7-58）、式（7-59）、式（7-60）代入式（7-61）、式（7-62）、式（7-63），得

$$G_1 = \frac{\partial V_g}{\partial R_g} + \frac{\partial V_g}{\partial R_a} + \kappa\frac{\partial V_g}{\partial R_b}，\quad G_2 = \frac{\partial V_g}{\partial R_g} + \frac{\partial V_g}{\partial R_b}，\quad A = \frac{\partial V_a}{\partial R_g} + \frac{\partial V_a}{\partial R_a} + \kappa\frac{\partial V_a}{\partial R_b}，\quad B = \frac{\partial V_b}{\partial R_g} + \frac{\partial V_b}{\partial R_b} \tag{7-64}$$

则

$$\begin{aligned}\tilde{\rho}\cdot V_g(R_g, R_a, R_b) = &(1-\omega_a-\omega_b)[M-\varepsilon(R_g+R_a+R_b)] \\ &-\frac{\pi^2}{2\mu_g}(\frac{\partial V_g}{\partial R_g})^2 + \frac{\mu_a}{2}\lambda_a[\frac{\alpha}{\mu_a(1-\lambda_a)}A]^2 + \frac{\mu_b}{2}\lambda_b[\frac{\beta}{\mu_b(1-\lambda_b)}(B)]^2 \\ &-\frac{\alpha^2}{\mu_a(1-\lambda_a)}(G_1)(A) - \frac{\beta^2}{\mu_b(1-\lambda_b)}(G_2)(B) \\ &-\gamma[\frac{\partial V_g}{\partial R_g}R_g + (\frac{\partial V_g}{\partial R_a} + \kappa\frac{\partial V_g}{\partial R_b})R_a + \frac{\partial V_g}{\partial R_b}R_b]\end{aligned} \tag{7-65}$$

$$\tilde{\rho}\cdot V_a(R_g, R_a, R_b) = \min_{e_a \geqslant 0}\left\{\begin{aligned}&\omega_a[M-\varepsilon(R_g+R_a+R_b)] + \frac{\mu_a}{2}(1-\lambda_a)e_a^{2/\delta_a} \\ &-\frac{\partial V_a}{\partial R_g}(\pi e_g + \alpha e_a^{1/\delta_a} + \beta e_b^{1/\delta_b} - \gamma R_g) - \frac{\partial V_a}{\partial R_a}(\alpha e_a^{1/\delta_a} - \gamma R_a) \\ &-\frac{\partial V_a}{\partial R_b}[\beta e_b^{1/\delta_b} - \gamma R_b + \kappa(\alpha e_a^{1/\delta_a} - \gamma R_a)]\end{aligned}\right\} \tag{7-66}$$

$$\tilde{\rho}\cdot V_b(R_g,R_a,R_b)=\min_{e_b\geqslant 0}\left\{\begin{array}{l}\omega_b[M-\varepsilon(R_g+R_a+R_b)]+\dfrac{\mu_b}{2}(1-\lambda_b)e_b^{2/\delta_b}\\-\dfrac{\partial V_b}{\partial R_g}(\pi \mathrm{e}_g+\alpha e_a^{1/\delta_a}+\beta e_b^{1/\delta_b}-\gamma R_g)-\dfrac{\partial V_b}{\partial R_a}(\alpha e_a^{1/\delta_a}-\gamma R_a)\\-\dfrac{\partial V_b}{\partial R_b}[\beta e_b^{1/\delta_b}-\gamma R_b+\kappa(\alpha e_a^{1/\delta_a}-\gamma R_a)]\end{array}\right\}\quad(7\text{-}67)$$

由式（7-65）～式（7-67）可知关于 R_g R_a R_b 的线性最优函数式是 HJB 方程的解，令

$$V_g(R_g,R_a,R_b)=x_gR_g+y_gR_a+z_gR_b+d_g\quad(7\text{-}68)$$

$$V_a(R_g,R_a,R_b)=x_aR_g+y_aR_a+z_aR_b+d_a\quad(7\text{-}69)$$

$$V_b(R_g,R_a,R_b)=x_bR_g+y_bR_a+z_bR_b+d_b\quad(7\text{-}70)$$

x_i,y_i,z_i， $i\in(g,a,b)$ 是常数，因此：

$$\begin{aligned}\tilde{\rho}(x_gR_g+y_gR_a+z_gR_b+d_g)=&[x_g\gamma-(1-\omega_a-\omega_b)\varepsilon]R_g+[(y_g+\kappa z_g)\gamma\\&-(1-\omega_a-\omega_b)\varepsilon]R_a+[z_g\gamma-(1-\omega_a-\omega_b)\varepsilon]R_b\\&+(1-\omega_a-\omega_b)M+(\frac{\pi}{2}-x_g\frac{\pi^2}{\mu_g})x_g\\&+\frac{\alpha^2\lambda_a}{2\mu_a(1-\lambda_a)^2}(x_a+y_a+\kappa z_a)^2+\frac{\beta^2\lambda_b}{2\mu_b(1-\lambda_b)^2}(x_b+z_b)^2\\&-\frac{\alpha^2}{\mu_a(1-\lambda_a)}(x_g+y_g+\kappa z_g)(x_a+y_a+\kappa z_a)\\&-\frac{\beta^2}{\mu_b(1-\lambda_b)}(x_g+z_g)(x_b+y_b)\end{aligned}\quad(7\text{-}71)$$

$$\begin{aligned}\tilde{\rho}(x_aR_g+y_aR_a+z_aR_b+d_a)=&(x_a\gamma-\omega_a\varepsilon)R_g+[(y_a+\kappa z_a)\gamma-\omega_a\varepsilon]R_a\\&+(z_a\gamma-\omega_a\varepsilon)R_b+\omega_aM-x_a\frac{\pi^2}{\mu_g}x_g+\frac{\alpha^2}{2\mu_a(1-\lambda_a)}(x_a+y_a+\kappa z_a)^2\\&-\frac{\alpha^2}{\mu_a(1-\lambda_a)}(x_a+y_a+\kappa z_a)^2-\frac{\beta^2}{\mu_b(1-\lambda_b)}(x_a+z_a)(x_b+y_b)\end{aligned}\quad(7\text{-}72)$$

$$\begin{aligned}\tilde{\rho}(x_bR_g+y_bR_a+z_bR_b+d_b)=&(x_b\gamma-\omega_b\varepsilon)R_g+[(y_b+\kappa z_b)\gamma-\omega_b\varepsilon]R_a\\&+(z_b\gamma-\omega_b\varepsilon)R_b+\omega_bM-x_b\frac{\pi^2}{\mu_g}x_g+\frac{\beta^2}{2\mu_b(1-\lambda_b)}(x_b+z_b)^2\\&-\frac{\alpha^2}{\mu_a(1-\lambda_a)}(x_b+y_b+\kappa z_b)(x_a+y_a+\kappa z_b)-\frac{\beta^2}{\mu_b(1-\lambda_b)}(x_b+y_b)^2\end{aligned}\quad(7\text{-}73)$$

若式（7-53）～式（7-55）满足 $R_g\geqslant 0$， $R_a\geqslant 0$， $R_b\geqslant 0$，可得

$$x_g = \frac{(1-\omega_a-\omega_b)\varepsilon}{\gamma-\tilde{\rho}}, y_g = \frac{(1-\omega_a-\omega_b)\varepsilon(\gamma-\tilde{\rho}-\kappa\gamma)}{(\gamma-\tilde{\rho})^2}, z_g = \frac{(1-\omega_a-\omega_b)\varepsilon}{\gamma-\tilde{\rho}} \tag{7-74}$$

$$\begin{aligned} \mathrm{d}_g = & \frac{1}{\tilde{\rho}}\{(1-\omega_a-\omega_b)M + [\frac{\pi}{2} - \frac{(1-\omega_a-\omega_b)\varepsilon\pi^2}{(\gamma-\tilde{\rho})\mu_g}]\frac{(1-\omega_a-\omega_b)\varepsilon}{\gamma-\tilde{\rho}} \\ & + \frac{\alpha^2[2\gamma-(\kappa+2)\tilde{\rho}]^2}{\mu_a(1-\lambda_a)(\gamma-\tilde{\rho})^4}[\frac{\lambda_a(\omega_a\varepsilon)^2}{2(1-\lambda_a)} - (1-\omega_a-\omega_b)\omega_a\varepsilon^2] \\ & + \frac{2\beta^2}{\mu_b(1-\lambda_b)(\gamma-\tilde{\rho})^2}[\frac{\lambda_b(\omega_b\varepsilon)^2}{2(1-\lambda_b)} - (1-\omega_a-\omega_b)\omega_b\varepsilon^2(2\gamma-2\tilde{\rho}-\kappa\gamma)]\} \end{aligned} \tag{7-75}$$

$$x_a = \frac{\omega_a\varepsilon}{\gamma-\tilde{\rho}}, y_a = \frac{\omega_a\varepsilon(\gamma-\tilde{\rho}-\kappa\gamma)}{(\gamma-\tilde{\rho})^2}, z_a = \frac{\omega_a\varepsilon}{\gamma-\tilde{\rho}} \tag{7-76}$$

$$\begin{aligned} \mathrm{d}_a = & \frac{1}{\tilde{\rho}}\{\omega_a M - \frac{\pi^2(1-\omega_a-\omega_b)\omega_a\varepsilon^2}{\mu_g(\gamma-\tilde{\rho})^2} - \frac{\alpha^2}{2\mu_a(1-\mu_a)}[\frac{\omega_a\varepsilon(2\gamma-(\kappa+2)\tilde{\rho})}{(\gamma-\tilde{\rho})^2}]^2 \\ & - \frac{2\omega_a\omega_b\varepsilon^2\beta^2(2\gamma-2\tilde{\rho}-\kappa\gamma)}{\mu_b(1-\mu_b)(\gamma-\tilde{\rho})^3}\} \end{aligned} \tag{7-77}$$

$$x_b = \frac{\omega_b\varepsilon}{\gamma-\tilde{\rho}}, y_b = \frac{\omega_b\varepsilon(\gamma-\tilde{\rho}-\kappa\gamma)}{(\gamma-\tilde{\rho})^2}, z_b = \frac{\omega_b\varepsilon}{\gamma-\tilde{\rho}} \tag{7-78}$$

$$\begin{aligned} \mathrm{d}_a = & \frac{1}{\tilde{\rho}}\{\omega_b M - \frac{\pi^2(1-\omega_a-\omega_b)\omega_b\varepsilon^2}{\mu_g(\gamma-\tilde{\rho})^2} + \frac{\beta^2}{2\mu_b(1-\mu_b)}[(\frac{2\omega_b\varepsilon}{\gamma-\tilde{\rho}})^2 \\ & - 2(\frac{\omega_b\varepsilon(2\gamma-2\tilde{\rho}-\kappa\gamma)}{(\gamma-\tilde{\rho})^2})^2] - \frac{\omega_a\omega_b\varepsilon^2\alpha^2(2\gamma-(\kappa+2)\tilde{\rho})^2}{\mu_a(1-\mu_a)(\gamma-\tilde{\rho})^4}\} \end{aligned} \tag{7-79}$$

由此，可以得到最小灾害损失函数为

$$\begin{aligned} V_g^* = & \frac{(1-\omega_a-\omega_b)\varepsilon}{\gamma-\tilde{\rho}}R_g + \frac{(1-\omega_a-\omega_b)\varepsilon(\gamma-\tilde{\rho}-\kappa\gamma)}{(\gamma-\tilde{\rho})^2}R_a + \frac{(1-\omega_a-\omega_b)\varepsilon}{\gamma-\tilde{\rho}}R_b \\ & + \frac{1}{\tilde{\rho}}\{(1-\omega_a-\omega_b)M + [\frac{\pi}{2} - \frac{(1-\omega_a-\omega_b)\varepsilon\pi^2}{(\gamma-\tilde{\rho})\mu_g}]\frac{(1-\omega_a-\omega_b)\varepsilon}{\gamma-\tilde{\rho}} \\ & + \frac{\alpha^2[2\gamma-(\kappa+2)\tilde{\rho}]^2}{\mu_a(1-\lambda_a)(\gamma-\tilde{\rho})^4}[\frac{\lambda_a(\omega_a\varepsilon)^2}{2(1-\lambda_a)} - (1-\omega_a-\omega_b)\omega_a\varepsilon^2] \\ & + \frac{2\beta^2}{\mu_b(1-\lambda_b)(\gamma-\tilde{\rho})^2}[\frac{\lambda_b(\omega_b\varepsilon)^2}{2(1-\lambda_b)} - (1-\omega_a-\omega_b)\omega_b\varepsilon^2(2\gamma-2\tilde{\rho}-\kappa\gamma)]\} \end{aligned} \tag{7-80}$$

$$\begin{aligned} V_a^* = & \frac{\omega_a\varepsilon}{\gamma-\tilde{\rho}}R_g + \frac{\omega_a\varepsilon(\gamma-\tilde{\rho}-\kappa\gamma)}{(\gamma-\tilde{\rho})^2}R_a + \frac{\omega_a\varepsilon}{\gamma-\tilde{\rho}}R_b \\ & + \frac{1}{\tilde{\rho}}\{\omega_a M - \frac{\pi^2(1-\omega_a-\omega_b)\omega_a\varepsilon^2}{\mu_g(\gamma-\tilde{\rho})^2} - \frac{\alpha^2}{2\mu_a(1-\mu_a)}[\frac{\omega_a\varepsilon(2\gamma-(\kappa+2)\tilde{\rho})}{(\gamma-\tilde{\rho})^2}]^2 \\ & - \frac{2\omega_a\omega_b\varepsilon^2\beta^2(2\gamma-2\tilde{\rho}-\kappa\gamma)}{\mu_b(1-\mu_b)(\gamma-\tilde{\rho})^3}\} \end{aligned} \tag{7-81}$$

$$V_b^* = \frac{\omega_b \varepsilon}{\gamma - \tilde{\rho}} R_g + \frac{\omega_b \varepsilon(\gamma - \tilde{\rho} - \kappa\gamma)}{(\gamma - \tilde{\rho})^2} R_a + \frac{\omega_b \varepsilon}{\gamma - \tilde{\rho}} R_b + \frac{1}{\tilde{\rho}}\{\omega_b M - \frac{\pi^2(1-\omega_a-\omega_b)\omega_b\varepsilon^2}{\mu_g(\gamma-\tilde{\rho})^2} + \frac{\beta^2}{2\mu_b(1-\mu_b)}[(\frac{2\omega_b\varepsilon}{\gamma-\tilde{\rho}})^2 - 2(\frac{\omega_b\varepsilon(2\gamma-2\tilde{\rho}-\kappa\gamma)}{(\gamma-\tilde{\rho})^2})^2] - \frac{\omega_a\omega_b\varepsilon^2\alpha^2[2\gamma-(\kappa+2)\tilde{\rho}]^2}{\mu_a(1-\mu_a)(\gamma-\tilde{\rho})^4}\} \tag{7-82}$$

通过转换可以得到

$$e_g^{**} = \frac{(1-\omega_a-\omega_b)\pi\varepsilon}{(\gamma-\tilde{\rho})\mu_g} \tag{7-83}$$

$$e_a^{**} = [\frac{\alpha}{\mu_a(1-\lambda_a)}(\frac{\omega_a\varepsilon}{\gamma-\tilde{\rho}} + \frac{\omega_a\varepsilon(\gamma-\tilde{\rho}-\kappa\gamma)}{(\gamma-\tilde{\rho})^2} + \kappa\frac{\omega_a\varepsilon}{\gamma-\tilde{\rho}})]^{\delta_a} \tag{7-84}$$

$$e_b^{**} = [\frac{\beta}{\mu_b(1-\lambda_b)}(\frac{\omega_b\varepsilon}{\gamma-\tilde{\rho}} + \frac{\omega_b\varepsilon}{\gamma-\tilde{\rho}})]^{\delta_b} \tag{7-85}$$

$$\lambda_a^{**} = \frac{2-3\omega_a-2\omega_b}{2-\omega_a-2\omega_b} \tag{7-86}$$

$$\lambda_b^{**} = \frac{2-2\omega_a-3\omega_b}{2-2\omega_a-\omega_b} \tag{7-87}$$

应急决策效率为

$$\begin{cases} R_g^{**}(t) = \frac{1}{\gamma}D_g + (R_{g0} - \frac{1}{\gamma}D_g)e^{-\gamma t} \\ R_g^{**}(0) = R_{g0} \\ D_g = \frac{(1-\omega_a-\omega_b)\pi^2\varepsilon}{(\gamma-\tilde{\rho})\mu_g} + \alpha[\frac{\alpha}{\mu_a(1-\lambda_a)}(\frac{\omega_a\varepsilon}{\gamma-\tilde{\rho}} + \frac{\omega_a\varepsilon(\gamma-\tilde{\rho}-\kappa\gamma)}{(\gamma-\tilde{\rho})^2} + \kappa\frac{\omega_a\varepsilon}{\gamma-\tilde{\rho}})]^{\delta_a} \\ \quad + \beta[\frac{\beta}{\mu_b(1-\lambda_b)}(\frac{\omega_b\varepsilon}{\gamma-\tilde{\rho}} + \frac{\omega_b\varepsilon}{\gamma-\tilde{\rho}})]^{\delta_b} \end{cases} \tag{7-88}$$

$$\begin{cases} R_a^{**}(t) = \frac{1}{\gamma}D_a + (R_{a0} - \frac{1}{\gamma}D_a)e^{-\gamma t} \\ R_a^{**}(0) = R_{a0} \\ D_a = \alpha[\frac{\alpha}{\mu_a(1-\lambda_a)}(\frac{\omega_a\varepsilon}{\gamma-\tilde{\rho}} + \frac{\omega_a\varepsilon(\gamma-\tilde{\rho}-\kappa\gamma)}{(\gamma-\tilde{\rho})^2} + \kappa\frac{\omega_a\varepsilon}{\gamma-\tilde{\rho}})]^{\delta_a} \end{cases} \tag{7-89}$$

$$\begin{cases} R_b^{**}(t) = \frac{1}{\gamma}D_b + \kappa(D_a - \gamma R_{a0})te^{-rt} + (R_{b0} - \frac{1}{\gamma}D_b)e^{-\gamma t} \\ R_b^{**}(0) = R_{b0} \\ D_b = \beta[\frac{\beta}{\mu_b(1-\lambda_b)}(\frac{\omega_b\varepsilon}{\gamma-\tilde{\rho}} + \frac{\omega_b\varepsilon}{\gamma-\tilde{\rho}})]^{\delta_b} \end{cases} \tag{7-90}$$

3. 协同模式

在三方协同模式下，三方的静态反馈纳什均衡策略分别为

$$e_g^{***} = \frac{\varepsilon\pi}{\mu_g(\gamma-\tilde{\rho})} \tag{7-91}$$

$$e_a^{***} = [\frac{\alpha}{\mu_a}(\frac{2(\varepsilon\gamma-\varepsilon\tilde{\rho})-\kappa\gamma+\kappa\varepsilon(\gamma-\tilde{\rho})}{(\gamma-\tilde{\rho})^2})]^{\delta_a} \tag{7-92}$$

$$e_b^{***} = [\frac{2\beta}{\mu_b}(\frac{\varepsilon}{\gamma-\tilde{\rho}})]^{\delta_b} \tag{7-93}$$

证明：领导小组与部门 A 和 B 协同合作，共同确定最优努力策略，提高应急管理效率，降低灾害损失。各方均以城市损失最小化为目标，共同确定 E_g ， E_a ， E_b 的最优值。城市总灾害损失可表示为

$$T = \int_0^{\infty} e^{-\rho t}\{(M(t)-\varepsilon[R(t)+R_a(t)+R_b(t)]+\frac{\mu_g}{2}E_g{}^2(t)+\frac{\mu_a}{2}E_a{}^2(t)+\frac{\mu_b}{2}E_b{}^2(t)\}\mathrm{d}t \tag{7-94}$$

假设存在连续有界的微分城市灾害损失函数 $V_g(R_g,R_a,R_b)$ ， $i\in(g,a,b)$ ，对所有的 $R_g\geqslant 0$ ， $R_a\geqslant 0$ ， $R_b\geqslant 0$ 都满足 HJB 方程：

$$\rho\cdot V_g(R_g,R_a,R_b) = \min_{\substack{E_g\geqslant 0\\ E_a\geqslant 0\\ E_b\geqslant 0}}\left\{\begin{aligned}&M(t)-\varepsilon[R_g(t)+R_a(t)+R_b(t)]+\frac{\mu_g}{2}E_g{}^2(t)+\frac{\mu_a}{2}E_a^2(t)+\frac{\mu_b}{2}E_b^2(t)\\&-\frac{\partial V_g}{\partial R_g}[\pi E_g(t)+\alpha E_a(t)+\beta E_b(t)-\gamma R_g(t)]-\frac{\partial V_g}{\partial R_a}[\alpha E_a(t)-\gamma R_a(t)]\\&-\frac{\partial V_g}{\partial R_b}[\beta E_b(t)-\gamma R_b(t)+\kappa(\alpha E_a(t)-\gamma R_a(t))]\end{aligned}\right\} \tag{7-95}$$

考虑混合动机，则有

$$\tilde{\rho}\cdot V_g(R_g,R_a,R_b) = \min_{\substack{e_g\geqslant 0\\ e_a\geqslant 0\\ e_b\geqslant 0}}\left\{\begin{aligned}&M-\varepsilon(R_g+R_a+R_b)+\frac{\mu_g}{2}e_g^2+\frac{\mu_a}{2}e_a^{2/\delta_a}+\frac{\mu_b}{2}e_b^{2/\delta_b}\\&-\frac{\partial V_g}{\partial R_g}(\pi e_g+\alpha e_a^{1/\delta_a}+\beta e_b^{1/\delta_b}-\gamma R_g)-\frac{\partial V_g}{\partial R_a}(\alpha e_a^{1/\delta_a}-\gamma R_a)\\&-\frac{\partial V_g}{\partial R_b}[\beta e_b^{1/\delta_b}-\gamma R_b+\kappa(\alpha e_a^{1/\delta_a}-\gamma R_a)]\end{aligned}\right\} \tag{7-96}$$

对式（7-96）的右边分别求关于 e_g,e_a,e_b 的一阶偏导，令其等于零，可得

$$e_g = \frac{\pi}{\mu_g}\frac{\partial V_g}{\partial R_g} \tag{7-97}$$

$$e_a = [\frac{\alpha}{\mu_a}(\frac{\partial V_g}{\partial R_g}+\frac{\partial V_g}{\partial R_a}+\kappa\frac{\partial V_g}{\partial R_b})]^{\delta_a} \tag{7-98}$$

$$\mathrm{e}_b=[\frac{\beta}{\mu_b}(\frac{\partial V_g}{\partial R_g}+\frac{\partial V_g}{\partial R_b})]^{\delta_b} \tag{7-99}$$

将式（7-97）、式（7-98）、式（7-99）代入式（7-96）中，化简整理得

$$\begin{aligned}\tilde{\rho}V_g=&(\frac{\partial V_g}{\partial R_g}\gamma-\varepsilon)R_g+[(\frac{\partial V_g}{\partial R_a}+\kappa\frac{\partial V_g}{\partial R_b})\gamma-\varepsilon]R_a+(\frac{\partial V_g}{\partial R_b}\gamma-\varepsilon)R_b\\&+M-\frac{\pi^2}{2\mu_g}(\frac{\partial V_g}{\partial R_g})^2-\frac{\beta^2}{2\mu_b}(\frac{\partial V_g}{\partial R_g}+\frac{\partial V_g}{\partial R_b})^2-\frac{\alpha^2}{2\mu_a}(\frac{\partial V_g}{\partial R_g}+\frac{\partial V_g}{\partial R_a}+\kappa\frac{\partial V_g}{\partial R_b})^2\end{aligned} \tag{7-100}$$

由式（7-95）可知，关于 R_a,R_b 的线性最小灾害损失函数式是HJB方程的解，令

$$V_g\left(R_g,R_a,R_b\right)=xR_g+yR_a+zR_b+d \tag{7-101}$$

其中，x,y,z,d 均是常数。将式（7-101）求导后代入（7-100）中，得到

$$\begin{aligned}\tilde{\rho}(xR_g+yR_a+zR_b+d)=&(x\gamma-\varepsilon)R_g+[(y+\kappa z)\gamma-\varepsilon]R_a+(z\gamma-\varepsilon)R_b\\&+M-\frac{\pi^2}{2\mu_g}x^2-\frac{\beta^2}{2\mu_b}(x+z)^2-\frac{\alpha^2}{2\mu_a}(x+y+\kappa z)^2\end{aligned} \tag{7-102}$$

若式（7-102）满足 $R_g\geqslant 0$，$R_a\geqslant 0$，$R_b\geqslant 0$，可得

$$x=\frac{\varepsilon}{\gamma-\tilde{\rho}},y=\frac{\varepsilon(\gamma-\tilde{\rho}-\kappa\gamma)}{(\gamma-\tilde{\rho})^2},z=\frac{\varepsilon}{\gamma-\tilde{\rho}} \tag{7-103}$$

$$d=M-\frac{\pi^2}{2\mu_g}(\frac{\varepsilon}{\gamma-\tilde{\rho}})^2-\frac{2\beta^2}{\mu_b}(\frac{\varepsilon}{\gamma-\tilde{\rho}})^2-\frac{\alpha^2}{\mu_a}[\frac{2(\varepsilon\gamma-\varepsilon\tilde{\rho})-\kappa\gamma+\kappa\varepsilon(\gamma-\tilde{\rho})}{(\gamma-\tilde{\rho})^2}]^2 \tag{7-104}$$

将式（7-103）和式（7-104）代入式（7-102），可得最小灾害损失函数

$$\begin{aligned}V^{***}=&\frac{\varepsilon}{\gamma-\tilde{\rho}}R_g+\frac{\varepsilon(\gamma-\tilde{\rho}-\kappa\gamma)}{(\gamma-\tilde{\rho})^2}R_a+\frac{\varepsilon}{\gamma-\tilde{\rho}}R_b+M-\frac{\pi^2}{2\mu_g}(\frac{\varepsilon}{\gamma-\tilde{\rho}})^2\\&-\frac{2\beta^2}{\mu_b}(\frac{\varepsilon}{\gamma-\tilde{\rho}})^2-\frac{\alpha^2}{\mu_a}[\frac{2(\varepsilon\gamma-\varepsilon\tilde{\rho})-\kappa\gamma+\kappa\varepsilon(\gamma-\tilde{\rho})}{(\gamma-\tilde{\rho})^2}]^2\end{aligned} \tag{7-105}$$

将式（7-105）求偏导数，代入式（7-97）～式（7-99），得

$$e_g^{***}=\frac{\varepsilon\pi}{\mu_g(\gamma-\tilde{\rho})} \tag{7-106}$$

$$e_a^{***}=[\frac{\alpha}{\mu_a}(\frac{2(\varepsilon\gamma-\varepsilon\tilde{\rho})-\kappa\gamma+\kappa\varepsilon(\gamma-\tilde{\rho})}{(\gamma-\tilde{\rho})^2})]^{\delta_a} \tag{7-107}$$

$$e_b^{***}=[\frac{2\beta}{\mu_b}(\frac{\varepsilon}{\gamma-\tilde{\rho}})]^{\delta_b} \tag{7-108}$$

应急决策效率为

$$\begin{cases} R_g^{***}(t)=\dfrac{1}{\gamma}D_g+(R_{g0}-\dfrac{1}{\gamma}D_g)e^{-\gamma t} \\ R_g^{***}(0)=R_{g0} \\ D_g=\dfrac{\pi^2\varepsilon}{(\gamma-\tilde{\rho})\mu_g}+\alpha[\dfrac{\alpha}{\mu_a}(\dfrac{2(\varepsilon\gamma-\varepsilon\tilde{\rho})-\kappa\gamma+\kappa\varepsilon(\gamma-\tilde{\rho})}{(\gamma-\tilde{\rho})^2})]^{\delta_a}+\beta[\dfrac{2\beta}{\mu_b}(\dfrac{\varepsilon}{\gamma-\tilde{\rho}})]^{\delta_b} \end{cases} \tag{7-109}$$

$$\begin{cases} R_a^{***}(t)=\dfrac{1}{\gamma}D_a+(R_{a0}-\dfrac{1}{\gamma}D_a)e^{-\gamma t} \\ R_a^{***}(0)=R_{a0} \\ D_a=\alpha[\dfrac{\alpha}{\mu_a}(\dfrac{2(\varepsilon\gamma-\varepsilon\tilde{\rho})-\kappa\gamma+\kappa\varepsilon(\gamma-\tilde{\rho})}{(\gamma-\tilde{\rho})^2})]^{\delta_a} \end{cases} \tag{7-110}$$

$$\begin{cases} R_b^{***}(t)=\dfrac{1}{\gamma}D_b+\kappa(D_a-\gamma R_{a0})te^{-\gamma t}+(R_{b0}-\dfrac{1}{\gamma}D_b)e^{-\gamma t} \\ R_b^{***}(0)=R_{b0} \\ D_b=\beta[\dfrac{2\beta}{\mu_b}(\dfrac{\varepsilon}{\gamma-\tilde{\rho}})]^{\delta_b} \end{cases} \tag{7-111}$$

4. 仿真分析

鄂尔多斯的抗旱应急协同模式分为多主体分散模式、多主体主从集权模式、多主体协同模式。下面的表和图展示理论模型求解和仿真分析的结果。根据分析结果可以明确看出三种应急模式的优先顺序为：多主体分散模式<多主体主从集权模式<多主体协同模式。根据《鄂尔多斯市突发公共事件总体应急预案》，市人民政府为市行政区域内各种应急管理工作的行政管理机构，在市长的领导下，通过市人民政府常务会议研究、决定或部署重大和特大突发公共事件应急管理工作。2009 年成立以市长担任总指挥的鄂尔多斯市突发公共事件应急指挥部，由综合机构、专项应急指挥机构和应急协调机构组成。市属 45 家相关的部门和单位涉及应急管理职责，其中市水利局的应急职责为“城乡旱涝灾害、黄河防凌防汛应急”。由于应急管理机构规格低（市应急办为正科级建制、旗区应急办为副科级建制，人员编制少），应急管理办公室在工作开展中存在很多问题。按照要求，应急管理办公室需协调市属几十家单位，目前的沟通和协同机制难以胜任工作的实际需求。三种城市抗旱应急模式下三方最优努力程度见表 7-43，三种城市抗旱应急模式下三方决策效率见表 7-44，城市抗旱应急仿真参数表见表 7-45，不同模式管理效率演化过程见图 7-11。

表 7-43　三种城市抗旱应急模式下三方最优努力程度

最优努力程度	多主体分散行动模式	多主体集权主从模式	多主体协同联动模式
领导小组	$e_g^{*}=\dfrac{(1-\omega_a-\omega_b)\pi\varepsilon}{(\gamma-\tilde{\rho})\mu_g}$	$e_g^{**}=\dfrac{(1-\omega_a-\omega_b)\pi\varepsilon}{(\gamma-\tilde{\rho})\mu_g}$	$e_g^{***}=\dfrac{\varepsilon\pi}{\mu_g(\gamma-\tilde{\rho})}$
职能部门 A	$e_a^{*}=[\dfrac{\alpha}{\mu_a}(\dfrac{\omega_a\varepsilon}{\gamma-\tilde{\rho}}+\dfrac{\omega_a\varepsilon(\gamma-\tilde{\rho}-\kappa\gamma)}{(\gamma-\tilde{\rho})^2}+\kappa\dfrac{\omega_a\varepsilon}{\gamma-\tilde{\rho}})]^{\delta_a}$	$e_a^{**}=[\dfrac{\alpha}{\mu_a(1-\lambda_a)}(\dfrac{\omega_a\varepsilon}{\gamma-\tilde{\rho}}+\dfrac{\omega_a\varepsilon(\gamma-\tilde{\rho}-\kappa\gamma)}{(\gamma-\tilde{\rho})^2}+\kappa\dfrac{\omega_a\varepsilon}{\gamma-\tilde{\rho}})]^{\delta_a}$	$e_a^{***}=[\dfrac{\alpha}{\mu_a}(\dfrac{2(\varepsilon\gamma-\varepsilon\tilde{\rho})-\kappa\gamma+\kappa\varepsilon(\gamma-\tilde{\rho})}{(\gamma-\tilde{\rho})^2})]^{\delta_a}$
职能部门 B	$e_b^{*}=[\dfrac{\beta}{\mu_b}(\dfrac{\omega_b\varepsilon}{\gamma-\tilde{\rho}}+\dfrac{\omega_b\varepsilon}{\gamma-\tilde{\rho}})]^{\delta_b}$	$e_b^{**}=[\dfrac{\beta}{\mu_b(1-\lambda_b)}(\dfrac{\omega_b\varepsilon}{\gamma-\tilde{\rho}}+\dfrac{\omega_b\varepsilon}{\gamma-\tilde{\rho}})]^{\delta_b}$	$e_b^{***}=[\dfrac{2\beta}{\mu_b}(\dfrac{\varepsilon}{\gamma-\tilde{\rho}})]^{\delta_b}$

表 7-44　三种城市抗旱应急模式下三方决策效率

	多主体分散行动模式	多主体集权主从模式	多主体协同联动模式
领导小组	$\begin{cases}R_g^{*}(t)=\dfrac{1}{\gamma}D_g+(R_{g0}-\dfrac{1}{\gamma}D_g)e^{-\gamma t}\\R_g^{*}(0)=R_{g0}\\D_g=\dfrac{(1-\omega_a-\omega_b)\pi^2\varepsilon}{(\gamma-\tilde{\rho})\mu_g}\\\quad+\alpha[\dfrac{\alpha}{\mu_a}(\dfrac{\omega_a\varepsilon}{\gamma-\tilde{\rho}}+\dfrac{\omega_a\varepsilon(\gamma-\tilde{\rho}-\kappa\gamma)}{(\gamma-\tilde{\rho})^2}+\kappa\dfrac{\omega_a\varepsilon}{\gamma-\tilde{\rho}})]^{\delta_a}\\\quad+\beta[\dfrac{\beta}{\mu_b}(\dfrac{\omega_b\varepsilon}{\gamma-\tilde{\rho}}+\dfrac{\omega_b\varepsilon}{\gamma-\tilde{\rho}})]^{\delta_b}\end{cases}$	$\begin{cases}R_g^{**}(t)=\dfrac{1}{\gamma}D_g+(R_{g0}-\dfrac{1}{\gamma}D_g)e^{-\gamma t}\\R_g^{**}(0)=R_{g0}\\D_g=\dfrac{(1-\omega_a-\omega_b)\pi^2\varepsilon}{(\gamma-\tilde{\rho})\mu_g}\\\quad+\alpha[\dfrac{\alpha}{\mu_a(1-\lambda_a)}(\dfrac{\omega_a\varepsilon}{\gamma-\tilde{\rho}}+\dfrac{\omega_a\varepsilon(\gamma-\tilde{\rho}-\kappa\gamma)}{(\gamma-\tilde{\rho})^2}+\kappa\dfrac{\omega_a\varepsilon}{\gamma-\tilde{\rho}})]^{\delta_a}\\\quad+\beta[\dfrac{\beta}{\mu_b(1-\lambda_b)}(\dfrac{\omega_b\varepsilon}{\gamma-\tilde{\rho}}+\dfrac{\omega_b\varepsilon}{\gamma-\tilde{\rho}})]^{\delta_b}\end{cases}$	$\begin{cases}R_g^{***}(t)=\dfrac{1}{\gamma}D_g+(R_{g0}-\dfrac{1}{\gamma}D_g)e^{-\gamma t}\\R_g^{***}(0)=R_{g0}\\D_g=\dfrac{\pi^2\varepsilon}{(\gamma-\tilde{\rho})\mu_g}\\\quad+\alpha[\dfrac{\alpha}{\mu_a}(\dfrac{2(\varepsilon\gamma-\varepsilon\tilde{\rho})-\kappa\gamma+\kappa\varepsilon(\gamma-\tilde{\rho})}{(\gamma-\tilde{\rho})^2})]^{\delta_a}\\\quad+\beta[\dfrac{2\beta}{\mu_b}(\dfrac{\varepsilon}{\gamma-\tilde{\rho}})]^{\delta_b}\end{cases}$
职能部门 A	$\begin{cases}R_a^{*}(t)=\dfrac{1}{\gamma}D_a+(R_{a0}-\dfrac{1}{\gamma}D_a)e^{-\gamma t}\\R_a^{*}(0)=R_{a0}\\D_a=\alpha[\dfrac{\alpha}{\mu_a}(\dfrac{\omega_a\varepsilon}{\gamma-\tilde{\rho}}+\dfrac{\omega_a\varepsilon(\gamma-\tilde{\rho}-\kappa\gamma)}{(\gamma-\tilde{\rho})^2}+\kappa\dfrac{\omega_a\varepsilon}{\gamma-\tilde{\rho}})]^{\delta_a}\end{cases}$	$\begin{cases}R_a^{**}(t)=\dfrac{1}{\gamma}D_a+(R_{a0}-\dfrac{1}{\gamma}D_a)e^{-\gamma t}\\R_a^{**}(0)=R_{a0}\\D_a=\alpha[\dfrac{\alpha}{\mu_a(1-\lambda_a)}(\dfrac{\omega_a\varepsilon}{\gamma-\tilde{\rho}}+\dfrac{\omega_a\varepsilon(\gamma-\tilde{\rho}-\kappa\gamma)}{(\gamma-\tilde{\rho})^2}+\kappa\dfrac{\omega_a\varepsilon}{\gamma-\tilde{\rho}})]^{\delta_a}\end{cases}$	$\begin{cases}R_a^{***}(t)=\dfrac{1}{\gamma}D_a+(R_{a0}-\dfrac{1}{\gamma}D_a)e^{-\gamma t}\\R_a^{***}(0)=R_{a0}\\D_a=\alpha[\dfrac{\alpha}{\mu_a}(\dfrac{2(\varepsilon\gamma-\varepsilon\tilde{\rho})-\kappa\gamma+\kappa\varepsilon(\gamma-\tilde{\rho})}{(\gamma-\tilde{\rho})^2})]^{\delta_a}\end{cases}$

续表

	多主体分散行动模式	多主体集权主从模式	多主体协同联动模式
职能部门B	$\begin{cases} R_b^{*}(t)=\frac{1}{\gamma}D_b+\kappa(D_a-\gamma R_{a0})te^{-rt}+(R_{b0}-\frac{1}{\gamma}D_b)e^{-rt} \\ R_b^{*}(0)=R_{b0} \\ D_b=\beta[\frac{\beta}{\mu_b}(\frac{\omega_b\varepsilon}{\gamma-\tilde{\rho}}+\frac{\omega_b\varepsilon}{\gamma-\tilde{\rho}})]^{\delta_b} \end{cases}$	$\begin{cases} R_b^{**}(t)=\frac{1}{\gamma}D_b+\kappa(D_a-\gamma R_{a0})te^{-rt}+(R_{b0}-\frac{1}{\gamma}D_b)e^{-rt} \\ R_b^{**}(0)=R_{b0} \\ D_b=\beta[\frac{\beta}{\mu_b(1-\lambda_b)}(\frac{\omega_b\varepsilon}{\gamma-\tilde{\rho}}+\frac{\omega_b\varepsilon}{\gamma-\tilde{\rho}})]^{\delta_b} \end{cases}$	$\begin{cases} R_b^{***}(t)=\frac{1}{\gamma}D_b+\kappa(D_a-\gamma R_{a0})te^{-rt}+(R_{b0}-\frac{1}{\gamma}D_b)e^{-rt} \\ R_b^{***}(0)=R_{b0} \\ D_b=\beta[\frac{2\beta}{\mu_b}(\frac{\varepsilon}{\gamma-\tilde{\rho}})]^{\delta_b} \end{cases}$

表 7-45　城市抗旱应急仿真参数表

参数	α	β	π	ω_a	ω_b	ρ	λ_a	λ_b	μ_g	μ_a	μ_b	γ	κ	δ_a	δ_b	ε	R_{g0}	R_{a0}	R_{b0}
情景 1	3	2	2	0.2	0.1	0.05	0.3	0.2	3	2	2	0.15	0.02	1	1	0.4	60	60	60
情景 2	3	2	2	0.2	0.1	0.05	0.3	0.2	3	2	2	0.15	0.02	0.9	0.9	0.4	60	60	60
情景 3	3	2	2	0.2	0.1	0.05	0.3	0.2	3	2	2	0.15	0.02	1.1	1.1	0.4	60	60	60
含义	上级努力水平对管理效率的影响程度	部门A努力水平对管理效率的影响程度	部门B努力水平对管理效率的影响程度	部门A灾害损失分担比例	部门B灾害损失分担比例	贴现率	上级给部门A的激励系数	上级给部门B的激励系数	上级应急决策成本系数	部门A应急决策成本系数	部门B应急决策成本系数	应急管理效率衰减程度	部门A对部门B的影响系数	部门A的混合动机	部门B的混合动机	三方协同指数	应急管理效率初始值	应急管理效率初始值	应急管理效率初始值

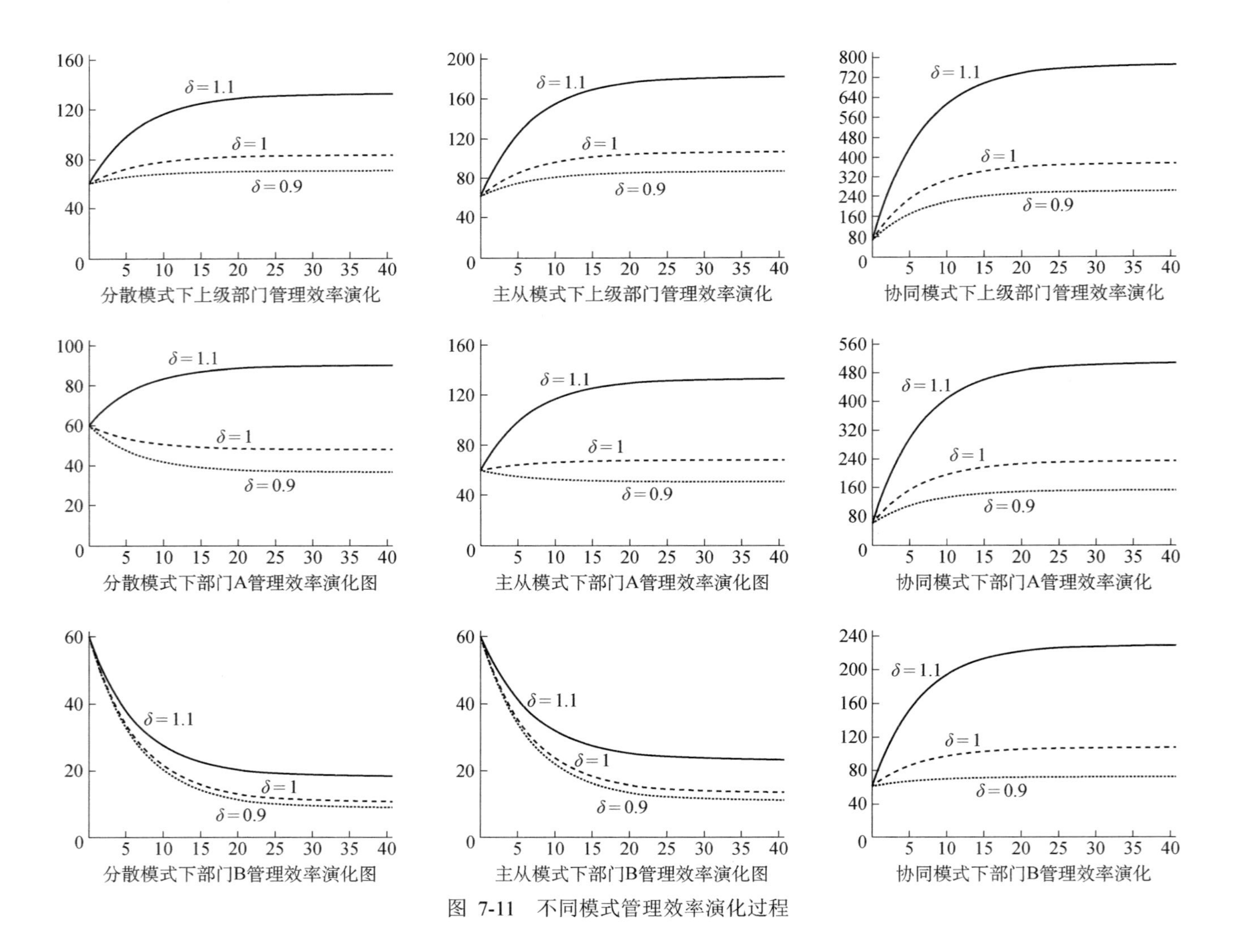

图 7-11　不同模式管理效率演化过程

7.3　贫信息条件下混合动机多主体综合集成研讨设计

7.3.1　混合动机多利益主体参与的群体综合集成研讨结构

混合动机多利益主体参与的群体综合集成研讨是指群体成员在信息技术的支持下，围绕决策任务，通过发言来交流信息，再发表意见，基于交流结果设计方案，来提出观点、表明立场或态度，为各种观点或意见的成立与否进行辩论，寻求一致和妥协，最终做出选择的过程（于景元和涂元季，2002；于景元和周晓纪，2002；陈鹏，2005；苗东升，2010；顾基发，2015；毕于慧等，2016；安小米等，2018；王丹力等，2021；李琳斐，2021；于景元，2021）。

典型生态区和城市抗旱应急管理是一个多利益主体参与的跨组织协作过程，跨组织协同度对三个子系统的能力水平具有明显的促进作用。对于公共物品的供给问题，魏克赛尔提出了“全体一致同意”的决策规则，即任何公共物品配置的决策必须要得到所有成员的一致同意才可以通过。“全体一致同意”规则是一种十分理想的状态，在这种状态下，资源配置的效率才能达到最佳。下面用一个立方体图形来描述城市抗旱应急管理中多主体参与的群决策结构，具体可见图 7-12。典型生态区多主体参与的群决策结构也是类似的。

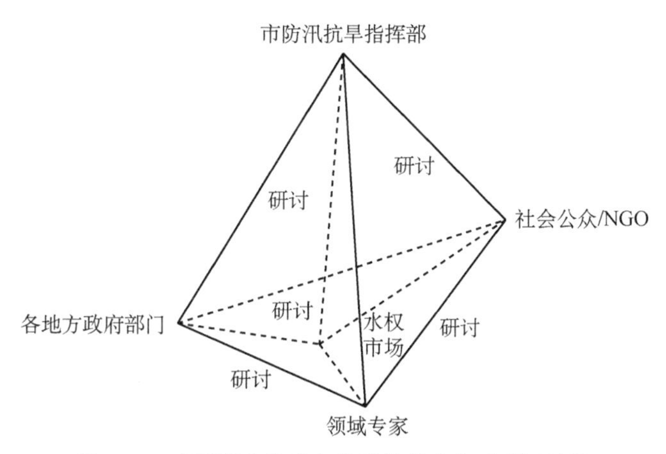

图 7-12　多利益主体参与的群体综合集成研讨结构

在这个立方体当中，顶端是市防汛抗旱指挥部，是城市抗旱应急管理的决策机构，主要是对各级地方政府部门、社会公众，以及专家进行抗旱应急管理任务的协调、监督和控制，并就具体的问题，包括预案启动、资源调度、危情处置等组织各方会商；最下面的三角形的三个点分别代表各级地方政府部门、社会公众/NGO 及领域专家。图 7-12 中的主体构成了城市抗旱应急管理决策的主体，这些主体依靠行政契约、心理契约等机制，通过组织现场会议、网络电话视频会议等进行信息沟通和应急处置，并在必要的时候通过引入水权交易市场机制解决城市水源问题，因此在立方体的内部还存在一个水权市场主体，水权市场交易的规则由多利益主体通过群体研讨协商而定。在城市抗旱应急管理中，研讨主体还包括研讨的主持人和协助者，他主要负责按照城市抗旱应急流程组织专家群体研讨，控制研讨进程、会场气氛，采取有效措施消除群体不良思维。研讨主持人还需要负责对研讨中的信息和资料（包括研讨会议的基本信息、资料和研讨中专家提出的观点和意见）进行整理和归纳。表 7-46 列出了城市抗旱应急群体研讨中各研讨主体的主要职责与任务，以及应具备的知识与经验。

表 7-46　城市抗旱应急群体综合集成研讨主体的主要任务

研讨主体	主要职责与任务	应具备的经验与知识
研讨会议的主持人	负责选择并组建研讨团队，设计群体研讨过程，控制研讨进程，管理会场气氛，采取有效措施降低研讨中的不良群体思维对研讨的影响，为群体研讨提供过程和内容协助	熟悉城市抗旱应急的一般流程，了解群体动力学，掌握群体研讨过程设计方法，熟悉并掌握消除不良群体思维的应对措施以及群体研讨的引导策略，了解与城市抗旱应急相关的领域知识
市防汛抗旱指挥部	确定研讨任务和议题，按设计的研讨过程进行研讨，具有议题方案的最终决策权	具备与城市抗旱应急相关的领域知识，洞悉问题约束条件和可行的解决方案，洞悉各地方政府部门之间需要的配合和协调
各地方政府部门	按设计的研讨过程进行研讨，提出议题备选方案供群体进行研讨	具备与城市抗旱应急相关的本部门职能领域知识，洞悉本部门问题约束条件和可行的解决方案
领域专家	按设计的研讨过程进行研讨，提出议题备选方案供群体进行研讨	具备与城市抗旱应急相关的专业领域知识和相关经验
社会公众/NGO	按设计的研讨过程进行研讨，对专家提出的议题备选方案提出各自的意见和诉求	基本清晰表达各自意见和诉求的能力
研讨协助者（技术协助者和研讨秘书）	技术协助者设计并实现群体研讨支持工具或环境，为群体研讨提供技术支持，并为研讨参与者讲解、示范研讨支持工具或环境的操作方法。研讨秘书负责记录专家主要观点、意见和分歧点	技术协助者具备计算机技术、人工智能技术和网络技术、群件技术、协助支持技术等相关知识，拥有研讨支持系统开发的相关的经验。研讨秘书熟悉研讨流程，并具备一定的城市抗旱应急领域知识

7.3.2　混合动机多利益主体参与的群体综合集成研讨规则

城市抗旱应急管理群决策流程是由市抗旱指挥部主持，为了流程之间的顺利衔接，市抗旱指挥部还必须任命一位决策问题秘书（decision problem secretary）来负责前后流程之间的沟通协调，而群体研讨主要的内容是对旱情判别、应急预案启动时机、各部门工作任务分配、应急物资调配等跨组织协同问题的研讨。城市抗旱应急管理群体研讨流程见图 7-13。

城市应急抗旱管理是一个慢时变的过程，随着时间的推进，旱情也在不断地发生变化，因此城市应急抗旱管理群决策是一个不断迭代的过程，如图 7-14 所示。

旱情发生之初，由于对旱情持续的时间、严重程度都还缺少足够的信息进行判断，只能由相关职能部门密切关注，向全体研讨主体通报信息。

理论模型的计算结果表明：自主治理模式、主从模式、协同模式中，与自主治理模式相比，主从模式可以促进干旱应急决策效率的提升。随着市抗旱领导小组和各级地方

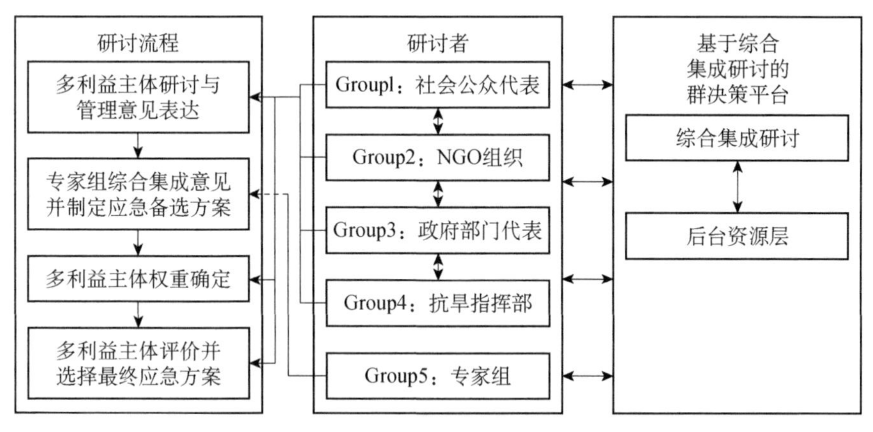

图 7-13　城市抗旱应急管理群体研讨流程

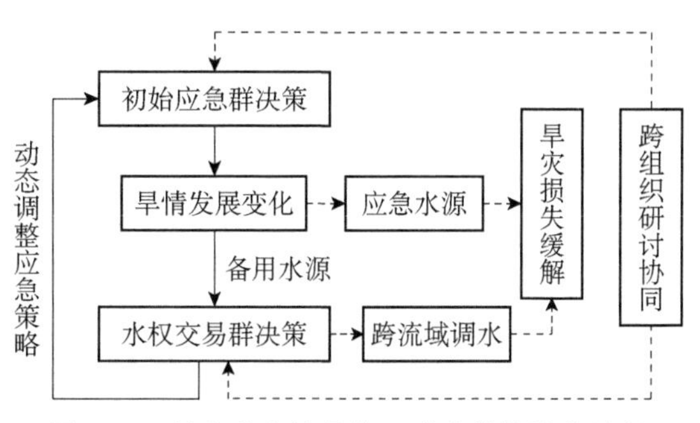

图 7-14　城市应急抗旱管理群决策的迭代过程

政府部门自身努力程度最大化，协同合作情形下抗旱应急决策效率提升也达到最高状态。跨组织协同是提升城市抗旱救灾能力的有效机制。也就是说，在合适的情况下，跨组织政府部门之间有可能通过合作实现规模经济，获得政策外溢效应。

三种应急决策模式下，各级政府的成本系数、城市干旱灾害应急效率衰减系数及贴现率越小，应对灾害的努力程度越高；政府影响能力和执行能力越强，对城市干旱灾害应急投入的努力就越多；城市干旱灾害应急决策过程中，博弈各方在协同模式下的付出程度高于自主治理模式和主从模式中的付出程度；从地方应急决策效率和区域总灾害损失的角度看，跨组织协同模式优于自主治理模式和主从模式，可以达到系统帕累托最优的状态；政府专项补助能够有效促使各级地方政府部门付出更多努力，降低城市干旱灾害损失。

城市干旱灾害应急决策要强调联动、协同、智能识别等特征，需要依托于政府的影响能力与执政能力。提高智慧城市政府影响能力和执行能力，需要通过定期组织专业培训和专项教育，加大管理层理论知识培训力度，不断提升应急管理和决策人员对城市干旱应急的理解与认识水平，以提高城市政府的影响能力和执行能力。此外，提高城市应急经费利用率，降低应急决策投资成本系数。建立城市干旱灾害应急的“数字神经系统”，对城市可用于抗旱应急救灾的物资、经费和信息进行实时更新和快速反应。数字只有联结起来才有用，孤立的数字是没有太多的价值的。借助数字神经系统，指挥机构、各级政府部门、社会公众和专家都能够每天根据需要从自己的终端上清楚地看到灾情实时、真实的信息，这种信息对于政府救灾资源的调度、分配、评价和预警将起到很大的支持作用，同时有助于各部门之间的协作。

研讨是在贫信息的条件下进行的，因而问题约束研讨是城市抗旱应急研讨的重要特征，在研讨中需要分析与问题相关因素，将问题定位到一个更具体的领域，确定问题的边界、假设条件等内容。问题约束是对设定中相关内容的进一步扩展与细化。在城市抗旱应急中，初始问题只是一个大概的描述，是问题的大背景，需要将其具体化才能进行应急方案的设计和实施。具体的做法是分析与解决初始问题和实现目标相关的因素，这些因素构成问题求解的子领域，简称问题子域。问题子域的约束包括该问题子域的边界、基本假设和前提条件等内容。问题约束研讨最终是获得解决问题和实现目标的具体问题子域及其约束。问题约束的研讨，首先是对问题进行发散性研讨，分析与问题求解相关的因素，然后对问题的进行聚焦，把初始问题的求解聚焦到具体的问题子域，确定问题求解子领域。其次，针对确定的问题子域进行研讨，确定问题子域的边界、假设条件等内容，把求解问题的子领域的约束详细化。

研讨信息和数据是专家群体研讨的重要产出，包括研讨发言信息、相关资料、解决方案、部门协调等。这些信息包含着大量与问题解决相关的知识、意见和有用信息，是推动问题解决向前发展的动力。群体研讨中，会产生大量的研讨发言信息，这些发言信息数量较大，观点各异，相关证据来源广泛，常常会超出人们的信息处理能力，如不经合理的组织，容易造成群体成员的“信息过载”。为了更好地利用这些信息，推动问题研讨向问题解决的方向前进，需要对研讨信息进行合理的组织和管理。因此，研讨需要研讨协助者在研讨的前中后期对研讨提供充分的支持。

7.3.3　混合动机多利益主体参与的群体综合集成研讨逻辑设计

研讨的组织与实施包括研讨会议基础设施、研讨人员角色分工、研讨过程的逻辑设计。研讨会议基础设施要能够支持面对面的研讨、远程在线研讨等。研讨参与人员的角色主要有三种角色，即主持人、参与者和研讨秘书。逻辑设计要解决如下几个方面的问题（王丹力和戴汝为，2001 和 2002；谭俊峰等，2005；薛惠锋等，2019；王磊等，2021）：

（1）针对城市抗旱应急每个研讨阶段的具体任务，如何设计研讨过程？选择何种研讨方式组织专家群体进行研讨？从而更好地激发群体成员的创造性，更好将专家群体成员的经验和知识进行集成，实现各阶段的目标。

（2）如何对研讨信息进行组织和展示，以促进领域专家之间的交流、激发群体认知、便于研讨信息的整理与分析？如何对研讨信息进行分析，以辅助系统工程师掌握专家群体研讨状态，更好地引导专家群体研讨？

（3）对于研讨中出现的分歧观点或意见，如何使得专家群体消除意见分歧，以达成群体共识？

1. 群体研讨组织方法

群体决策研讨过程分为决策任务产生阶段、决策任务认知阶段、决策问题解析阶段、决策问题求解阶段、决策方案设计阶段和最终的群体决策阶段六个阶段，并将六个阶段划分为十二个环节，包括决策任务结构研讨、决策目标研讨、决策准则研讨、约束条件研讨、问题特征研讨、问题约束研讨、问题支持的目标研讨、问题遵循的准则研讨、问题类型研讨、问题解决方法研讨、问题求解结果研讨和决策方案研讨。

研讨过程可以综合运用头脑风暴法、名义群体法、深度会谈、辩论、德尔菲法多种研讨组织方式，其特征是头脑风暴法与名义群体法的交替使用及深度会谈和辩论的交替使用。

头脑风暴法是一种群体创造方法，其主要作用是促使群体产生更多的新观念、激发群体创造思维，适合用于主意生成（idea generation）任务。传统的面对面头脑风暴法容易产生产出阻碍（production blocking），有碍于群体产生主意，为此提出了头脑写照法（brainwriting）和电子头脑风暴法（electronic brainstorming）。头脑写照法是将主意写在卡片等纸质介质上并在成员之间传阅，共享观点和想法，典型的有默写式智力激励法和卡片式智力激励法；电子头脑风暴法则是利用网络进行交流，群体成员在网络环境下既可以及时察看其他成员的意见，也可以不受干扰地发表自己的意见。

德尔菲法是一种专家问卷咨询方法，匿名与多轮循环反馈是其主要特点。德尔菲法实施的关键在于问卷的制定及对收集的意见的整理。

名义群体法是一种结构化方法，它的优点在于群体讨论开始之前不限制每位成员的独立思考，每个人能够将自己的真实想法向群体展示。这种方式有利于收集具有不同知识、经验和技能的成员关于问题的想法和见解。名义群体法通常主要用于单个目标或主题的研讨会议。

头脑风暴法与名义群体法的交替使用，可以实现专家群体思维经历从发散→集中→再发散→再集中的过程。

深度会谈和辩论是学习型组织中提出的讨论形式。深度会谈解决问题的基本手段是“悬挂假设”。反思和探询是深度会谈的基础，前者是针对他人的观点和意见，反思自己的心智模式，后者指通过探询别人获得某种观点的原因，从而观察他人的心智模式。辩论是一种以说服他人为目的的交流方式。交替使用深度会谈和辩论可以揭示个体的心智模式，激发个体对问题的深入思考。辩论也是达成共识的一种有效手段。深度会谈和辩论的交替使用有利于展现专家个体的心智模式。

2. 群体研讨过程中的群体思维与行为

为提高研讨效率、有效控制研讨进程、优化研讨结果，有必要对研讨过程中的群体行为进行规范。

（1）群体研讨中专家群体思维弊端及其控制。研讨过程中出现的若干种群体不良思维模式，包括依赖性思维、僵化思维和发散思维。

（2）研讨厅中群体智慧涌现。群体智慧的涌现是通过专家群体的有效互动产生的。

专家群体互动存在两大障碍，即习惯性防卫和跳跃式推论。专家群体有效互动规范，即以反思探询为基础的深度会谈和辩论。

（3）研讨厅中的行为规范，包括个体行为和群体行为两个方面，个体方面的规范包括不要盲从权威人士，鼓励和支持创造性等；群体方面的规范包括提倡民主作风，避免群体成员的从众心理和行为等。

规范的研讨过程有助于促进这一目标的实现。研讨过程的设计要根据具体的研讨对象，将整个过程划分为合理的研讨阶段，明确每个阶段需要得到的研讨结果，并根据每个研讨阶段的目标和所要得到结果，设计研讨过程，选择研讨组织模式。研讨支持人要向研讨群体说明本次研讨的目标、规则和过程，并营造良好的会场气氛，创造一个开放的、积极的研讨环境，调动各领域专家的能动性、创造性和积极性，建立专家之间良好的协作关系，鼓励领域专家从不同的视角讨论问题。研讨的重点是发挥专家群体的能动性，创新性地提出解决方案。在研讨过程中存在着大量不确定因素，再加上参与群体的混合动机和贫信息，很容易在研讨过程中出现偏题、离题的现象。因此，需要主持人实时把握群体研讨的热点和趋势，对研讨中出现的偏题、离题、停滞等现象进行引导，通过建议研讨的重点、提醒研讨的主题等方式引导专家集中对与问题密切相关的内容进行深入研讨。研讨是典型的群体活动，在群体活动中难免会产生不良群体思维，如僵化思维、投机思维等。这些不良群体思维严重影响研讨的产出和效率，影响群体进行创新性思维。主持人需要采取必要的控制或引导措施，减少不良群体思维对研讨过程和产出的影响。

有效的研讨对话是专家群体智慧涌现的前提，也是进行有效群体研讨的重要保证。一般的讨论中个体成员的发言比较自由，没有规定具体的对话形式。这种自由式的发言在一定程度上能够起到交流信息、启发思考的作用，但是也要注意引导专家群体进行深入研讨，并有效地处理研讨过程中各领域专家的冲突。群体成员间的冲突分为认知冲突和情绪冲突两种。在研讨过程中，异质专家的认知冲突的必然存在的。认知冲突有利于产生创新思维，有利于全面认识和讨论问题。当群体出现思维僵化的时候，需要采取措施鼓励群体成员从不同角度讨论问题，进行思维的碰撞。对于情绪冲突，则需要采取措施进行控制，使得群体成员之间建立良好的协作关系。

为了使得在研讨过程中，更好地把注意力集中于研讨的内容，把握群体研讨发展的脉络，降低群体认知负担，需要把研讨中的专家发言信息及时地向群体展示。展示的研讨信息中的概念要使用群体一致理解的概念，避免造成不一致的理解。研讨主持人要分析研讨发言内容，对研讨方向进行内容上的引导，把握群体研讨的关注点、分歧点，以及群体研讨的趋势。在每个研讨阶段结束后，需要研讨主持人和研讨秘书对研讨内容进行整理，总结本次研讨的结果，并为下一次研讨做好准备。

3. 研讨信息的组织与分析

1）研讨信息的组织

研讨信息组织模型不仅是实现群体研讨支持技术的基础，也是研讨信息可视化的基础。只有合理地将研讨信息组织起来，才能使人们方便、高效地获取和分析研讨中产生的各种数据，把握研讨进程，提高研讨效率；同时在研讨信息组织模型的基础上，对研讨信息进行结构化展示，有利于激发群体认知，提高研讨质量。

目前，应用比较广泛的研讨信息组织理论模型是 Toulmin 模型和 IBIS（issue-based information system）模型。Toulmin 模型是对论证（argument）的形式表示。在 Toulmin 模型中，论证（argument）由六个部分组成：主张（claim）、根据（premise）、证明（warrant）、支援（backing）、限定（quality）和反驳（rebuttal）。其中主张是一个断言性陈述，表示论述试图证明的结论；根据是提出主张的前提或依据，包括无须证明的公认命题、可信的事实根据、实验数据等；证明是连接根据和主张的桥梁，是从根据得出主张的逻辑推理规则；支援是对证明的进一步支持；限定表示从根据得出主张的确信程度；反驳是在否定主张前提的基础上，削弱限定的陈述。

IBIS 模型是由 Kunz 和 Rittel 于 1970 年提出的用于解决不良结构问题和捕获设计理性的研讨信息组织模型，它包括问题（issue）、立场（position）、论证三个元素及响应、提问、支持和反对四种关系。

2）研讨信息的分析

研讨信息的分析方式可分为两种：一是行为语义层次的分析；二是数据层次的分析。行为语义层次的分析是在研讨信息组织模型的基础上，如研讨网络或研讨树，根据研讨发言间的语义关系对研讨信息进行分析。根据语义关系，可以从三个方面对研讨信息进行分析与评价，包括关注水平、共识水平，以及研讨信息内容分析。发言间的语义关系体现了发言者的行为意图，根据发言间的语义关系对研讨信息进行分析，实际上主要是对发言观点的态度、立场的分析。

研讨信息数据层次的分析吸收人工智能和智能信息处理技术的成果，主要是利用文本技术对研讨文本进行分析，以帮助用户感知并意识到可能对其工作或者问题解决有用的信息，比如关键词提取、文本聚类等技术。研讨信息数据层次的分析的目的主要有：①通过对定性的、非结构化的研讨文本进行分析，提炼出结构化或半结构化的模式信息、探测涌现的问题结构，启发参与者的联想与思考；②对研讨发言进行归纳和概括，增强专家之间的互动；③识别研讨状态，如研讨主题的数量、群体思维发散程度等，对研讨进程进行控制和引导。研讨信息数据层次分析的研究重点不在于精确的文本处理算法，而在于从文本信息中获取有意义的结构、状态等信息。

4. 群体共识达成方法

共识达成是群体寻求一致的过程，它也可被看作是意见的综合或意见的收敛。可以从两种角度研究共识达成问题：一是从意见一致性的角度来研究共识问题，二是从意见集结的角度来研究共识问题。研讨主持人根据群体一致性度量指标，指导专家研讨并给出意见修改建议，促使专家意见达成一致。专家群体思维收敛的过程，包括准备阶段、研讨阶段和整理输出阶段。在准备阶段，组织专家进行讨论，确定问题的解决方案；在研讨阶段，专家对方案的相对重要性进行评判，给出判断矩阵，研讨主持人对判断矩阵进行一致性分析，并根据结果指导专家进行研讨，并给出意见修改建议，专家修改意见直到满足一致性要求。最后对数据进行整理并给出结果。

典型生态区与城市概况

8.1　黄河河口区概况

黄河河口地区范围为位于黄河河口三角洲的东营市全部区域，土地面积为 $7923km^2$。根据全国水资源综合规划水资源分区，分属海河流域片的徒骇马颊河区、黄河流域片的黄河干流区、淮河流域片的小清河区三个三级区，面积分别为 $2738km^2$、$685km^2$ 和 $4500km^2$。

8.1.1　自然概况

1. 地形地貌

黄河三角洲地区地形总趋势为西南高东北低，地面高程一般在大沽高程 9m 以下，地势平缓，自然坡降在 1/12000～1/8000。由于黄河在该地区改道频繁，形成黄河三角洲以废弃河床为基轴的波浪起伏的地貌特征，新老河道纵横交错、相互重叠切割，形成了岗、坡、洼相间排列的微地貌类型，它们在纵向上呈指状交错，横向上呈波浪起伏（张金良等，2023；王煜等，2021）。

2. 气候特征

黄河三角洲地区属暖温带半湿润半干旱大陆性季风气候，由于濒临渤海，又具有明显的海洋性气候特征，四季分明，春季少雨干旱，夏季多雨易涝，秋季少雨多晴，冬季干燥少雪。根据资料统计，本区多年平均气温 12.3℃，极端最高气温 41℃，极端最低气温-22℃，初霜期一般发生在 10 月中下旬，终霜期在 4 月上旬，年平均无霜期 210 天左右（夏军等，2021；刘彦随等，2022）。

区内多年平均降水量 561.6mm，年内降雨多集中在 6～9 月，约占全年降雨量的 70%，且常常集中在几场降雨过程中，极易造成洪涝灾害，其他季节降雨较少，又易形成旱灾。全年光照时数 2724h，日照率在 61%以上。多年平均水面蒸发量 1167.2mm（王永强等，2019；刘绿柳等，2021）。

3. 河流水系

流经黄河三角洲的河流较多，其中黄河为流经该区最大的河流。全区以黄河为界，以南主要河流自南向北，有小清河、支脉河、广利河、永丰河、张镇河、小岛河等，皆自西向东注入莱州湾；黄河以北自西向东主要有徒骇河、潮河、马新河、沾利河、草桥沟、挑河、二河、刁口河、神仙沟等，皆自南向北注入渤海湾。这些河流与黄河大堤构成了河口区的防洪排涝体系（刘昌明，2019；黄玉芳等，2021；刘东旭等，2022）。

8.1.2　三角洲演变和流路变迁

黄河河口属弱潮陆相河口，近 50 年来，黄河年平均有 8 亿 t 泥沙进入河口区，大量的泥沙进入河口区以后，河海交界处水流挟沙力骤然降低，海洋动力又不足以输送如此巨量的泥沙。因此，入海泥沙除少部分由海流、潮流、余流等直接或间接输往深海区，大部分泥沙淤积在滨海，填海造陆，使黄河河口不断淤积延伸。随着河口外延和河长增加，为适应输沙和排洪的需要，上游河段河床和水位相应抬高。在适当的水流条件下，入海流路会出现由下而上，范围由小而大地出汊摆动，摆动点一直上延到有堤防等人为控制的地方，形成尾闾河道的一次改道，之后河口的淤积延伸摆动改道又在新的基础上进行。河口淤积、延伸、摆动、改道不断循环演变，使入海口不断更迭，海岸线不断外移，河口三角洲的面积不断扩大。目前，河口三角洲前沿已经形成明显突出的弧形岸线，南北两侧为莱州湾和渤海湾。

河口演变除受自然因素影响外，人工干预也是一个重要条件。近几十年来，人工干预的结果使三角洲的顶点从宁海下移至渔洼，而且在今后流路的使用中，摆动顶点可能还要暂时继续下移，但由于黄河多泥沙和海洋动力弱的特性没有改变，河口尾闾的演变仍然遵循着淤积、延伸、摆动、改道的自然规律。而且随着清水沟等流路海域的堆沙完成，摆动顶点还将上移至宁海附近，进行河口三角洲的大循环。

自 1855 年以来，黄河三角洲演变大体经历了以下几个过程：

1855～1889 年，在 1855 年黄河改道入渤海以后一个较长的时段内，由于大量的泥沙淤积在陶城铺以上，进入河口的泥沙很少，河口还比较稳定。1872 年以后，自东坝头以下陆续修筑堤防，到 1885 年两岸堤防在宁海以上已基本形成，随着沿河堤防的逐步完善，输送到河口的泥沙逐渐增多，河口的淤积延伸问题开始显露出来，尾闾河道的摆动变迁也日益频繁。

1889～1953 年，宁海以下河口尾闾河道基本处于自然变迁状况。在此期间人类活动逐渐增大，但长时期内宁海以下两岸仅有民埝 20 余 km，河口尾闾段经常决口摆动，其中较大的流路变迁就有 6 次，见表 8-1。

表 8-1　1855 年以来黄河入海流路变迁过程

改道顶点	次序	行河时间（年.月）	改道地点	入海位置	改道原因
—	—	1855.7～1889.4	—	肖神庙	铜瓦厢决口夺 大清河入海

续表

改道顶点	次序	行河时间（年.月）	改道地点	入海位置	改道原因
宁海附近	1	1889.4～1897.6	韩家垣	毛丝坨	凌汛漫溢
	2	1897.6～1904.7	岭子庄	丝网口	伏汛漫溢
	3	1904.7～1926.7	盐窝 寇家庄	顺江沟 车子沟	伏汛决口
宁海附近	4	1926.7～1929.9	八里庄	刁口	伏汛决口
	5	1929.9～1934.9	纪家庄	南旺沙	人工扒口
	6	1934.9～1938 春 1947 春～1953.7	一号坝 一号坝	神仙沟、甜水沟、宋春荣沟	堵岔道未成而改道
渔洼附近	7	1953.7～1963.12	小口子	神仙沟	人工截弯，变分流为独流入海
	8	1964.1～1976.5	罗家屋子	刁口河	凌汛人工破堤
	9	1976.5 至今	西河口	清水沟	人工截流改道

1949 年以后，随着中华人民共和国的建立，河口区的生产发展，对防洪要求也日益迫切，不允许尾闾河道再任意自然改道。1953 年以后，黄河河口三角洲的摆动顶点从宁海下移至渔洼，进行了三次大的人工改道。1953 年改甜水沟、宋春荣沟、神仙沟分流入海为神仙沟独流入海。1964 年 1 月，神仙沟流路实际行河 10 年 5 个月，由于河道淤积使水位抬高，凌汛期在罗家屋子爆破分洪，水由刁口河入海。至 1976 年汛前，刁口河行河 12 年 5 个月，利津以下河道长度比 1960 年 6 月神仙沟长 12km，1975 年汛期 6500m^3/s 流量西河口水位达到当时预计的计划改道水位（大沽高程 10m），1976 年 5 月在西河口实施了有计划的人工改道，由清水沟流路入海，清水沟流路行河后经过淤滩成槽、溯源冲刷发展和溯源淤积的演变过程，至 1996 年西河口以下河长达到 65km，为有利于胜利油田的石油开采，沿东略偏北方向实施了清 8 改汊，2007 年调水调沙以后汊 3 断面以下出现了向北方向的入海水流，目前清 8 汊西河口以下河长 54～60km，流路状况尚好，还有较大的行河潜力。

8.1.3　生态环境特征

黄河三角洲生态与环境变化快速而复杂，自 1855 年黄河从河南铜瓦厢决口夺大清河入渤海，逐步形成近现代黄河三角洲体系。黄河的淤积摆动，造成三角洲频繁淤进或蚀退，使其呈现不稳定的特征。三角洲成陆时间短，土壤含盐量高，物种多样性贫乏，植被类型较单一，生态系统抗干扰和自我平衡、调节恢复能力弱，加之该地区自然资源丰富，是山东省农业、石油和海洋开发的重点地区，人类活动对黄河三角洲生态系统的干扰日益增强。

黄河三角洲生态系统布局呈现出明显的空间差异性，自海向陆依次分布着滩涂湿地、盐碱荒地、新淤地脆弱农业生态系统和农耕地四个主要的生态系统。黄河河口位于河流生态系统与海洋生态系统的交汇处，是以河流湿地及滩涂湿地为主的生态系统，是本次研究重点关注的区域。

1. 三角洲湿地

黄河口属于弱潮多沙摆动频繁的堆积性河口，独特的黄河水沙情况和河口较弱的海洋动力，使河口长期处于淤积、延伸、摆动、改道的频繁变化状态，从而形成了我国暖温带最广阔、最完整的原生湿地生态系统，构建了三角洲丰富的生物多样性条件，成为野生动物尤其是东北亚内陆及环太平洋鸟类越冬迁徙、栖息和繁殖的重要生境，是我国主要江河三角洲中最具重大保护价值的生态区域。

河口湿地生态在河口陆域、河流乃至近海区域生物的多样性保护、河流滞洪、防止海水入侵等方面发挥着重要作用。保护黄河口滨海和淡水生态系统，对于保护黄河生态系统完整性和维持三角洲生态系统的稳定有重要意义。考虑黄河三角洲生态系统的重要性和生态脆弱极易受到干扰的情况，全国生态功能区划中将其列入生物多样性保护生态功能区，主要定位于三角洲湿地生物多样性保护。

2. 山东黄河三角洲国家级自然保护区

为保护黄河三角洲湿地生态和鸟类栖息环境，1992 年国务院批准建立了黄河三角洲国家级自然保护区。主要保护对象为新生湿地生态系统和珍稀、濒危鸟类，目前也是全国最大的河口三角洲自然保护区。保护区位于黄河入海流路两侧新淤土地地带，分为北部和南部两块区域，即北部黄河刁口河故道区域和南部黄河现行流路清水沟两侧区域。

据调查资料，保护区有野生动物 1543 种，其中海洋生物 418 种，属国家重点保护的 6 种；淡水鱼类 108 种，属国家重点保护的 3 种；鸟类 283 种，属国家一级保护的丹顶鹤、白头鹤、白鹤、大鸨、东方白鹳、黑鹳、金雕、中华秋沙鸭、白尾海雕 9 种，国家二级保护鸟类的有灰鹤、大天鹅、鸳鸯等 41 种。

3. 河口近海水生生物

黄河河口及其近海区域是渤海生态系统的重要组成之一。黄河三角洲附近海域共有浮游植物 116 种，浮游动物 79 种，底栖动物 222 种，鱼类 112 种，占中国海鱼类总种数的 3.89%，占渤海鱼类总种数的 64.7%。黄河每年携带大量泥沙入海，为黄河口及渤海近海海域的海洋生物繁衍和生存，提供了大量的营养物质以及河口咸淡水生境条件。

本区河口鱼类的特点是暖温性鱼类多，以洄游性种类为主。现状黄河河口洄游性鱼类主要有刀鲚、银鱼和鳗鲡等，刀鲚为黄河溯河鱼类的典型代表，平时生活在近海处，春季溯河洄游产卵。

8.1.4 社会经济概况

黄河自 1855 年改道夺大清河入渤海以来，在相当长时间内，河口区很少有人类活动。中华人民共和国成立后，黄河三角洲开发受到党和国家的重视，1961 年开始石油开发，随后组织石油会战，建立胜利油田。特别是 1983 年东营建市以来，黄河三角洲的经济社会发生很大的变化，目前已成为我国重要的石油开采、加工基地。东营市为黄河河口区的主体部分，滨州市仅涉及小部分地区，本次研究重点为东营市。

1. 经济社会概况

东营市是黄河三角洲的中心城市。这里区位优越，是山东半岛城市群的重要组成部分，处于连接各大经济区的枢纽位置。这里资源富集，拥有丰富的石油、天然气、盐、卤、地热、黏土、海洋、湿地生态等资源。胜利油田 80%的石油地质储量和 85%的产量集中在境内，已探明石油地质储量 46 亿 t、天然气地质储量 2213 亿 m^3 。地下还蕴藏着丰富的盐矿和卤水资源，地下盐矿床面积 600km²，具备年产 600 万 t 原盐生产能力，卤水储量约 74 亿 m^3，且含有丰富的碘、溴、锂等经济价值高的化学元素，可为盐化工的发展提供重要的原料。工业经济规模不断发展壮大，经济效益明显提高，形成以石油、化工、造纸、电子等门类较为齐全，富有地方特色的工业体系。

东营市土地辽阔、类型多样、光能资源充足，适宜农业多层次高效益开发。有 525 万亩土地后备资源尚待开发，其中未利用土地 397 万亩。适宜发展水产养殖的滩涂面积 180 万亩，近海等深线密集，具备建设深水大港的条件。黄河三角洲国家级自然保护区是我国暖温带最完整、最广阔、最年轻的湿地生态系统，旅游资源独特。

东营市发展潜力巨大。近年来中央和山东省委、省政府高度重视黄河三角洲开发建设，把黄河三角洲开发建设作为全省“一体两翼”中的北翼重点推进实施，为黄河三角洲开发建设带来了重大历史机遇。

东营市辖东营、河口、垦利 3 个区，广饶、利津 2 个县。2018 年末，全市总人口为 217.2 万人，其中城镇人口 149.8 万人，城镇化率 68.6%，农村人口 67.4 万人。2018 年全市实现国内生产总值（gross domestic product，GDP）4152.5 亿元，其中第一产业增加值 145.3 亿元，第二产业增加值 2584.4 亿元，第三产业增加值 1422.7 亿元。三次产业结构 3.5∶62.2∶34.3，人均生产总值 19.3 万元。

2018 年全市耕地面积 320.98 万亩，农田有效灌溉面积 275.7 万亩。粮食作物以小麦、玉米、大豆、水稻为主，经济作物主要是棉花、蔬菜、大蒜、冬枣，全市粮食总产 129.52 万 t。

2. 土地资源

1855～1985 年，黄河平均每年淤地造陆 3～4 万亩；1985 年后，因黄河水沙来量减少，造陆速度趋缓。黄河河口区土地资源丰富，是我国东部沿海土地后备资源最多、开发潜力最大的地区之一。2008 年东营市土地总面积 7923km^2，折合 1188.5 万亩，人均占有土地 5.93 亩，其中耕地 330.75 万亩、园地 12.32 万亩、林地 35.81 万亩、牧草地 39.05 万亩、其他农用地面积 146.26 万亩、建设用地 172.61 万亩、未利用土地 451.69 万亩。

3. 矿产资源

黄河三角洲地下深层埋藏着丰富的石油、天然气和卤水资源，地表还有贝壳矿资源，其中石油、天然气、卤水，已探明储量居全国海岸带之首。

区内的胜利油田是我国第二大油田，根据胜利石油管理局统计资料，2005 年底，共探明油田 34 个，涉及胜采、东辛、孤岛、孤东、桩西、河口、滨南等 7 个采油厂，探明石油含油面积 1222.1km^2，探明石油地质储量 17.27 亿 t。根据第三次油气资源评价结果，黄河三角洲地带的总资源量为 40.6 亿 t，油气资源丰度 41.6 万 t/km^2。剩余油气资源量 23.3 亿 t，剩余油气资源丰度 23.85 万 t/km^2。

河口区卤水资源较丰富，滨海地区浅层卤水储量 74 亿 m^3，地下盐矿床面积 600km^2，储量 5900 亿 t，具备年产 600 万 t 原盐的资源条件，有很大的开发潜力。贝壳的主要化学成分是碳酸钙，是烧制石灰和制造白水泥的重要原料，将贝壳粉碎也可以作为饲料。黄河三角洲贝壳资源的储量相当丰富，储量达 1600 万 t 以上，并且贝壳矿大多出露于地面，开采运输极为方便。

8.2　鄂尔多斯市概况

鄂尔多斯市位于内蒙古自治区西南部，地处黄河上中游的鄂尔多斯高原腹地，地理坐标为北纬 37°35′24"～40°51′40"，东经 106°42′40"～111°27′20"，面积 86752km^2。鄂尔多斯市西、北、东三面为黄河“几”字弯环绕，北隔黄河与“草原钢城”包头市、首府呼和浩特市相望，东临山西，南与陕西省接壤，西与宁夏回族自治区毗邻，“黄河环抱，长城相依”，具有得天独厚的地理区位优势。鄂尔多斯市历史悠久，是人类文明的发祥地之一，文化底蕴深厚，是蒙古族传统礼仪保留最完整的地区之一。在这片神奇而古老的大地上，多个民族繁衍生息，匈奴文化、西夏文化、中原文化、蒙古文化等多种文化汇合交融。鄂尔多斯市辖东胜区、康巴什区、准格尔旗、达拉特旗、伊金霍洛旗、乌审旗、杭锦旗、鄂托克旗、鄂托克前旗等 7 个旗 2 个城区，人口 162.54 万人，其中蒙古族约 18.3 万人，是以蒙古族为主体，汉族占多数的地级市。

历史上鄂尔多斯市是一个以农牧为主的地区，直到 20 世纪 90 年代初，农牧业总产值仍占地区生产总值的 60%左右。随着国家西部大开发战略的实施和中央提出的地区间协调发展的经济建设方针，鄂尔多斯市经济发展速度快速提高，近几年一直保持着持续高速发展的势头，已发展成为全国著名的纺织工业基地，并形成以轻纺工业为主体，煤炭、煤化工、电力、建材、食品、冶金等多门类相配套的现代化工业体系。同时，随着鄂尔多斯市城市化进程的不断加快、社会经济的快速发展，以及人民生活水平的不断提高，城市服务业也迅速崛起，第三产业比重不断增加，初步形成多形式、多层次、多元化的经济发展格局。

8.2.1　自然概况

鄂尔多斯市属我国二级台地内蒙古高原的一部分，地势较高，平均海拔 1400m，一般在 1200～1500m，总的地势特点是西北高东南低，起伏不平。最高为桌子山海拔

2149m，最低为准格尔旗马栅海拔 850m。

鄂尔多斯市地形复杂，西北东三面被黄河环绕，南与黄土高原相连。地貌类型复杂多样，主要可划分为 5 种地貌类型：西部和乌海市毗邻处为中低山地；中西部为典型的波状高原；东部为丘陵沟壑区和砂岩裸露区；南部和东南部为毛乌素沙地；北部为库布齐沙漠及黄河沿岸的冲积平原。毛乌素和库布齐两大沙漠约占全市总面积的 48%。

8.2.2 矿产与资源

鄂尔多斯市自然资源富集，拥有各类矿藏 50 多种，其中具有工业开采价值的重要矿产资源有 12 类 35 种。鄂尔多斯市煤炭资源储量丰富、品质优良，是中国最重要的优质煤炭基地，在全市 8.7 万 km^2 土地上，含煤面积约占 70%，已探明的煤炭资源量约为 1496 亿 t，预测远景储量 10000 亿 t，总储量占全国煤炭总量的 1/6，占内蒙古自治区的 1/2，优质动力煤保有储量占全国的 80%，是中国产煤第一地级市。鄂尔多斯市非金属矿产中具有较大开采价值的有天然碱、芒硝、石膏、耐火土和石英砂等。鄂尔多斯境内的天然气储量丰富，天然气探明储量约占全国的 1/3，其中苏里格气田探明储量为 7504 亿 m^3，为国内最大的整装气田。富集的能源和矿产资源为鄂尔多斯市发展能源和化工产业提供了良好的基础，鄂尔多斯市被列为我国重要的能源生产基地之一。

鄂尔多斯羊绒素有“纤维钻石”“软黄金”的美称，同时也是我国在国际市场上少数几个占绝对优势的资源之一。2009 年鄂尔多斯羊绒产量 1808t，约占全国的 1/3，世界的 1/4，已经发展成为中国绒城，世界羊绒产业中心。

8.2.3 生态环境特征

1. 降水量少、生态环境脆弱

鄂尔多斯市地处鄂尔多斯高原，全年多受西北气流控制，形成典型的温带大陆性气候，多年平均降水量 265.2mm，而大部分地区蒸发量高达 1500～2200mm，气候干燥，干旱少雨。境内毛乌素沙地、库布齐沙漠占总面积的 48%，丘陵沟壑区、干旱硬梁区占总面积的 48%，自然条件恶劣，生态环境脆弱。

鄂尔多斯市所在鄂尔多斯高原是我国北方一个非常特殊和敏感的生态过渡带：从大气环流上看，处在蒙古-西伯利亚反气旋高压中心向东南季风区的过渡；从土壤方面来讲，处在栗钙土亚地带向棕钙土亚地带和黑垆土亚地带的过渡；在植被方面它处于森林草原-温带草原-荒漠化草原和草原化荒漠的过渡带；从植物区系上说，是欧亚草原区和中亚荒漠区的交会和过渡地区；在水文上是大陆内流区向外流区的过渡，也是风蚀和水蚀交错作用的地带；在地质地貌上，是沙区向戈壁和黄土区的过渡。

鄂尔多斯市处于气候过渡地带和生态环境交错区，生态环境具有明显的过渡性和波动性特点，对气候变化及人为扰动的响应极为敏感，在气候大幅度变化和高强度的人类干扰下，导致一些具有重要生态功能丧失，而且一旦受到破坏自然恢复的周期较为漫长。

2. 生态环境空间差异显著

鄂尔多斯市属于温带季风气候类型，草原植物得以充分广泛发育，荒漠植物分布在西北部强干旱荒漠地带，天然林只在东南部有小面积残存。

据调查统计，2009 年鄂尔多斯市一级土地利用分类中耕地面积 4202km^2，占总面积的 4.8%；林地面积 2337km^2，占 2.7%；草地面积 58803km^2，占 67.8%；水域湿地面积 2357km^2，占 2.7%；城市建设用地 1689km^2，占 1.9%；另有未利用土地 17365km^2，占全市面积的 20.0%，见表 8-2。鄂尔多斯市土地利用结构见图 8-6。

从空间分布上看，林地主要分布于乌审旗和鄂托克前旗，两者林地面积约占鄂尔多斯市林地总面积的 49%；草地在各旗（区）均有大面积分布；水域湿地则主要集中于杭锦旗、鄂托克旗及达拉特旗；耕地则主要分布于达拉特旗、准格尔旗和鄂托克旗。此外，从未利用土地类型来看，东胜区和康巴什区的未利用土地比例最低，分别占各自旗（区）的 1.6%和 8.2%。

表 8-2　鄂尔多斯市各旗（区）现状不同类型用地面积统计

旗（区）	林地/km^2	草地/km^2	水域湿地/km^2	耕地/km^2	建设用地/km^2	未利用地/km^2	合计/km^2
准格尔旗	215	5205	200	838	297	809	7564
伊金霍洛旗	177	4484	119	387	141	280	5588
达拉特旗	234	4802	491	1238	255	1171	8192
东胜区	146	1511	142	220	142	2	2163
康巴什区	0	0	0	32	168	152	352
杭锦旗	294	16227	561	166	131	1455	18834
鄂托克旗	119	11065	565	667	348	7621	20384
鄂托克前旗	602	8838	145	268	178	2149	12180
乌审旗	550	6671	133	385	30	3726	11495
鄂尔多斯市	2337	58803	2357	4202	1689	17365	86752
百分率/%	2.7	67.8	2.7	4.8	1.9	20.0	100

注：因数值修约表中个别数据略有误差。

8.2.4　社会经济概况

历史上鄂尔多斯市是一个以农牧业为主的地区，到 20 世纪 90 年代初，农牧业总产值占地区生产总值的 60%左右。2000 年以来，随着国家西部大开发战略和中央提出的地区间协调发展的经济建设方针的实施，鄂尔多斯市经济发展速度快速提高，近几年一直保持着持续高速发展的势头。经济增长方式由粗放型转向集约型，经济形态由资源导向型转向市场导向型，产业结构由单一型转向多元化。经过十几年的发展，鄂尔多斯市已从一个生态条件恶劣、经济落后的贫困地区一跃成为全国经济发展最活跃的地区之一。

随着西部大开发战略及我国能源产业政策的实施，近年来鄂尔多斯市经济社会呈快速发展态势，并表现出两大特征：

（1）经济总量快速增长。2009 年鄂尔多斯市地区生产总值从 2000 年的 150.1 亿元增长到 2009 年的 2161.0 亿元（按 2000 年不变价 925.9 亿元，年增长率为 22.4%，2000 年不变价的计算，采用国家统计局公布的 GDP 折减系数），尤其是近 3 年经济总量的年增长率均在 40%以上；其中第一产业增长较缓慢，增加值从 2000 年的 24.5 亿元增加到 2009 年的 60.6 亿元（按 2000 年不变价，2009 年一产增加值 29.96 亿元，年增长率为 0.6%）；第二、三产业增加较快，第二产业增加值从 2000 年的 83.9 亿元增加到 2009 年的 1260.5 亿元，增长了 15 倍（按 2000 年不变价，2009 年二产增加值 540.1 亿元，年增长率为 23.0%），已构筑起以能源重化工为支柱产业，纺织、冶金、建材、机械制造、农畜产品加工等门类较为齐全的工业体系，是内蒙古发展循环经济最具优势的地区之一，目前正向打造国家级能源重化工基地的目标迈进；第三产业从 2000 年的 41.6 亿元发展到 2009 年的 839.9 亿元，增长了 20 倍，（按 2000 年不变价，2009 年二产增加值 359.9 亿元）年增长率为 27.1%，已初步建立起完善的社会服务体系。

（2）国民经济结构变化大、加快向更加合理的方向调整。2009 年鄂尔多斯市国民经济一、二、三产业的增加值比例从 2000 年的 16.3∶55.9∶27.8，调整到 2.8∶58.3∶38.9，2009 年第一产业增加值所占比例低于 3%，而第三产业增加值所占比例接近 40%。

黄河河口区抗旱应急保障研究

9.1 黄河河口区水环境和水生态指标监测研究

9.1.1 水环境现状调查与评价

1. 材料与方法

1）站位设置

研究的区域为黄河口及其邻近约 1000km^2 的半环形水域（119°02.054′～119°31.065′ E，37°20.032′～38°02.032′ N），共设置了 33 个监测站。

研究水域水环境质量与黄河的径流量密切相关。5 月是黄河枯水期，8 月是黄河丰水期，2 月和 11 月为黄河平水期，调查选择 2011 年 5 月、8 月、11 月和 2012 年 2 月进行了 4 个航次的采样。

2）样品采集与监测

采集上、中、下 3 层混合水样；样品采集后，立即用 0.45μm 醋酸纤维滤膜（预先用 1%HCl 浸洗，并以超纯水洗至中性）过滤，然后加入相应固定剂保存。

监测指标：主要选择对水生生物的生长繁育影响较大的生态环境和污染因子。主要监测指标有水文指标 h（水深）、S（盐度）、WT（水温）、pH（酸碱度）、SS（悬浮物）、DO（溶解氧）、COD（化学需氧量）和营养盐含量等理化指标以及重金属（Cu、Pb、Zn、Cd、As、Hg）和石油类等污染物指标。

测试方法：h、WT、pH、S、DO 等用水质快速测定仪现场测定；COD 用碱性高锰酸钾法测定；TN 用过硫酸钾氧化法测定；TP 用过硫酸钾氧化法测定；硝酸盐氮用锌镉还原比色法测定；亚硝酸盐氮用萘乙二胺分光光度法测定；铵盐用次溴酸钠氧化法测定；活性磷酸盐用抗坏血酸还原的磷钼兰法测定。石油类用 OIL460 型红外分光测油仪测定；重金属铜等分别依据《海洋调查规范》用二乙氨基二硫代甲酸钠分光光度法等方法测定。

叶绿素 a 用分光光度法，定量采集 1L 水样，现场抽滤，将滤膜放置黑暗冷冻条件下保存，5d 内测试；浮游生物的采集、计数等均按照《海洋调查规范》进行。

3）评价标准

根据海水水质标准第一类标准值，采用单因子污染指数评价法进行评价：$P_i = C_i / S_i$，

其中 P_i 为污染物 i 的污染指数，C_i 为污染物 i 的实测值，S_i 为污染物 i 的标准值。

4）数据统计与分析

数据统计采用 SPSS 16.0 统计软件进行单因素方差、多重比较统计分析。

2. 调查结果与分析

2 月、5 月、8 月、11 月黄河口邻近海域水质见表 9-1。该水域水深 2.2～18.8m；盐度 S 为 31.25%～19.47%，符合典型河口缓冲海域特点；pH 为 7.96～8.44，属于中性至弱碱性水体；海面溶解氧含量充足，溶解氧含量为 7.51～14.88mg/L。

表 9-1　黄河河口邻近海域水体理化指标

监测指标	2 月	5 月	8 月	11 月	均值/（mg/L）
水深 h/m	11.00±0.92	10.41±0.91	10.42±0.86	11.12±0.87	10.74±0.44
水温 WT/℃	1.90±0.46	18.50±0.36	26.5±0.16	14.25±0.14	15.30±0.91
pH	8.25±0.01	8.20±0.01	8.10±0.01	8.30±0.01	8.22±0.01
盐度 S/%	27.32±0.22	30.46±0.11	28.34±0.32	27.46±0.41	28.40±0.19
悬浮物 SS/（mg/L）	1582.53±290.73	5.14±0.96	9.18±2.17	65.01±22.56	415.46±98.72
COD/（mg/L）	1.28±0.07	1.21±0.05	1.26±0.06	1.15±0.06	1.22±0.03
DO/（mg/L）	12.59±0.18	10.08±0.22	9.18±0.23	10.73±0.25	10.64±0.17
石油类/（mg/L）	0.0395±0.0039	0.0540±0.0029	0.0391±0.004	0.0386±0.0032	0.0428±0.0019
Cu/（mg/L）	0.0048	0.0130	0.0113	0.0182	0.0120
Pb/（mg/L）	0.0038±0.0006	0.0066±0.0007	0.0039±0.0006	0.0077±0.0007	0.0055±0.0004
Zn/（mg/L）	0.0063±0.0016	0.0140±0.0021	0.0147±0.0018	0.0245±0.0025	0.0149±0.0012
Cd/（mg/L）	0.0004±0.0001	0.0007±0.0001	0.0006±0.0001	0.0008±0.0001	0.0007±0.0000
As/（mg/L）	0.0002±0.0000	0.0031±0.0003	0.0026±0.0002	0.0028±0.0002	0.0022±0.0002
Hg/（mg/L）	0.0002±0.0000	0.0003±0.0000	0.0002±0.0000	0.0002±0.0000	0.0002±0.0000
氨氮/（mg/L）	0.0340±0.0038	0.0361±0.0035	0.0524±0.0024	0.0417±0.0038	0.0411±0.0018
硝酸盐/（mg/L）	0.3897±0.0274	0.0036±0.0004	0.2158±0.0276	0.3429±0.0423	0.2380±0.0206
亚硝酸盐/（mg/L）	0.0039±0.0005	0.0901±0.0089	0.0280±0.0061	0.0501±0.0158	0.0430±0.0057
硅酸盐/（mg/L）	0.5257±0.0385	0.0702±0.0115	0.1517±0.0272	0.1873±0.0488	0.2337±0.0243
磷酸盐/（mg/L）	0.0852±0.0143	0.0027±0.0011	0.0292±0.0007	—	0.039±0.0062
TN/（mg/L）	0.9762±0.0582	—	2.1673±0.1045	0.9335±0.1035	1.359±0.0844
TP/（mg/L）	0.1270±0.0128	—	0.0916±0.0002	0.0676±0.0115	0.0954±0.0063
Chl-a/（mg/L）	0.0017±0.0005	0.0015±0.0002	0.0035±0.0008	0.0029±0.0011	0.0024±0.0004

1）黄河下游河口地区水体理化特征

a. pH

由表 9-1 表明，黄河口海域水体 pH 为 11 月>2 月>5 月>8 月，差异显著（P<0.05）；并且研究区域内在 8 月的丰水期小环境差异较多，表明在海水大环境内受到黄河来水冲刷的影响较为显著。

b. 盐度 S

由表 9-1 表明，黄河口海域水体 S 为 5 月>8 月>11 月>2 月，除 11 月和 2 月外相互间差异均显著（P<0.05），枯水期淡水较少地汇入对盐度的影响较为显著；而研究区域内在 8 月的丰水期充足的淡水汇入，造成显著而稳定的盐度梯度，枯水期的 5 月则主要影响河口区域小范围的环境差异。

c. 悬浮物 SS

由表 9-1 表明，黄河口海域水体悬浮物含量 SS 为 2 月>11 月>8 月>5 月，其中 2 月显著高于其他月份（$P<0.05$）。

d. 溶解氧含量 DO

由表 9-1 表明，黄河口海域水体 DO 含量较高，平均达 10.64mg/L，依据海水水质标准属于第一类水质；同时，不同季节水体 DO 为 2 月>11 月>5 月>8 月，相互间差异均显著（$P<0.05$）。此外，黄河口水域受到淡水冲击较强的河口地区，水体 DO 含量较远海稍低，但均属第一类水质。

e. 化学耗氧量 COD

由表 9-1 表明，黄河口海域水体 COD 含量均值为（1.22±0.03）mg/L，依据海水水质标准属于Ⅰ类水质；同时，不同季节 2 月>8 月>5 月>11 月，但相互间均无显著差异（$P>0.05$），且均为第一类水质。此外，研究区域内水体 COD 含量与河口淡水冲入形成相应漩涡状梯度分布。

2）营养盐含量及分布特征

a. 无机氮（DIN）

（1）氨氮。由表 9-1 表明，黄河口海域水体氨氮含量为 8 月>11 月>5 月>2 月，仅 8 月显著高于其他季节（$P<0.05$）。

（2）硝酸盐。由表 9-1 表明，黄河口海域水体硝酸盐含量为 2 月>11 月>8 月>5 月，与氨氮含量季节变化趋势基本相反，且除 2 月和 11 月外均存在显著差异（$P<0.05$）。

（3）亚硝酸盐。由表 9-1 表明，黄河口海域水体亚硝酸盐含量为 5 月>11 月>8 月>2 月，且除 8 月和 11 月外均存在显著差异（$P<0.05$）。

b. 总氮 TN

由表 9-1 可知，黄河口邻近海域水体 TN 含量为（1.3590±0.0844）mg/L，不同季节大小顺序为 8 月>2 月>11 月，且 8 月显著高于其他月份（$P<0.05$）；TN 分布趋势与 DIN 基本一致，均为河口半环形区域浓度较高，距河口越远浓度越低，仅局部区域形成小范围梯度漩涡，这种分布态势可能与黄河径流排入大量的含氮物质有关。

c. 磷酸盐和总磷 TP

（1）磷酸盐。由表 9-1 表明，黄河口海域水体磷酸盐含量为（0.039±0.0062）mg/L；其季节差异为 2 月>8 月>5 月，且 2 月显著高于其他月份（$P<0.05$）；黄河口水体磷酸盐含量空间分布特征还显示，春季从河口至远海逐渐降低、夏季基本一致，而冬季则与之相反。

（2）总磷。由表 9-1 表明，黄河口海域水体 TP 含量为（0.0954±0.0063）mg/L；其季节差异为 2 月>8 月>11 月，相互间差异显著（$P<0.05$）；黄河河口水体 TP 含量空间分布特征还显示，夏季研究区内虽形成漩涡状梯度但并无显著差异，秋季于河口南部形成较高梯度的漩涡，则相较于北部含量较低，冬季则相较于秋季基本一致且趋势更向河口偏移，故而可能与黄河淡水的冲入有关。

d. 硅酸盐

由表 9-1 表明，黄河口海域水体硅酸盐含量为（0.2337±0.0243）mg/L；季节差异为 2 月>11 月>8 月>5 月，除 11 月和 8 月外相互间差异均显著（$P<0.05$）；黄河河口水体硅酸盐含量空间分布特征还显示，水体硅酸盐含量分布趋势基本均为河口半环形区域浓度较高，距河口越远浓度越低，仅局部区域形成小范围梯度漩涡，这种分布态势可能与黄河径流排入大量的营养物质有关。

3）石油类含量及分布特征

由表 9-1 表明，黄河口海域水体石油类含量为（0.0428±0.0019）mg/L，依据海水水质标准为第一类水质；其季节差异为 5 月>2 月>8 月>11 月，5 月显著高于其他月份（$P<0.05$），且 5 月为第二类水质，其他月份均为一类水质；黄河河口水体石油类含量空间分布特征还显示，水体石油类含量梯度分布趋势与河口走向基本一致，且自河口南侧向北侧逐步降低。

4）重金属

a. Cu

由表 9-1 表明，黄河口海域水体重金属 Cu 含量为 0.0120mg/L，依据海水水质标准为第三四类水质；其季节差异为 11 月>5 月>8 月>2 月，差异显著（$P<0.05$），仅 2 月为第一类水质，其他月份均为第三四类水质；黄河河口水体重金属 Cu 含量空间分布特征还显示，水体重金属 Cu 含量除夏季近岸稍低于远海外，其他季节均呈漩涡镶嵌分布。

b. Pb

由表 9-1 表明，黄河口海域水体重金属 Pb 含量为（0.0055±0.0004）mg/L，依据海水水质标准为第三类水质；其季节差异为 11 月>5 月>8 月>2 月，11 月和 5 月显著高于 8 月和 2 月（$P<0.05$），且依据海洋水质标准前两者为第三类水质，后两者为第二类水质；黄河河口水体重金属 Pb 含量空间分布特征还显示，夏秋冬季河口水体重金属 Pb 含量稍高于远海地区，且存在小型漩涡状分布，而春季亦于近岸含量稍高。

c. Zn

由表 9-1 表明，黄河口海域水体重金属 Zn 含量为（0.0149±0.0012）mg/L，依据海水水质标准为第一类水质；其季节差异为 11 月>8 月>5 月>2 月，除 8 月和 5 月外相互间差异均显著（$P<0.05$），且 11 月为第二类水质，其他月份均为第一类水质；黄河河口水体重金属 Zn 含量空间分布特征还显示，春季和夏季水体重金属 Zn 含量河口低于远海，秋季和冬季则与之相反。

d. Cd

由表 9-1 表明，黄河口海域水体 Cd 含量为（0.0007±0.0000）mg/L，依据海水水质标准为第一类水质；其季节差异为 11 月>5 月>8 月>2 月，除 5 月和 8 月外相互间差异显著（$P<0.05$），但总体均为一类水质；黄河河口水体重金属 Cd 含量空间分布特征还显示，水体 Cd 春季近岸高于远海且南岸高于北岸，夏季近岸高于远海，夏季与秋季分布特征基本一致，冬季亦近岸低于远海。

e. As

由表 9-1 表明，黄河口海域水体重金属 As 含量为（0.0022±0.0002）mg/L，依据海水水质标准为第一类水质；其季节差异为 5 月>11 月>8 月>2 月，2 月显著低于其他月份（$P<0.05$），但各月份均为一类水质；黄河河口水体重金属 As 含量空间分布特征还显示，水体 As 春季河口低于两侧、其他季节呈现漩涡梯度分布但无显著分布趋势。

f. Hg

由表 9-1 表明，黄河口海域水体重金属 Hg 含量为（0.0002±0.0000）mg/L，依据海水水质标准为第四类水质；其季节差异为 5 月>11 月>2 月>8 月，5 月显著高于其他月份（$P<0.05$），且各月份均为第四类水质；黄河河口水体重金属 Hg 含量空间分布特征还显示，水体 Hg 春季河口两侧近岸含量相对较高、夏季河口南侧存在相对较高含量区域、秋季呈现漩涡状镶嵌分布趋势、冬季则远侧高于河口。

5）叶绿素 a

河口水域由于物理、化学和生物学过程的相互影响，叶绿素 a 质量浓度的分布与变化显得较为复杂。由表 9-1 表明，黄河口海域水体叶绿素 a 含量为（0.0024±0.0004）mg/L；同时，其季节差异为 8 月>11 月>2 月>5 月，但相互间无显著差异（$P>0.05$）。此外，黄河河口水体叶绿素 a 含量空间分布特征还显示，水体叶绿素 a 含量梯度分布趋势于河口区稍低于两侧及远海区域。在河口区，虽然氮、磷质量浓度不成为浮游植物生长的限制因子，但水体含沙量大，水体浑浊，光合作用差，盐度偏低，潮流大，不利于浮游植物生长繁殖，相对应叶绿素 a 质量浓度也低。而河口外侧属下泄冲淡水和外海水的交界区，含沙量降低，盐度适中，同时也具备浮游植物生长所需的营养盐类，所以该区域内叶绿素 a 质量浓度趋于增加。

3. 水环境质量评价

由表 9-2 可知，黄河下游河口地区水体 DO、COD，以及重金属 Cd 和 As 均为海水水质一类水质标准，而该研究区域主要受到无机氮，重金属 Cu、Pb、Zn、Hg 和石油类污染的影响，并且呈现明显的季节差异。

同时，从主要超标水质超标率及污染指数可以看出（表 9-2），黄河口邻近海域水体以重金属 Pb 污染最为严重，其超标率达 450.31%，其中 11 月超标最高达 671.13%；其次为 Hg 超标的 383.44%，最高春季超 475.55%，最低夏季亦达到 346.14%；再次为重金属 Cu 超标 137.84%，最高冬季超标 264.49%，仅冬季未超标；然后为营养物质无机氮 DIN 超标达 69.82%，主要为冬春超标严重（分别超 117.35%和 113.83%）、秋季亦存一定程度超标（48.11%），夏季无超标现象；最后为重金属 Zn 和石油类亦存在一定程度污染，分别为超标 5.58%和 1.98%，Zn 于秋季和石油类于春季存在一个季度的超标。

表 9-2　黄河下游河口海域主要水质项目超标率和污染指数 P_i

指标	时间	DIN	石油类	Cu	Pb	Zn	Hg
P_i	2 月	2.176	0.79	0.95	3.84	0.31	4.50
	5 月	2.14	1.08	2.61	6.57	0.70	5.76
	8 月	0.65	0.78	2.26	3.89	0.74	4.46
	11 月	1.48	0.77	3.64	7.71	1.22	4.62
	均值	1.61	0.86	2.40	5.50	0.74	4.83

续表

指标	时间	DIN	石油类	Cu	Pb	Zn	Hg
超标率/%	2月	117.35	0	0	283.76	0	350.06
	5月	113.83	7.92	160.57	557.43	0	475.55
	8月	0	0	126.29	288.91	0	346.14
	11月	48.11	0	264.49	671.13	22.33	362.01
	均值	69.82	1.98	137.84	450.31	5.58	383.44

9.1.2　黄河河口区海域浮游生物调查与分析

1. 材料与方法

1）站位设置

研究的区域为黄河口及其邻近约1000km²的半环形水域（119°02.054′～119°31.065′ E，37°20.032′～38°02.032′ N），共设置了33个监测站。研究水域水环境质量与黄河的径流量密切相关。5月是黄河枯水期，8月是黄河丰水期，2月和11月为黄河平水期，故而分别于2011年5月、8月、11月和2012年2月进行了4个航次的调查采样。

2）样品采集与分析

浮游植物样品采集执行《海洋监测规范　第1部分：总则》（GB 17378.1—2007）。浮游植物样品采用浅水Ⅲ型浮游生物网自底至表垂直拖网取得，用5%福尔马林的海水进行固定保存，然后在室内分析鉴定。

浮游动物样品采用浅水Ⅰ型浮游生物网（网口内径50cm，筛绢孔径约0.505mm）由底到表垂直拖网采得，保存于体积分数为5%的福尔马林海水溶液中，实验室内鉴定、计数。种类鉴定参考分类学文献。样品的处理、分析方法参照《海洋调查规范　第6部分：海洋生物调查》（GB 12763.6—2007）。

3）数据统计与分析

（1）优势种优势度的计算公式如下

$$Y = (n_i / N) \times f_i \tag{9-1}$$

式中，Y为优势度指数；N为某站样品中浮游生物总个数（个）；n_i为样品中第i种的个数（个）；f_i为第i种在全部采样站位的出现率。

（2）物种多样性指数采用Shannon-Wiener多样性指数，其计算公式为

$$H' = -\sum_{i=1}^{s} (n_i / N)\ln(n_i / N) \tag{9-2}$$

式中，H'为种类Shannon-Wiener多样性指数；s为物种数；N为某站样品中浮游生物总个数（个）；n_i为样品中第i种的个数（个）。

2. 结果与分析

1）浮游植物种类组成及群落结构特征

a. 种类组成

通过调查，共检出浮游植物118种（表9-3和表9-4），其中硅藻门最多95种占全

部的 80.51%，其次甲藻门 18 种（15.25%），再次为金藻门 2 种（1.69%），最后蓝藻门、隐藻门和绿藻门各 1 种（0.85%）；不同季节物种数大小顺序为 2 月（89 种）>8 月（72 种）>11 月（70 种）>5 月（51 种）。

表 9-3　黄河口邻近海域浮游植物物种数

类别	2 月	5 月	8 月	11 月	总计
硅藻门	82	39	59	52	95
甲藻门	5	7	9	17	18
金藻门	1	2	2	1	2
蓝藻门	0	1	1	0	1
隐藻门	1	1	1	0	1
绿藻门	0	1	0	0	1
总计	89	51	72	70	118

表 9-4　黄河口邻近海域浮游植物名录

类别	物种	类别	物种	类别	物种	类别	物种
硅藻门	爱氏辐环藻	硅藻门	棘冠藻	硅藻门	深环沟角毛藻	硅藻门	中华半管藻
	薄壁几内亚藻		加拉星平藻		双孢角毛藻		中华齿状藻
	扁面角毛藻		尖刺伪菱形藻		双菱藻		中肋骨条藻
	冰河拟星杆藻		尖锥菱形藻		双眉藻		舟形藻
	并基角毛藻		具边线形圆筛藻		斯氏几内亚藻		嘴状胸膈藻
	波罗的海布纹藻		具槽帕拉藻		泰晤士旋鞘藻		
	波状斑条藻		具翼漂流藻		条纹小环藻	甲藻门	夜光藻
	波状辐裥藻		距端假管藻		透明辐杆藻		新月梨甲藻
	波状石丝藻		卡氏角毛藻		网状盒形藻		小翼甲藻
	布氏双尾藻		克尼角毛藻		威利圆筛藻		线纹角藻
	脆杆藻		劳氏角毛藻		细弱海链藻		五角原多甲藻
	大洋角管藻		棱曲舟藻		细长列海链藻		微小原甲藻
	丹麦角毛藻		离心列海链藻		新月柱鞘藻		梭角藻
	丹麦细柱藻		菱形海线藻		星脐圆筛藻		斯氏扁甲藻
	端尖曲舟藻		菱形藻		旋链角毛藻		实角原多甲藻
	短孢角毛藻		卵形双眉藻		易变双眉藻		三角角藻
	盾卵形藻		洛氏菱形藻		易变双眉藻眼状变种		墨西哥原甲藻
	蜂腰双壁藻		密连角毛藻		翼根管藻印度变型		裸甲藻
	佛氏海线藻		冕孢角毛藻		优美辐杆藻		里昂原多甲藻
	辐射列圆筛藻		膜状缪氏藻		优美旭氏藻矮小变型		渐尖鳍藻
	覆瓦根管藻		拟螺形菱形藻		羽纹藻		灰甲原多甲藻
	刚毛根管藻		扭链角毛藻		圆海链藻		粗刺角藻
	高齿状藻		诺氏海链藻		圆筛藻		叉状角藻
	格氏圆筛藻		派格棍形藻		圆柱角毛藻		扁平原多甲藻
	鼓胀海链藻		琴式菱形藻		窄隙角毛藻		
	海链藻		琼氏圆筛藻		长菱形藻	金藻门	小等刺硅鞭藻
	海洋脆杆藻		曲舟藻		长菱形藻中国变种		三毛金藻
	海洋角毛藻		柔弱几内亚藻		掌状冠盖藻	蓝藻门	念珠藻
	海洋曲舟藻		柔弱角毛藻		针杆藻	隐藻门	隐藻
	虹彩圆筛藻		柔弱伪菱形藻		正盒形藻	绿藻门	盘星藻

王金辉对长江口水域的调查中共检出浮游植物 134 属 393 种，其中硅藻最多 252 种。黄河口海域浮游植物 118 种中 80.51%为硅藻类，与长江口海域相似。同时，黄河口海域浮游植物种数又远低于长江口，且主要种群也存在较大差异，可能与黄河高纬低温及其特有的高泥沙含量有关。而黄河口浮游植物的种类较少，亦验证了洪松和陈静生关于我国河流中水生生物种类最低值出现在黄河的观点。

b. 优势种

在生物群落中，在数量或生物量占据优势的少数优势种群，对群落的发生具有强大的控制作用，并决定着群落的性质。通过分析发现，黄河河口地区春季主要有斯氏几内亚藻、细弱圆筛藻和翼骨管藻等优势种，且斯氏几内亚藻于河口北侧漩涡状高密度聚集致远海稍降低，细弱圆筛藻相反则于河口远端漩涡状高密度聚集显著高于河口近岸，翼骨管藻与斯氏几内亚藻分布特征基本一致；夏季主要有细弱圆筛藻、中肋骨条藻和佛氏海丝藻等优势种，其中细弱圆筛藻经淡水冲击于河口远端两侧形成漩涡状较高密度聚集，中肋骨条藻则于河口南侧逐渐形成高密度聚集，佛氏海丝藻与细弱圆筛藻相似于河口远端有稍高密度漩涡状分布；秋季主要优势种有细弱圆筛藻、中肋骨条藻和大洋角管藻等，其中细弱圆筛藻于河口冲击右侧形成较高密度漩涡状分布，中肋骨条藻于河口冲击远端左侧形成较高密度漩涡状分布，大洋角管藻则于河口右侧逐渐形成高密度聚集；冬季主要优势种有中肋骨条藻、加拉星平藻和膨胀海链藻等，其中中肋骨条藻于河口冲击远端形成高密度漩涡状分布，加拉星平藻于河口左侧形成高密度漩涡状分布，膨胀海链藻于河口远端形成高密度漩涡状分布。优势种在空间的分布特征，可能与淡水冲击呈现出一定的联系，但相互关系有待进一步分析。

c. 群落丰度

浮游植物细胞数介于 0.27×10^4～256.45×10^4 个/m^3，平均 27.94×10^4 个/m^3。同时，浮游植物细胞数伴随季节演替均显著变动，细胞数 2 月>11 月>8 月>5 月。此外，各站浮游植物细胞个数的分布不均匀。

d. 生物多样性

表 9-5 表明了黄河口邻近海域浮游植物群落生物多样性情况。由表可知，研究区 16%的站位（16 个）浮游植物 Shannon-Wiener 指数高于 2，62%介于 1～2，22%的站位小于 1，表明研究区浮游植物群落生物多样性不高，生态系统相对较为脆弱。

表 9-5 黄河口邻近海域浮游植物 Shannon-Wiener 指数

站位	2 月	5 月	8 月	11 月
1	2.00	1.50	2.09	1.73
2	2.07	1.14	1.90	2.00
3	1.32	0.38	1.01	1.33
4	1.54	0.53	1.55	1.24
5	2.20	0.55	1.04	1.91
6	2.08	0.63	2.33	1.71
7	0.88	0.49	2.35	1.54
8	2.04	0.82	2.31	1.84
9	2.29	0.75	1.48	1.60

续表

站位	2 月	5 月	8 月	11 月
10	2.01	0.73	1.92	1.27
11	2.02	0.74	0.74	1.80
12	2.43	0.73	0.73	1.59
13	1.57	1.17	1.17	1.63
14	1.89	0.56	0.56	1.78
15	0.21	1.30	1.30	0.77
16	1.62	1.05	1.05	1.53
17	1.33	1.12	1.08	1.23
18	2.28	1.78	1.78	1.53
19	2.02	1.37	1.37	1.22
20	1.23	1.37	1.37	1.78
21	1.85	1.62	1.62	1.44
22	1.47	1.62	1.62	0.72
23	0.75	1.56	1.56	1.42
24	1.36	1.73	1.73	0.14
25	0.25	1.69	1.69	0.35
均值	1.62	1.08	1.49	1.40

2）**浮游动物种类组成及群落结构特征**

a. 种类组成

通过调查，共检出浮游动物 87 种（表 9-6 和表 9-7），其中桡足类最多 34 种占全部的 38.64%，其次浮游的动物幼体 22 种（25.00%），再次为腔肠动物 12 种（13.64%），然后为糠虾类 4 种（4.55%）和翼足类、双壳类、十足类、被囊类和涟虫类均 2 种（2.27%），最后原生动物、毛颚类、浮游类、端足类、介形类和枝角类各 1 种（1.14%）；不同季节物种数大小顺序为 8 月（45 种）>11 月（43 种）>5 月（38 种）>2 月（35 种），基本与温度变化趋势一致。

表 9-6　黄河口邻近海域浮游动物物种数　（单位：种）

类别	2 月	5 月	8 月	11 月	总计
原生动物	1	1	1	1	1
腔肠动物	1	8	6	4	12
桡足类	20	14	18	16	34
糠虾类	2	2	0	3	4
翼足类	0	1	1	0	2
毛颚类	1	1	1	1	1
双壳类	0	2	0	0	2
浮游类	0	1	0	0	1
十足类	0	0	1	2	2
被囊类	1	0	0	2	2
端足类	1	0	0	1	1
介形类	1	0	0	1	1
涟虫类	2	0	0	1	2

续表

类别	2月	5月	8月	11月	总计
枝角类	0	0	1	0	1
浮游幼体	5	8	16	11	22
总计	35	38	45	43	88

表 9-7　黄河口邻近海域浮游动物名录

类别	物种	类别	物种	类别	物种
原生动物	夜光虫	桡足类	羽长腹剑水蚤	被囊类	异体住囊虫
腔肠动物	八斑芮氏水母		缘齿厚壳水蚤		缪勒海樽克氏亚钟
	杯水母属		长刺长腹剑水蚤	端足类	底栖端足类
	灯塔水母		真刺唇角水蚤	介形类	介形类
	耳状囊水母		中华哲水蚤	涟虫类	针尾涟虫
	和平水母属		锥形宽水蚤		三叶针尾涟虫
	拟杯水母		背针胸刺水蚤	枝角类	肥胖三角溞
	球型侧腕水母		边缘大眼剑水蚤	浮游幼体	长尾类幼体
	嵊山杯水母		叉胸刺水蚤		阿利玛幼体
	薮枝螅水母属		唇角水蚤属		磁蟹溞状幼体
	五角管水母		刺尾角水蚤		短尾类大眼幼体
	锡兰和平水母		刺尾歪水蚤		短尾类溞状幼体
	小介穗水母		纺锤水蚤属		多毛类幼体
桡足类	精致真刺水蚤		腹针胸刺水蚤		纺锤水蚤幼体
	克氏纺锤水蚤		海洋伪镖水蚤		海星幼体
	隆剑水蚤		捷氏歪水蚤		糠虾幼体
	猛水蚤目		近缘大眼剑水蚤		六肢幼体
	拟长腹剑水蚤	糠虾类	日本新糠虾		蔓足类无节幼体
	拟哲水蚤属		长额刺糠虾		桡足类幼体
	钳形歪水蚤		粗糙刺糠虾		舌贝幼虫（腕足类）
	强额拟哲水蚤		黄海刺糠虾		双壳幼虫（苔藓动物）
	强次真哲水蚤	翼足类	翼足类		无节幼体（桡足类）
	瘦尾胸刺水蚤		猛水蚤目		莹虾幼体
	双刺唇角水蚤	毛颚类	强壮箭虫		幼螺
	太平洋纺锤水蚤	双壳类	双壳类幼体		鱼卵
	太平洋真宽水蚤		幼蟹		仔鱼
	汤氏长足水蚤	浮游类	浮游生物卵		长腕幼虫（海胆纲）
	细巧华哲水蚤	十足类	中国毛虾		长腕幼虫（蛇尾纲）
	小拟哲水蚤		细螯虾		

b. 优势种

在生物群落中，数量或生物量占据优势的少数优势种群，对群落的发生具有强大的控制作用，并决定着群落的性质。以 Y>0.02 计界定浮游动物群落优势种，不同季节优势种构成见表 9-8。

表 9-8　黄河口邻近海域不同季节浮游动物优势种构成

时间	优势种	类别
春季	夜光虫	原生动物
	中华哲水蚤	桡足类
	强壮箭虫	毛颚类
	长尾类幼体	浮游幼体
夏季	拟哲水蚤属	桡足类
	强额拟哲水蚤	
	背针胸刺水蚤	
	拟长腹剑水蚤	
	双刺唇角水蚤	
	强壮箭虫	毛颚类
	双壳幼虫（苔藓动物）	浮游幼体
秋季	夜光虫	原生动物
	背针胸刺水蚤	桡足类
	中华哲水蚤	
	强壮箭虫	毛颚类
冬季	夜光虫	原生动物
	纺锤水蚤属	桡足类
	拟长腹剑水蚤	
	强壮箭虫	毛颚类
	六肢幼体	浮游幼体

通过分析发现，黄河河口地区春季第一优势种夜光虫在河口两侧形成较高密度漩涡分布，第二优势种强壮箭虫则于河口左侧至远海逐渐形成较高密度漩涡状分布，第三优势种中华蜇水蚤则与第一优势种夜光虫相似于河口呈现较高密度漩涡分布；夏季前三优势种拟蜇水蚤属、拟长腹剑水蚤，以及强额拟蜇水蚤均于河口右侧远端形成高密度漩涡状分布；秋季第一优势种夜光虫于河口右侧形成较高密度漩涡而远端逐步降低，第二优势种强壮箭虫则于河口远端逐渐形成较高密度漩涡状分布，第三优势种背针胸刺水蚤于远端两侧形成高密度漩涡状分布；冬季第一优势种纺锤水蚤属于河口远端右侧逐步形成高密度分布，第二优势种强壮箭虫于河口左侧形成相对高密度漩涡状分布，第三优势种背针胸刺水蚤于河口左侧至近岸远端逐渐形成较高密度分布。优势种在空间的分布特征，可能与淡水冲击力度及海淡水交界锋面的变化呈现出一定联系，但相互关系有待进一步分析。

c. 群落丰度

浮游动物丰度介于 0.18×10^2～2.55×10^2 个/m^3，平均为 1.04×10^2 个/m^3（表 9-9）。

同时，浮游动物丰度伴随季节演替均显著变动，丰度大小顺序为 5 月>8 月>11 月>2 月。此外，各站浮游动物丰度的分布不均匀。其中，春季河口两侧形成高密度漩涡且向远海逐渐降低，夏季则于河口右侧至远端逐步形成高密度漩涡状分布，秋季则在河口右侧形成漩涡状高密度分布，冬季则在河口左侧存在相对高密度的漩涡状分布。

表 9-9　黄河口邻近海域浮游动物丰富度　（单位：10^2 个/m^3）

站位	春季	夏季	秋季	冬季
1	0.71	1.40	1.22	0.93
2	0.70	1.09	1.49	1.35
3	0.77	1.30	1.42	1.25
4	1.09	1.49	0.67	0.81
5	1.00	1.71	0.80	0.80
6	0.86	2.02	1.35	0.86
7	0.84	0.80	1.25	0.91
8	0.91	2.26	0.85	0.80
9	0.62	1.04	1.16	0.87
10	0.84	1.23	1.39	0.97
11	1.28	1.14	0.61	0.66
12	0.37	1.42	1.81	0.30
13	0.78	0.86	1.98	1.16
14	1.34	0.80	1.64	0.54
15	0.65	1.22	0.96	0.53
16	0.95	1.24	1.22	0.82
17	0.91	1.19	0.71	0.79
18	0.66	2.28	0.24	2.55
19	0.91	1.30	1.09	0.85
20	0.72	0.72	0.77	0.86
21	0.51	2.22	0.28	1.13
22	0.88	1.23	0.97	2.16
23	0.77	0.76	0.53	0.86
24	0.73	1.25	1.20	0.18
25	0.83	1.40	0.49	—
均值	0.83	1.33	1.04	0.96

d. 生物多样性

表 9-10 表明黄河口邻近海域浮游动物群落生物多样性情况。由表可知，研究区 5.05%的站位（5 个）浮游植物 Shannon-Wiener 指数高于 3，18.18%介于 2～3，27.27%介于 1～2，49.49%的站位小于 1，表明研究区浮游植物群落生物多样性偏低，生态系统较为脆弱。

表 9-10　黄河口浮游植物 Shannon-Wiener 指数

站位	春季	夏季	秋季	冬季
1	0.04	3.30	0.44	2.55
2	0.06	2.52	0.68	2.41
3	0.09	2.06	0.63	1.74

续表

站位	春季	夏季	秋季	冬季
4	0.75	2.23	0.70	1.41
5	0.26	2.88	0.30	1.49
6	0.11	3.23	0.77	1.76
7	0.38	1.25	1.09	1.18
8	0.05	2.85	0.31	1.78
9	0.14	2.36	1.14	1.46
10	0.69	3.06	0.85	1.60
11	1.30	2.31	0.16	1.41
12	0.03	2.39	1.45	0.84
13	0.17	1.43	1.51	1.23
14	2.20	1.44	1.45	0.49
15	0.02	2.16	0.59	0.89
16	0.18	1.53	1.60	0.45
17	0.07	1.67	0.11	0.87
18	0.03	2.89	0.04	3.27
19	0.09	2.26	0.57	1.15
20	0.29	2.76	0.40	0.93
21	0.02	3.15	0.01	0.65
22	0.15	2.06	0.07	1.81
23	0.26	2.43	0.09	0.97
24	1.16	1.00	2.64	0.14
25	0.21	1.63	0.91	—
均值	0.35	2.27	0.74	1.35

3. 分析评价结论

（1）黄河口邻近海域共检出浮游植物 118 种，其中硅藻门数量最多为 95 种占全部的 80.51%；相对国内其他河口，特别是远低于长江口水域的浮游植物 134 属 393 种，且主要种群也存在较大差异，可能与黄河高纬低温及其特有的高泥沙含量有关，亦验证了我国河流中水生生物种类最低值出现在黄河的观点；同时，浮游植物群落 Shannon-Wiener 指数偏低均值仅 1.18，表明研究区浮游植物群落生物多样性不高，生态系统相对较为脆弱。

（2）黄河口邻近海域共检出浮游动物 88 种，其中多数由桡足类（最多 34 种占 38.64%）和浮游幼体（22 种）等组成；同时，浮游动物群落 Shannon-Wiener 指数偏低均值仅 1.04，表明研究区浮游植物群落生物多样性偏低，生态系统较为脆弱。

9.1.3　黄河河口邻近海域生态系统长期变化趋势

1. 黄河口邻近海域生态系统现状

1）黄河口邻近海域生态系统环境质量现状

黄河入海口的生态环境系统是典型的近岸型海洋环境生态系统，气候温和。黄河及其他河流携带大量营养盐和有机物质入海，使得河口及其附近海域含盐度低，含氧量高，有机质多。调查发现，黄河口邻近海域水体DO、COD，以及重金属Cd和As均为海水水质一类水质标准，而该研究区域主要受到无机氮，重金属Cu、Pb、Zn、Hg和石油类污染的影响，并且呈现明显的季节差异（表9-11）。

表9-11　黄河口邻近海域水体理化指标

监测指标	2月	5月	8月	11月	均值/%
水深 *h*/m	11.00±0.92	10.41±0.91	10.42±0.86	11.12±0.87	10.74±0.44
水温 WT/℃	1.90±0.46	18.50±0.36	26.5±0.16	14.25±0.14	15.30±0.91
pH	8.25±0.01	8.20±0.01	8.10±0.01	8.30±0.01	8.22±0.01
盐度 *S*/%	27.32±0.22	30.46±0.11	28.34±0.32	27.46±0.41	28.40±0.19
悬浮物 SS/（mg/L）	1582.53±290.73	5.14±0.96	9.18±2.17	65.01±22.56	415.46±98.72
COD/（mg/L）	1.28±0.07	1.21±0.05	1.26±0.06	1.15±0.06	1.22±0.03
DO/（mg/L）	12.59±0.18	10.08±0.22	9.18±0.23	10.73±0.25	10.64±0.17
石油类/（mg/L）	0.0395±0.0039	0.0540±0.0029	0.0391±0.004	0.0386±0.0032	0.0428±0.0019
Cu/（mg/L）	0.0048	0.0130	0.0113	0.0182	0.0120
Pb/（mg/L）	0.0038±0.0006	0.0066±0.0007	0.0039±0.0006	0.0077±0.0007	0.0055±0.0004
Zn/（mg/L）	0.0063±0.0016	0.0140±0.0021	0.0147±0.0018	0.0245±0.0025	0.0149±0.0012
Cd/（mg/L）	0.0004±0.0001	0.0007±0.0001	0.0006±0.0001	0.0008±0.0001	0.0007±0.0000
As/（mg/L）	0.0002±0.0000	0.0031±0.0003	0.0026±0.0002	0.0028±0.0002	0.0022±0.0002
Hg/（mg/L）	0.0002±0.0000	0.0003±0.0000	0.0002±0.0000	0.0002±0.0000	0.0002±0.0000
氨氮/（mg/L）	0.0340±0.0038	0.0361±0.0035	0.0524±0.0024	0.0417±0.0038	0.0411±0.0018
硝酸盐/（mg/L）	0.3897±0.0274	0.0036±0.0004	0.2158±0.0276	0.3429±0.0423	0.2380±0.0206
亚硝酸盐/（mg/L）	0.0039±0.0005	0.0901±0.0089	0.0280±0.0061	0.0501±0.0158	0.0430±0.0057
硅酸盐/（mg/L）	0.5257±0.0385	0.0702±0.0115	0.1517±0.0272	0.1873±0.0488	0.2337±0.0243
磷酸盐/（mg/L）	0.0852±0.0143	0.0027±0.0011	0.0292±0.0007	—	0.039±0.0062
TN/（mg/L）	0.9762±0.0582	—	2.1673±0.1045	0.9335±0.1035	1.359±0.0844
TP/（mg/L）	0.1270±0.0128	—	0.0916±0.0002	0.0676±0.0115	0.0954±0.0063
Chl-a/（mg/L）	0.0017±0.0005	0.0015±0.0002	0.0035±0.0008	0.0029±0.0011	0.0024±0.0004

首先，该水域水深*h*为2.2～18.8m；*S*为31.25%～19.47%，符合典型河口缓冲海域特点；pH为7.96～8.44，属于中性至弱碱性水体；海面溶解氧含量充足，溶解氧含量为7.51～14.88mg/L。

其次，水体TN含量为（1.359±0.0844）mg/ L，8月>2月>11月，与DIN相似均为河口半环形区域浓度较高，距河口越远浓度越低；水体TP含量为（0.0954±0.0063）mg/L，2月>8月>11月；水体叶绿素a含量为（0.0024±0.0004）mg/L，8月>11月>2月>5月，于河口区稍低于两侧及远海区域。

最终，黄河口邻近海域水体污染状况监测表明，目前黄河口邻近海域水体以重金属Pb污染最为严重，其超标率达450.31%，其中11月超标最高达671.13%；其次为Hg超标的383.41%，最高春季超475.55%，最低夏季亦达到346.14%；再次为重金属Cu超标137.84，最高冬季超标264.49，仅冬季未超标；然后为营养物质无机氮超标69.82%，主要为冬春超标严重（分别超 117.35%和 113.83%）、秋季亦存一定程度超标（48.11%），夏季无超标现象；最后为重金属 Zn 和石油类亦存在一定程度污染，分别为超标 5.58%和 1.98%，Zn 于秋季和石油类于春季存在一个季度的超标。

2）黄河口邻近海域生物资源现状

黄河每年向海洋输入巨量的淡水、泥沙和各种营养盐类，在河口和近海区形成适宜于海洋生物生长、发育的良好生态环境，黄河口水域是重要的河口生态系统，是黄渤海渔业生物的主要产卵场、孵幼场、索饵场。20 世纪 70 年代以来，由于陆源排污量的增多和黄河入海量的减少等原因，该海域环境质量下降，导致经济海洋生物产卵场消失，渔业资源遭到破坏，底栖生物多样性急剧减少，海洋生态环境严重恶化。

浮游植物作为海洋食物链的初级生产者，吸收海水中的营养物质，并通过光合作用合成有机质，是海洋中将无机元素转化成有机能量的主要载体。通过调查发现，研究区现有浮游植物 118 种，其中硅藻门最多 95 种占全部的 80.51%，其次甲藻门 18 种（15.25%），再次为金藻门 2 种（1.69%），最后蓝藻门、隐藻门和绿藻门各 1 种（0.85%）。同时，浮游植物细胞数介于 0.27×10^4～256.45×10^4 个/m^3，平均 27.94×10^4 个/m^3，于调查海域北部，浮游植物数量较多，南部靠近黄河口的区域浮游植物细胞个数较少。

共有浮游动物 88 种，其中桡足类最多 34 种占全部的 38.64%，其次浮游的动物幼体 22 种，再次为腔肠动物 12 种，然后为糠虾类 4 种和翼足类、双壳类、十足类、被囊类和涟虫类均 2 种，最后原生动物、毛颚类、浮游类、端足类、介形类和枝角类各 1 种。浮游动物丰度介于 0.18×10^2～2.55×10^2 个/m^3，平均为 1.04×10^2 个/m^3。

共鉴定出大型底栖动物 91 种，包括多毛类、软体类、甲壳类、棘皮动物、纽形动物、扁形动物和腔肠动物，共 7 个生态类型，以多毛类占明显优势（40.66%），出现频率较高的有寡节甘吻沙蚕、多丝独毛虫、不倒翁虫、西方似蛰虫、强鳞虫、乳突半突虫、囊叶齿吻沙蚕、独指虫、双唇索沙蚕和异蚓虫；其次为软体动物（27.47%），出现频率较高的有橄榄胡桃蛤、江户明樱蛤、扁玉螺、耳口露齿螺和脆壳理蛤；甲壳类动物占 24.18%，出现频率较高的有东方长眼虾、短角双眼钩虾、细螯虾和细长涟虫；其他类型中出现较多的是纽形动物纽虫和棘皮动物日本倍棘蛇尾。同时，调查发现黄河口邻近海域底栖动物的 Shannon-Wiener Index（H'）的范围为 0.16～4.23，平均值为 2.61。

3）黄河口邻近海域渔业资源现状

黄河口附近海域是渤海重要的渔场之一，也是重要的繁殖保护场所。然而，近 20 多年来由于捕捞强度过大、陆源污染和海洋资源开发程度加剧等原因，黄河口及附近海域渔业资源已严重衰退，某些鱼类的产卵场受到破坏。

依据孙鹏飞等 2014 年报道，莱州湾及黄河口水域共捕获鱼类 62 种，隶属于 11 目、34 科、53 属，主要由暖水种和暖温种组成，其中鲈形目种类最多（37 种），其次是鲉形目（7 种）和鲽形目（6 种）。春季优势种包括矛尾鰕虎鱼、鲱衔、短吻红舌鳎、矛尾复鰕虎鱼和方氏云鳚，其渔获量占总渔获量的 70.8%；夏季包括矛尾鰕虎鱼、斑鰶、鲱衔和短吻红舌鳎，占总渔获量的 68.1%；秋季包括矛尾鰕虎鱼、赤鼻棱鳀、鳀、青鳞小沙丁鱼、斑鰶、小黄鱼和矛尾复鰕虎鱼，占总渔获量的 87.1%。平均单位时间渔获量存在显著季节变化，以秋季最高，其次是夏季，春季最低。

2. 黄河口邻近海域水质生态环境变化趋势

近期对黄河口邻近海域水环境质量的监测结果亦表明，目前该区域主要受汇入淡水质量影响，呈现水体营养盐含量较高及部分重金属含超标问题。

1）水质生态环境因子的年际比较

表 9-12 表明黄河口及邻近海域水体无机磷 DIP 和无机氮 DIN 含量的年际变化情况。由表可知，2011 年 8 月至 2012 年 2 月黄河口邻近海域 DIP 含量季度波动较大，8 月>2 月>5 月，且 8 月为最低 5 月的 10.82 倍，该季节差异与 1984～1985 年、2005～2009 年相似，而与 2008 年情况相反；同时，5 月 DIP 与往年相比，2011 年显著高于 1985 年，而低于其他年份；8 月 DIP 则显著高于其他年份。水体 DIP 含量的年内波动差异，可能与 DIP 受黄河入海径流的影响较大有关，同时亦受到浮游植物大量繁殖的物质消耗以及有机质的缓慢分解等 DIP 的循环与利用密切相关。同时，当前黄河口邻近海域 DIN 含量季度波动亦较大，11 月>2 月>8 月>5 月，且 11 月为最低 5 月的 3.35 倍，该季节差异与 2005 年和 2008 年相反，而与 2009 年相似，且该差异呈现逐渐扭转的趋势。

表 9-12　黄河口邻近海域水体 DIP、DIN 含量年际变化情况

时间（年.月）	DIP	DIN
1984.8	14.57	—
1985.5	0.48	—
1985.8	0.16	—
2003.8	4.03	—
2005.5	9.66	621.4
2005.8	20.67	569.1
2008.5	7.68	337
2008.8	3.69	220
2009.5	6.83	312
2009.8	15.23	345
2011.5	2.7	129.8
2011.8	29.2	296.2
2011.11	—	434.7
2012.2	8.52	427.6

2）水质生态环境变化综合评价

选取盐度、硅酸盐、磷酸盐、无机氮、硅磷比、硅氮比和氮磷比 7 项指标作为评价因子，运用加权平均法对黄河口生态环境作综合评价；并以海水水质标准、营养盐结构标准和营养盐限制阈值作为生态环境综合评价的标准，在标准之内的为适宜范围，超出标准或低于标准均为非适宜范围。评价标准见表 9-13。

表 9-13　生态综合评价标准

项目	盐度/%	硅酸盐/（μg/L）	磷酸盐/（μg/L）	无机氮/（μg/L）	氮磷比	硅氮比	硅磷比
适宜	⩽29	⩾56	18～25	80～200	10～22	1	10～22
非适宜	>29	<56	<18 或>25	<80 或>200	<10 或>22	<1 或>1	<10 或>22

为了消除不同变量的量纲的影响，首先需要对变量进行标准化，设数据中样本共有 n 个，指标共有 p 个，分别设为 X_i，X_2，X_3，…，X_{ij}，令 X_{ij}（i=1，…，n；j=1，…，p）为第 i 样本的第 j 个指标的值。当评价指标为盐度和硅酸盐时，公式为

$$f(x)=\begin{cases}0, x \geqslant s \\ \dfrac{s-x_i}{\left|s-x_i\right|_{\max}}, x<s\end{cases} \tag{9-3}$$

式中，s 为盐度和硅酸盐浓度标准值。

当评价指标为硝酸盐等 5 项指标时，公式为

$$f(x_i)=\begin{cases}0, x_i \in [s_1, s_2] \\ \dfrac{x_i-s_2}{\max(\left|x_i-s_2\right|,\left|x_i-s_1\right|)}, x_i>s_2 \\ \dfrac{s_1-x_i}{\max(\left|x_i-s_2\right|,\left|x_i-s_1\right|)}, x_i<s_1\end{cases} \tag{9-4}$$

式中，s_1 和 s_2 分别表示评价标准的两个边界值。由原始值计算得到标准化后的样本序列（表 9-14 和表 9-15）。

表 9-14 黄河口邻近海域水质原始样本序列

时间（年.月）	盐度/%	硅酸盐/（μg/L）	磷酸盐/（μg/L）	无机氮/（μg/L）	氮磷比	硅氮比	硅磷比
1959.8	28.31	554.68	17.36	45.50	5.80	6.10	35.38
1959.11	24.60	2218.72	19.53	188.3	21.35	5.89	125.78
1984.8	20.82	1792.00	19.53	413.00	36.83	2.17	101.59
1984.11	23.84	600.32	18.91	435.96	51.05	0.69	35.15
2003.5	32.90	231.84	3.10	96.04	68.60	1.21	82.80
2003.8	30.78	395.92	4.96	146.58	65.44	1.35	88.38
2004.5	29.31	313.04	2.79	549.08	435.80	0.29	124.22
2004.8	26.84	834.68	7.44	519.82	154.70	0.80	124.21
2011.5	30.46	702	2.7	129.8	106.42	2.71	287.82
2011.8	28.34	1517	29.2	296.2	22.46	2.55	57.52
2011.11	27.46	1873	—	434.7	—	2.14	—
2012.2	27.32	5257	85.2	427.6	11.12	6.14	68.32

表 9-15 黄河口邻近海域水质标准样本序列

时间（年.月）	盐度/%	硅酸盐/（μg/L）	磷酸盐/（μg/L）	无机氮/（μg/L）	氮磷比	硅氮比	硅磷比
1959.8	0	0	0.011	0.099	0.010	0.992	0.05
1959.11	0	0	0	0	0	0.951	0.39
1984.8	0	0	0	0.61	0.060	0.228	0.30
1984.11	0	0	0	0.68	0.075	0.060	0.05
2003.5	1	0	0.248	0	0.12	0.041	0.23
2003.8	0.46	0	0.217	0	0.11	0.068	0.25

续表

时间（年.月）	盐度/%	硅酸盐/（μg/L）	磷酸盐/（μg/L）	无机氮/（μg/L）	氮磷比	硅氮比	硅磷比
2004.5	0.079	0	0.253	1	1	0.138	0.38
2004.8	0	0	0.175	0.92	0.32	0.039	0.38
2011.5	0.37	0	0.254	0	0.204	0.333	1
2011.8	0	0	0.070	0.276	0.001	0.302	0.13
2011.11	0	0	—	0.672	—	0.222	—
2012.2	0	0	1	0.652	0	1	0.17

随后，采用了1～9的比率标度法来通过专家打分构建矩阵获得各指标权重，分别为 W=（0.46，0.09，0.09，0.09，0.09，0.09，0.09）^{T}。由此，计算黄河口邻近海域生态环境质量综合评价得分。从图9-1可以看出，2011～2012年4个航次的生态环境综合评价结果与2003年和2004年4个航次的生态环境综合评价结果相似，且显著低于之前的4个航次，说明生态环境质量较早期20世纪调查生态环境质量显著下降，而与2003和2004年生态环境质量差异不显著；同时，年际均值的分析也显示，当前研究区生态环境质量与2004年基本一致，且有稍微下降，显著差于1959年和1984年，但又优于2003年度。由此可见，目前研究区生态环境虽然仍差于较早时期，但于2003年后有所好转，不过好转的趋势较为缓慢。

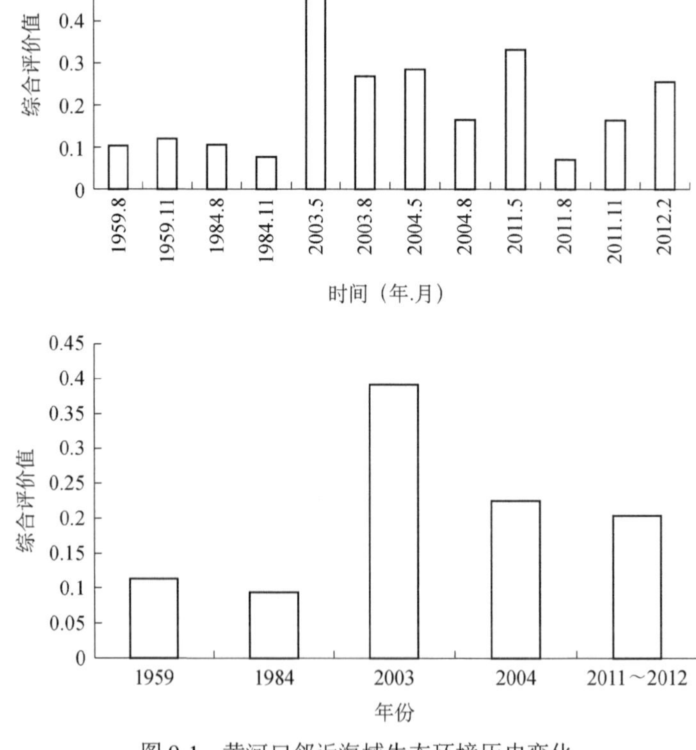

图9-1 黄河口邻近海域生态环境历史变化

3. 黄河口邻近海域水生生物资源变化趋势

1）黄河口邻近海域叶绿素 a 浓度变化

表 9-16 为长期以来黄河口邻近海域水体叶绿素 a 含量的变化情况。由表可知，黄河口邻近海域水体叶绿素 a 含量呈现先下降后升高然后下降的趋势，最低值出现在 2001 年 9 月，仅为 0.73mg/m^3，最高值出现在 2003 年 8 月，为 12.86mg/m^3。目前黄河口邻近海域水体叶绿素 a 含量介于 1.5～3.5mg/m^3，与 20 世纪 80 年代相当。该变化趋势与水体综合评价的变化趋势基本一致。

表 9-16 黄河口邻近海域叶绿素 a 浓度变化情况

时间（年.月）	浓度/（mg/m^3）	时间（年.月）	浓度/（mg/m^3）	时间（年.月）	浓度/（mg/m^3）
1984.8	4.7	2001.06	3.1	2004.08	3.51
1989.6	1.13	2001.09	0.73	2011.05	1.5
1989.8	1.68	2003.05	4.45	2011.08	3.5
2000.8	1	2003.08	12.86	2011.11	2.9
2001.1	1.1	2004.05	1.62	2012.02	1.7

2）黄河口邻近海域浮游植物变化趋势

图 9-2 为黄河口邻近海域浮游植物种类数量变化情况，由图可知，浮游植物种类数量呈现显著的季节变化。不同年份调查均表明，浮游植物种类数量最少出现在 5 月，1960 年、1982 年和 1998 年物种数最多出现在 10 月，1992 年最多在 8 月，而目前调查结果为 2012 年 2 月物种数最多。同时，年际间变化呈现先下降后上升的趋势，2003 年物种数最少，2004 年后逐渐上升，且当前调查（2011～2012 年度）较 2003～2004 年显著升高。

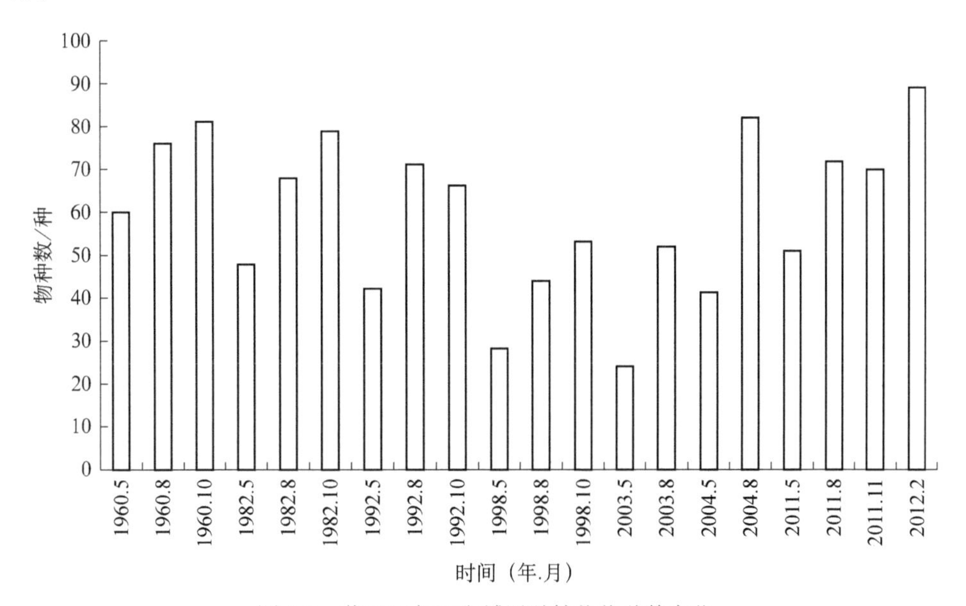

图 9-2 黄河口邻近海域浮游植物物种数变化

图 9-3 为黄河口邻近海域浮游植物数量变化情况，由图可知，1982 年 5 月和 8 月分别为 1102.25×10^4 个/m³ 和 2319.60×10^4 个/m³，显著高于其他年份同期水平；而 1998 年 8 月是所有调查航次中浮游植物数量最少的；而年际间变化呈现逐步下降的趋势，可能是由于 20 世纪 90 年代后黄河径流量大幅度下降，对河口的水环境造成剧烈影响，许多浮游植物群落不适应环境的变化而数量显著下降。

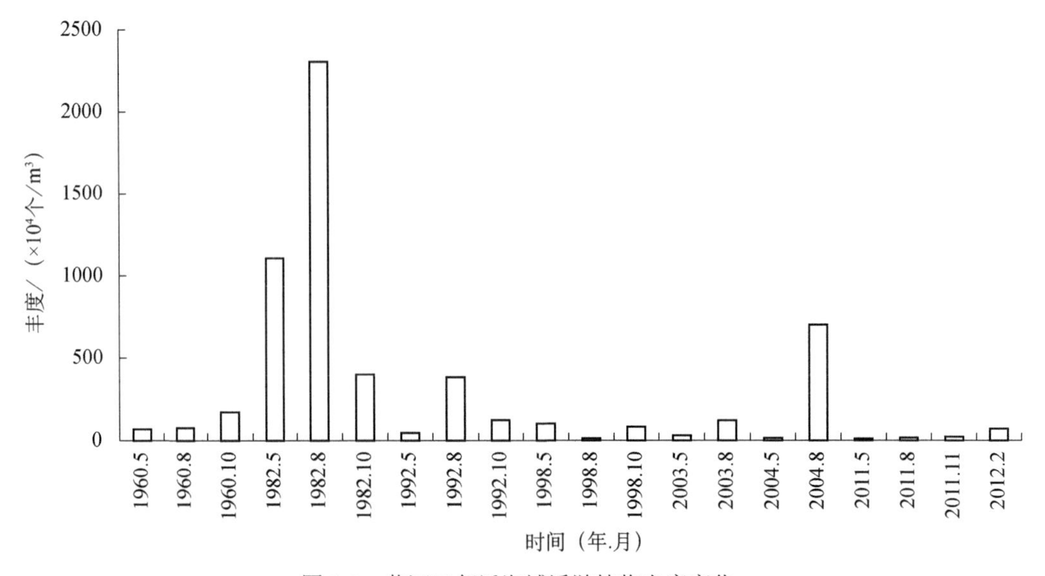

图 9-3　黄河口邻近海域浮游植物丰度变化

图 9-4 表明黄河口邻近海域浮游植物多样性指数呈先下降后趋于平缓并稍有上升的趋势。1960 年浮游植物多样性指数均较高，浮游植物群落状况较好；至 1982 年大幅度下降；随后 1992 年稍有上升，至 1998 年仍然为下降趋势，其后 2003 年和 2004 年，以及 2011～2012 年水平与 1998 年相差不大，但呈平缓并稍有上升趋势。

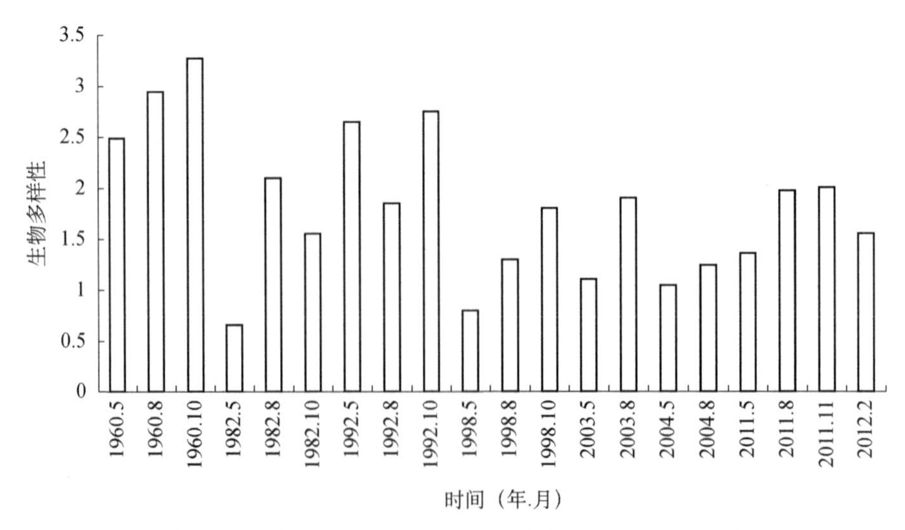

图 9-4　黄河口邻近海域浮游植物生物多样性指数变化情况

3）黄河口邻近海域浮游动物变化趋势

通过分析，黄河口近海海域 2011～2012 年共获得浮游动物 88 种，其中桡足类最多 34 种（38.64%），其次浮游动物幼体 22 种，再次腔肠动物 12 种，然后糠虾类 4 种和翼足类、双壳类、十足类、被囊类和涟虫类各 2 种，最后原生动物、毛颚类、浮游类、端足类、介形类和枝角类各 1 种。浮游动物丰度介于 0.18×10^2～2.55×10^2 个/m^3，平均为 1.04×10^2 个/m^3。

图 9-5 为黄河口邻近海域浮游动物种类数量变化情况。由图可知，年际间浮游动物种类数变化呈现上升、下降然后又上升的波动趋势，1996 年较 1980～1981 年物种数显著升高后逐渐降低，至 2003 年物种数最少，2004 年后逐渐上升，至当前调查（2011～2012 年度）显著升高至 88 种。

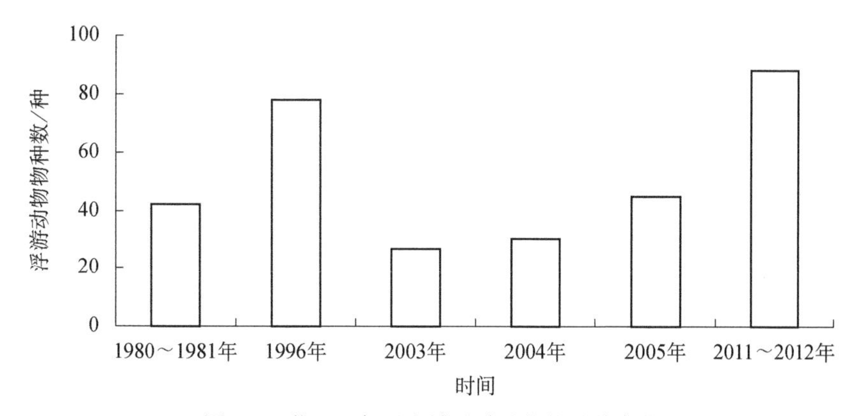

图 9-5　黄河口邻近海域浮游动物物种数变化

图 9-6 中表明黄河口邻近海域浮游动物多样性指数呈现波动趋势。由图可知，1996 年 5 月和 8 月高于 3 月和 11 月，2011～2012 年度则为 5 月和 11 月显著高于 8 月和 2 月；2003 年 5 月浮游动物多样性指数高于 1996 年 5 月和 2004 年 5 月；2003 年 8 月浮游动物多样性指数低于 1996 年 8 月和 2004 年 8 月；而 2011～2012 年度亦稍低于 1996 年度，但较 2003～2004 年稍有上升，而月份间波动差异较大。

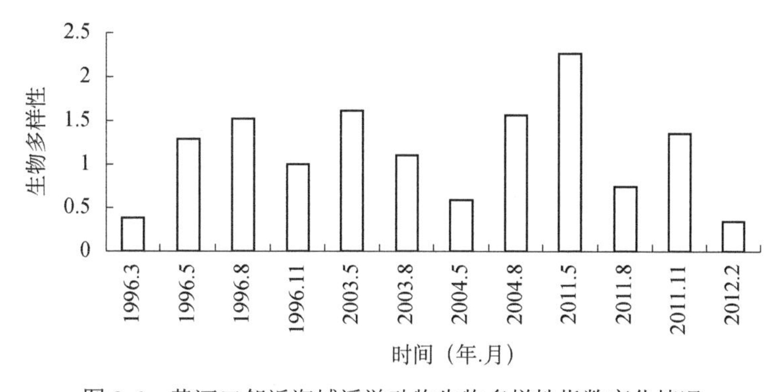

图 9-6　黄河口邻近海域浮游动物生物多样性指数变化情况

4）黄河口邻近海域底栖动物变化趋势

在黄河口近海区域，5 月出现的大型底栖动物物种为 71 种，明显多于 8 月的 55 种，但均以多毛类占明显优势。2 个航次大型底栖动物平均丰度为 258.55ind./m^2，5 月以软体动物占绝对优势（80%），而且在整个区域上分布极不均匀，个别软体动物在某些站位的丰度达到了很高的水平，如薄荚蛏在 H28、H32 号站位的丰度高达 1525ind./m^2 和 3440ind./m^2；8 月，多毛类和软体类的丰度分别占到总丰度的 43.05%和 37.21%，在整个区域分布较均匀。同时，调查发现黄河口邻近海域底栖动物的 Shannon-Wiener Index（H'）的范围为 0.16～4.23，平均值为 2.61。多样性指数的低值出现在 5 月的样品中，主要是样品中物种数很低或样品中丰度占较大优势的物种单一造成的。

根据孙道元 1983 年 6 月至 1984 年 11 月对莱州湾的调查，每站平均采到 22 种底栖生物，而 2003 年和 2004 年，每站平均仅采到 12 种底栖生物，表明黄河口邻近海域底栖生物资源退化显著。同时，图 9-7 表明了黄河口邻近海域底栖生物的种类数量变化。由图可知，年际间底栖生物种类数变化呈现下降、上升而后又下降的波动趋势，1985 年 5 月的物种数最高，显著高于其他年度的不同月份；其后，至 2003 年降低显著，虽然 2004 年后有所上升，但到 2011～2012 年度的当前调查与 2003 年相差不大，表明长期以来底栖生物物种数降低显著并趋于稳定状态。

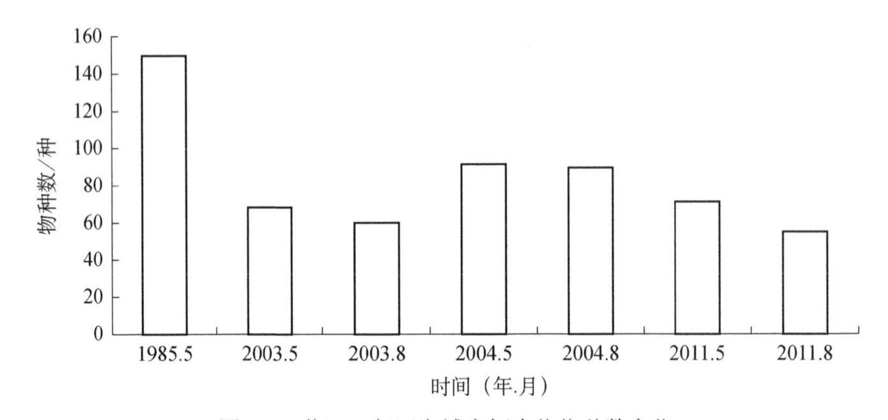

图 9-7 黄河口邻近海域底栖生物物种数变化

黄河口邻近海域底栖生物的栖息密度 1982 年、1984 年和 1985 年调查中分别为 822 个/ m^2、1138 个/m^2 和 1011 个/m^2，2003 年和 2004 年栖息密度分别下降为 495 个/m^2 和 518 个/m^2，至 2011 年则下降到 259 个/m^2，下降趋势十分明显。根据底栖动物栖息密度组成变化可以看出（图 9-8），1984 年底栖动物密度组成主要是软体动物和棘皮动物，2003 年和 2004 年调查中，软体动物占据绝对优势，成为底栖生物的优势种群，而在 2011 年中，5 月以软体动物为主，8 月则以多毛类和软体动物为主，个体趋于小型化，且棘皮动物在调查范围内很少出现。棘皮动物属于对环境变化比较敏感的底栖生物群体，环境的变化可能是导致莱州湾内棘皮动物数量锐减的主要原因。从以上分析可以得出，黄河口邻近海域底栖生物群落在过去的近 30 年里发生明显变化，其栖息密度明显下降。

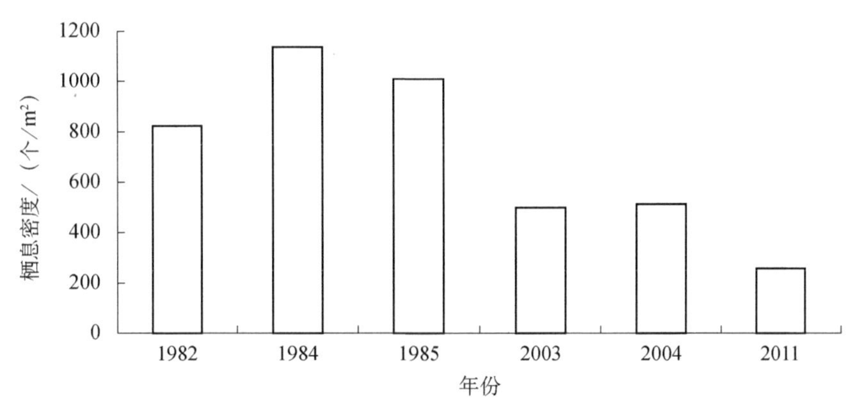

图 9-8　黄河口邻近海域底栖生物栖息密度变化

5）黄河口邻近海域鱼类资源变化趋势

黄河口及其邻近海域是黄渤海重要的渔业产区，也是重要的繁殖保护场所。这是由于黄河冲淡水与莱州湾沿岸陆水径流给海域注入高营养盐的同时，也调节着海区的盐度。黄河水下三角洲及莱州湾中部的粉砂淤泥和泥沙底质在浅海风浪的作用下使得 N、P 泛起，也源源不断地提供初级生产营养，产生毛虾、糠虾的次级生产，它既是人们的渔获又是其他经济鱼类的主要饵料，吸引着各种鱼虾的产卵群体到此繁育，进而滞留索饵。依据孙鹏飞等 2011 年 5 月至 2012 年 4 月对黄河口及莱州湾海域 9 个航次的渔业脱网调查资料，黄河口及莱州湾海域共捕获鱼类 62 种，隶属于 11 目、34 科、53 属，主要由暖水种和暖温种组成，其中鲈形目种类最多（37 种），其次是鲉形目（7 种）和鲽形目（6 种）。

虽然 1988 年以来底拖网退出渤海渔业生产，但渔业资源衰退趋势未见改变，渔获量大幅下滑。当前调查中，共捕获鱼类 62 种，仅为 1982～1985 年鱼类种类数的 54.4%，1992～1993 年捕获鱼类数的 84.9%，可见鱼类种类下降显著，但目前有减缓趋势。同时，鱼资源密度减少趋势亦十分明显。当前渔业捕获量分别为秋季 22.63kg/h>夏季 16.75kg/h>春季 1.29kg/h，显著低于 1982 年 5 月鱼资源密度的 200～300kg/h，仅与下降后 1992 年同期的 10～50kg/h 相当，渔业资源明显减少的有黄姑鱼、银鲳、牙鲆、对虾、蓝点马鲛、鹰爪虾等。而据金显仕等人调查结果，1998～1999 年黄河口邻近海域主要渔业种类的生物量下降至历史最低水平，平均渔获量分别仅为 1959、1982～1983 年和 1992～1993 年的 3.3%、7.3%和 11.0%；季节生物量仅为 1992～1993 年同期的 3.5%～22.3%。此外，渔业资源群落结构也随时间发生了较大的变化，多样性自 1959～1982 年增加，然后呈下降趋势。中国对虾等重要的经济鱼类已经形成不了资源。此外，刀鲚（*Coilia ectenes*）、中华绒毛蟹等溯河性经济鱼类，日本鳗鲡（*Anguilla japonica*）、达氏鲟（*Acipenser dabryanus*）等洄游性种类已基本绝迹。

造成黄河口邻近海域渔业资源下降的原因众多，其中过度捕捞为其重要影响因素，此外如黄河径流量的下降导致的海域盐度上升、高营养盐含量淡水汇入导致的营养结构失衡，以及水质生态环境逐渐恶化等，亦造成渔业资源的显著下降和生物多样性的降低。并且根据当前比较研究结果，虽然当前黄河口邻近海域鱼类生物种类数与资源量虽然无显著的进一步下降趋势、基本趋于稳定，但与较长历史时期的比较仍处于较低的资源与生物多样性状态。

6）分析结论

本书整合当前水质调查资料和生物现状调查资料，以及前人文献资料，通过最大限度地获取了黄河口历史资料，系统地研究了黄河口邻近海域生态系统各项指标演变情况。研究结果表明：

（1）对黄河口邻近海域水质生态环境综合评价的结果表明，目前该区域主要受汇入淡水质量影响，主要呈现水体营养盐含量较高以及部分重金属含超标问题。同时，年际比较发现，当前黄河口邻近海域生态环境质量较早期 20 世纪调查的生态环境质量有显著下降。

（2）黄河口邻近海域水体叶绿素 a 含量呈现先下降后升高然后下降的趋势，最低值出现在 2001 年 9 月，仅为 0.73mg/m^3，最高值出现在 2003 年 8 月，为 12.86mg/m^3。目前黄河口邻近海域水体叶绿素 a 含量介于 1.5～3.5mg/m^3，与 20 世纪 80 年代相当。该变化趋势与水体综合评价的变化趋势基本一致。

（3）黄河口邻近海域浮游植物于 1960 年状况较好，而后 1982 年大幅度下降，但 2003 年和 2004 年乃至 2011～2012 年与 1998 年处于相当水平，整体呈平缓并稍有上升趋势；浮游动物多样性指数呈现波动趋势，物种数虽有所恢复，但生物量较 80 年代下降一个数量级；底栖动物种类数、密度和生物量均较 80 年代明显下降；近 30 多年来，黄河口邻近海域渔业生产力显著下降，于 1998 年后逐渐呈稳定并稍有改善趋势。

9.2　黄河河口区水文与干旱特征

9.2.1　分析方法

1. 变差系数

变差系数（coefficient of variation，Cv）和年际变化绝对比率主要反映年径流量年际相对变化幅度特征，Cv 值大，表示径流年际变化大，不利于对水力资源的利用，且易发生洪涝灾害，反之则反。变差系数计算公式如下

$$\mathrm{Cv}=\frac{\sigma}{\bar{x}} \tag{9-5}$$

$$\sigma=\sqrt{\frac{\sum_{i=1}^{12}(x_i-\bar{x})^2}{12}} \tag{9-6}$$

$$\bar{x}=\frac{1}{12}\sum_{i=1}^{12}x_i \tag{9-7}$$

式中，i=1，2，3，…，12；x_i表示第 i 月的径流量；$\bar{x}$为 12 个月径流量的平均值。

2. 标准化降水蒸散指数

标准化降水蒸散指数（SPEI）由 Vicente-Serrano 等于 2010 年在标准化降水百分率（SPI）的基础上结合降水和温度变化首次提出，SPEI 是对降水量与潜在蒸散量差值序列的累积概率值进行正态标准化后的指数。SPEI 融合了 PDSI 和 SPI 的优点，它具有多时间尺度的特征，可以考虑不同类型的干旱。月尺度 SPEI 值（SPEI-1）可以反映旱涝短时间内的细微变化，季尺度 SPEI 值（SPEI-3）可以反映季节的旱情状况，年尺度 SPEI 值（SPEI-12）可以反映干旱的年际变化。此外，SPEI 还考虑气温的因素，引入地表蒸散变化对干旱的影响，其对气温快速上升导致的干旱化反映更加敏感。

研究采用 Penman-Monteith 公式计算逐月潜在蒸散量，然后计算逐月降水与蒸散的差值 D_i，即

$$D_i = P_i - \text{PET}_i \tag{9-8}$$

式中，P_i为月降水量；PET_i为月潜在蒸散量。

采用三参数的 Log-Logistic 分布对 D_i进行拟合，并求出累计函数：

$$f(x)=\frac{\beta}{\alpha}\left(\frac{x-\gamma}{\alpha}\right)^{\beta-1}\times\left[1+\left(\frac{x-\gamma}{\alpha}\right)^{\beta}\right]^{-2} \tag{9-9}$$

$$F(x)=\int_0^x f(t)\,\mathrm{d}t=\left[1+\left(\frac{\alpha}{x-\gamma}\right)\beta\right]^{-1} \tag{9-10}$$

式中，α 为尺度参数，β 为形状参数，γ 为 origin 参数，$f(x)$为概率密度函数，$F(x)$为概率分布函数。

对序列进行标准化处理，得到 SPEI 值：

$$\text{SPEI}=W-\frac{C_0+C_1+C_2W^2}{1+d_1W+d_2W^2+d_3W^3} \tag{9-11}$$

$$W=\sqrt{-2\ln(P)} \tag{9-12}$$

式中，当 $P\leqslant 0.5$ 时，$P=F(x)$；当 $P>0.5$ 时，$P=1-F(x)$；参数 C_0=2.515517、C_1=0.802853、C_2=0.010328、d_1=1.432788、d_2=0.189269、d_3=0.001308。

3. 干旱强度与干旱频率

1）干旱强度

干旱强度用来评价区域内干旱的严重程度，即在干旱过程内，旱情达到中旱的 SPEI 值记为−1 的累计值，其值越大表明干旱越强［式（9-13）］。

$$Q=\sum \text{SPEI}_{\text{SPEI}\leqslant -1} \tag{9-13}$$

式中，$SPEI_{SPEI\leqslant-1}$为小于-1的SPEI值。

2）干旱频率

干旱频率是研究期内发生干旱的月数占总月数的比例，其值越大表明干旱发生越频繁［式（9-14）］。

$$P=\left(\frac{m}{M}\right)\times100\% \tag{9-14}$$

式中，m为发生干旱的月数；M为研究期总月数。SPEI指数对应干旱类型可见表9-17。

表9-17　标准化降水蒸散指数SPEI干旱等级划分

等级	SPEI	类别
Ⅰ	$-0.5<SPEI$	无旱
Ⅱ	$-1.0<SPEI\leqslant-0.5$	轻旱
Ⅲ	$-1.5<SPEI\leqslant-1.0$	中旱
Ⅳ	$-2.0<SPEI\leqslant-1.5$	重旱
Ⅴ	$SPEI\leqslant-2.0$	特旱

4. 小波分析

变小波函数（wavelet analysis）指的是具有震荡特性、能够迅速衰减到零的一类函数。常用的小波函数一般为Morlet小波函数。在进行小波分析时，需要先进行小波转换，即令$L^2(R)$表示定义在实轴上、可测的平方可积函数空间，对于给定的小波母函数$\Psi(\eta)$，水文时间序列$x(t)\in L^2(R)$，其连续小波变换（continuous wavelet transform，CWT）为式（9-15）

$$W_{\psi}(s,\gamma)=\frac{1}{\sqrt{s}}\int_{-\infty}^{\infty}x(t)\Psi^{*}\left(\frac{t-\gamma}{s}\right)\mathrm{d}t \tag{9-15}$$

式中，$W_{\psi}(s,\gamma)$为小波变换系数；s为尺度因子，反映小波的周期长度；γ为时间因子，反映时间上的平移；$\Psi^{*}(\eta)$为$\Psi(\eta)$的复共轭函数。一般时间序列是离散的，对式（9-15）进行离散化处理，可以得到序列的离散小波变换（discrete wavelet transform，DWT）［式（9-16）、式（9-17）］：

$$W_{\psi}(s,\gamma)=2^{-s/2}\sum_{t=0}^{N-1}x(t)\psi\left(\frac{t}{2^{s}}-\gamma\right) \tag{9-16}$$

式中，N为离散点数，其余与式（9-15）意义相同。

$$\overline{W}^{2}(\gamma)=\frac{1}{T}\sum_{s=0}^{T-1}\left|W_{\psi}(s,\gamma)\right|^{2} \tag{9-17}$$

式中，T为序列的长度，其余与式（9-15）意义相同。

5. Mann-Kendall检验

假定x_1，x_2，…，x_n为一独立平稳时间序列，则Mann-Kendall的统计量S定义为

$$S=\sum_{i=1}^{n-1}\sum_{j=i+1}^{n}\operatorname{sgn}(x_j-x_i) \tag{9-18}$$

$$\operatorname{sgn}(\theta)=\begin{cases}1,\theta>0\\0,\theta=0\\-1,\theta<0\end{cases} \tag{9-19}$$

在不考虑序列中等值数据点的情况下，统计量 S 近似服从正态分布，其均值方差为

$$E(S)=0 \tag{9-20}$$

$$\operatorname{Var}(S)=n(n-1)(2n+5)/18 \tag{9-21}$$

当 n>10，标准化检验统计量 Z 的计算方程如下所示式（9-22）：

$$Z=\begin{cases}S>0,\dfrac{S-1}{\sqrt{\operatorname{Var}(S)}}\\S=0,0\\S<0,\dfrac{S+1}{\sqrt{\operatorname{Var}(S)}}\end{cases} \tag{9-22}$$

在双侧检验中，显著水平为 α，如果 $|Z|>Z_{(1-\alpha/2)}$，则拒绝无显著趋势的原假设，即认为序列 x_i 存在显著上升或下降的趋势；否则接受原假设，认为序列 x_i 无显著趋势。Z>0 时，表示增加趋势，Z<0 时，表示减少趋势；$|Z|\geqslant 1.96$ 时，表示通过 95%置信度显著性检验。

6. 突变分析

有序聚类 t 检验法：通过使水文序列中同类之间离差平方和最小，不同类之间的离差平方和较大，来判断突变点。选择序列 x_t，其中 t=1，2，…，n，满足如下方程：

$$S_n^*=\max_{1\leqslant\tau\leqslant n}\left\{S_n(\tau)=\sum_{t=1}^{\tau}(x_t-\overline{x_\tau})^2+\sum_{t=\tau+1}^{n}(x_t-\overline{x}_{n-\tau})^2\right\} \tag{9-23}$$

式中，满足该条件的可能分割点 τ，即为最可能变异点 τ_0。

将所求的最优分割点进行 t 检验，通过置信区间即为序列的突变点。再以突变点分割序列，求得前后两部分各自的最优分割点，并分别完成 t 检验。通过不断地循环计算，从而筛选出序列所有突变点。

7. Copula 函数

Copula 函数是边缘分布为［0,1］区间的均匀分布的联合分布函数，Sklar's 定理给出了 Copula 函数和两变量联合分布的关系。设 X、Y 为连续的随机变量，其边缘分布函数分别为 F_X 和 F_Y，$F(x，y)$为变量 X 和 Y 的联合分布函数，则存在唯一的 Copula 函数 C，使得

$$F(x,y)=C_\theta\left[F_X(x),F_Y(y)\right],\psi x,y \tag{9-24}$$

式中，$C_\theta\left[F_X(x),F_Y(y)\right]$ 为 Copula 函数，θ 为待定参数。

从 Sklar's 定理可知，Copula 函数能独立于随机变量的边缘分布，反映随机变量的相关性结构，从而可将二元联合分布分为两个独立的部分，即变量间的相关性结构和变量的边缘分布来分别处理，其中变量间的相关性结构用 Copula 函数来描述。Copula 函数的优点在于不必要求具有相同的边缘分布，任意形式的边缘分布经过 Copula 函数连接都可构造成联合分布，由于变量的所有信息都包含在边缘分布里，因此在转换过程中不会产生信息失真。

1）Copula 函数参数估计

联合分布 $F_{X,Y}$ 的参数估计分为两步：第一步，边缘分布 F_X 和 F_Y 的参数估计；第二步，Copula 函数 $C_\theta(u,v)$ 的参数 θ 的估计。边缘分布 F_X 和 F_Y 的参数估计通常采用线性矩法。研究涉及的两个变量分别为干旱历时和干旱烈度，考虑到黄河河口区主要受河道来水影响，采用 Kendall 秩相关系数 τ 度量 X、Y 相应的连接函数 Copula 变量的相关性，Kendall 相关系数 τ 与 Copula 函数 $C(x, y)$ 存在以下数学关系为

$$\tau = 4\iint_{I^2} C(x,y)\,\mathrm{d}C(x,y) - 1 \tag{9-25}$$

根据 Genest 和 Rivest 提出的计算步骤，Kendall 相关系数 τ 可通过以下公式进行计算：

$$\tau_N = \binom{N}{2}^{-1} \sum_{i<j} \mathrm{sign}[(x_i - x_j)(y_i - y_j)] \tag{9-26}$$

式中，N 表示时间序列的长度；当 $x_i \leqslant x_j$ 和 $y_i \leqslant y_j$ 时，sign=1，反之，sign=−1；i，j=1，2，…，N。

Copula 函数参数 θ 估计是基于贝叶斯理论和马尔可夫链蒙特卡洛（Markov Chain Monto Carlo，MCMC）方法。MCMC 模拟估计后验分布的参数值，从而计算出 Copula 概率等值线的不确定性范围。

2）Copula 函数的选择

干旱历时和干旱烈度的频率曲线选用 NLogL、BIC、AIC、AICc 检验综合研判拟合最好的函数作为边缘分布函数。Copula 函数总体上可以分为椭圆形、阿基米德型和二次型三类，其中生成元为 1 个参数的阿基米德型 Copula 函数的应用最为广泛。研究采用 4 种拟合优度方法 AIC、BIC、RMSE 和 NSE 来选定最合适的 Copula 函数。

根据两变量的 Copula 联合分布，对于枯水关注水文变量 X 或 Y 不超过某一特定值，即联合重现期 T_0；水文事件中 X 或 Y 都不超过某一特定值即同现重现期 T_a。上述重现期可以通过以下公式计算：

$$T_0(x,y) = \frac{1}{P[X < x \text{或} Y < y]} = \frac{1}{C[F_X(x), F_Y(y)]} \tag{9-27}$$

$$T_a(x,y) = \frac{1}{P[X < x, Y < y]} = \frac{1}{F_X(x) + F_Y(y) - C[F_X(x), F_Y(y)]} \tag{9-28}$$

变量 X 和 Y 的单变量重现期（或称为边缘重现期）为

$$T(x)=\frac{1}{1-F_X(x)}, T(y)=\frac{1}{1-F_Y(y)} \tag{9-29}$$

根据各自的边缘分布，变量 X 和 Y 分别取 T 年一遇设计值时，根据两变量联合分布的 T_0 和 T_a 的定义，该组合（x_T，y_T）的联合重现期 T_0 对应的事件为 x_T 或 y_T 中有一个被超过，定义为干旱特征的“或”事件；同现重现期 T_a 对应的事件为 x_T 和 y_T 均被超过，定义为干旱特征的“且”事件。由此可见，联合重现期 T_0 小于或等于边缘重现期，同现重现期 T_a 大于或等于边缘重现期，即

$$T_0(x,y)=\min\left[T(x),T(y)\right]\leqslant\max\left[T(x),T(y)\right],T(y)\leqslant T_a(x,y) \tag{9-30}$$

9.2.2　降水变化特征

黄河河口区分布有垦利气象站和东营气象站，研究采用通过泰森多边形法处理后的垦利气象站和东营气象站 1960～2016 年实测降水数据分析河口区降水变化特征。按气象干湿分区划分，200mm 以下为干旱区，200～400mm 为半干旱区，400～800mm 为半湿润区。

通过分析，黄河河口区年均降水量在 600～700mm 波动，属于半湿润区。区域降水自 1960s 出现减少特征，到 1980s 降水量减到最小，较多年平均值减少了 76mm，而从 1990 年开始，降水量出现增加特征，2000 后又出现减少特征。区域降水年内分布集中度出现降低趋势，即区域年内降水越发均化，说明黄河河口区干旱和洪水风险会有所降低。

9.2.3　水文演变特征

黄河河口区分布有利津水文站，研究采用利津站 1956～2016 年实测径流数据分析河口区水文演变特征。

分析可知，利津站 1956～2016 年多年平均径流量为 275.06 亿 m^3，整体呈现出明显的下降趋势，20 世纪 50 年代和 60 年代是丰水期，70～90 年代受气候变化和人类活动影响，径流呈现持续性减少，2002 年开始，径流呈现微弱的回升态势。利津站年径流减少速率为 19.46m^3/（s · a），M-K 检验值为−5.38，通过了 0.01 显著性检验，说明利津站径流量减少趋势十分显著。通过分析，1985 年是利津站径流变化的突变点，由此推断，黄河河口区径流情势整体改变度较大，主要是受到人类活动影响，由于花园口下游的引黄灌区需水量较大，过度用水加剧径流减少趋势。利津站年均径流变化过程可见图 9-9。

利津站不同年代平均径流量呈现明显的减少情势（图 9-10），2001～2016 年和 1980～2000 年多年平均径流量较 1956～1979 年分别减少了 249.75 亿 m^3 和 206.01 亿 m^3，减少程度分别为 60.69%和 50.07%。1956～1979 年平均径流量超过了多年均值，1980～2000 年和 2001～2016 年平均径流量远低于多年均值，差值分别为 69.58 亿 m^3 和 113.31 亿 m^3。

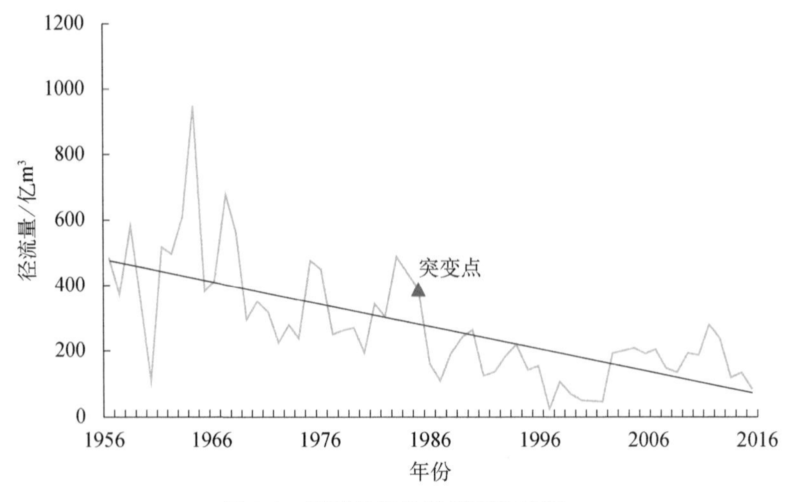

图 9-9　利津站年均径流变化特征

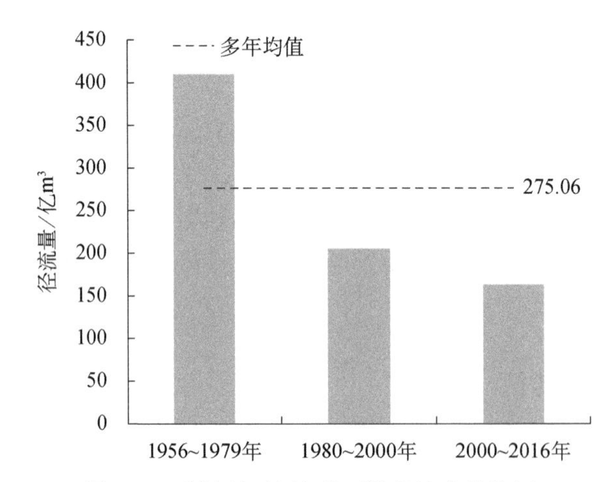

图 9-10　利津站不同年代平均径流变化特征

利津站径流主要集中在 7～10 月，径流量占年均径流量的 60.24%；8 月是利津站径流量最大月份，能够占年均径流量的 17.34%；2 月是利津站径流量最小月份，仅占年均径流量的 2.99%。此外，分析发现，利津站枯水期月均径流量占比有所增加，丰水期月均径流量占比有所减少。在 1985 年突变点前后，利津站月均径流总体呈冬季（12 月至次年 1 月）、夏季（6～8 月）增加，春季（3～5 月）、秋季（9～11 月）减少的特征；突变后相比于突变前，12 个月的径流量呈现下降变化，主要是受小浪底水库调蓄及下游取用水影响。利津站径流年内分配特征可见图 9-11。

小波分析结果显示，黄河河口区径流大致存在 5 个丰水期和 6 个枯水期，近些年来主要以枯水为主，同时呈现 3～4 年的周期波动，还有 18～19 年及 7～10 年尺度的周期特点，周期从大到小呈现嵌套结构，年径流量周期性并不突出，波动性较弱。

综上可知，黄河河口区水资源情势不容乐观，可能会导致区域水资源供需矛盾更加严峻。

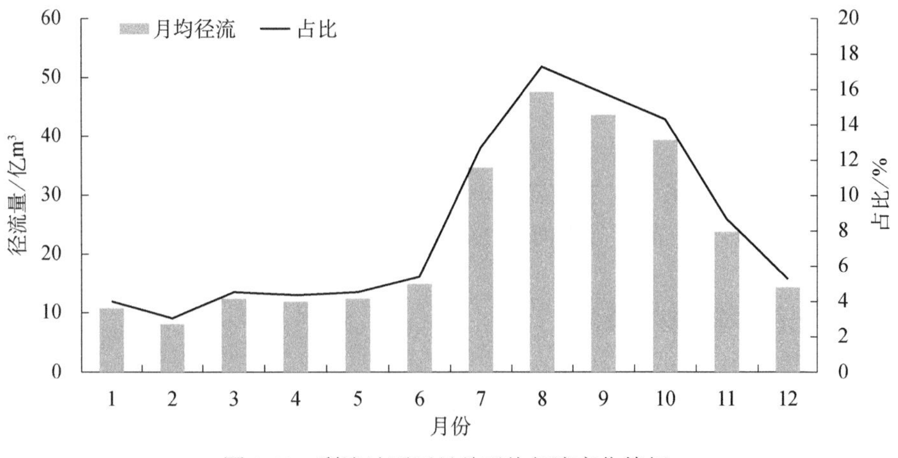

图 9-11　利津站不同月份平均径流变化特征

9.2.4　干旱变化特征

通过分析，20 世纪 60～90 年代黄河河口区干旱月数较少，而 21 世纪初出现了轻微持续干旱的迹象。干旱历时和干旱烈度重现期在 10 年以上的干旱有 3 场，均出现在 20 世纪 80 年代。黄河河口区 SPEI 线性倾向率为-0.107/10a；发生干旱最为严重的年为 1988 年，SPEI 值达到了−1.97。总体上看，近 60 年黄河河口区表现出干旱化趋势，但未通过 0.01 和 0.05 显著性检验，说明黄河河口区干旱化趋势并不显著。小波分析结果显示，黄河河口区干旱在年际尺度上具有 3 年和 6 年的周期特征。

由此推断，降水减少和温度升高是导致区域旱情显现的主要原因；同时，大气环流异常则导致冷暖气团均偏弱，无法在黄河流域汇集，这也是流域发生干旱的主要原因之一。此外，人口的持续增长与经济的快速发展使工农业生产和人民生活用水持续增加，造成流域水资源过度开发，致使河流断流、植被覆盖度减少、地下水位下降和水生态环境恶化等因素也会促进干旱的发展。

黄河河口区干旱趋势表现为夏季 SPEI 值最大即无旱情发生，秋季 SPEI 值最小即秋季干旱发生频率较高，但年降水量较高，应加强雨水集蓄工程建设，推广集雨节灌等农业节水技术，加大雨水利用效率。黄河河口区干旱持续时长有明显的增加趋势。此外，1964 年和 2002 年是黄河河口区 SPEI 的突变点。黄河河口区 1960s 干湿演变周期为 7～8 年，1970s 和 1980s 干湿演变周期为 5～6 年。

9.3　黄河河口区生态需水分析

黄河河口区湿地资源丰富，淡水湿地是黄河三角洲湿地生态系统的核心组成及其稳定的关键。黄河三角洲湿地由于其类型丰富而构成了多样的鸟类栖息环境，其中淡水沼泽湿地是河口陆域、淡水水域和海洋的交互缓冲地区，是维持河口系统平衡和生物多样性保护的关键生态单元，具有十分重要和不可替代的生态价值与功能。以黄河水为主要水源的湿地除河漫滩湿地外，主要是分布在现行流路两侧的芦苇湿地，包括芦苇沼泽、芦苇草甸、香蒲沼泽、柽柳灌丛等，是丹顶鹤、东方白鹳、黑鹳、大天鹅等多种珍稀鸟类的栖息地，也是黄河三角洲最重要的生态景观。

因此，黄河河口区生态需求主要体现在湿地生态需水（含动物、植被生态需水）、河口洄游鱼类生态需水、河口邻近海域生态需水、输沙及防止海水入侵生态需水。

9.3.1　生态系统保护目标

1. 生态功能及生态系统保护

典型堆积性河口及近海生态系统，是国家生物多样性保护高度敏感区域，是国际重要湿地和珍稀濒危过河口保护水生生物的重要“三场一通道”，分布有国际珍稀濒危等涉禽、游禽类候鸟，河口淡水、咸淡水湿地和过河口鱼类洄游通道。

2. 生态流量指标及其管控

加强流域水资源进行多目标协同调控和开发刚性约束，通过防断流调度，提升最小生态水量保证程度，促进敏感生境水流条件修复；通过相机开展流量和水量调控塑造，改善和修复河口极敏感区生态系统结构与功能维护的水流条件，促进系统保护和黄河健康生命维护。

根据过河口鱼类洄游、产卵和育幼等敏感生境的水流条件要求，河口淡水和咸淡水湿地及珍稀保护鸟类栖息生境结构与功能维护的水量条件，提出河段典型代表水文水资源断面的生态流量及水量原则控制要求（最小生态流量、基本生态水量）和敏感期生态流量要求，及其他水文断面生态流量原则控制要求（最小），为生态流量管控和河流廊道功能保护提供依据。

9.3.2　黄河河口湿地生态需水保护目标

根据《国际湿地公约》要求“合理利用”湿地的一个重要方面就是保持湿地的主要生态特征，湿地合理保护目标的确定应该考虑生态的合理性、功能的完整性和湿地的适宜性。既要保护重要湿地，又要照顾到生态平衡，保护好典型湿地类型。

山东黄河三角洲国家级自然保护区内有中国暖温带保存最完整、最广阔、最年轻的湿地生态系统，是维系河口生态系统发育和演替、构成河口生物多样性和生态完整性的重要基础生态体系。山东黄河三角洲国家级自然保护区位于全国生态功能区划的生物多样性保护生态功能区和生物多样性保护重要区湿地，是东北亚内陆和环西太平洋鸟类迁徙的“中转站”、越冬地和繁殖地，承担着155种和53种中日和中澳国际候鸟迁徙、9种国家一级重点保护鸟类，以及41种国家二级重点保护鸟类的保育工作，其主体功能是保护生物多样性，保护山东黄河三角洲国家级自然保护区湿地资源、恢复和维持其提供生物多样性功能是黄河三角洲湿地的主要保护目标。

山东黄河三角洲国家级自然保护区北部黄河刁口河故道区域和南部黄河现行流路区域湿地是一个有机整体，代表着自然保护区内湿地不同演替阶段，具有不同的生境类型，共同维系着黄河三角洲较高的生物多样性、较为丰富的动植物资源。从其保护对象、生境类型、典型植被等分析，刁口河故道湿地是大鸨、天鹅等国家级保护野生动物的重要栖息地，是自然保护区生态完整性不可或缺的生态单元，其特有的动植物资源、多样的生态景观在维持自然保护区生态功能发挥及生态系统稳定方面起着十分关键的作用。两部分湿地在黄河三角洲作为整体系统而存在并发挥整体功能，均具有重要保护价值，是生态需水的主要研究对象。

山东黄河三角洲国家级自然保护区湿地面积广阔，类型多样，既有天然湿地、淡水沼泽湿地、滩涂湿地、滨海湿地等，也有人工湿地如水田、水库、沟渠、盐沼等。其中淡水沼泽湿地是河口地区陆域、淡水水域和海洋生态单元的交互缓冲地区，与黄河水力联系密切，是维持河口系统平衡和生物多样性保护的生态关键要素，淡水湿地对维持河口地区水盐平衡，提供鸟类迁徙、繁殖和栖息生境，维持三角洲生态发育平衡等，具有十分重要和不可替代的生态价值与功能。但随着黄河水资源的逐年减少，淡水沼泽湿地面积呈逐年减少趋势，湿地质量不断下降，淡水沼泽湿地生态系统健康受到严重威胁，急需得到保护和恢复。由此，山东黄河三角洲国家级自然保护区的淡水沼泽湿地是生态需水的重要保护目标。

9.3.3 生态需水保护要素识别

根据黄河河口区河流生态特征、主体生态功能、主要生态保护目标分布及区域水资源支撑条件等，识别黄河河口区功能性生态需水组成主要包括维持河流连通性的生态基流需水、输沙用水、自净需水、河流湿地需水、鱼类需水、重要景观需水等。功能性不断流首先要满足维持河流生境连通性的生态用水需求或被称作河流低限生态用水，其次是在此基础上，满足敏感生态保护目标的生态用水需求。因此，黄河河口区生态需水主要组成要素可见表 9-18。

表 9-18　黄河河口区生态需水主要组成要素

主体生态功能	主要保护对象	生态需水组成及要求
洪水调蓄 地表水供水保障 物种多样性保护 河湖生境形态保护	1. 沿河洪漫湿地 2. 河口三角洲湿地 3. 河口洄游鱼类	1. 河道基流：维持河流生境连通性 2. 输沙用水 3. 鱼类需水：维护重点河段敏感期 4～9 月生态需水 4. 湿地需水：每年有一定量级洪水补给

9.3.4 生态环境需水量评估

1. 河口洄游鱼类需水

考虑1951年后，黄河下游开展了大规模的引黄灌溉、其他地区的用水量也逐年增加，干支流陆续修建了大中型拦河水利枢纽工程，从而使河流生态系统的天然状态显著改变，故选择1922～1951年实测径流系列作为黄河本底径流条件，进行黄河河口鱼类洄游生态需水的计算依据。分析认为，该系列9年偏丰、9年偏枯、12年为平水状态，基本包括了丰、平、枯三个降水阶段，能够反映黄河天然径流变化特点，代表性较好。参照南非、澳大利亚等国家确定河流水生生物生态需水量的标准，以黄河逐月天然流量的10%与20%分别作为最小及适宜生态需水的初值，分析该流量下黄河利津断面的流速和水深情况，根据河口鲂鱼等洄游鱼类的生境需水要求，推演其洄游繁衍等生命主要敏感时段的流量和水深适宜性，得出黄河河口鱼类洄游的主要生态流量。规划主要考虑5～6月主要鱼类的繁殖洄游水量和11～4月的鱼类越冬用水需求。规划确定利津断面11～4月最小生态需水量为75m³/s，适宜生态需水量为120m³/s，5～6月最小生态需水量为150m³/s，适宜生态需水量为250m³/s。黄河利津断面河流洄游鱼类生态需水成果见表9-19。

表9-19　黄河河流洄游鱼类生态需水量（利津断面）

指标	1月	2月	3月	4月	5月	6月	7月	8月	9月	10月	11月	12月
最小生态需水量/（m³/s）	75	75	75	75	150	150	300	300	300	300	75	75
适宜生态需水量/（m³/s）	120	120	120	120	250	250	580	580	580	580	120	120

2. 河口临近海域生态需水

河口临近海域生态需水主要指满足维持河口区域近海鱼类生境保护所需要的淡水水量，主要包括维持河口近海水域咸淡水平衡，以及近海生物发育所需要的营养盐输入的需求。黄河河口区域水域的盐度变化主要取决于黄河入海水量的总量大小和过程分布，鉴于目前实地观测资料缺乏和研究成果尚未给出该区不同时段鱼虾栖息的盐度阈值要求和相应的阈值空间范围，本规划采用《黄河流域综合规划（2012～2030年）》成果，确定提出5～9月黄河适宜入海流量为120亿m³，5～6月鱼类产卵关键期入海流量为22亿m³。

3. 输沙及防止海水入侵用水

输沙用水是指维持冲刷与侵蚀的动态平衡必须在河道内保持的水量，输沙用水采用《黄河流域综合规划（2012～2030年）》成果，即黄河下游河道多年平均输沙用水量利津断面应在220亿m³，其中汛期在170亿m³左右；考虑国民经济发展对黄河水资源的需求和黄河水资源供需形势，黄河下游年平均输沙用水量不宜少于200亿m³，其中汛期不宜少于150亿m³。

防止海水入侵用水是指维持河口各重要生态系统水盐平衡及防止海水倒灌的生态需

水量。三角洲地势低平，风暴潮频繁，海水入侵必须采取建设防潮堤等综合措施进行防治，但输沙用水可有效减缓三角洲地区的海水入侵。河口地区防止海水入侵用水包含在输沙用水中。

4. 河口区生态需水耦合

根据河口生态保护规划近远期目标、黄河水资源规划的来水预测情况及河口社会经济发展的水需求，对河口多目标下的生态需水量进行耦合（表 9-20），在满足河口地区汛期最小输沙用水量要求的基础上，黄河利津断面 11～4 月的最小生态需水量为 75m³/s，适宜生态需水量为 120m³/s；5～6 月的最小生态需水量为 150m³/s，适宜生态需水量为 250m³/s。

表 9-20　河口区生态需水量（利津断面）

需水特征	1月	2月	3月	4月	5月	6月	7月	8月	9月	10月	11月	12月
最小生态需水量/（m³/s）	75	75	75	75	150	150	输沙水	输沙水	输沙水	输沙水	75	75
适宜生态需水量/（m³/s）	120	120	120	120	250	250	输沙水	输沙水	输沙水	输沙水	120	120

9.3.5　生态环境需水量满足情况分析

通过 2012～2016 年利津断面非汛期实测径流量，分析黄河河口区生态环境需水量满足情况（图 9-12）。

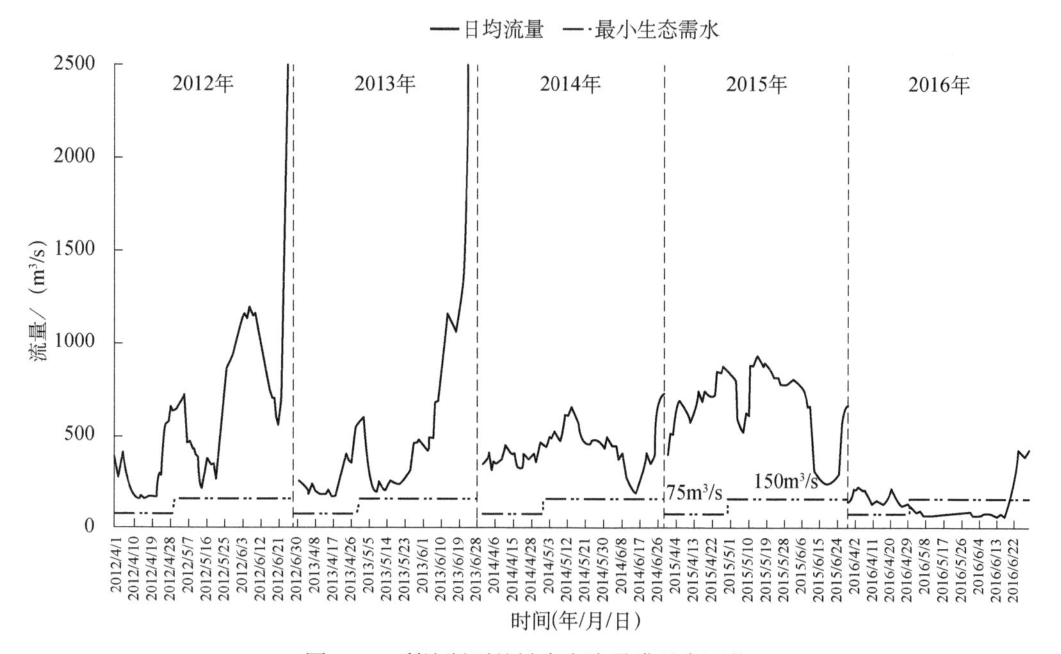

图 9-12　利津断面关键生态流量满足度评价

1. 非汛期河道内生态环境需水满足情况

2012～2016 年利津站非汛期实测径流量分别为 128.19 亿 m^3、106.05 亿 m^3、70.33 亿 m^3、83.31 亿 m^3、36.81 亿 m^3。2012～2015 年满足需水指标，2016 年不满足需水指标，调查期逐年满足度分别为 256%、212%、141%、167%和 74%。

2. 多年平均生态环境需水满足情况

2012～2016 年全年实测径流量分别为 282.5 亿 m^3、236.9 亿 m^3、114.3 亿 m^3、133.6 亿 m^3、81.88 亿 m^3。2012 年、2013 年满足需水指标，2014～2016 年不满足需水指标，调查期逐年满足度分别为 131%、118%、62%、71%和 45%；五年调查期平均值不满足需水指标，满足度为 85.4%。

3. 关键期生态流量满足情况

（1）最小日流量分析：2012～2015 年满足相关指标要求；2016 年有 52d 不满足。
（2）月流量分析：2012～2016 年均满足相关指标要求。
（3）日流量满足情况评估：2012～2016 年最小生态流量满足程度为 83%。

9.4　黄河河口区生态干旱评价

9.4.1　生态干旱评价结果

结合气象干旱、水文干旱等评价指标体系，研究将生态干旱评价划分为 4 个等级：Ⅰ级（重度生态干旱）、Ⅱ级（中度生态干旱）、Ⅲ级（轻度生态干旱）、Ⅳ级（无生态干旱），生态干旱等级划分可见表 9-21，x、y、e 为不同程度的生态干旱区间阈值。

表 9-21　生态干旱等级划分

Z	等级	干旱程度
$Z<x$	Ⅰ级	重度生态干旱
$x\leqslant Z<y$	Ⅱ级	中度生态干旱
$y\leqslant Z<e$	Ⅲ级	轻度生态干旱
$Z\geqslant e$	Ⅳ级	无生态干旱

通过驱动力-压力-状态-影响-响应框架，构建基于此框架结构的生态干旱评价指标体系，采用混合蛙跳和投影寻踪法，利用混合蛙跳算法优化投影指标函数，确定生态干旱复杂系统投影值 Z，从而对生态干旱进行评价。研究以黄河河口区为例，采用收集整理的黄河河口区 2014～2016 年各指标数据，进行标准化后代入模型进行计算，得到黄河河口区生态干旱程度评价体系指标对应信息，以及各指标的最佳投影方向可见表 9-22。

表 9-22　黄河河口区生态干旱评价指标等级划分及指标最佳投影方向

ID	单位	评价标准				投影方向
		Ⅰ	Ⅱ	Ⅲ	Ⅳ	
D_1	—	≤−2.0	(−2.0，−1.5]	(−1.5，0.0]	≥0.0	0.182
D_2	‰	>20	15～20	2～15	<2	0.153
D_3	%	>30	15～30	3～15	<3	0.132
D_4	m^3	<50	50～100	100～150	>150	0.187
D_5	%	<20	20～50	50～80	>80	0.181
P_1	m	<0.1	0.1～0.3	0.3～0.5	>0.5	0.193
P_2	m^3/hm^2	<400	400～700	700～1500	>1500	0.161
P_3	hm^2	<0.1	0.1～0.6	0.6～1	>1	0.186
P_4	m^2	<20	20～100	100～180	>180	0.171
P_5	m^3/a	>1000	800～1000	500～800	<500	0.196
P_6	L/d	>200	150～200	100～150	<100	0.248
S_1	$m^3/10^4$ CNY	>90	60～90	30～60	<30	0.160
S_2	m^3	<500	500～1000	1000～1700	>1700	0.210
S_3	%	>75	55～75	40～55	<40	0.164
S_4	%	>30	15～30	5～15	<5	0.178
S_5	m^3/hm^2	>400	300～400	200～300	<200	0.141
S_6	$m^3/10^4$ CNY	>100	80～100	50～80	<50	0.185
I_1	%	<20	20～40	40～60	>60	0.205
I_2	10^8 元	<15	15～25	25～40	>40	0.198
I_3	km^2	<200	200～600	600～1000	>1000	0.216
I_4	%	<2	2～5	5～10	>10	0.185
I_5	种	<20	20～30	30～60	>60	0.167
R_1	%	<10	10～20	20～30	>30	0.162
R_2	%	<30	30～50	50～75	>75	0.151
R_3	%	<50	50～70	70～90	>90	0.195
R_4	%	<70	70～80	80～90	>90	0.206
R_5	—	<0.45	0.45～0.5	0.5～0.6	>0.6	0.171
R_6	%	<40	40～60	60～80	>80	0.181
R_7	%	<50	50～70	70～90	>90	0.216

将收集到的黄河河口区 2000～2016 年共计 17 年的指标数据代入评价体系进行计算，得到以下结果（表 9-23）：

（1）生态干旱评价 $Z<1.5$ 的年份为 2000 年、2001 年、2002 年，其中，影响层指标湿地面积相比于 1996 年的 16.7 万 hm^2，减少率分别为 15.7%、16.2%、16.3%；同时，2000 年、2001 年、2002 年的生物多样性数值相较于较好情况下生物多样性数值 60 分别减少了 66.7%、70%、70%，可以看出，2000～2002 年生态环境表现出受严重影响状态，在 17 年 Z 计算结果的概率分布为 17.6%。

表 9-23　黄河河口区生态干旱评价

年份	Z	拟定的生态干旱等级
2000	1.23	重度
2001	1.35	重度
2002	1.04	重度
2003	4.11	无
2004	3.57	无
2005	3.72	无
2006	2.19	中度
2007	2.23	中度
2008	2.34	中度
2009	3.33	轻度
2010	3.07	轻度
2011	2.84	轻度
2012	5.69	无
2013	4.30	无
2014	4.42	无
2015	5.07	无
2016	3.19	轻度

通过分析发现，2000～2002 年黄河流域天然径流量分别为 332 亿 m^3、290 亿 m^3、246 亿 m^3，在第三次水资源调查评价采用的水文系列中（1956～2016 年）上述年份的水文排频位于 94%～98%，属于连续特枯年份，水资源是生态良性演化的基础，干旱少雨对生态环境影响巨大；从关键生态断面日流量过程保障程度上看，2000～2002 年三年间利津断面共计 263d 日流量小于生态基流（$50m^3/s$），近 24%的时间生态基流无法有效保障，河道内缺水引发了湿地萎缩、海岸线蚀退、生态环境恶化等严重问题；由于干旱少雨，为了保障河道外正常的生产、生活，花园口断面以下地区河道外地表耗水量高达 84 亿～110 亿 m^3，河道内生态用水受到严重挤占。因此，可以将 2000～2002 年黄河河口区生态干旱程度拟定为“重度”。

（2）生态干旱评价 Z 在 1.5～2.5 的年份为 2006 年、2007 年、2008 年，其中，影响层指标湿地面积相比于 1996 年的 16.7 万 hm^2，减少率分别为 13.4%、13.9%、14.1%；同时，2006 年、2007 年、2008 年的生物多样性数值相较于较好情况下生物多样性数值 60 分别减少了 37.2%、34.3%、30.6%，可以看出，2006～2008 年生态环境表现出受一定程度影响状态，在 17 年 Z 计算结果的概率分布为 17.6%。

通过分析发现，2006～2008 年由于花园口断面以下耗水量较之前明显增加（增量达 17 亿～25 亿 m^3），生活、生产进一步挤占生态用水，生态用水仍无法得到有效保障；且黄河河口区湿地面积依然呈现减少特征。因此，可以将 2006～2008 年黄河河口区生态干旱程度拟定为“中度”。

（3）生态干旱评价 Z 在 2.5～3.5 的年份为 2009 年、2010 年、2011 年、2016 年，其中，影响层指标湿地面积相比于 1996 年的 16.7 万 hm^2，减少率分别为 10.2%、10.2%、9.4%、11.6%；同时，2009 年、2010 年、2011 年、2016 年的生物多样性数值相较于较好情况下生物多样性数值 60 分别减少了 20.4%、19.5%、21.0%、1.3%，可以看出，2009～2011 年、2016 年生态环境表现出受轻微程度影响状态，且生物多样性在 2016 年呈现出恢复特征，在 17 年 Z 计算结果的概率分布为 23.5%。

通过分析发现，2016 年下游用水增加、人为开垦导致芦苇沼泽湿地面积减少影响到了区域生态环境的表现。因此，可以将 2009～2011 年、2016 年黄河河口区生态干旱程度拟定为“轻度”。

（4）生态干旱评价 $Z>3.5$ 的年份为 2003～2005 年、2012～2015 年。其中，2003 年、2004 年、2005 年影响层指标湿地面积相比于 1996 年的 16.7 万 hm^2，减少率分别为 8.4%、8.4%、8.6%，湿地面积减少速率明显降低；同时，2003 年、2004 年、2005 年生物多样性数值相较于较好情况下生物多样性数值 60 分别减少了 4.0%、3.1%、3.4%，虽然生物多样性仍有所减少，但生物多样性数值已接近较好状态。2012 年、2013 年、2014 年、2015 年影响层指标湿地面积相比于 1996 年的 16.7 万 hm^2，减少率分别为 9.4%、9.4%、5.6%、4.5%；同时，2012 年、2013 年、2014 年、2015 年生物多样性数值相较于较好情况下生物多样性数值 60 分别减少了 3.5%、3.4%、3.5%、2.8%，生物多样性已经呈现出恢复状态，在 17 年 Z 计算结果的概率分布为 41.2%。

通过分析发现，2003～2005 年来水偏丰，其中 2003 年、2005 年水文排频分别位于 24%、26%；此外全河水量调度的有效执行，利津断面生态基流保障程度明显提高，2004 年及 2005 年更是实现了利津断面生态基流全年达标；同时花园口断面以下地区河道外地表耗水量降低至 72 亿～78 亿 m^3，来水增加耗水减少有效缓解了河道内外用水矛盾。2012～2015 年水量统一调度机制完善和全流域水资源配置能力的增强，黄河下游生态用水得到有效保障，2012～2015 年向山东黄河三角洲国家级自然保护区现行清水沟流路和黄河故道刁口河流路湿地累计生态补水 1.66 亿 m^3，有效缓解了河口地区生态干旱发生的频率及强度。因此，可以将 2003～2005 年、2012～2015 年黄河河口区生态干旱程度拟定为“无”。

综上所述，结合上述分析，参考气象干旱、水文干旱等指标等级划分成果，研究将 1.5（x）、2.5（y）、3.5（e）定为区间阈值，由此，黄河河口区生态干旱评价等级划分结果可见表 9-24。

表 9-24　生态干旱评价等级划分

Z	等级	干旱程度	状态描述
$Z<1.5$	Ⅰ	重度	生态系统各项功能遭到严重破坏，水生态危机及灾害事件发生概率极大
$1.5\leqslant Z<2.5$	Ⅱ	中度	生态系统各项功能遭到破坏，水生态危机及灾害事件发生概率较大
$2.5\leqslant Z<3.5$	Ⅲ	轻度	生态系统各项功能影响轻微，水生态危机及灾害事件发生概率较小
$Z\geqslant 3.5$	Ⅳ	无	生态系统各项功能正常，基本无水生态危机及灾害事件

9.4.2　生态干旱代表性指标阈值量化

通过分析，对于黄河河口区的 29 个评价指标中（权重特征可见图 9-13），权重值排在前三的指标分别为河川径流（0.1273）、生物多样性（0.1231）、植被覆盖度（0.1031），说明这三个评价指标对区域生态干旱的影响力较大，也就是说，充足的河川径流、丰富的生物多样性、富裕的植被覆盖度是黄河河口区生态抗旱的重要保证。

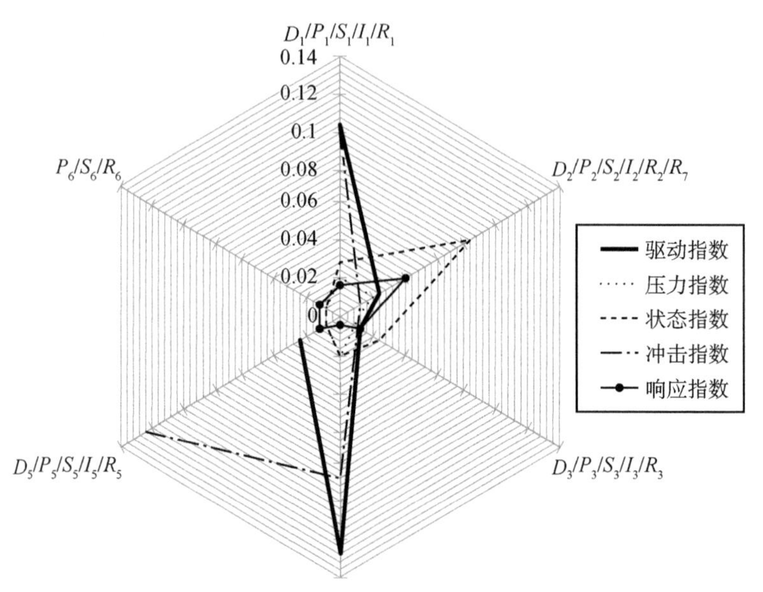

图 9-13　指标权重分布特征

为了实现生态干旱的快速判别和快速应对，选择河川径流（*R*）、生物多样性（*B*）、植被覆盖度（VC）三个指标来表征不同生态干旱程度下代表性指标的变化特征，即通过指标阈值化，快速判别生态干旱等级。通过反算不同生态干旱等级下代表性指标值变化特征，确定河川径流、生物多样性、植被覆盖度三个指标的量化阈值，结果见表 9-25。

表 9-25　不同生态干旱等级下代表性指标阈值变化

等级	干旱程度	代表性指标阈值变化
Ⅰ	重度	①R<−30% ②B<−10% ③VC<−9%
Ⅱ	中度	①R∈［−30%，−20%） ②B∈［−10%，−7%） ③VC∈［−9%，−6%）
Ⅲ	轻度	①R∈［−20%，−10%） ②B∈［−7%，−5%） ③VC∈［−6%，−3%）

续表

等级	干旱程度	代表性指标阈值变化
Ⅳ	无	①R∈［−10%，+10%］ ②B∈［−5%，+5%］ ③VC∈［−3%，+3%］

研究发现，自然因素对生态干旱演变具有潜在影响力，大部分自然环境因子呈现稳定状态，甚至有助于生态自调节机制；人为因素对生态环境存在较大的破坏潜力，不科学的生产生活方式能在短时间内积聚大量破坏因子，并向自然环境施加直接或间接性破坏，干扰系统调节能力，造成生态干旱程度恶化。因此，单一的补救措施难以对区域生态干旱带来有效的缓解，应将目光投向水源保障、生态修复、生态补水、水资源配置能力提升等综合的、全面的、因地制宜的宏观性战略上。

对于与黄河河口区类似的存在生态干旱问题的区域，建议制定系统的、全面的宏观性战略，尤其是要重视多水源联调联供和生物多样性栖息地保护工作。从系统角度来看，具有重要生态功能区域生态干旱在人为和自然的双重影响下显现出较强的反馈效应，合理构建区域评价指标模型，科学筛选指标是进行生态干旱评价的有效保障。本次研究构建的生态干旱评价模型通过实例研究，将抽象的、难以界定的生态干旱系统化、简单化，将定性的生态干旱评价指标量化、数据化，将一个个单独的问题纳入一个整体，这对防灾减灾起到很大的助力。通过实例也验证了评价模型的有效性及其在实际区域生态干旱评价过程中具有实用性和可操作性，可为决策者提供有效的评价工具。

在黄河河口区出现中度或重度生态干旱时，即可开启区域多水源的联调联供，以保障水资源利用对生态干旱的适应性。

9.5　黄河河口区水资源供需分析

9.5.1　供水工程及供水量特征

黄河河口区供水工程主要分布在东营市，因此，主要对东营市供水工程及供水量特征进行分析。

1. 供水工程

1）地表水供水工程

根据《东营市第一次水利普查公报》，东营市共有水库 333 座，设计总库容 6.55 亿 m^3。其中，大型水库 1 座，设计库容 1.14 亿 m^3；中型水库 14 座，设计库容 3.11 亿 m^3；小（Ⅰ）型水库 50 座，设计库容 1.62 亿 m^3；小（Ⅱ）型水库 268 座，设计库容 0.68 亿 m^3。可见表 9-26。

表 9-26　东营市平原水库统计成果

县（区）类型	大型		中型		小（Ⅰ）型		小（Ⅱ）型		合计	
	座数	设计库容/亿 m^3	座数	设计库容/亿 m^3	座数	设计库容/亿 m^3	座数	设计库容/亿 m^3	座数	设计库容/亿 m^3
东营区	1	1.14	4	0.7338	10	0.3643	47	0.1594	62	2.3975
河口区	—	—	4	1.0685	14	0.6424	60	0.1351	78	1.846
广饶县	—	—	2	0.2101	4	0.1292	6	0.016	12	0.3553
利津县	—	—	2	0.3007	5	0.1584	77	0.1237	84	0.5828
垦利区	—	—	2	0.7972	17	0.329	78	0.2444	97	1.3706
合计	1	1.14	14	3.1103	50	1.6233	268	0.6786	333	6.5522

注：因数值修约表中个别数据略有误差。

东营市现有引黄闸（泵站）16 处，总设计引黄能力 704.16m^3/s，动力提水能力达到 269.16m^3/s，其中右岸 9 处，左岸 7 处。具体见表 9-27。

表 9-27　东营市引黄闸、引黄泵站统计成果

序号	分类	引黄闸	现状引黄能力流量/（m^3/s）		闸建设年份	泵站建设年份	备注
			引黄闸	引黄泵站			
1	引黄闸	曹店引黄闸	50	—	1984	—	右岸
2		十八户引黄闸	25	—	2000	—	右岸
3		五七引黄闸	15	—	1990	—	右岸
4	引黄泵站	刘夹河扬水站	—	0.88	—	1983	左岸
5		小李扬水站	—	0.4	—	—	左岸
6		路庄引黄闸	—	30	—	1996	右岸
7		一号扬水东站	—	4.5	—	—	右岸
8		崔家护滩泵船 罗家屋子引黄闸	—	28.38	—	1994	左岸，闸后泵站
9		西河口扬水船 神仙沟引黄闸	—	30	—	1994～1995	左岸，闸后泵站
10		垦东扬水站	—	15	—	—	右岸
11	闸、泵站结合	麻湾引黄闸	60	32	1989	2011	右岸
12		宫家引黄闸	30	18	1988	2010	左岸
13		胜利引黄闸	40	20	1988	—	右岸
14		王庄引黄闸	100	30	1988	2006	左岸
15		双河引黄闸	100	40	1985	1988	右岸
16		丁字路泵站	15	20	1996	1996	左岸

2）地下水供水工程

根据《东营市第一次水利普查公报》，共有地下水取水井 7809 眼，见表 9-28。

表 9-28　东营市地下水供水工程统计表　　（单位：眼）

行政区划	地下水取水井	规模以上机电井	规模以下机电井
东营区	0	0	0
河口区	0	0	0
垦利区	2	2	0
利津县	0	0	0
广饶县	7807	7729	78
合计	7809	7731	78

2. 现状供水量

根据《东营市水资源公报》，2018 年东营市总供水量 104549 万 m^3，其中当地地表水 25033 万 m^3，占总供水量的 24%；引黄水 70604 万 m^3，占 68%；地下水 7406 万 m^3，占 7%；其他水源 1506 万 m^3，占 1%。东营市 2018 年供水量见表 9-29。

表 9-29　东营市供水量分析　　（单位：万 m^3）

分区	地表水			地下水	其他水源	合计
	当地地表水	引黄水	小计			
河口区	2690	13878	16568	2	0	16570
利津县	3086	19309	22395	76	0	22471
东营区	3032	12184	15216	62	0	15278
垦利区	3234	19309	22543	5	1506	24054
广饶县	12991	5924	18915	7261	0	26176
东营市	25033	70604	95637	7406	1506	104549

9.5.2　需水预测

黄河河口区唯一行政区划为东营市，以东营市为基础，选择 2018 年作为基准年、2025 年和 2035 年作为未来水平年，对黄河河口区进行需水预测。需水预测分生活、生产和生态环境三大类，生活需水包括城镇居民生活和农村居民生活需水，生产需水是指有经济产出的各类生产活动所需的水量，包括第一产业（种植业、林业、渔业）、第二产业（工业、建筑业）及第三产业，生态环境需水主要为城镇生态环境需水。

1. 生活需水预测

1）人口预测

东营市人口发展指标是在分析近年来人口变化规律基础上，参考《东营市国民经济和社会发展第十三个五年规划纲要》《东营市城市总体规划（2011—2020 年）》等相关成果综合预测分析得到。

东营市未来人口增长主要是人口的自然增长、城区发展扩大，以及产业集聚所导致的人口增加。根据预测，2025 年东营市人口将从基准年的 217.2 万人增加到 2025 年的 231.3 万人，年均增长率 9‰；城镇化水平将达到 74%，城镇人口 171.5 万人，农村人口 59.8 万人。2025～2035 年东营市人口年均增长率为 8.5‰，人口达到 251.8 万人；城镇化水平将达到 80%，城镇人口 200.7 万人，农村人口 51.2 万人，详见表 9-30。

表 9-30　东营市人口指标预测结果　（单位：万人）

分区	基准年			2025 年			2035 年		
	城镇	农村	小计	城镇	农村	小计	城镇	农村	小计
河口区	19.7	4.8	24.5	22.1	3.8	25.9	25.0	3.0	28.0
利津县	16.0	18.3	34.3	18.6	17.7	36.3	21.8	17.3	39.1
东营区	65.8	7.7	73.5	76.4	3.0	79.3	87.8	0.0	87.8
垦利区	22.8	3.3	26.2	24.4	3.3	27.7	27.0	2.9	29.9
广饶县	25.4	33.3	58.7	30.0	32.1	62.1	39.1	28.0	67.0
东营市	149.8	67.4	217.2	171.5	59.8	231.3	200.7	51.2	251.8

注：因数值修约表中个别数据略有误差。

2）用水定额

a. 城镇居民生活需水定额

城镇居民生活用水标准与城市规模、城市性质、水源条件、生活水平、生活习惯等因素有关。城镇居民生活用水定额为取水口的引水毛定额，包括输水损失在内。基准年东营市城镇居民生活用水定额为 87.9L/（人 · d），根据东营市经济社会发展水平、节水器具推广与普及情况，结合用水习惯、现状用水水平，并考虑生活用水定额逐步增大的情况，参考山东省《城市居民生活用水量标准》，拟定 2025 年、2035 年城镇人均生活用水定额分别为 110L/（人 · d）、120L/（人 · d）。

b. 农村居民生活需水定额

农村居民生活用水标准与当地经济发展水平、水源条件、生活习惯等因素有关。农村居民生活用水定额为取水口的引水毛定额，包括输水损失在内。基准年东营市农村居民生活用水定额为 67.4L/（人 · d），考虑到农村饮水条件和生活水平的提高，参考山东省用水定额标准，拟定 2025 年、2035 年农村人均生活用水定额分别为 70L/（人 · d）、80L/（人 · d）。

c. 生活需水量

基准年东营市居民生活需水量为 6292 万 m^3，预测 2025 年东营市居民生活需水量 8414 万 m^3，其中城镇居民生活需水量 6885 万 m^3，农村居民生活需水量 1529 万 m^3；2035 年居民生活需水量 10284 万 m^3，其中城镇居民生活需水量 8789 万 m^3，农村居民生活需水量 1495 万 m^3，详见表 9-31。

表 9-31　东营市居民生活需水量预测结果　（单位：万 m³）

分区	基准年			2025 年			2035 年		
	城镇	农村	小计	城镇	农村	小计	城镇	农村	小计
河口区	690	102	792	889	97	986	1095	87	1182
利津县	471	415	886	747	452	1199	956	506	1461
东营区	2048	211	2259	3066	76	3142	3847	0	3847
垦利区	784	90	874	981	83	1064	1181	85	1267
广饶县	815	666	1481	1203	820	2023	1710	817	2527
东营市	4808	1484	6292	6885	1529	8414	8789	1495	10284

2. 工业需水预测

（1）一般工业根据《东营市国民经济和社会发展第十三个五年规划纲要》，并参考国家、山东省等相关宏观战略规划，预测基准年至 2025 年东营市一般工业增加值增长率为 7.5%，2025 年达到 4143.8 亿元；2025～2035 年东营市一般工业增加值增长率为 7.0%，2035 年达到 8196.1 亿元，详见表 9-32。

表 9-32　东营市一般工业发展指标预测结果　（单位：亿元）

分区	基准年	2025 年	2035 年
河口区	276.2	458.2	901.4
利津县	283.9	471.1	926.7
东营区	371.5	620.4	1231.8
垦利区	477.3	791.8	1557.6
广饶县	1086.3	1802.3	3578.6
东营市	2495.3	4143.8	8196.1
年均增长率/%	7.5		7.0

注：因数值修约表中个别数据略有误差。

工业需水定额的影响因素包括行业产品性质及产品结构，用水水平和节水程度，企业生产规模，生产工艺、生产设备、技术水平，用水管理及水价，自然因素及取水条件等。现状东营市万元工业增加值用水量为 8.8m³/万元，未来水平年，随着工业用水工艺的提高、节水设施的推广和水重复利用率的提高，万元工业增加值用水量会不断降低。参照东营市“十三五”用水效率控制指标和山东省节水型社会建设目标等预测 2025 年工业万元增加值用水量降低为 7.8m³/万元，2035 年降低为 6.7m³/万元。规划 2025 年一般工业需水量 32294 万 m³，2035 年一般工业需水量 54986 万 m³，详见表 9-33。

表 9-33　东营市一般工业需水量预测结果　（单位：万 m³）

分区	基准年	2025 年	2035 年
河口区	5445	7046	9842
利津县	3850	5237	7830
东营区	3405	5231	9556

续表

分区	基准年	2025 年	2035 年
垦利区	4335	6832	12768
广饶县	5042	7947	14991
东营市	22077	32294	54986

注：因数值修约表中个别数据略有误差。

（2）火电现状东营市火电行业装机容量为 44MW，总用水量为 80.4 万 m^3，用水定额为 $3.4m^3/(MW \cdot h)$。考虑东营市经济社会发展，火电行业用水定额将逐步降低。预测 2025 年和 2035 年火电行业用水净定额均为 $3.2m^3/(MW \cdot h)$。根据相关规划，未来水平年火电装机容量维持现状，预测 2025 年和 2035 年火电工业用需水量均为 74 万 m^3。

3. 建筑业及第三产业需水预测

1）建筑业需水预测

影响建筑业用水定额的因素主要有：水资源条件，水价调整；建筑物的材料、结构及用途；施工工艺和施工水平、施工管理水平及生产者的素质等。随着东营市城市建设力度不断加大，预测基准年至 2025 年、2025～2035 年建筑业增加值年增长率分别为 5%、4.5%，2025 年、2035 年建筑业增加值将分别达到 126.3 亿元、196.7 亿元。基准年建筑业万元增加值用水量为 $14.7m^3$/万元，2025 年和 2035 年年建筑业万元增加值用水量分别为 $12.5m^3$/万元、$10.7m^3$/万元。2025 年、2035 年东营市建筑业需水量分别为 1581 万 m^3、2103 万 m^3。不同水平年各分区建筑业需水量预测结果见表 9-34。

表 9-34　东营市建筑业需水量预测结果

分区	建筑业增加值/亿元			需水量/万 m^3		
	基准年	2025 年	2035 年	基准年	2025 年	2035 年
河口区	5.8	8.1	12.6	40	53	79
利津县	17.3	24.3	37.7	188	251	351
东营区	12.4	17.8	28.0	123	168	250
垦利区	39.3	55.2	85.8	819	922	1145
广饶县	14.5	20.8	32.6	137	187	278
东营市	89.2	126.3	196.7	1307	1581	2103

注：因数值修约表中个别数据略有误差。

2）第三产业需水预测

根据东营市“十三五”发展规划及专项发展规划，预测基准至 2025 年、2025～2035 年第三产业增加值年增长率分别为 8.5%、7.5%，2025 年、2035 年第三产业增加值分别为 2543.8 亿元、5305.3 亿元。现状年东营市第三产业万元增加值用水量为 $2.9m^3$/万元。考虑第三产业发展对水资源需求程度的提高及未来节水措施的实施，未来水平年第三产业万元增加值用水定额降低为 $2.6m^3$/万元、$2.4m^3$/万元。预测 2025 年、2035 年东营市第三产业需水量分别为 6727 万 m^3、12726 万 m^3，不同水平年各分区第三产业需水量预测结果见表 9-35。

表 9-35　东营市第三产业需水量预测结果

分区	第三产业增加值/亿元			需水量/万 m^3		
	基准年	2025 年	2035 年	基准年	2025 年	2035 年
河口区	197.7	350.0	721.3	680	1144	2098
利津县	247.6	438.3	903.4	816	1372	2544
东营区	438.0	800.6	1712.6	889	1544	3137
垦利区	237.4	420.3	866.2	897	1429	2651
广饶县	302.0	534.6	1101.8	777	1238	2297
东营市	1422.7	2543.8	5305.3	4059	6727	12726

注：因数值修约表中个别数据略有误差。

4. 农业需水预测

农业需水包括农田灌溉需水和林牧渔畜需水两部分，其中农田灌溉需水分水田、水浇地、菜田需水；林牧渔畜需水分林果地灌溉、鱼塘补水、牲畜用水等。

1）农田灌溉需水预测

东营市耕地总面积为 330.8 万亩，现状灌溉面积 275.8 万亩，其中：水田 8.3 万亩、水浇地 237.5 万亩、菜田 30.0 万亩。未来水平年灌溉面积维持现状。基准年农田灌溉水有效利用系数 0.62。结合东营市农田灌溉用水现状及规划发展情况，预测 2025 年和 2035 年农田灌溉水有效利用系数分别达到 0.64、0.68。2025 年、2035 年农田灌溉需水量分别为 70544 万 m^3、64602 万 m^3，与基准年用水情况对比，在改进农业灌溉水平，减少亩均灌溉定额的情况下，各未来水平年农田灌溉需水量呈现下降趋势。2025 年、2035 年农田灌溉需水量详见表 9-36。

表 9-36　东营市农田灌溉需水量预测结果　（单位：万 m^3）

分区	水田			水浇地			菜田			小计		
	基准年	2025 年	2035 年	基准年	2025 年	2035 年	基准年	2025 年	2035 年	基准年	2025 年	2035 年
河口区	63	60	52	7115	6793	5137	202	193	162	7380	7046	5351
利津县	1667	1590	1512	13144	12533	10765	730	696	648	15541	14819	12924
东营区	284	279	263	8959	8819	8300	228	225	212	9470	9323	8774
垦利区	2836	2770	2608	12726	12430	11705	2551	2491	2346	18112	17690	16660
广饶县	0	0	0	14501	14069	13566	7831	7597	7326	22332	21666	20892
东营市	4850	4699	4434	56444	54643	49473	11542	11202	10694	72836	70544	64602

注：因数值修约表中个别数据略有误差。

2）林果地灌溉需水预测

东营市现状林果地灌溉面积 21.3 万亩，总用水量 1814 万 m^3，灌溉定额为 85.3m^3/亩。未来水平年灌溉面积维持现状，林果地净灌溉定额为 51.2m^3/亩，考虑灌溉水利用系统的提高，拟定 2025 年、2035 年林果地灌溉定额分别为 81.5m^3/亩、73.1m^3/亩，其需水量分别为 1733 万 m^3、1555 万 m^3。林果地灌溉需水量见表 9-37。

表 9-37　东营市林果地灌溉需水量预测结果　（单位：万 m^3）

分区	基准年	2025 年	2035 年
河口区	780	755	669
利津县	139	130	119
东营区	375	352	321
垦利区	120	116	103
广饶县	400	381	343
东营市	1814	1733	1555

注：因数值修约表中个别数据略有误差。

3）牧草需水

东营市现状牧草灌溉面积为 5.3 万亩，现状牧草灌溉定额为 46.3m^3/亩。未来水平年维持现状面积不变，牧草地净灌溉定额为 27.8m^3/亩，考虑灌溉水利用系统的提高，拟定 2025 年、2035 年牧草灌溉定额分别为 42.8m^3/亩、39.7m^3/亩，其需水量分别为 225 万 m^3、209 万 m^3，牧草需水量见表 9-38。

表 9-38　东营市牧草需水量预测结果　（单位：万 m^3）

分区	基准年	2025 年	2035 年
河口区	130	120	111
利津县	0	0	0
东营区	114	105	98
垦利区	0	0	0
广饶县	0	0	0
东营市	244	225	209

4）鱼塘补水量预测

基准年东营市共有鱼塘总面积 14.1 万亩，各计算分区均有分布。鱼塘补水定额主要根据当地实际情况确定，现状东营市补水定额 388m^3/亩。未来水平年，鱼塘面积维持现状；根据《山东省农业用水定额》（DB37/T 3772—2019），并结合当地实际，预测未来水平年鱼塘补水定额为 467m^3/亩，则 2025 年和 2035 年鱼塘补水量均为 6589 万 m^3，鱼塘补水量见表 9-39。

表 9-39　东营市鱼塘补水量预测结果　（单位：万 m^3）

分区	基准年	2025 年	2035 年
河口区	1020	1398	1398
利津县	794	908	908
东营区	805	1160	1160
垦利区	1882	2313	2313
广饶县	980	810	810
东营市	5481	6589	6589

5）牲畜需水量预测

据统计，基准年东营市大牲畜数量为 10.8 万头，小牲畜总数为 2225 万只。预测基准年至 2025 年大牲畜增长率为 10‰、小牲畜增长率为 4‰，2025 年大牲畜数量 11.47 万头，小牲畜数量 2288.08 万只；2025～2035 年牲畜数量维持 2025 年水平。牲畜需水量采用牲畜日用水量指标定额方法。预测未来水平年大小牲畜需水定额分别为 30L/（头 · d）、5L/（头 · d）。未来水平年牲畜需水量预测见表 9-40。

表 9-40　东营市牲畜需水量预测结果　（单位：万 m^3）

分区	基准年	2025 年	2035 年
河口区	300	470	470
利津县	691	906	906
东营区	440	338	338
垦利区	176	687	687
广饶县	230	1901	1901
东营市	1837	4302	4302

5. 城镇生态环境需水预测

城镇生态环境需水主要包括城镇绿地建设和城镇环境卫生需水。采用面积定额法，2025 年和 2035 年水平城镇绿地用水定额均为 0.6m^3/m^2、城镇环境卫生用水定额均为 0.5m^3/m^2，结合东营市绿地面积、环境卫生面积发展指标，2025 年城镇绿地、环境卫生面积分别为 3213.3 万 m^2、3429.6 万 m^2，2035 年城镇绿地、环境卫生面积分别为 3712.3 万 m^2、4013.3 万 m^2。预测 2025 年和 2035 年东营市生态环境用水量分别为 3594 万 m^3、4254 万 m^3。东营市城镇生态环境需水预测结果见表 9-41。

表 9-41　东营市城镇生态环境需水预测结果　（单位：万 m^3）

分区	基准年	2025 年	2035 年
河口区	56	455	501
利津县	1306	346	406
东营区	514	1680	1987
垦利区	883	454	502
广饶县	280	659	859
东营市	3039	3594	4254

注：因数值修约表中个别数据略有误差。

6. 总需水量预测

根据前述需水预测结果，东营市基准年、2025 年、2035 年水平总需水量分别为 119066 万 m^3、136078 万 m^3、161685 万 m^3，详见表 9-42～9-45。

表 9-42　东营市不同水平年需水量预测结果　（单位：万 m^3）

分区	基准年	2025 年	2035 年
河口区	16623	19473	21700
利津县	24267	25218	27500
东营区	18394	23042	29468
垦利区	28123	31531	38118
广饶县	31659	36813	44899
东营市	119066	136078	161685

注：因数值修约表中个别数据略有误差。

表 9-43　东营市基准年需水量预测结果　（单位：万 m^3）

分区	生活	农业	工业	建筑业及三产			城镇生态环境	总需水
				建筑业	三产	小计		
河口区	792	9610	5445	40	680	720	56	16623
利津县	886	17165	3905	188	816	1004	1306	24267
东营区	2259	11204	3405	123	889	1012	514	18394
垦利区	874	20290	4360	819	897	1716	883	28123
广饶县	1481	23942	5042	137	777	914	280	31659
东营市	6292	82212	22158	1307	4059	5366	3039	119066

注：因数值修约表中个别数据略有误差。

表 9-44　东营市 2025 年需水量预测结果　（单位：万 m^3）

分区	生活	农业	工业	建筑业及三产			城镇生态环境	总需水
				建筑业	三产	小计		
河口区	986	9789	7046	53	1144	1197	455	19473
利津县	1199	16763	5288	251	1372	1623	346	25218
东营区	3142	11277	5231	168	1544	1712	1680	23042
垦利区	1064	20806	6856	922	1429	2351	454	31531
广饶县	2023	24758	7947	187	1238	1425	659	36813
东营市	8414	83394	32368	1581	6726	8307	3594	136078

注：因数值修约表中个别数据略有误差。

表 9-45　东营市 2035 年需水量预测结果　（单位：万 m^3）

分区	生活	农业	工业	建筑业及三产			城镇生态环境	总需水
				建筑业	三产	小计		
河口区	1182	7999	9842	79	2098	2176	501	21700
利津县	1461	14857	7880	351	2544	2895	406	27500
东营区	3847	10691	9556	250	3137	3387	1987	29468
垦利区	1267	19763	12792	1145	2651	3796	502	38118
广饶县	2527	23947	14991	278	2297	2575	859	44899
东营市	10284	77257	55060	2103	12726	14830	4254	161685

注：因数值修约表中个别数据略有误差。

9.5.3 可供水量评价

1. 当地地表水

根据山东省人民政府办公厅印发《山东省实行最严格水资源管理制度考核办法》（鲁政办发〔2013〕14 号），东营市 2015 年、2020 年、2030 年用水总量控制目标分别为 12.43 亿 m^3、13.02 亿 m^3、14.83 亿 m^3。根据调查，2019 年东营市地表水用水总量控制指标为 29300 万 m^3。结合当地地表水用水现状、供水工程供水能力及用水控制指标等因素，规划 2025 年、2035 年当地地表水可供水量为 29300 万 m^3。

2. 地下水

根据调查，2019 年东营市地下水用水总量控制指标为 8100 万 m^3。结合现状年地下水用水情况、各区域地下水的可开采量及控制指标等因素，2025 年、2035 年地下水可供水量均为 8100 万 m^3。

3. 引黄水

山东省水利厅与黄河水利委员会山东黄河河务局联合印发的《关于印发山东境内黄河及所属支流水量分配暨黄河取水许可总量控制指标细化方案的通知》（鲁水资字〔2010〕2 号）分配给东营市引黄水量 7.8 亿 m^3。2010 年 2 月，山东省水利厅、山东黄河河务局联合下发《关于印发山东境内黄河及所属支流水量分配暨黄河取水许可总量控制指标细化方案的通知》（鲁水资字〔2010〕3 号），对全省境内黄河及所属支流水量分配指标进行了调整，东营市分配水量调整为 7.28 亿 m^3，因此，现状及 2025 年、2035 年黄河水可供水量均为 7.28 亿 m^3。

4. 引江水

根据南水北调东线工程建设规划，东营市 2025 年、2035 年长江水可供水量分别为 2.00 亿 m^3、3.42 亿 m^3。

5. 非常规水

合理有效地利用各种非常规水资源对于缓解东营市水资源供需矛盾、改善生态环境具有十分重要的意义。据调查分析，现状东营市再生水回用率不足 10%。综合考虑《国务院关于印发水污染防治行动计划的通知》《山东省节水型社会建设“十三五”规划》《东营市水利发展“十三五”规划》，结合当地工业、生活等用水和自来水管网的供水能力，考虑污水排放、收集，以及处理回用情况，计算得到 2025 年、2035 年中水回用量分别为 0.56 亿 m^3、1.27 亿 m^3。

6. 区域可供水总量分析

2025 年、2035 年可供水资源总量分别为 135818 万 m^3、157002 万 m^3，详见表 9-46。

表 9-46　东营市可供水量分析

分区	引黄水/万 m^3			引江水/万 m^3			当地地表水/万 m^3			地下水/万 m^3			非常规水/万 m^3			合计/万 m^3		
	基准年	2025 年	2035 年	基准年	2025 年	2035 年	基准年	2025 年	2035 年	基准年	2025 年	2035 年	基准年	2025 年	2035 年	基准年	2025 年	2035 年
河口区	14397	14397	14397	0	0	0	1801	4108	4108	103	103	103	323	855	2033	16623	19463	20641
利津县	20803	20803	20803	0	0	0	2991	3302	3302	246	246	246	227	868	1910	24267	25218	26261
东营区	10000	10000	10000	0	8308	13150	2987	2987	2987	177	177	177	343	1522	3154	13507	22994	29468
垦利区	15000	15000	15000	0	8192	13000	6715	6715	6715	294	294	294	316	1171	2721	22325	31372	37730
广饶县	12600	12600	12600	0	3500	8000	11475	12188	12188	7280	7280	7280	305	1203	2834	31659	36771	42902
东营市	72800	72800	72800	0	20000	34150	25968	29300	29300	8100	8100	8100	1514	5619	12652	108382	135818	157002

注：因数值修约表中个别数据略有误差。

9.5.4 供需平衡分析

根据东营市各分区不同水平年的用水需求及可供水量分析，基准年东营市缺水量为 10684 万 m^3，缺水率 9.0%，缺水主要在东营区和垦利区。2025 年东营市缺水量为 260 万 m^3，缺水率 0.2%。2035 年随着需水量的增加，东营市缺水量为 4683 万 m^3，缺水率 2.9%。东营市不同年份水资源供需平衡分析结果，见表 9-47～表 9-49。

表 9-47　东营市基准年供需平衡分析

行政区	需水量/万 m^3	供水量/万 m^3						缺水量/万 m^3	缺水率/%
		引黄水	引江水	当地地表水	地下水	非常规水	合计		
河口区	16623	14397	0	1801	103	323	16623	0	0.0
利津县	24267	20803	0	2991	246	227	24267	0	0.0
东营区	18394	10000	0	2987	177	343	13507	4887	26.6
垦利区	28123	15000	0	6715	294	316	22325	5797	20.6
广饶县	31659	12600	0	11475	7280	305	31659	0	0.0
东营市	119066	72800	0	25968	8100	1514	108382	10684	9.0

注：因数值修约表中个别数据略有误差。

表 9-48　东营市 2025 年供需平衡分析

行政区	需水量/万 m^3	供水量/万 m^3						缺水量/万 m^3	缺水率/%
		引黄水	引江水	当地地表水	地下水	非常规水	合计		
河口区	19473	14397	0	4108	103	855	19463	10	0.1
利津县	25218	20803	0	3302	246	868	25218	0	0.0
东营区	23042	10000	8308	2987	177	1522	22994	48	0.2
垦利区	31531	15000	8192	6715	294	1171	31372	160	0.5
广饶县	36813	12600	3500	12188	7280	1203	36771	42	0.1
东营市	136078	72800	20000	29300	8100	5619	135818	260	0.2

注：因数值修约表中个别数据略有误差。

表 9-49　东营市 2035 年供需平衡分析

行政区	需水量/万 m^3	供水量/万 m^3						缺水量/万 m^3	缺水率/%
		引黄水	引江水	当地地表水	地下水	非常规水	合计		
河口区	21700	14397	0	4108	103	2033	20641	1059	4.9
利津县	27500	20803	0	3302	246	1910	26261	1239	4.5
东营区	29468	10000	13150	2987	177	3154	29468	0	0.0
垦利区	38118	15000	13000	6715	294	2721	37730	388	1.0
广饶县	44899	12600	8000	12188	7280	2834	42902	1997	4.4
东营市	161685	72800	34150	29300	8100	12652	157002	4683	2.9

9.6 黄河河口区多水源多尺度联调联供方案及保障对策

考虑到黄河河口区主要河道外用水集中在东营市内，河道内用水集中在黄河三角洲地区，当遇到生态干旱时，黄河河口区多水源多尺度联调联供分别在东营市与黄河三角洲地区开展。

9.6.1 河道外（东营市）多水源多尺度联调联供

通过模型计算，2025 年配置河道外供水 135818 万 m^3，按水源分，当地地表水 29300 万 m^3，占 21.6%，地下水 8100 万 m^3，占 6.0%，非常规水 5619 万 m^3，占 4.1%，引黄水 72800 万 m^3，占 53.6%，引江水 20000 万 m^3，占 14.7%；按用户分，生活用水量 8414 万 m^3，占 6.2%，工业用水量 32368 万 m^3，占 23.8%，建筑业、三产用水量 8307 万 m^3，占 6.1%，农业用水量 83135 万 m^3，占 61.2%，生态环境用水量 3594 万 m^3，占 2.6%。2035 年，配置河道外供水 157002 万 m^3，按水源分，当地地表水 29300 万 m^3，占 18.7%，地下水 8100 万 m^3，占 5.2%，非常规水 12652 万 m^3，占 8.1%，引黄水 72800 万 m^3，占 46.4%，引江水 34150 万 m^3，占 21.8%；按用户分，生活用水量 10284 万 m^3，占 6.6%，工业用水量 55060 万 m^3，占 35.1%，建筑业、三产用水量 14830 万 m^3，占 9.4%，农业用水量 72573 万 m^3，占 46.2%，生态环境用水量 4254 万 m^3，占 2.7%。2025 年、2035 年河道外（东营市）多水源多尺度联调联供方案详见表 9-50 和表 9-51。

表 9-50　2025 年河道外（东营市）多水源多尺度联调联供方案（单位：万 m^3）

行政区	供水量						用水量					
	引黄水	引江水	当地地表水	地下水	非常规水	合计	生活	工业	建筑业、三产	农业	生态环境	合计
河口区	14397	0	4108	103	855	19463	986	7046	1197	9779	455	19463
利津县	20803	0	3302	246	868	25219	1199	5288	1623	16763	346	25218
东营区	10000	8308	2987	177	1522	22994	3142	5231	1712	11229	1680	22994
垦利区	15000	8192	6715	294	1171	31372	1064	6856	2351	20646	454	31372
广饶县	12600	3500	12188	7280	1203	36771	2023	7947	1425	24716	659	36771
东营市	72800	20000	29300	8100	5619	135819	8414	32368	8307	83135	3594	135818

注：因数值修约表中个别数据略有误差。

表 9-51　2035 年河道外（东营市）多水源多尺度联调联供方案（单位：万 m^3）

行政区	供水量						用水量					
	引黄水	引江水	当地地表水	地下水	非常规水	合计	生活	工业	建筑业、三产	农业	生态环境	合计
河口区	14397	0	4108	103	2033	20641	1182	9842	2176	6940	501	20641

续表

行政区	供水量/万 m³						用水量/万 m³					
	引黄水	引江水	当地地表水	地下水	非常规水	合计	生活	工业	建筑业、三产	农业	生态环境	合计
利津县	20803	0	3302	246	1910	26261	1461	7880	2895	13618	406	26261
东营区	10000	13150	2987	177	3154	29468	3847	9556	3387	10691	1987	29468
垦利区	15000	13000	6715	294	2721	37730	1267	12792	3796	19374	502	37730
广饶县	12600	8000	12188	7280	2834	42902	2527	14991	2575	21950	859	42902
东营市	72800	34150	29300	8100	12652	157002	10284	55060	14830	72573	4254	157002

注：因数值修约表中个别数据略有误差。

9.6.2 河道内（黄河三角洲）生态用水调配

1. 常规生态用水调配

在多水源联调联供情况下，能够配置多年平均生态用水量 2.88 亿 m³，且保证多年平均入海水量达到 155.13 亿 m³。生态用水调配结果见表 9-52。

表 9-52　利津以下生态用水调配结果

起始时间（年.月）	结束时间（年.月）	利津实测/亿 m³	联调联供生态水量/亿 m³	入海水量/亿 m³
1999.7	2000.6	65.24	0.90	61.94
2000.7	2001.6	63.75	0.90	59.80
2001.7	2002.6	28.19	0.90	25.38
2002.7	2003.6	38.00	0.50	36.66
2003.7	2004.6	264.32	5.06	255.92
2004.7	2005.6	178.67	3.06	172.26
2005.7	2006.6	252.88	5.06	244.48
2006.7	2007.6	134.84	0.90	130.59
2007.7	2008.6	225.86	3.06	219.45
2008.7	2009.6	124.64	0.90	120.39
2009.7	2010.6	134.60	3.06	128.19
2010.7	2011.6	174.83	3.01	168.47
2011.7	2012.6	245.01	5.06	236.61
2012.7	2013.6	282.28	5.06	273.88
2013.7	2014.6	197.54	3.06	191.13
2014.7	2015.6	137.04	3.06	130.64
2015.7	2016.6	82.53	0.90	78.28
2016.7	2017.6	95.12	3.06	88.72
2017.7	2018.6	161.19	5.06	152.78
2018.7	2019.6	335.52	5.06	327.11
均值		161.10	2.88	155.13

2. 连续枯水年生态用水调配

根据利津断面天然径流频率，在1956年7月至2010年6月的54年系列中，连续的枯水段是1994年7月至2003年6月9年枯水段，年平均天然径流量376亿m^3，相当于多年平均天然径流量482亿m^3的78%，最枯年天然径流量仅257亿m^3。

选取1994年7月至2003年6月9年枯水段的利津断面实测数据进行调节计算，其中东营市利津断面以下河道生态基流需水过程、引黄指标保持不变，黄河三角洲湿地生态补水需求以维持现状生境（芦苇、水面）为目标，确定连续枯水段下年度东营市黄河三角洲生态需水量为1.19亿m^3。连续枯水年调配计算成果见表9-53。

连续枯水年下东营市黄河三角洲多年平均生态供水量1.03亿m^3。9年中有3年不能满足设定的生态需补水量，这三年利津断面均发生了断流。

表9-53 连续枯水年利津以下生态用水年调配结果 （单位：亿m^3）

起始时间（年.月）	结束时间（年.月）	天然径流	利津实测	非汛期实测	东营市引黄需水量	东营市引黄供水量	东营市引黄缺水量	黄河三角洲生态需水量	黄河三角洲生态供水量	黄河三角洲生态缺水量	入海水量
1994.7	1995.6	375	177	57	7.28	5.33	1.95	1.19	1.19	0.00	174.29
1995.7	1996.6	406	122	22	7.28	4.86	2.42	1.19	1.19	0.00	120.29
1996.7	1997.6	446	166	36	7.28	6.58	0.70	1.19	1.19	0.00	162.23
1997.7	1998.6	305	19	17	7.28	5.11	2.17	1.19	0.40	0.80	17.40
1998.7	1999.6	452	108	24	7.28	6.80	0.48	1.19	1.19	0.00	104.43
1999.7	2000.6	424	66	21	7.28	6.34	0.94	1.19	1.19	0.00	62.26
2000.7	2001.6	350	64	46	7.28	6.96	0.32	1.19	1.19	0.00	59.55
2001.7	2002.6	372	28	15	7.28	5.82	1.46	1.19	1.04	0.15	25.39
2002.7	2003.6	257	38	8	7.28	4.73	2.55	1.19	0.69	0.50	37.00
均值		376	87.70	27.33	7.28	5.84	1.44	1.19	1.03	0.16	84.76

9.6.3 供水安全保障对策

1. 健全服务水资源管理和调度的水文测报管理制度

（1）强化生态区水资源监控体系建设，建立水资源监督性监测机制。重新优化水文站功能定位，建立布局合理、功能完善的服务水资源管理和调度的水文站网体系，适时修订《水文站网规划技术导则》（SL 34−2013）等相关技术标准；加强省界、控制站、水库出入库站、重要取退水口等重要断面生态流量监测能力和计量监控设施建设，加快水资源管理系统建设，建立统一的水资源监控管理平台，建立水资源监测、用水计量与统计、水资源信息填报和信息共享等管理办法；加快应急机动监测能力建设；建立水资源监督性监测机制，授权黄河水利委员会及其所属管理机构监测监督职能。强化水文基础支撑作用，助推黄河水量分配调度制度建设，支撑生态区生态保护和高质量发展。

（2）建成覆盖全流域的通信网络，形成多种信道互为备份的通信体系。利用通信卫星，全面实现雨量站和水位站自动报汛。建设覆盖流域的水文计算机广域网络系统，建立水文计算机网络安全平台，全面实现流域水情报汛自动化。

建设基于卫星的流域旱情监测系统，研发径流预报模型和干旱预测模型。加强气象灾害监测预警服务系统建设。建设完善防汛减灾、水资源管理与调度、水资源保护、水生态保护、水利工程建设与管理、电子政务等应用系统。

完善信息沟通和发布平台，制订流域信息沟通和发布管理制度，增强政务、水文、汛旱情、水质等方面的信息沟通和发布能力，根据法律法规和有关规定，向社会和有关机构进行发布。

（3）建立生态流量监测预警机制。按照生态流量管控要求，在重要水文断面建设生态流量在线监测设施，监测数据纳入水资源监控系统，强化生态流量的常态化监测和管控。持续加强生态监测，评估水文条件改变后的生态效果，推行生态流量适应性管理策略。

2. 建立取用水全天候、全覆盖监管制度

健全生态区水资源监测体系，加强取退水口计量监控设施建设，提升水量监测能力，实现取用水在线监测全天候、全覆盖，重要取水口远程监控；建立取用水口督性监测机制，强化用水计量监控管理，完善取用水统计和核查体系，将流域机构监测核定数据作为实施最严格水资源管理制度考核依据之一；建立流域机构与省（区）沟通协调机制，加快流域内取水口监测数据互联互通，实现取用水管理数据的共享；分析生态区取用水管控需求，开展水资源高效利用和取退水监管制度研究，支撑区域高质量发展。

3. 跨流域调水工程生效后完善调整区域水量分配制度

探索动态分水协商机制，建立科学的生态补偿和水权转让制度。以习近平生态文明思想为指引，跳出部门利益和地区利益纠葛，以国家利益和全流域利益为先，坚持“以水定产”和流域平衡发展，改革“八七”分水方案，倒逼区域经济产业结构调整。从完善跨流域调水工程生效后黄河水量分配制度的角度，首先应开展东线生效工程对水量分配方案影响的论证工作；其次应考虑远期南水北调西线工程生效后对增量水源在行业及省区间分配问题，可在立法时予以原则性规定。

9.7　黄河河口区全景式抗旱应急流程优化

9.7.1　抗旱应急协同管理组织体系

根据现行的应急预案，在黄河河口区抗旱应急管理中，东营市人民政府防汛抗旱指挥部（以下简称市防指）处于统筹全局的地位，负责组织领导全市防汛抗旱工作。其办事机构防汛抗旱指挥部办公室（以下简称市防办）设在市应急局，承担指挥部的日常工作。同时，在黄河河口管理局设立市防汛抗旱指挥部黄河防汛抗旱办公室，承担黄河（东营）防汛抗旱日常工作。灾害发生地的自然保护区管理局、区县与乡镇灌溉机构是

具体政策执行落实者，负责具体实施疏浚河道、开闸调水、供应物资、恢复生态等工作。各应急主体具有不同的应急任务与分工，如图 9-14 所示。

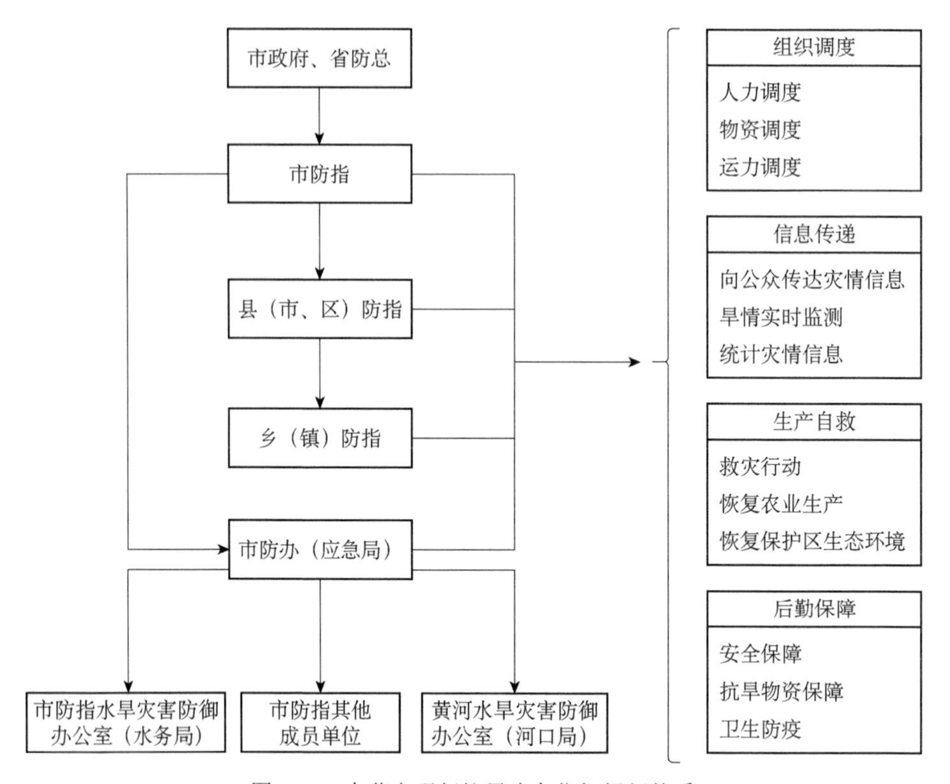

图 9-14　东营市现行抗旱应急指挥组织体系

市防指成员及职责：市政府分管应急管理、水务主要负责同志任指挥，市应急局、市水务局、黄河河口管理局主要负责同志任常务副指挥。市防指负责组织领导全市防汛抗旱工作。贯彻实施国家、省防汛抗旱法律法规和方针政策，贯彻执行省防指和市委市政府决策，部署全市防汛抗旱工作，指导监督防汛抗旱重要决策的贯彻落实，组织、指导、协调、监督、指挥全市重要水旱灾害应急处置工作。

市防办职责：承办市防指日常工作，指导协调全市的防汛抗旱工作。负责向省防指请示汇报工作，负责与周边地市防指协调对接，并将上级指令及跨市境河道的旱情信息及时抄送市防御办公室；指导各级各有关部门落实防汛抗旱责任制。组织全市防汛抗旱检查、督导。根据受灾县区请示或市防指指挥、常务副指挥的安排，由市应急局向市发展改革委下达调拨函，市发展改革委向储备库下达通知，储备库组织将物资调运至受灾县区；统筹全市应急救援力量，下达应急救援队伍动用指令，组织协调重大水旱灾害应急处置工作。市水务局承担应急处置的技术支撑工作，市应急局负责调度应急救援队伍、专家、装备，组织做好重大水旱灾害应急处置工作；负责灾情受损、受灾情况调查评估工作。统筹组织灾情信息统计、报送工作。协调做好防汛抗旱抢险救灾表彰工作。

市防指水旱灾害防御办公室职责：负责组织、协调、指导、督促全市抗旱工作。负责下达水工程调度、水旱灾害防御部署等指令，并及时抄送市防指办公室。综合掌握旱情、灾情，及时上报市防办；及时向公众发布、报送水情旱情信息，并提出全市防汛抗旱工作建议。负责抗旱专家库建设，开展生态区旱情监测预警预报，提出发布预警、启动响应建议。组织抗旱会商，提出抗旱物资装备调用及救灾方案建议，提供水工程调度技术支撑。组织编制实战性防汛预案并组织演练培训实施。参与较大以上水旱灾害先期处置工作；视情向应急部门提出调用应急救灾队伍的意见。会同有关部门做好防汛抗旱物资储备、调用等工作。

县（市、区）、乡（镇）级防汛抗旱指挥机构：县（市、区）和乡镇（街道办）人民政府依法设立防汛抗旱指挥机构，由本级人民政府主要领导任指挥，政府有关部门、单位及当地驻军、人民武装部负责人组成，在上级防汛抗旱指挥机构和本级人民政府的领导下，组织和指挥本地区的防汛抗旱工作，按照有关规定设置防指办事机构。

市应急局：负责承担市防指日常工作，组织、协调、指导、督促全市防汛抗旱工作。组织协调水旱灾害应急救援工作，组织编制全市防汛抗旱防台风应急预案并组织开展预案演练。根据同级防汛抗旱指挥部要求组织协调重大水旱灾害抢险应急处置工作，组织指导有关方面提前落实抢险队伍、预置抢险物资、视情开展巡查值守、做好应急抢险和人员转移准备。负责灾害调查统计评估和灾害救助。依法统一发布灾情信息。组织全市工矿商贸和危化品行业防汛的日常工作，组织协调防汛抗洪和救灾物资调拨工作。

市水务局：负责组织、协调、指导、督促全市防汛抗旱工作。组织协调水旱灾害防御工作，督导检查行业防汛准备工作的落实。开展生态区防汛、水情旱情监测预警预报、水工程调度、防汛抢险技术支撑、组织防汛抗旱会商工作，负责发布水情旱情，及时向市防指报送洪水干旱灾害信息。组织编制所管辖重要河道的防御洪水方案，报同级政府批准。负责防汛抗旱抢险物资的储备和日常管理。

黄河河口管理局：负责黄河防洪工程的建设管理，指导、监督防洪工程安全运行及防汛抗旱工作；组织制定黄河防洪预案和防凌预案，及时提供黄河水情和洪水预报，做好黄河防洪、防凌和引黄供水调度；主管黄河专业防洪抢险队伍建设及国家常备抢险物资供应；制定并监督实施我市黄河防汛抗旱措施，组织开展防洪工程应急处理和水毁工程修复。

市气象局：负责天气气候监测和预测预报工作。从气象角度对影响汛情、旱情的天气形势和降水、土壤墒情等做出监测、分析和预测，适时做好人工影响天气工作。汛期对重要天气形势和灾害性天气做出预警和滚动预报，及时向市防指和有关成员单位提供气象信息。

市水文局：负责水文水资源监测、调查评估和水土保持的监测工作，按照规定权限发布雨情、水情信息，情报预报和监测工作。

9.7.2　现行抗旱应急响应过程

依据《中华人民共和国突发事件应对法》和《中华人民共和国防洪法》《山东省突发事件应对条例》《山东省防汛抗旱应急预案》等法律法规文件，东营市编制了《东营市防汛抗旱应急预案》等法规文件，形成黄河河口区现行抗旱应急响应体系，如图 9-15 所示。

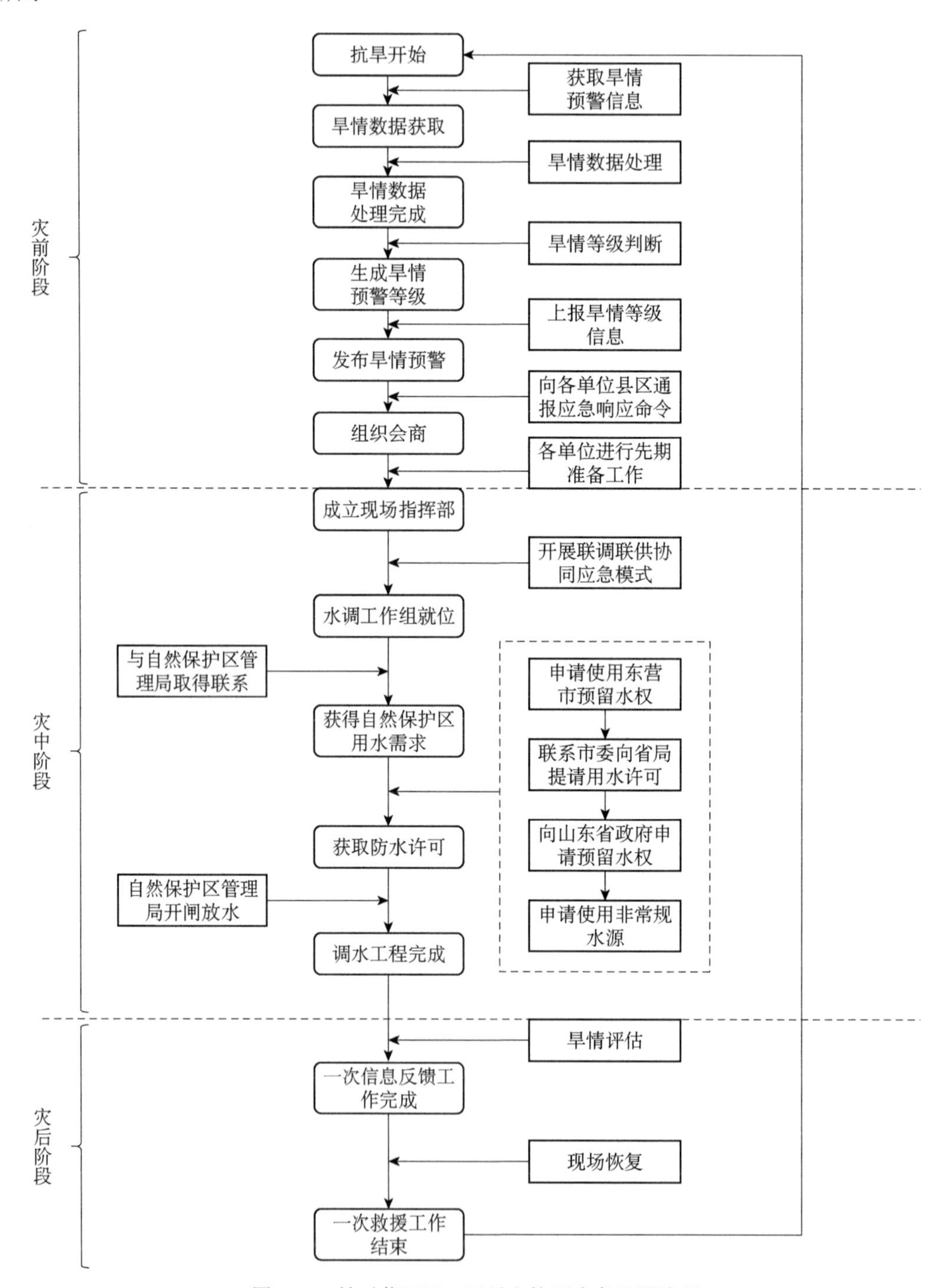

图 9-15　针对黄河河口区旱灾协同应急处置流程

黄河河口区旱灾协同应急处置分为灾前阶段、灾中阶段与灾后阶段。其中，灾前阶段包括获取旱情预警信息、旱情数据处理、旱情等级判断、发布旱情预警、组织会商等主要流程，做好前期准备工作。灾中阶段包括开展联调联供协同应急模式、获得自然保护区用水需求、获取防水许可、完成调水工程等主要流程，确保灾情得到有效缓解。灾后阶段包括旱情评估、现场恢复等主要流程，完成灾后恢复工作与抗旱工作总结。

发布旱情预警后，黄河河口管理局（以下简称河口局）主动与山东省黄河三角洲国家级自然保护区管理局（以下简称自然保护局）沟通，自然保护局提交生态用水申请，河口局报山东省黄河河务局，省河务局批复后，流量达到一定程度，满足供水条件时允许送水。河口局通知自然保护局可以开启闸机放水，自然保护局自行管理生态调水，操作时不界定流量，保护区视情提闸。每年汛期之前有一次对刁口河（黄河水利委员会批复可用入海口）河道的整治，东营市政府和周边的县区政府投入人力和资金，参与河道的清淤。

9.7.3　基于 SPN 的抗旱应急协同管理流程优化

1. 基于 SPN 的旱灾应急处置流程建模

建立该处置流程的 SPN 模型如图 9-16 所示。模型中库所（Places，P）和变迁（Transitions，T）分别对应协同应急处置流程的 6 个状态、信息元素和 6 个动作、措施元素，具体含义如表 9-54 所示（曾庆田等，2013；王循庆，2014；谭佳音和蒋大奎，2020；黄晶等，2021）。其中，由于本书不涉及权重对协同应急处置流程的影响，故采用系统默认权重赋值均为 1。

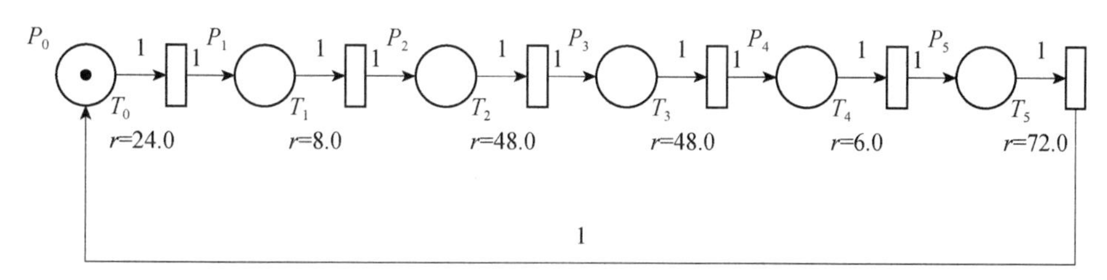

图 9-16　针对生态区旱灾协同应急处置流程建立的 SPN 模型

表 9-54　SPN 模型中库所和变迁的含义

库所（P）		变迁（T）	
标记	含义	标记	含义
P_0	生态区抗旱开始	T_0	向自然保护区获取自然保护区应急补水需求量
P_1	补水需求数据获取	T_1	专家前往自然保护区实际考察，反馈旱情信息
P_2	生态区旱情信息反馈	T_2	电话申请特批应急生态补水指标
P_3	应急补水指标申请	T_3	批准应急生态补水指标，通知河口管理局
P_4	应急补水指标获取	T_4	电话通知自然保护局开闸放水，开展应急补水工作
P_5	一次应急补水完成	T_5	信息反馈

2. 基于同构 MC 的应急流程系统性能分析方法

由图 9-16 可知，当模型开始运行时，表明生态区旱灾正在发生。变迁 T_0、T_1、T_2 先后被触发，处在灾情信息不断输入，标准化输出的状态；进入由数据资料判断灾情等级等情况的阶段；得到上级批准的应急生态补水指标后，变迁 T_3、T_4 被触发，正式启动对应级别预案库状态；根据干旱级别，要协同各部门进入不同小组做执行阶段的工作，即变迁 T_5，最后随着一次救援工作的完成，收尾总结。如有需要，再次循环，直至结束。

1）有效性分析

根据 SPN 的触发规则，可得该模型的可达标识（即系统所有可能的状态）。表 9-55 所示 SPN 模型的初始标识为 M_0=（1，0，0，0，0，0），根据 SPN 的触发规则，可得该模型的可达标识表示如下：

表 9-55　SPN 模型可达标识

	P_0	P_1	P_2	P_3	P_4	P_5
M_0	1	0	0	0	0	0
M_1	0	1	0	0	0	0
M_2	0	0	1	0	0	0
M_3	0	0	0	1	0	0
M_4	0	0	0	0	1	0
M_5	0	0	0	0	0	1

所谓有效性分析，是对 SPN 模型的有界性、活性、可达性等结构特征进行分析，通常根据计算模型的 T__不变量作为判断标准。

SPN 模型系统不存在资源溢出现象，是有界的；同时有定理证明根据 T__不变量可以得到 Petri 网模型的可达图，故旱灾应急管理的 SPN 模型系统又是可达的。

旱灾应急管理 SPN 模型的 T__不变量结果表明所有变迁都有可能被触发，不存在无法执行的变迁和死锁现象，模型具备活性。

2）同构的马尔可夫链及系统性能分析

如果 SPN 模型中各个变迁的实施延迟时间服从指数分布，那么可以同构马尔可夫链。若 SPN 模型可以在一组变迁 T_0，T_1，T_2，…，T_m 的序列作用下产生相应状态标识 M_0，M_1，M_2，…，M_m，则称 M_m 是从 M_0 可达的。继而由可达性可知，其中的 5 个标识都可以映射成 MC 的 5 个状态，同时将下一个状态被上一个状态触发的变迁作为有向边，即可建立城市旱灾协同应急处置流程的 SPN 模型同构的 MC，如图 9-17 所示。

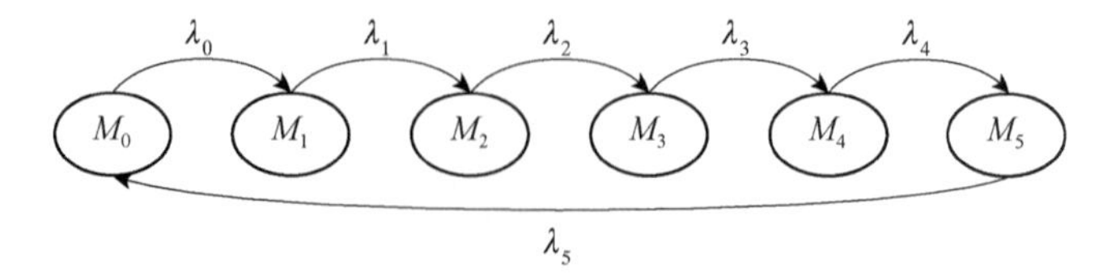

图 9-17　城市旱灾协同应急处置流程的 SPN 模型同构的 MC

3. 极端旱灾案例仿真

在实际调研的基础上，按时间顺序整理出黄河河口区 2019 年旱灾应急补水过程，对图 9-17 中的 6 个变迁的平均实施速率进行赋值与等效简化计算，最终得到变迁 T_0～T_6 的平均实施速率，以次/d 为单位，即 λ={24，8，48，48，6，72}。

计算出标识的稳态概率、库所的繁忙概率及变迁的利用率，如表 9-56 所示。

表 9-56　各可达标识的稳态概率、库所的繁忙概率、变迁的利用率

标识	稳态概率	库所	繁忙概率	变迁	利用率
M_0	0.10714	P_0	0.10714	U（T_0）	0.04167
M_1	0.32143	P_1	0.32143	U（T_1）	0.125
M_2	0.05357	P_2	0.05357	U（T_2）	0.02083
M_3	0.05357	P_3	0.05357	U（T_3）	0.02083
M_4	0.42857	P_4	0.42857	U（T_4）	0.16667
M_5	0.03571	P_5	0.03571	U（T_5）	0.01389

表 9-56 结果显示，库所 P_4 的繁忙概率最大，表示黄河河口管理局应急补水指标获取环节容易造成大量的信息堆积。此外，库所 P_1 则涉及应急补水需求数据获取，也是进行优化的重点阶段。生态区旱灾应急响应过程中，随着旱情等级的变化，生态区需水量也有所不同，需要多次通过调度黄河干流水量来控制生态区旱情。

表 9-56 结果显示，变迁 T_4、 T_1 的利用率明显高于其他变迁。变迁的利用率反映应急行动各环节的耗时情况。T_4 表示获取生态补水许可后，河口管理局电话通知自然保护局开闸放水，开展应急补水工作。自然保护区管理局在收到河口管理局下达应急补水的指令后，在尽可能短的时间内开闸放水。但由于水流的补给需要一定的时间，因此时效性不再是首要。T_1 则表示专家前往自然保护区实际考察，向河口管理局反馈旱情信息。旱灾发生后，河口管理局联系自然保护区管理局获取补水需求，但由于自然保护区管理局缺乏相关的专家，对生态区的需水量不能准确核算。因此，河口管理局会派出专家组前往生态区实地调研，考察生态区的实际需水量，核实旱情后向河口管理局反馈信息。如果自然保护区管理局有专家直接判断需水量，则可以缩短大量的时间。因此，加强流域机构与自然保护区管理局之间的合作是未来的重点方向。

根据表 9-56 的结果，提前做好各旱情等级下的应急补水方案和应急补水预留指标是提升系统运行效率的重要方式。计算整个系统的平均延迟时间为

$$\bar{N}_1 = P(M_0 = 1) + P(M_1 = 1) + P(M_2 = 1) + P(M_3 = 1) + P(M_4 = 1) + P(M_5 = 1) \tag{9-31}$$

$$T_1 = \frac{\bar{N}_1}{R(T_0, P_5)} = \frac{1}{W(T_0, p_5)U(T_0)\lambda_0} = \frac{1}{0.04167 \times 24} = 0.992\,\mathrm{d} \tag{9-32}$$

若采取旱期 24 小时值班制度，并提前生成黄河河口区抗旱应急补水预案，则可由专家判别应急需水量后向河口管理局反馈需水量信息，河口管理局直接按预案中规定的抗旱应急补水指标向上级申请应急补水，优化后整个系统的平均延迟时间为

$$\bar{N}_2 = P(M_0 = 1) + P(M_4 = 1) + P(M_5 = 1) = 0.57412 \tag{9-33}$$

$$T_2 = \frac{\bar{N}_2}{R(T_0, P_5)} = \frac{0.57412}{W(T_0, p_5)U(T_0)\lambda_0} = \frac{0.57412}{0.04167 \times 24} = 0.574\,\text{d} \tag{9-34}$$

由此可见，若采取旱期 24 小时值班制度，并提前生成黄河河口区抗旱应急补水预案，可节省 42%的应急处置时间。

9.7.4　抗旱应急协同管理流程优化建议

（1）实践中，可以根据历年的经验数据，提前做好各旱情等级下的应急补水方案和应急补水预留指标，包括补水指标获取方案，当旱情发生时则直接执行方案即可。此外，对于这些繁忙概率较大的环节可以适当地多加人手，或者提高综合监控的技术水平，也可以起到优化的效果。

（2）加强流域机构与自然保护区管理局之间的合作是未来的重点方向。可以效仿鄂尔多斯市的做法，在流域进入旱期时，实行 24 小时值班制度，由河口管理局派出专家进入自然保护区轮流值班，发生旱灾后及时联系河口管理局，反馈需水量信息，并于每日特定时间向上级汇报旱情情况。

（3）提前做好各旱情等级下的应急补水方案和应急补水预留指标是提升系统运行效率的重要方式。若采取旱期 24 小时值班制度，并提前生成黄河河口区抗旱应急补水预案，则可由专家判别应急需水量后向河口管理局反馈需水量信息，河口管理局直接按预案中规定的抗旱应急补水指标向上级申请应急补水，可节省 42%的应急处置时间。

9.8　黄河河口区抗旱应急协同治理保障策略

9.8.1　抗旱应急协同治理法治化保障框架

1. 抗旱应急协同治理的法治理念及法律原则

1）法治理念

抗旱应急协同治理中的立法工作在跨部门协调发展过程中发挥着重要的作用。法治理念根植于一定社会的经济、政治、文化等诸方面必然性要求之中，它是法治的灵魂，体现了法治的精神实质和价值追求，所要解决的是在抗旱应急协同治理过程中为什么实行法治及如何实现法治的问题。抗旱应急协同治理法治理念主要包含以下三个方面的内容：

（1）法律权威性是法治的根本保障。依法协同治理是抗旱应急协同治理法治理念的核心内容，要求抗旱应急协同治理涉及的监督管理机构和资源所有者、使用者及执法机关都需要不断提高法律素养，切实增强法治观念，坚持依法行事、严格执法，模范遵守法律，自觉接受法律监督，时时处处注意维护相关法律的权威和尊严。

（2）限制公权力是法治的基本精神。执法为民作为法治的本质特征，要求监督管理机构做到权力公开，建立和完善相关的法律制度，鼓励公众参与，让监督管理机构的公权力接受人民的监督。

（3）公平正义是法治的价值表述。公平正义是法治理念的价值追求，其内涵包括法律面前人人平等（首要内涵）、合法合理（内在品质）、程序正当（实现方式和载体）、及时高效（衡量尺度）。公平正义是政法工作的生命线，是和谐社会的首要任务，是法治的首要目标，要求执法机关必须秉公执法、维护公益、摒弃邪恶、弘扬正气、排除私利，坚持合法合理原则、平等对待原则、及时高效原则、程序公正原则，维护社会的公平正义。

2）法律原则

抗旱应急协同治理的基本法律原则是指在原有法律基础上，为反映抗旱应急状态下为支撑城市生产、生活、生态需水，而开展水资源及相关应急处置资源等活动的具有普遍性指导作用的准则和规则，主要包括可持续发展原则、协调发展原则、协同合作原则：

（1）可持续发展原则。可持续发展的核心理念是健康地发展经济的同时能够保障城市系统的韧性、社会的公正性，以及人民能够积极地参与自身发展决策的能力，最终达到人类既能满足各种需要、个人可以得到充分的发展，还能够保护资源与生态环境，使之不会对后代人的生存与发展构成威胁的目标。可持续发展本质上反映了生态文明的发展观和实现观。

（2）协调发展原则。是指抗旱应急过程中应统筹规划生活、生产、生态用水需求，确保抗旱应急处置具有稳定的可操作性。协调发展原则作为抗旱应急协同治理的共生策略，其确立的理论依据主要是基于应急资源配置冲突与多利益相关者互动之间的对立统一辩证关系。协调发展即要求对应急处置过程中所涉及的各项权利都应当均衡周全加以考虑，不能顾此失彼、厚此薄彼，要妥当衡量和平衡各种利益。协调发展又是一个平衡的发展工程，是集并重、协同、兼顾、调整和共赢于一体的综合发展，实质上是通过各部门利益的协调来实现发展的协调。贯彻运用协调发展原则，应当建立并完善综合决策机制，将协同治理纳入抗旱应急的正当法律程序中，避免决策失误和政策风险，并通过公益诉讼保障对行政决策的法律控制。

（3）协同合作原则。是指以可持续发展为目标，在国家内部各部门之间，在国际社会国家（地区）之间重新审视抗旱应急资源配置的冲突，实行广泛的技术、资金和信息交流与援助，联合共同处理旱灾。一方面是指政府各级行政主管部门之间的协同合作，应避免管理交叉和管理真空；另一方面是抗旱应急资源所有者、使用者、监管者之间的协同合作，应着重解决政府、社会、市场力量之间权衡问题。

2. 抗旱应急协同治理的法治化模式

从“硬法+软法”出发，结合《东营市防汛抗旱应急预案》《黄河河口综合治理规划》中的内容，针对黄河河口区抗旱应急中所涉及的组织指挥体系及职责、预防和预警机制、处置程序与措施、应急保障措施、恢复与重建措施和监督与管理机制等各环节，设计黄河河口区抗旱应急协同治理法治化模式如下：

（1）硬法规制与软法引导的结合。硬法在这种规制作用表现在两个方面：一是监督管理部门必须依照《中华人民共和国水法》《中华人民共和国水污染防治法》《国家防汛抗旱应急预案》等国家法律法规对黄河河口区抗旱应急资源配置过程进行监督管理，合理规划，对违法行为依法进行相应的处罚；二是资源使用者必须遵守相关法律法规申请和使用城市抗旱应急资源。

就软法而言，其对监督管理者、使用者的引导作用主要表现为：一是引导各级政府结合当地实际情况，明确各部门工作职责，建立联合工作机制，做好监督管理工作。同时，联合社会机构如新闻媒体做好宣传教育工作，营造黄河河口区抗旱应急的良好氛围。二是引导消费使用者自觉遵守各部门的管理规定及服务协议约定，提升自身的道德意识。简言之，硬法规制与软法引导的结合，就是在协同安全治理方面规避“恶”的行为，树立“善”的理念。

（2）硬法惩戒与软法激励的结合。这一思路是针对黄河河口区抗旱应急协同治理的相关结果而言，可以界定为一种事后治理。

硬法惩戒是对协同治理中所产生矛盾的一定程度上的解决，表现为对资源使用者或持有者违背法律规定的一种处罚，抑或是对不良后果的一种补偿和挽救。相对于硬法而言，软法更注重激励。一方面，关于协同治理的软法主要是由政府与民众协商制定，或者由社会自治组织制定，这种协商的制定方式可以增强黄河河口区抗旱应急各利益相关者的主体意识，调动他们参与的主动性、积极性和创造性，激励他们提升对抗旱应急资源自觉维护和文明使用的意识。另一方面，软法可以通过内部性激励和外部性激励两种激励机制来促进协同治理的有序规范发展。内部性激励是一种私德力量与公德力量的合力所产生的“软约束力”，主要指黄河河口区抗旱应急各利益相关者运用各种自律规范和自治规范来激励自身从正面出发的为或者不为某种行为，以促进黄河河口区抗旱应急协同治理目标的实现。外部性激励是一种社会激励，是软法中的相关倡导性条款外化于社会中的表现，包含两方面内容，一是借助物质利益诱导力量和精神利益诱导力量来激励参与者在黄河河口区抗旱应急过程中发挥积极作用，二是利用绩效评估来激励政府部门等公共机构在城市抗旱应急协同治理中积极履行相关职责。总而言之，在黄河河口区抗旱应急协同治理过程中，硬法惩戒旨在阻止负外部效应行为的再次发生，软法激励意在期望正外部效应行为的持续发生，两者结合的最终形成惩罚与激励充分兼容的长效发展机制，进而实现协同安全治理的效益最大化。

（3）硬法软化与软法硬化的结合。在政府规制中引入软法进行治理，是政府规制模式的重要转型，是“硬法”的软化。当前，抗旱应急协同治理在我国还处于起步阶段，其有序运营主要还是依靠硬法的规制与监督。为有效解决协同安全治理中硬法过硬问题，应适度推进硬法软化，将协商精神引进硬法，强化协同治理的非强制性倾向和合作性倾向，循序渐进地推进协同治理的健康发展。对于软法硬化，一是解决协同治理过程中软法因为过“软”而产生的随意性、不确定性、不可操作等问题。在硬法的框架内，加大各类软法的实施力度，真正发挥软法在协同治理中的应有作用，使软法中各项规则的权威得到固化。二是协同治理作为新生事物，其发展路径还不够清晰，发展过程中还存在不确定性因素，因此针对发展规则需求，需要软法硬化来填补硬法的空缺。此外，“相互渗透的硬法与软法还有可能在法律理念、制度安排与机制设计上相互传染，从而在导致软法通过‘硬化’来增加其形式理性与确定性的同时，也导致硬法通过‘软化’来强化其协商性与互动性”。

（4）硬法与软法亦主亦辅的有机组合。黄河河口区抗旱应急协同治理过程中产生的各类问题因情境不同而呈现出差异性，这导致硬法与软法在治理方面不同的地位，两者的组合具有一定的层次性。因此，在治理中，要将硬法的稳定性、强制性与软法的灵活性、柔韧性结合起来，基于不同的实际问题采用不同的组合方式，从而提升黄河河口区抗旱应急协同治理效果。

9.8.2　抗旱应急协同治理的体制机制保障

根据《中华人民共和国抗旱条例》的相关规定，我国的抗旱工作实行各级人民政府行政首长负责制，统一指挥、部门协作、分级负责。国家防汛抗旱总指挥部负责组织、领导全国的抗旱工作。国务院水行政主管部门负责全国抗旱的指导、监督、管理工作，承担国家防汛抗旱总指挥部的具体工作。国家防汛抗旱总指挥部的其他成员单位按照各自职责，负责有关抗旱工作。县级以上地方人民政府防汛抗旱指挥机构，在上级防汛抗旱指挥机构和本级人民政府的领导下，负责组织、指挥本行政区域内的抗旱工作。县级以上地方人民政府水行政主管部门负责本行政区域内抗旱的指导、监督、管理工作，承担本级人民政府防汛抗旱指挥机构的具体工作。县级以上地方人民政府防汛抗旱指挥机构的其他成员单位按照各自职责，负责有关抗旱工作。

1. 建立抗旱应急协同治理会商平台

黄河河口区抗旱应急协同治理的协调、组织及决策，涉及的部门较多。因此，为加强跨区域跨部门之间的协调配合，提升黄河河口区抗旱应急协同治理能力，建议建立跨界协调机制，即黄河河口区抗旱应急协同治理会商平台（以下简称会商平台）。

1）会商平台组织架构

会商平台由东营市发展改革委、市防指、水利局、应急局、气象局、公安局、财政局、自然资源局、生态环境局、交通运输局、卫健委、民政局等单位构成，市发展改革委为牵头单位，市应急局为组织单位。

市发展改革委主要负责同志担任会商平台召集人，各成员单位有关负责同志为会商平台成员。可根据工作需要，酌情邀请相关部门参与。会商平台成员因工作变动需要调整的，由所在单位提出，会商平台确定。

会商平台办公室设在应急局，承担日常工作，市应急局主要负责同志兼任办公室主任。会商平台设联络员，由各成员单位有关负责同志担任。

2）会商平台工作范围

会商平台主要工作是在掌握东营市旱灾情况，明确黄河河口区需水缺口及用水途径的基础上，对外协调跨区域应急调水。

会商平台开展工作需要各成员单位及时有效提供东营市旱灾基本情况，尽早明确灾情等级、黄河河口区需水缺口，以及用水途径等信息。

在此基础上，会商平台一方面负责沟通水利部、黄河水利委员会、山东省政府，拓展黄河河口区抗旱应急跨区域补水渠道。另一方面主动对接黄河下游城市，以协同合作、互通有无、互相支援、共建共享为原则，推动黄河下游城市群抗旱应急的信息共享、水量互济、资源统筹。

3）工作规则

会商平台根据工作需要定期或不定期召开会议，由召集人或召集人委托的同志主持。成员单位根据工作需要可以提出召开会议的建议。在全体会议之前，召开联络员会议，研究讨论会商平台议题和需提交会商平台议定的事项及其他有关事项。会商平台以会议纪要形式明确会议议定事项，印发有关方面并抄报市政府，重大事项按程序报批。

4）工作要求

各成员单位要按照职责分工，主动研究黄河河口区抗旱应急相关问题，及时向牵头单位提出需会商平台讨论的议题，认真落实会商平台确定的工作任务和议定事项；及时处理黄河河口区抗旱应急协同治理工作中需要跨部门协调解决的问题。各成员单位要互通信息、相互配合、相互支持、形成合力，充分发挥好会商平台的作用。

2. 设立干旱风险管控中心

干旱风险管控是一种对干旱进行科学管理的模式。旱灾风险管理首先是一种公共危机管理，是一种有组织、有计划、持续动态的管理过程，是政府及其他公共组织针对潜在的或者当前的干旱，在干旱发展的不同阶段采取一系列的控制行为，以期有效地预防、处理和消弭干旱带来的危机。同时，旱灾管理主体从旱灾系统研究出发，通过监测、预报、评估、预警、预防、应急处理、恢复、评价等一系列工作，防止和减轻旱灾危害的管理活动。干旱风险管理，可以达到主动防旱，减少干旱灾害损失的作用。从“危机管理”到“风险管理”是现代化抗旱工作发展的必然趋向。

1）风控中心基本定位

建议设立黄河河口区干旱风险管控中心（以下简称风控中心），以实现协调政府各部门和社会各相关单位部门的力量，从灾前、灾中、灾后三个阶段实行全过程管理，形成政府统一领导、社会共同参与的风险管控机制。

风控中心工作由黄河河口管理局主要领导负责，业务上服务于东营市防指。风控中心负责旱灾风险管控的日常管理和综合协调，但不替代政府及其职能部门的审批和抗旱应急职责。风控中心的日常工作应与规划部门的生态区发展规划结合起来，将干旱风险管理纳入国土空间管控范畴，做到统一规划、未雨绸缪。

2）风控中心运作模式

风控中心运行包括风险管理的全过程和风险管理实施所需要的支持体系，本书提出政府主导下的中央政府、地方政府、市场、流域机构四方合作的黄河河口区旱灾风险管理模式框架，如图 9-18 所示。

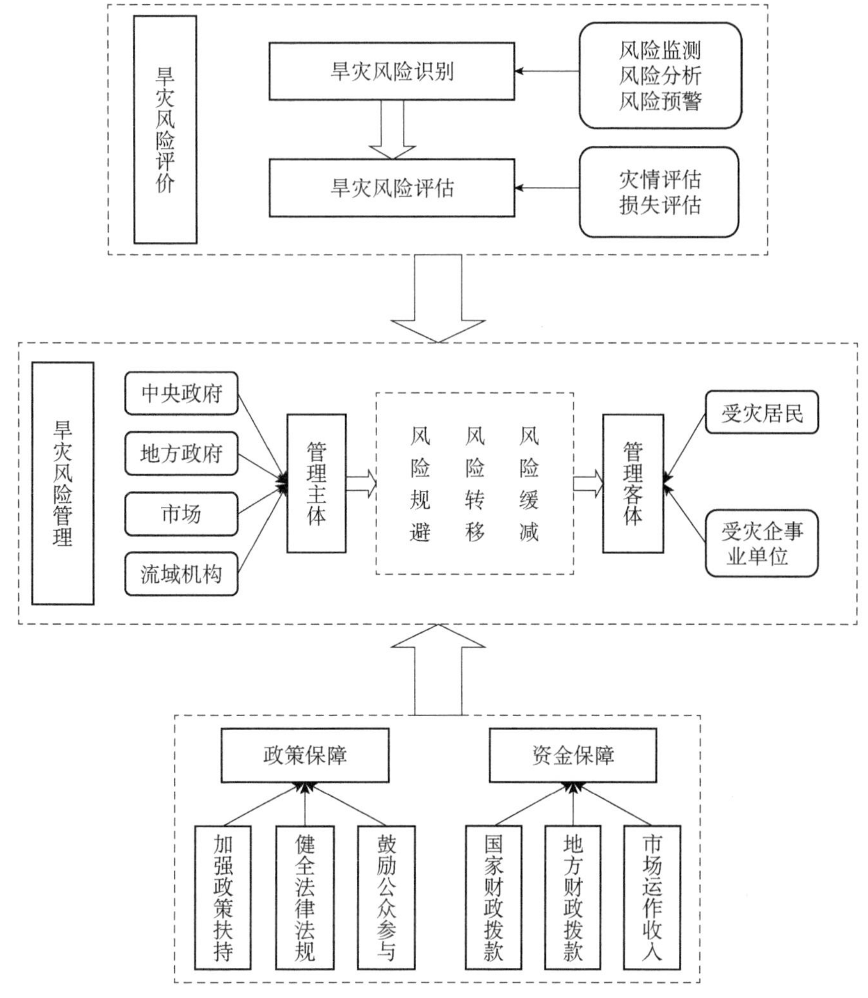

图 9-18　政府主导下黄河河口区旱灾风险管理模式框架

黄河河口区旱灾风险管理模式框架由三个部分组成：

（1）旱灾风险评价，包括旱灾风险监测、风险分析、风险预警、灾情评估、损失评估等。在这个过程中，需要进行相关数据整理、调查研究、汇总、分类、有针对性分析等工作，为旱灾风险管理模式的设计提供理论与实际依据。

（2）旱灾风险管理模式设计，包括管理主体、管理客体要素的确定。管理主体包括中央政府、地方政府、流域机构、市场。管理客体是指在旱灾中，主要受灾居民和受灾企事业单位，如城市居民、企事业单位等。

（3）旱灾风险管理实施所需的支撑体系，包括政策保障和资金保障两部分。政策保障措施则侧重于政策和法律法规的制定，主要包括加强政策扶持、健全法律法规和鼓励公众参与等。而资金保障措施，主要涉及旱灾风险管理资金的来源和运作。

3）风控中心核心工作

风控中心的核心工作聚焦于全过程降低黄河河口区干旱风险水平。具体而言，干旱风险控制是在科学的风险预警、评估的基础上采取的各种行动方案以最大限度地减小旱灾风险的过程。干旱风险控制的主要任务是以最低的代价获得最佳效益的总目标。当面临风险时，主要思路为采取转移、接受、化解、规避和分担等各种风险处理手段，从这些手段中，选择适当内容，形成最优处理方案。其中主要涉及以下两个部分：

（1）风险转移：在非常特殊的情况下，牺牲局部地方，采取保证重点、关键地方和全局利益，将在经济、政治、社会和生态上比较重要的地区的极端干旱灾害风险转移到其他地方，降低该地区干旱灾害风险的程度。主要方法有土地利用规划、建筑物规范等，兴建水库、临时性调水等。

（2）风险规避：由于干旱灾害的不可避免性，在可能的情况下，尽量减少人民群众暴露于干旱灾害的危险之中是非常有效的办法。比较常用的方法为规范人们在高风险区的行为，严禁控制这些地方的城市和产业发展。

3. 推动旱灾风险补偿基金计划

黄河河口区抗旱应急既存在公共服务属性，也存在救灾效率权衡需求，单纯依靠政府补偿一方面难以保障抗旱资金需求，另一方面也很难调动资本市场、社会群体参与抗旱应急的积极性。因此，建议推动黄河河口区抗旱应急风险补偿基金计划。黄河河口区旱灾风险补偿基金计划可见图 9-19。

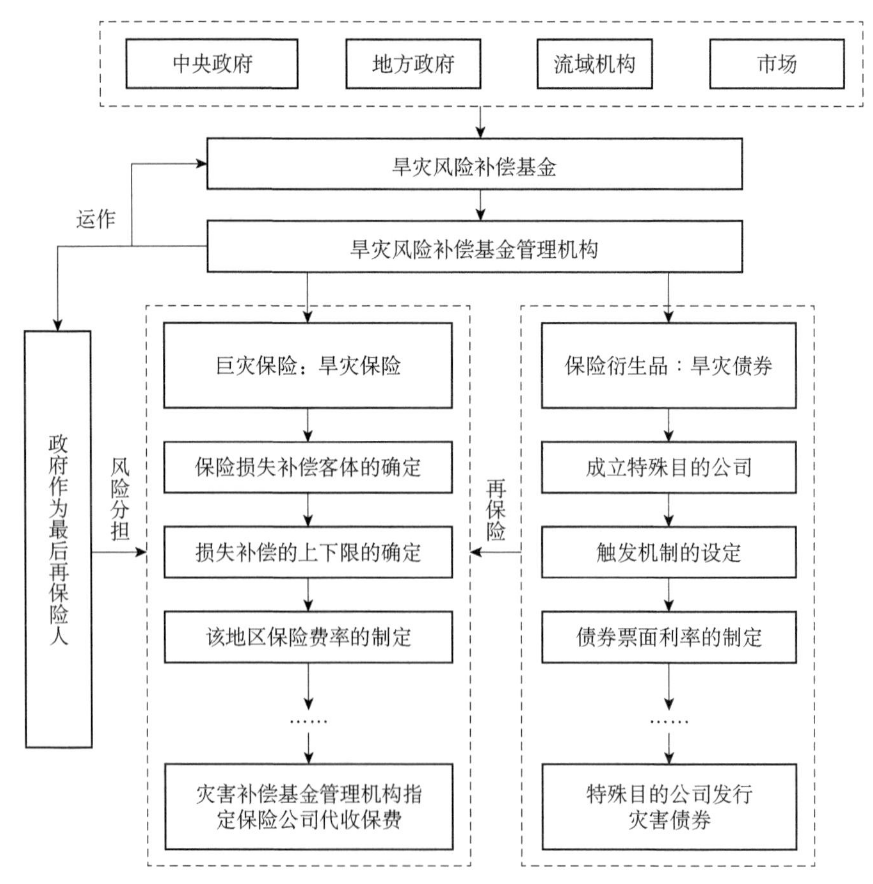

图 9-19　黄河河口区旱灾风险补偿基金计划

1）旱灾风险补偿基金募集机制

旱灾风险补偿基金最初获取的基础资金主要有三个来源，一是地方政府投入的基础设施投保；二是中央政府通过再保险形式对旱灾风险补偿基金的注资；三是当旱灾发生之前向市场发行的旱灾债券时，根据旱灾债券发行机制的设置，投资者可能会损失的额度（可能为部分利息、全部利息、全部本金），这部分资金也都将进入旱灾风险补偿基金，作为补偿基金的基础来源。

基金建立后，管理部门成立特殊目的机构（special purpose vehicle，SPV）向市场发行旱灾债券，以分散一定程度的风险，同时政府以再保险人的身份为旱灾风险补偿基金管理机构承保。基金建立后由政府成立专门的管理委员会管理，管理委员会主要负责灾害基金的筹集、管理，包括旱灾发生时组织评估小组评价灾情，设计赔付流程并发放赔付款，以及成立特殊目的机构发行旱灾债券等。旱灾风险补偿基金建立后，灾害补偿基金的管理机构必须在注重基金安全性的前提下，为了保证基金的增值保值而进行适当的投资操作。只有灾害补偿基金具有投资增值性，才有能力向市场发行旱灾债券并支付债券的利息。

2）旱灾风险补偿基金运作流程

旱灾风险补偿基金运作管理主要由中央政府、地方政府、流域机构、市场主体四方共同合作运营。

中央政府参与旱灾补偿基金计划的方式是以最后再保险的方式注资、旱灾风险补偿基金业务财税金融扶持政策、统筹协调特大型旱灾的注资赔付。

流域机构参与旱灾补偿基金计划的方式是为黄河河口生态系统维护、重建成本投保，统筹协调黄河流域各省水资源保障黄河河口区抗旱应急水权。

地方政府旱灾补偿基金计划的方式是为基础设施、低保家庭投保，并加强教育宣传引导工作，积极发布旱灾风险图。

旱灾风险补偿基金管理机构明确旱灾补偿对象是生态系统重建成本及部分基础设施。旱灾补偿基金管理机构要根据区域经济发展状况确定补偿的下限和上限，明确旱灾损失发生时各方所需承担的责任。旱灾风险补偿基金管理机构需根据旱灾补偿标准和旱灾风险图，制定差别化的保险费率，减少地方政府参与时的逆向选择。

旱灾补偿基金管理机构根据风险的测算发行一定数量的旱灾债券，从而将旱灾风险分散化，同时为旱灾风险补偿基金管理机构提供再保险。如果旱灾发生之后，造成对承保地区的财产损失，并且损失超过旱灾保险规定的最低下限，必须对其进行补偿，则进入旱灾补偿基金计划的执行流程。

4. 推动河口区抗旱应急水权跨省柔性共享机制

黄河河口区抗旱应急的关键在于如何解决水权问题，仅依靠山东省来保障河口区抗旱应急用水，并不具备法理基础，也不满足黄河分水方案条件，对于保障黄河河口区抗旱应急补水的稳定性必将造成压力。

因此，建议由黄河水利委员会牵头，黄河沿线省政府参与，共同推动建立黄河河口区抗旱应急水权跨省柔性共享机制。主要聚焦在抗旱应急状态下，黄河流域各省如何共同分摊黄河河口区调水指标、提升黄河河口区抗旱应急协同治理能力。

坚持生态优先理念，加强黄河河口区旱灾监测水平，厘清该区域生态需水的时间效应和规模效应，合理测算黄河河口区旱灾等级、生态需水指标。

坚持以水为定，在合理测算黄河流域各省可转让水权规模的基础上，设计河口区抗旱应急水权的黄河水权柔性共享机制，即转让省份以转出水权入股，按照比例参与一定时期范围内黄河河口区的收益分配（或保险赔付），发挥沿黄各省（自治区）的比较优势，提升黄河流域稀缺水资源利用效率。

坚持风险管控，设计水权跨省柔性共享可能诱发问题的应急处置预案，考虑水量与工程任一断供条件下，建立健全跨省水权柔性共享的省内协调替代应急预案。

5. 建立公众参与的监督机制

黄河河口区抗旱应急协同治理能力提升离不开全社会参与，黄河河口区抗旱应急协同治理的主管部门需要提前对抗旱应急过程中的行动做出详细规定，明确“必须做”和“禁止做”的事项，出台“正面清单”“负面清单”。并且在抗旱应急全过程中更需要通过广播、电视、报刊和网络等媒介将相关法规政策、旱灾情况、防灾救灾措施、应急方案等及时向社会公布，保障公众的知情权、异议权、申诉权。

因此，建议将公众参与纳入黄河河口区抗旱应急协同治理的监督体系，建立多元主体参与的监督体系，提高黄河河口区抗旱应急协同治理能力。主要包含如下内容：一是监督主体的多元性、代表性和广泛性，保障监督的客观性和科学性；二是公众参与监管考核的方式要具有灵活性、动态性和适应性，确保监督结果的公平性和透明度，提高公信力；三是合理建立符合黄河河口区旱情的监督指标，充分发挥政府、公众、社会组织等各方优势，既要考虑易操作的定量指标，还要考虑能落实的定性指标；四是建立公众意见反馈机制，增加公众满意度，从而避免公众参与流于形式。

黄河河口区抗旱应急协同治理采取公众参与监督的目的是提升政府抗旱应急水平。因此，建议设立对应监督结果的政府激励机制。激励机制主要包含：一是将抗旱应急协同治理水平加入年终绩效考核、公开表彰、职位升迁等措施形成制度，激励政府内部人员的积极性；二是通过政策优惠，如对企业的税收减免、对社会团体的制度倾斜等达到激励其参与抗旱应急的积极性。

鄂尔多斯市抗旱应急保障研究

10.1 鄂尔多斯市旱情判别与旱灾风险评估

10.1.1 干旱危险性评估结果

1. 降水

根据鄂尔多斯市 1956～2009 年同期降水系列评价，鄂尔多斯市多年平均降水量为 265.2mm，折合 230.1 亿 m^3。各水资源分区平均降水量评价见表 10-1。

表 10-1 鄂尔多斯市各分区 1956～2009 年平均降水量评价表

水资源分区	计算面积/ km^2	统计参数			不同频率年降水量/mm			
		年均值/mm	Cv	Cs/Cv	20%	50%	75%	95%
黄河南岸灌区	2811	199.9	0.3	2	246.5	194.2	158.1	114.6
河口镇以上南岸	17350	245.8	0.3	2	304.4	238.6	193.2	138.9
石嘴山以上	13562	235.3	0.3	2	293.3	227.9	183.0	129.7
内流区	34482	252.5	0.3	2	307.3	246.4	203.8	151.8
无定河	7614	334.0	0.3	2	388.3	309.3	254.3	187.5
红碱淖	821	343.7	0.3	2	434.5	331.1	261.2	179.4
窟野河	4602	329.6	0.3	2	402.4	321.3	264.8	196.0
河口镇以下	5511	352.9	0.3	2	433.6	343.4	280.9	205.3
鄂尔多斯市	86752	265.2	0.3	2	322.9	258.8	214.1	159.4

1）降雨空间分布不均

从表 10-1 可见，鄂尔多斯市空间分布不均，多数分区降水量在 250～330mm。鄂尔多斯市降水量空间分布特征是由东南向西北逐渐递减，东南部河口镇以下、红碱淖、窟野河和无定河降水量在 300mm 以上，西北部的黄河南岸灌区多年平均降水量在 200mm 以下属于内蒙古干旱地区。

2）降雨年内集中、年际变化大

鄂尔多斯市降水量的年内分配极不均匀，最大月降水量一般出现在 7、8 月，占年降水量的 60%～70%，汛期 6～9 月连续 4 个月降水量一般占全年降水量的 60%～

90%，冬季12～2月降水量最少，一般占全年的1.2%～3.4%。

鄂尔多斯市降水量年际变化大，54年系列降水量Cv值为0.3，降水量最大值和最小值之比为2.4，1960年代降水量最高，为353mm。

2. 蒸发

水面蒸发是反映当地蒸发能力的指标。鄂尔多斯市多年平均水面蒸发量为1513.4mm。水面蒸发量地带明显，变化幅度大，由东南向西北递增，与降水量分布趋势相反，即降水大的地区蒸发量小，降水小的地区蒸发量大。境内杭锦旗的伊和乌素苏木蒸发量最高，可达2500mm；准格尔旗的马栅，最低为1050mm。

3. 降水距平

以12个气象站（1984～2013年）降水数据为基础，计算各气象站的降水距平，得到各年发生干旱的等级，计算不同干旱等级发生的概率。将各站点的概率进行归一化处理，并进行风险等级划分，低风险（0—0.25）、中风险（0.25—0.5）、高风险（0.5—0.75）和极高风险（0.75—1）。结果显示：鄂尔多斯市发生轻度、中度和重度三种级别的干旱。其中，轻度干旱发生的高风险区和极高风险区集中在市东部和西部，中低风险的风险区集中在市中心；中度干旱发生的高风险区在市西部，低风险区在市东部；重度干旱发生的高风险区在西部，中风险区在中部，低风险区在东部。

10.1.2 干旱脆弱性评估结果

1. 水资源可利用量

1）地表水资源可利用量

a. 黄河主要支流水资源可利用量

鄂尔多斯市境内的黄河主要支流多为季节性河流（除无定河外），径流集中在汛期，含沙量大，并形成山洪，利用难度较大，2000～2009年年均实际利用量不足0.80亿m^3。

本次黄河主要支流水系地表水可利用量评价采用典型分析法。选取系列完整的西柳沟龙头拐、纳林河沙圪堵，以及海流图河韩家峁水文站所控制的流域范围做可利用率典型分析。

根据鄂尔多斯市水资源量评价，在现状下垫面情况下，1956～2009年系列鄂尔多斯市主要河流多年平均天然径流量93847万m^3。考虑河流生态环境需水量及不可利用的洪水影响等因素，结合典型河流的地表水可利用率分析，采用类比法估算鄂尔多斯市境内的黄河支流地表水资源可利用量为19893万m^3，地表水可利用率为21%。主要支流地表水资源可利用量、地表水资源可利用率见表10-2。

表 10-2　鄂尔多斯市黄河主要支流多年平均地表水可利用量

水系	河流	天然径流量/万 m^3	可利用率/%	可利用量/万 m^3
十大孔兑	毛不拉孔兑	1344	15	202
	布日嘎斯太沟	1536	15	230
	黑赖沟	2140	15	321
	西柳沟	3356	15	503
	罕台川	2823	15	423
	壕庆河	773	15	116
	哈什拉川	3738	15	561
	母哈日沟	1205	15	181
	东柳沟	1522	15	228
	呼斯太河	1965	15	295
窟野河	乌兰木伦河	13040	15	1956
	悖牛川	7162	15	1074
黄甫川	正川	9448	15	1417
	十里长川	2334	15	350
无定河	纳林河	6183	40	2473
	红柳河	5910	40	2364
	海流图河	10921	37.1	4368
孤山川		3112	20	622
都思兔河		1004	20	201
黄河其他小支流		14331	14	2006
合计		93847	21	19893

b. 内流区地表水可利用量

根据鄂尔多斯市内流河流具有的河流短、比降缓、河道下切不明显，径流量小，径流年内分配较均匀，年际变化不大，特别是南部地区河流常年有水且泥沙含量低，有利于开发利用等特征。经评价，在现状下垫面情况下，1956～2009 年系列鄂尔多斯市内流区河流多年平均天然径流量 24961 万 m^3，地表水可利用量为 4529 万 m^3，可利用率为 18%。其中红碱淖流域和摩林河地表水可利用率为 30%，内流区北部河流地表水可利用率为 0.13，鄂尔多斯市内流区地表水可利用量见表 10-3。

表 10-3　鄂尔多斯市内流区主要河流多年平均地表水可利用量

水系	河流	天然径流量/万 m^3	可利用率/%	地表水可利用量/万 m^3
摩林河		2961	30	888
红碱淖	木独石犁河	398	30	119
	札萨克河	1493	30	448
	松道沟	223	30	67
	蟒盖兔河	2100	30	630
内流区北部河流		17786	13	2377
合计		24961	18	4529

2）地下水可开采量

地下水可开采量指在可预见的时期内，通过经济合理、技术可行的措施，在不引起生态环境恶化条件下允许从含水层中获取的最大水量。

根据鄂尔多斯市各分区的水文地质条件、社会经济状况，以及地下水开发利用程度，山丘区地下水可开采量按 1980～2009 年实际开采量的均值考虑；平原区采用可开采系数法进行估算。通过对鄂尔多斯市各分区水文地质条件的调查，依据地下水总补给量、地下水位观测、实际开采量等系列资料的分析，确定平原区不同类型水文地质分区的可开采系数。经分析，各计算分区地下水可开采系数一般采用 0.44～0.75。

据评价，1980～2009 年鄂尔多斯市多年平均浅层地下水资源（矿化度≤2g/L）可开采量为 12.54 亿 m^3，其中平原区可开采量为 11.76 亿 m^3，山丘区多年平均可开采量为 0.78 亿 m^3。分区地下水可开采量评价详见表 10-4。

表 10-4　鄂尔多斯市各分区地下水可开采量评价

水资源分区	平原区地下水		山丘区地下水可开采量/亿 m^3	多年平均地下水可开采量/亿 m^3
	可开采量/亿 m^3	可开采系数		
黄河南岸灌区	1.27	0.75	0.00	1.27
河口镇以上南岸	2.01	0.66	0.59	2.60
石嘴山以上	0.82	0.44	0.00	0.82
内流区	4.60	0.60	0.00	4.60
无定河	2.56	0.60	0.00	2.56
红碱淖	0.31	0.62	0.00	0.31
窟野河	0.14	0.68	0.08	0.22
河口镇以下	0.06	0.51	0.10	0.16
鄂尔多斯市	11.76	0.60	0.78	12.54

注：因数值修约表中个别数据略有误差。

3）水资源可利用总量

鄂尔多斯市水资源可利用总量的计算，采取地表水资源可利用量与浅层地下水资源可开采量相加再扣除地表水资源可利用量与地下水资源可开采量两者之间重复计算量的方法估算。两者之间的重复计算量主要是平原区浅层地下水的渠系渗漏和渠灌田间入渗补给量的开采利用部分，可采用式（10-1）估算：

$$Q_{总} = Q_{地表} + Q_{地下} - Q_{重} \tag{10-1}$$

式中，$Q_{总}$为水资源可利用总量；$Q_{地表}$为地表水资源可利用量；$Q_{地下}$为浅层地下水资源可开采量；$Q_{重}$为重复计算量。

据评价，1956～2009 年系列鄂尔多斯市水资源可利用总量为 147352 万 m^3，其中当地地表水可利用量为 24090 万 m^3，多年平均地下水可开采量为 125399 万 m^3，二者之间重复计算量为 2037 万 m^3，鄂尔多斯市水资源可利用总量见表 10-5。

表 10-5　鄂尔多斯市各分区水资源可利用量评价　（单位：万 m³）

水资源分区	地表水可利用量	多年平均地下水可开采量	地表水可利用量与地下水可开采量重复计算量	水资源可利用总量
黄河南岸灌区	132	12738	14	12856
河口镇以上南岸	3563	25943	496	29010
石嘴山以上	502	8237	1	8638
内流区	3265	45950	32	49183
无定河	8892	25621	827	33686
红碱淖	1264	3107	113	4258
窟野河	3030	2201	204	5027
河口镇以下	3442	1602	350	4694
鄂尔多斯市	24090	125399	2037	147352

注：因数值修约表中个别数据略有误差。

2. 用水现状

1）用水变化历程分析

结合《中国水资源公报》《鄂尔多斯市统计年鉴》，对鄂尔多斯市 1980～2009 年用水量进行统计分析。

1980 年以来，鄂尔多斯市大力发展农业和工业，使得国民经济得以快速发展，全市各行业用水量均呈增长趋势，总用水由 1980 年的 58378.5 万 m³ 增加到 2009 年的 185145.5 万 m³，增长 215.5%，年均增长 7.18%。鄂尔多斯市总用水量以第一产业的灌溉用水为主，因此总用水和灌溉用水都是呈现随着灌溉面积的逐年增加而增加的趋势，增长速度较快，灌溉用水由 1980 年的 51362.6 万 m³ 增加到 2009 年的 143513.4 万 m³，增长了 179.4%，年均增长 6%。其中 2001～2003 年，由于农业的节水灌溉技术的不断推广及退耕还林还草政策的实施和灌溉管理水平的不断提高，虽然灌溉面积有所增加，鄂尔多斯市总用水及灌溉用水量增长趋势较缓慢，总趋势有所下降。

随着鄂尔多斯市近几年资源和工业的迅猛发展，工业用水量也随着国民经济的快速发展呈现快速增长趋势，尤其是 2000 年以来，增长趋势更加明显，由 2000 年的 9360.9 万 m³ 增加到 2009 年的 25155.2 万 m³。而建筑业的也随着城镇化水平的提高而快速发展，用水量增长趋势明显，2000 年以来，增长趋势更加突出，由 2000 年的 131.0 万 m³ 增加到 2009 年的 1648.2 万 m³。

随着城镇化水平和城镇居民生活水平的不断提高，城镇生活用水量从 1980 年 211.2 万 m³ 增加到 2009 年的 3184.9 万 m³，年均增长 46.9%。而由于农村人口的不断迁出，农村生活用水量也呈减少趋势，由 1980 年的 1000.2 万 m³ 减少到 2009 年的 946.3 万 m³。生态用水量增长也较快，主要是因为全社会环境保护意识的提高。鄂尔多斯市 1980～2009 年各产业用水量统计见表 10-6。

表 10-6　鄂尔多斯市历年各产业用水量统计汇总　　（单位：万 m^3）

年份	第一产业			第二产业			第三产业	生活			生态	总计
	灌溉用水	牲畜用水	小计	工业	建筑业	小计		城镇	农村	小计		
1980	51362.6	3041.3	54403.9	2556.0	57.2	2613.2	47.0	211.2	1000.2	1211.4	103.0	58378.5
1985	56540.2	3243.3	59783.4	3420.4	74.8	3495.2	63.6	286.0	1136.4	1422.4	165.0	64929.6
1990	65689.0	3157.0	68846.0	3175.9	84.8	3260.7	91.9	413.4	1154.3	1567.7	212.2	73978.5
1995	95278.7	3154.2	98432.9	3199.1	95.3	3294.4	179.2	806.6	1249.7	2056.3	264.3	104227.1
2000	121550.8	2656.3	124207.2	9360.9	131.0	9491.9	301.9	1358.5	1245.1	2603.6	440.5	137045.1
2001	135059.9	1691.1	136751.0	12144.1	426.8	12571.0	1019.5	1452.4	1320.6	3273.0	62.0	153676.5
2002	136105.7	1048.0	137153.7	12665.4	598.6	13264.0	1100.0	1634.9	1251.1	3286.0	51.0	154854.7
2003	114552.3	1037.1	115589.3	13014.6	654.8	13669.4	988.0	1860.5	1197.5	2518.0	72.0	132836.7
2004	135887.2	1332.0	137219.2	14797.4	712.4	15509.8	989.0	2012.7	1068.3	2631.0	424.0	156773.0
2005	143195.0	1534.0	144729.0	20180.3	936.7	21117.0	1080.5	2097.5	1101.5	3209.0	1235.0	171370.5
2006	139516.6	2327.0	141843.6	21891.7	1297.3	23189.0	1052.0	2178.9	1059.6	3290.0	1096.0	170470.6
2007	144253.5	2161.1	146414.6	22746.1	1351.9	24098.0	989.0	2250.3	1091.1	3290.0	1145.0	175936.6
2008	137507.7	2060.0	139567.7	25573.3	1589.8	27163.1	1157.0	2693.3	914.7	3608.0	4148.1	175643.9
2009	143513.4	4316.8	147830.2	25155.2	1648.2	26803.4	1417.0	3184.9	946.3	4131.2	4963.7	185145.5
平均	94502.4	2745.7	97248.1	8105.2	682.8	8788.0	417.1	1293.1	906.7	2197.1	601.1	109251.4

注：因数值修约表中个别数据略有误差。

2）平均用水量

鄂尔多斯市 1980～2009 年的多年平均用水以第一产业用水为主，用水量为 97248.1 万 m^3，占总用水量的 89%，其中：灌溉用水 94502.4 万 m^3，占第一产业用水量的 97.2%；牲畜用水 2745.7 万 m^3，占第一产业用水量的 2.8%；第二产业用水 8788.0 万 m^3，占总用水量的 8%，其中：工业用水 8105.2 万 m^3，占第二产业用水量的 92.2%；建筑业用水 682.8 万 m^3，占第二产业用水量的 7.8%；第三产业用水为 417.1 万 m^3，占总用水量比例较小，只有 0.4%；生活用水量为 2197.1 万 m^3，占总用水量的 2%；生态用水量为 601.1 万 m^3，占总用水量的 0.6%。

鄂尔多斯市 1980～2009 年多年平均地表水灌溉用水 44315.6 万 m^3，其中库水灌溉水量 6452.7 万 m^3，黄河水灌溉用水量 37862.9 万 m^3；1980～2009 年多年平均地下水灌溉用水 50186.8 万 m^3。通过分析，杭锦旗的灌溉用水占总用水比例最大，约占 96%，其中黄河水占灌溉水量 70%，地下水占灌溉水量的 29.6%；鄂托克前旗和乌审旗灌溉用水占总用水比例也较大，分别占总用水的 91.5%和 90.7%，鄂托克前旗的灌溉用水 97%取自地下水，3%为自产地表水，乌审旗灌溉用水 52%取自自产地表水，48%用地下水灌溉，达拉特旗灌溉用水量占总用水量的 89.5%，其中黄河水灌溉水量灌溉用水的 43.1%，地下水灌溉水量灌溉用水的 56.5%，其他主要是自产地表水灌溉；除了东胜区灌溉用水水量所占比例较小，仅为 30.9%，其中 84%是地下水灌溉，康巴什区的灌溉水量为 0 以外，其他旗县灌溉用水都占总用水的一半以上。工业用水量中东胜区的工业用水量占总用水量的比重最大，约为 40.1%，其他依次为准格尔旗、伊金霍洛旗和康巴什区，所占比例为 26.5%、20%、14.6%，其他旗县工业用水量占总用水比例都没超过10%。建筑业用水量康巴什区的所占比重为 7.8%，东胜区的建筑业用水量占总用水的比重为 5%，其他旗县的都较低。第三产业用水量东胜区的为 4.3%、伊金霍洛旗的为1.8%、康巴什区的为 1.2%。康巴什区生活用水量占其总用水量的 48.1%，所占比重较大；其次是东胜区，生活用水量占总用水的 13.6%；而伊金霍洛旗和准格尔旗的生活用水量比重为 7%和 5.4%。康巴什区的生态用水占比重为 15.4%。

分析发现，鄂尔多斯市浅层地下水所占比重较大，为 54%，深层地下水只占0.7%；地表水总量共占 45%，其中蓄水占 20%，引提水占 25%；其他水源包括污水回用、雨水利用和疏干水利用，共占比例为 0.5%，可见其他水源的利用还是有发展潜力的。

3. 脆弱性分析

以 2013 年为现状年进行分析，统计不同干旱等级在不同行政区发生概率，计算不同行政区的脆弱性指数，如表 10-7 所示。通过脆弱分析计算可以看出，鄂尔多斯市轻度干旱下的脆弱性高风险区集中在南部；中度干旱下的脆弱性高风险区集中在西北部，极高风险区集中在东北和西南，东部为中低风险区；重度干旱下的脆弱性高风险区集中在东南部，极高风险区集中在西部，东北部为中低风险区。

表 10-7　鄂尔多斯市各行政区不同干旱等级下的脆弱性指数

	轻度干旱				中度干旱				重度干旱			
	*C*1	*C*2	*C*3	*C*	*C*1	*C*2	*C*3	*C*	*C*1	*C*2	*C*3	*C*
东胜区	5.44	0.07	0.05	3.83	1.62	1.62	1.62	1.62	0.13	0.13	0.13	0.13
达拉特旗	4.46	0.44	0.01	3.21	2.11	2.11	2.11	2.11	0.11	0.11	0.11	0.11
准格尔旗	2.97	0.12	0.01	2.11	2.07	2.07	2.07	2.07	0.07	0.07	0.07	0.07
鄂托克前旗	4.58	0.09	0.02	3.23	2.03	2.03	2.03	2.03	0.56	0.56	0.56	0.56
鄂托克旗	4.29	0.18	0.04	3.04	1.77	1.77	1.77	1.77	0.56	0.56	0.56	0.56
杭锦旗	4.16	0.09	0.05	2.94	1.82	1.82	1.82	1.82	0.58	0.58	0.58	0.58
乌审旗	4.24	0.24	0.01	3.02	1.41	1.41	1.41	1.41	0.51	0.51	0.51	0.51
伊金霍洛旗	4.35	0.38	0.01	3.12	1.67	1.67	1.67	1.67	0.34	0.34	0.34	0.34

10.1.3　旱灾风险评价

通过计算鄂尔多斯市轻度干旱易发生在中西北和东南部，中度干旱易发生在中东部，重度干旱易发生在西北部。

10.2　鄂尔多斯市雨水利用策略

以鄂尔多斯市东胜区为例，1957～2013 年伊旗共有降雨量 0.1mm 以上降雨天数 4030d，其中降雨量大于 2mm 以上的天数为 2004d，按照降雨量从小到大排序，结果如图 10-1 所示。其中日最大降雨量为 147.9mm（1961 年 8 月 21 日），日降雨量超过 100mm 有 5d。

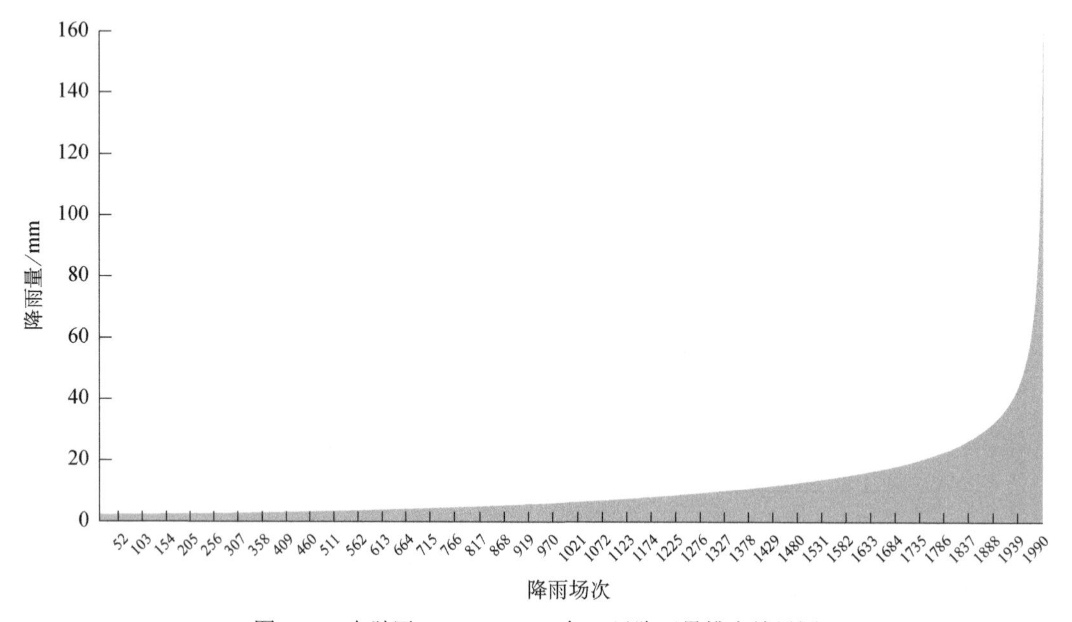

图 10-1　东胜区（1957～2013 年）日降雨量排序结果图

基于上述降雨量数据，对不同降雨量的降雨次数频率曲线进行分析，鄂尔多斯市东胜区多年不同降雨量对应的降雨次数频率见图 10-2 和表 10-8，根据降雨频次分析结果，85%频次以下的日降雨量均小于 20mm。

同时，参考《气候状况公报编写规范》(DB13/T 1270—2015）相关标准来进行降水年型划分，若某年降水量较常年偏多 30%以上（显著偏多），则将该年划分为典型丰水年，若年降水量较常年偏少 30%以上（显著偏少），则将该年划分为典型枯水年。降水量月、年尺度气候评价标准见表 10-9。

经统计，1957～2013 年期间，1959 年、1961 年、1964 年、1967 年、1978 年、1988 年、1989 年、1990 年、1992 年、1994 年、1998 年、2003 年、2012 年等 13 个年份为丰水年；1957 年、1962 年、1963 年、1965 年、1969 年、1971 年、1972 年、1974 年、1980 年、1983 年、1986 年、1987 年、1991 年、1993 年、1999 年、2000 年、2001 年、2005 年、2006 年、2009 年、2011 年等 21 个年份为枯水年。近 15 年内，2002 年、2007 年、2008 年，以及 2009 年年降水量接近多年平均降雨量。根据鄂尔多斯市东

胜区多年不同降雨量对应的降雨次数频率，绘制累积降雨频次-降雨量图，同时对东胜区近十年的降雨绘制同类型的图，并计算每一年降雨量-频次关系曲线与多年平均降雨量-频次关系曲线的相关性。东胜区典型年和多年平均降雨量-频次关系曲线可见图 10-3，东胜区 2002 年与多年平均降雨量-频次关系曲线相关性分析图可见图 10-4。

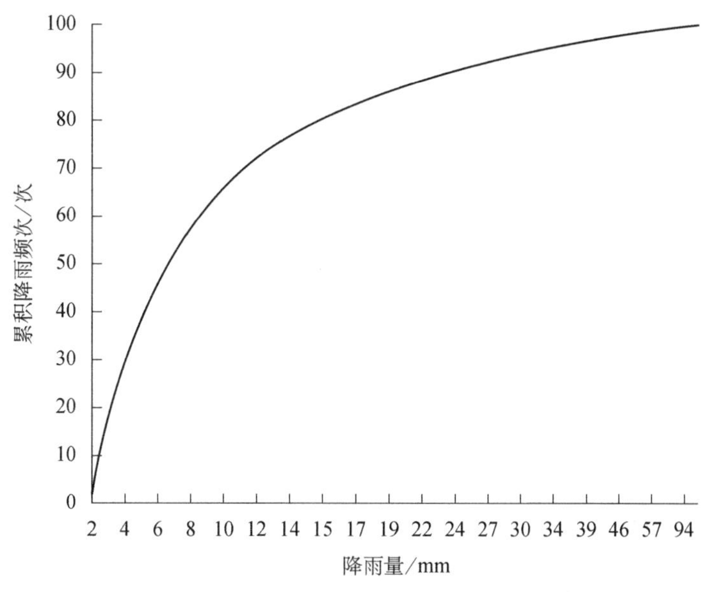

图 10-2　东胜区多年不同降雨量对应的降雨次数频率

表 10-8　东胜区多年不同降雨量对应的降雨次数频率

累积降雨频次/%	50	55	60	65	70	75	80	85	90	95
对应降雨量/mm	6.6	7.2	8.3	9.7	11.1	12.7	15.5	18.3	23	32.8

表 10-9　降水量月、年尺度气候评价标准　（单位：%）

统计特征	年尺度	月尺度
异常偏多	$60\leqslant \Delta R$	$100\leqslant \Delta R$
显著偏多	$30\leqslant \Delta R<60$	$50\leqslant \Delta R<100$
偏多	$15 <\Delta R< 30$	$25 <\Delta R< 50$
正常	$-15\leqslant \Delta R\leqslant 15$	$-25\leqslant \Delta R\leqslant 25$
偏少	$-30 <\Delta R<-15$	$-50 <\Delta R<-25$
显著偏少	$-50<\Delta R\leqslant -30$	$-80<\Delta R\leqslant -50$
异常偏少	$\Delta R\leqslant -50$	$\Delta R\leqslant -80$

经分析，东胜区 2002 年不同降雨量对应降雨频次曲线与多年平均不同降雨量对应降雨频次曲线相关程度高，相关性达到 0.99。因此，选择 2002 年作为雨水资源可利用量的典型年。

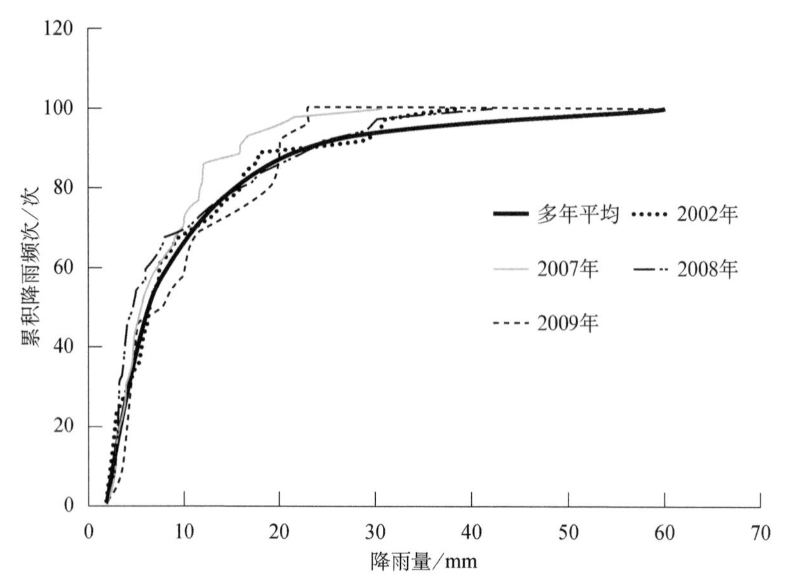

图 10-3　东胜区典型年和多年平均降雨量-频次关系曲线
（典型年：2002 年、2007 年、2008 年、2009 年）

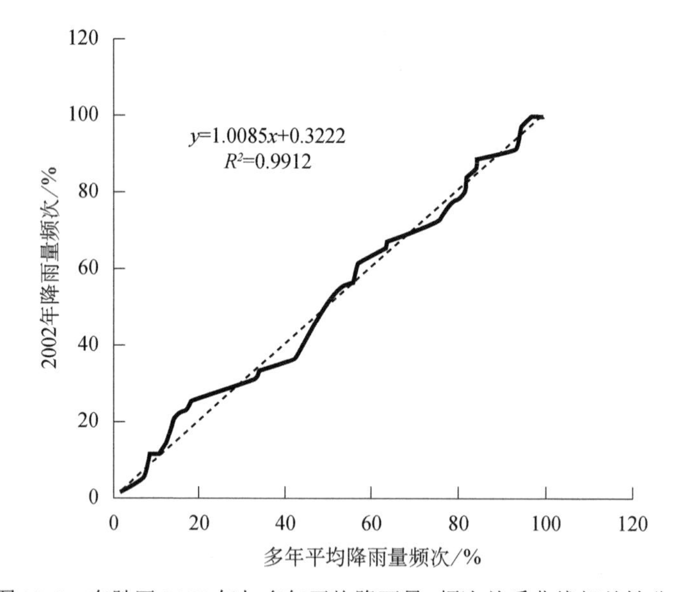

图 10-4　东胜区 2002 年与多年平均降雨量-频次关系曲线相关性分析

根据我国北方地区气象水文规律，城市硬化屋面、硬化路面和广场均以 2mm 作为计算产流的统计起始雨量值，考虑到雨水利用设施的利用和排空时间，两次降雨间隔不小于 24h。本书根据我国北方城市研究确定的单位硬化面积调蓄容积设计标准，取 30mm 降雨量作为可利用的上限值。

计算雨水可利用量时，以不超过 30mm 的日最大降雨量作为单次降雨最大可收集雨水量。以鄂尔多斯市东胜区为例，根据东胜区气象站 2002 年日降雨数据，4～10 月 32 场降雨中最大降雨量为 39.3mm，平均 11.1mm。东胜区 2002 年 32 场降雨实际降雨量

特征见图 10-5。

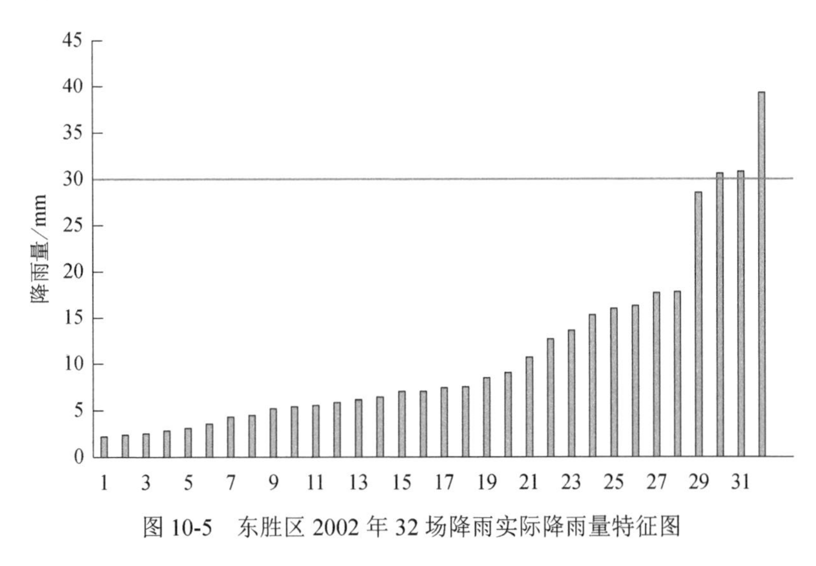

图 10-5　东胜区 2002 年 32 场降雨实际降雨量特征图

（1）屋顶和道路雨水利用量计算是以 2002 年作为降雨典型年，估算研究区域屋顶雨水收集利用量。2002 年东胜区日降雨量小于 30mm 的场次共有 29 场，大于 30mm 的场次有 3 场，超过 30mm 的降雨按照 30mm 雨量收集利用。

研究区内场地内硬化屋面起始产流雨量为 2mm，初雨弃流量为 3mm，扣除弃流量外的降雨量作为可利用量；场地内硬化路面和广场起始产流雨量为 2mm，初雨弃流 4mm，扣除弃流量外的降雨量作为可利用量。基于这一原则计算得到典型年研究区屋面可收集利用雨水总量为 11.1 万 m^3，典型年道路可收集利用雨水总量为 8.3 万 m^3。两者之和占研究区雨水资源总量的 14.6%（综合利用率）。

（2）调蓄设施收集雨水量计算以国内多个省份及城市针对单元硬化覆面需要建设调蓄设施容积给出了指引性的规定或规范，如表 10-10 所示。

表 10-10　国内城市雨水调蓄设施建议容积参照规范或规定

制定城市	调蓄容量/（$m^3/1000m^2$）	调蓄要求	依据
北京地标	⩾30	新建工程硬化面积超过 $2000m^2$ 应配建雨水调蓄设施	《雨水控制与利用工程设计规范》（DB11/685—2013）
广州市技术规定	⩾500	新建建设工程硬化面积达 $10000m^2$ 以上的项目，除城镇公共道路外，应当配建雨水调蓄设施	《广州市城乡规划技术规定（2019 年修订版）》
我国城市行标	⩾250	硬化面积超过 $10000m^2$ 的建设项目可按有效调蓄容积 V（m^3）⩾0.025×硬化面积（m^2）配建雨水调蓄设施	《城乡建设用地竖向规划规范》（CJJ83—2016）

鄂尔多斯位于我国干旱地区，为加强雨水资源化和提高雨水利用率，本书建议采用每万平方米新建/改造硬化面积应设置不小于 $500m^3$ 调蓄设施。

经计算，本书开展的雨水利用区域（东胜区部分建成区）总硬化面积为 $7.05km^2$，需要建设调蓄设施总容积为 35 万 m^3。调蓄设施可根据服务范围，集中建设于绿地公园或大型广场内。

10.3 鄂尔多斯市全景式抗旱应急流程优化

10.3.1 抗旱应急协同管理组织体系

考虑极端旱灾的全过程周期，由进入旱期开始，极端旱灾应急管理的流程分为预警、应急响应和灾后重建 3 个阶段，各应急主体在不同阶段具有不同的应急任务与分工，如图 10-6 所示。

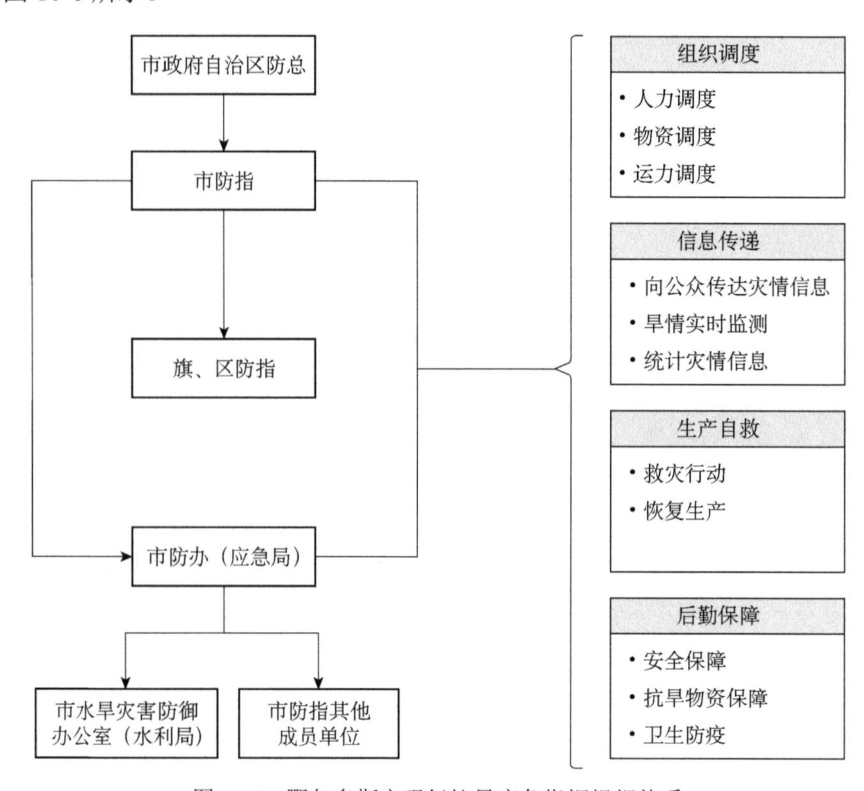

图 10-6 鄂尔多斯市现行抗旱应急指挥组织体系

市防汛抗旱指挥部由市长任总指挥，分管应急工作的副市长任常务副总指挥，分管水利工作的副市长、鄂尔多斯军分区司令员、市人民政府秘书长、市人民政府有关副秘书长、市应急管理局局长、市水利局局长、市住房和城乡建设局局长、武警鄂尔多斯支队支队长、预备役 90 团参谋长任副总指挥。市防指负责组织领导全市防汛抗旱工作。贯彻执行国家、自治区有关抗旱工作的方针、政策、法规和法令；拟制全市抗旱的政策、执法监督制度，组织编制、修订全市抗旱应急预案并负责与其他各类抗旱预案的衔接协调。负责全市抗旱工作的组织、协调、监督、指导；及时掌握旱情并协同有关部门统一发布信息。负责全市抗旱队伍建设和物资储备及调配工作；组织制定跨旗区调水方案；组织实施抗旱减灾措施、抗旱应急救援和灾后处置工作。承担上一级防汛抗旱指挥部和市政府交办的有关抗旱应急任务。市防办负责全市抗旱日常工作，及时掌握、收集和整理旱情和灾情信息；组织实施抗旱行动，协调和组织、实施跨旗（区）的调水等。

10.3.2 现行抗旱应急响应过程

依据《中华人民共和国水法》《中华人民共和国突发事件应对法》《中华人民共和国水污染防治法》《中华人民共和国抗旱条例》《内蒙古自治区防汛抗旱应急预案》《城市节约用水管理规定》等相关法律、法规、规章、政策制定。鄂尔多斯市编制了《鄂尔多斯市抗旱应急预案》等法规文件，形成鄂尔多斯市现行抗旱应急响应体系。

整个响应体系应分为灾前、灾中、灾后三个阶段。

1. 灾前阶段

灾前阶段包括监测预警、灾情等级识别、应急启动程序，以及各项应急准备措施。

1）监测预警

各级气象、农业、水文、水务部门加强对干旱灾害性天气、江河来水和工程蓄引水变化的监测和预报，并将结果报有关防汛抗旱指挥机构。城市缺水（即城市供水量低于正常日供水量的 3%～5%）情况持续 10 天，要及时向有关抗旱指挥机构告。旱情预防和预警信息主要包括蓄水情况，农田土壤墒情，干旱水雨情变化、发生的时间、地点、程度、受旱范围，影响人口及对工农业生产、城乡生活、生态环境等方面造成的影响。在干旱期间，各旗（区）政府、市级有关部门实行 24 小时值班制度，相关雨、水情监测点每天通过电话、传真向市防汛抗旱指挥部办公室报旱情资料。市防汛抗旱指挥部办公室经过对信息分析处理，对旱情发展趋势进行预测预报，及时向市政府和防汛抗旱指挥部报旱情信息，并根据实际情况，按相关规定通过媒体向社会发布。各级防汛抗旱指挥机构应组织工程技术人员研究绘制本地区的农业和城市干旱风险图，并以城市干旱风险图作为抗旱救灾决策的技术依据。

2）灾情等级识别

鄂尔多斯市是农牧业混合区，参照《区域旱情等级》（GB/T 32135—2015），识别鄂尔多斯市城市干旱灾情等级，包括农业旱情等级、牧业旱情等级、农牧业旱情等级、因旱饮水困难等级和城市旱情等级。在此基础上，综合考虑农牧业综合旱情和因旱饮水困难情况，识别鄂尔多斯市综合干旱灾情等级，按照农牧业旱情和因旱饮水困难情况两者之间等级高者确定灾情等级。各级防汛抗旱指挥机构在掌握水、雨情变化，当地蓄水情况，农田土壤墒情和城乡供水情况的基础上，针对干旱灾害的成因和特点，预测干旱发展趋势、判断干旱发生等级、及时向旱区发出干旱预警信号。干旱预警分为 4 级，即Ⅳ级干旱预警、Ⅱ级干旱预警、Ⅱ级干旱预警、Ⅰ级干旱预警，分别对应干旱等级中的轻度干旱、中度干旱、严重干旱、特大干旱。

3）应急启动程序

各行业主管部门要针对本地区发生的旱情、灾情，按照应急预案响应条件及时向市防汛抗旱指挥部办公室提出启动应急响应建议（也可由市防汛抗旱指挥部办公室直接提出），由市防汛抗旱指挥部办公室提出启动响应申请。

Ⅰ级应急响应。由市防汛抗旱指挥部常务副总指挥审核，由市防汛抗旱指挥部总指挥批准，遇紧急情况可由市防汛抗旱指挥部总指挥直接决定。

Ⅱ级应急响应。由市防汛抗旱指挥部副总指挥审核，由市防汛抗旱指挥部常务副总指挥批准，遇紧急情况可由市防汛抗旱指挥部常务副总指挥直接决定。

Ⅲ级应急响应。由市防汛抗旱指挥部副总指挥审核，由市防汛抗旱指挥部常务副总指挥或副总指挥批准，遇紧急情况可由市防汛抗旱指挥部常务副总指挥或副总指挥直接决定。

Ⅳ级应急响应。由市防汛抗旱指挥部成员单位（应急管理局）分管防汛副局长审核，由市防汛抗旱指挥部副总指挥批准，遇紧急情况可由市防汛抗旱指挥部副总指挥直接决定。

4）应急准备措施

思想准备：加强宣传，增强全民节水和保护水资源的意识，做好抗旱的思想准备。

组织准备：建立健全各级抗旱指挥机构，落实抗旱责任人，加强抗旱服务组织和旱情监测预警网络的建设。

工程准备：进行水源工程建设，对水毁工程、病险水库、渠道工程等进行整治建设，保障工程正常供水。

预案准备：启动分级应急预案、市防指通知旱情信息。

物资准备：按照分级负责的原则，储备必要的抗旱物资，合理配置，以应急需。

抗旱检查：实行分级检查制度，发现薄弱环节要明确责任，限期整改。

2. 灾中阶段

灾中阶段主要是旱灾应急响应，包括工作会商、工作部署、方案启动、宣传动员、部门联动、协调指导。

1）工作会商

按应急响应等级主持会商，市防汛抗旱指挥部领导和成员参加。邀请应急、水利、气象、水文、农业、土壤等有关方面的专家参会。必要时，随时举行会商。内容是通报当前全市旱情和各旗（区）抗旱活动情况，分析下步旱情发展，提出会商意见，部署抗旱工作，加强抗旱工作指导，并将情况及时上报市政府并通报市防汛抗旱指挥部成员单位。

2）工作部署

市防汛抗旱指挥部做出抗旱工作部署，下发抗旱工作紧急通知，召开全市抗旱工作会议，把抗旱救灾作为中心工作，全民动员，全力以赴。市防汛抗旱指挥部加强值班力量，密切监视旱情的发展变化，做好旱情预测预报，做好应急调水调度，并及时派工作组及专家组赴一线指导抗旱工作。

3）方案启动

市防汛抗旱指挥部启动抗旱应急方案，包括抗旱水量调度方案、节水限水方案，以及各种抗旱措施。采取切实有效的措施应对旱灾，对地表水与地下水等水源实施统一调度，优化配置供水水源；严格实行计划用水，合理安排用水次序，优先保证城镇生活用水和农村人畜用水。

4）宣传动员

由市防汛抗旱指挥部统一发布旱情通报。旱情、工情、灾情及抗旱工作等方面的公众信息，实行分级负责制，一般公众信息通过媒体向社会发布。各级防汛抗旱指挥部门做好动员工作，组织社会力量投入抗旱。

5）部门联动

各级应急响应启动后，市防汛抗旱指挥部可依法宣布旱区进入抗旱期。市防汛抗旱指挥部成员单位按照各自职责，做好抗旱救灾相关工作。

6）协调指导

市防汛抗旱指挥部派出工作组赶赴一线指导抗旱工作，提供技术支持，协调水源、资金和物资，加强监督指导。在采取措施的同时，向市政府和自治区防汛抗旱指挥部办公室报告。根据现场情况，收集、掌握相关信息，判明旱灾程度，及时向市政府和自治区防汛抗旱指挥部办公室上报旱灾的发展变化情况。请示自治区防办派出工作组现场帮助指导工作，提供技术、资金和物资支援。

3. 灾后阶段

灾后阶段包括宣布结束紧急抗旱期、现场恢复、灾情评估等工作。

1）宣布结束紧急抗旱期

当干旱程度减轻，按相应干旱等级标准降低预警和响应等级，按原程序进行变更发布。当极度缺水得到有效控制时，事发地的防汛抗旱指挥部可视旱情，宣布结束紧急抗旱期。

2）现场恢复

依照有关紧急抗旱期规定，征用和调用的物资、设备、交通运输工具等，在抗旱期结束后应当及时归还；造成损坏或者无法归还的，按照有关规定给予适当补偿或者作其他处理；已使用的物资按灾前市场价格进行结算。

3）灾情评估

紧急处置工作结束后，事发地的防汛抗旱指挥部应协助当地政府进一步恢复正常生活、生产、工作秩序，修复基础设施。

10.3.3　基于 SPN 的抗旱应急协同管理流程优化

1. 基于 SPN（stochastic Petri net）的旱灾应急处置流程建模

时效性是极端旱灾应急管理是否有效的首要衡量标准，通过流程构建与模型仿真，确定极端旱灾应急管理流程中占用时间较多的环节对提高极端旱灾应急响应的时效性有着重要的现实意义。就极端旱灾应急管理流程的 3 个阶段而言，应急响应阶段的时间紧迫感最强，而预警阶段和灾后重建阶段相对较弱。预警阶段的主要工作是气象水文监测和预警，以及地方政府的先期准备工作。这一阶段以流域进入旱期作为开始时间，流域相关机构从日常工作制转入旱期工作制，24 小时动态监控雨情和旱情，一旦发现无降水日达到应急预案中规定的指标即发布预警信息，随即做出分级判断，启动相应级别应急预案；地方政府则在接到干旱预警后，着手开始预警准备工作，包括人员、物料、设备的盘点，以及输水管道的检查等。灾后重建阶段的主要工作是灾情统计和行动总结，对其管辖范围内的极端旱灾应急行动和灾情进行总结和反思。这一阶段以城市宣布结束应急响应为开始，时间跨度相对较大，但是由于时间紧迫性不再是首要，因此这一阶段不是本书关注的重点。

建立该处置流程的 SPN 模型如图 10-7 所示。模型中库所（P）和变迁（T）分别对应协同应急处置流程的 34 个状态、信息元素和 27 个动作、措施元素，具体含义如表 10-11 所示（曾庆田等，2013；王循庆，2014；谭佳音和蒋大奎，2020；黄晶等，2021）。其中，由于本书不涉及权重对协同应急处置流程的影响，故采用系统默认权重赋值均为 1。

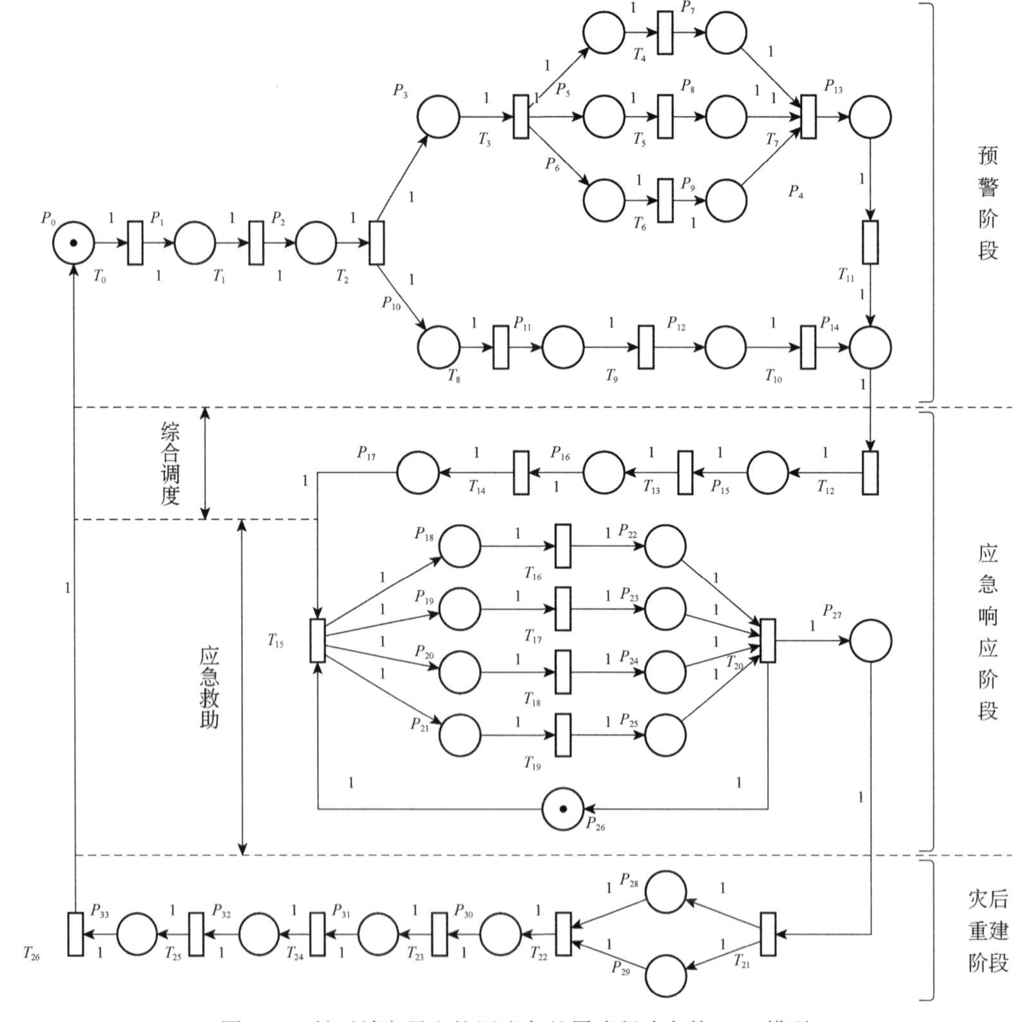

图 10-7　针对城市旱灾协同应急处置流程建立的 SPN 模型

表 10-11　SPN 模型中库所和变迁的含义

库所		变迁	
标记	含义	标记	含义
P_0	城市进入旱期	T_0	启动旱期工作制
P_1	各级政府部门执行旱期责任工作制	T_1	水利局、气象局对旱情进行 24 小时实时检测
P_2	旱情预报信息处理完成	T_2	向地方政府发布旱情预警
P_3	地方政府收到旱情预警	T_3	地方开始旱期准备工作
P_4	组织、人员准备清单	T_4	落实组织及人员的抗旱责任
P_5	河道疏浚工程清单	T_5	河道疏浚
P_6	备点与物资需求清单	T_6	物料储备盘点
P_7	组织、人员待命	T_7	准备工作完成
P_8	工程准备就绪	T_8	向市防办建议发布相应等级旱情预警
P_9	物资准备就绪	T_9	市防办向市防指提请发布相应等级旱情预警
P_{10}	水利局、气象局旱情等级判断完成	T_{10}	启动对应级别应急预案
P_{11}	市防办收到信息	T_{11}	向上级反映灾情需求信息、地方准备情况
P_{12}	市防指批准启动相应等级应急预案	T_{12}	成立专项应急抗旱工作小组
P_{13}	接收到上级发布的旱情等级信息	T_{13}	开展应急救援多主体会商
P_{14}	灾情需求信息确定	T_{14}	成立工作专家小组
P_{15}	会商组织名单确定	T_{15}	开展联调联供、协同应急模式
P_{16}	应急方案确定	T_{16}	水利局、城市管理行政执法局、气象局等部门进行调水、供水工作
P_{17}	专家小组待命	T_{17}	应急管理局、民政局、医疗卫生等部门开展抗旱救援工作
P_{18}	监测、调度工作小组待命	T_{18}	广播电视局、市委宣传部等开展旱情宣传报道工作
P_{19}	抗旱救援工作小组就位	T_{19}	交通局、电力局、公安局等部门保障交通、电力安全工作
P_{20}	宣传工作小组就位	T_{20}	结束应急抗旱救援工作
P_{21}	后勤保障工作小组就位	T_{21}	应急响应结束
P_{22}	调水工作完成	T_{22}	发放补偿救助款项
P_{23}	专业救援工作完成	T_{23}	应急行动评价
P_{24}	辅助工作完成	T_{24}	奖惩判定
P_{25}	安全运水工作完成	T_{25}	实施奖惩
P_{26}	应急救援信息反馈完成	T_{26}	应急终止
P_{27}	一次应急救援结束		
P_{28}	灾情信息统计		
P_{29}	灾后补偿救助方案		
P_{30}	补偿救助款项发放完成		
P_{31}	奖惩制度实施方案		
P_{32}	应急评价完成		
P_{33}	应急全部工作完成		

2. 基于同构马尔可夫链的应急流程系统性能分析方法

为了减少模型计算的工作量，同时也为了突出需要关注的重点变迁，对 SPN 模型进行性能分析的首要步骤就是对其进行等效简化。等效简化后的极端旱灾应急管理流程的 SPN 模型如图 10-8 所示。模型中库所（P）和变迁（T）分别对应协同应急处置流程的 18 个状态、信息元素和 13 个动作、措施元素，具体含义如表 10-12 所示。

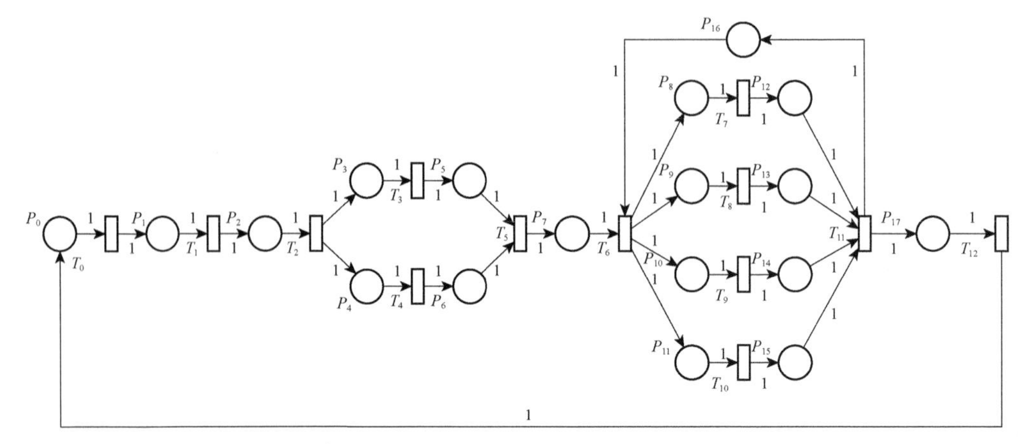

图 10-8　等效简化后的城市旱灾协同应急管理的 SPN 模型

表 10-12　等效简化后的 SPN 模型中库所和变迁的含义

库所		变迁	
标记	含义	标记	含义
P_0	城市进入旱期	T_0	启动旱期工作制
P_1	各级政府部门执行旱期责任工作制	T_1	水利局、气象局对旱情进行 24 小时实时检测
P_2	旱情预报信息处理完成	T_2	向地方政府发布旱情预警
P_3	地方政府前期准备工作就绪	T_3	地方政府前期准备工作
P_4	水利局、气象局旱情信息处理	T_4	水利局、气象局旱情信息处理
P_5	水利局、气象局旱情等级判断完成	T_5	启动对应级别应急预案、开启会商
P_6	市防办会商	T_6	开展联调联供、协同应急模式，各部门做好准备工作
P_7	应急方案确定	T_7	水利局等部门进行调水、运水工作
P_8	监测、调度工作小组待命	T_8	应急管理局、民政局、医疗卫生等部门开展抗旱救援工作
P_9	抗旱救援工作小组就位	T_9	广播电视局、宣传部等开展旱情宣传报道工作
P_{10}	宣传工作小组就位	T_{10}	挖井、通渠工作
P_{11}	后勤保障工作小组就位	T_{11}	结束应急抗旱救援工作
P_{12}	调水工作完成	T_{12}	应急响应结束
P_{13}	专业救援工作完成		
P_{14}	辅助工作完成		
P_{15}	安全运水工作完成		
P_{16}	应急救援信息反馈完成		
P_{17}	一次应急救援结束		

当模型开始运行时，表明城市旱灾正在发生。在预警阶段，变迁 T_0、T_1、T_2 先后被触发，处在灾情信息不断输入，标准化输出的状态；随着准备工作的完成，进入由数

据资料判断灾情等级等情况的阶段；在决策阶段，变迁 T_3、T_4 被触发，正式启动对应级别预案库状态；根据干旱级别，要协同各部门进入不同小组做执行阶段的工作，即变迁 T_5、T_6、T_7、T_8 会同时被激活，在模型中属于并发结构；最后随着一次救援工作的完成，收尾总结。如有需要，再次循环，直至结束。

3. 极端旱灾案例仿真

鄂尔多斯市深居干旱内陆地区，是典型的温带大陆性气候，年内蒸发量远大于降水量，干旱少雨，水资源的时空分布不均，集中在每年的 6 月 15 日至 9 月 15 日，以雷雨为主，是我国水旱灾害频发地区。2019 年成立应急管理局后，鄂尔多斯市防汛抗旱指挥部发布防汛Ⅳ级应急响应，因此选取 2019 年的鄂尔多斯市旱灾进行案例分析。在实际调研的基础上，结合《鄂尔多斯市水旱灾害防御快报》，按时间顺序整理出鄂尔多斯市 2019 年旱灾应急过程，对表 10-13 中的 10 个变迁的平均实施速率进行赋值与等效简化计算，最终得到变迁 T_0～T_{10} 的平均实施速率，以次/d 为单位，即：λ={1，12，12，8，6，1，24，6，3，24，1}。

表 10-13　各标识的稳态概率

标识	稳态概率	标识	稳态概率	标识	稳态概率	标识	稳态概率
M_0	0.03704	M_7	0.05556	M_{14}	0.00741	M_{21}	0.00988
M_1	0.03704	M_8	0.02469	M_{15}	0.00741	M_{22}	0.00988
M_2	0.03704	M_9	0.01235	M_{16}	0.00741	M_{23}	0.01852
M_3	0.02222	M_{10}	0.01235	M_{17}	0.00741	M_{24}	0.44444
M_4	0.03333	M_{11}	0.00494	M_{18}	0.00247		
M_5	0.01481	M_{12}	0.00494	M_{19}	0.05432		
M_6	0.05556	M_{13}	0.02469	M_{20}	0.05432		

表 10-14 结果显示，库所 P_{16}、P_{12}、P_{13}、P_{14}、P_{15}、P_8、P_9、P_{10}、P_{11} 的繁忙概率明显高于其他库所的繁忙概率。其中库所 P_{16} 表示应急救援的反馈，说明该环节容易造成大量的信息堆积；P_{12}、P_{13}、P_{14}、P_{15}、P_8、P_9、P_{10}、P_{11} 的繁忙概率也较大，这些环节涉及鄂尔多斯市极端旱灾应急管理的应急响应阶段的各项主要工作，是进行优化的重点阶段。除此之外，库所 P_{17} 表示灾情损失的统计信息，属于灾后重建阶段，对于时间紧迫性要求较低，不是本书重点关注的对象。

表 10-14　库所的繁忙概率

库所	繁忙概率	库所	繁忙概率	库所	繁忙概率
P_0	0.08364	P_6	0.08812	P_{12}	0.30899
P_1	0.00697	P_7	0.00348	P_{13}	0.30899
P_2	0.00697	P_8	0.27879	P_{14}	0.30899
P_3	0.01045	P_9	0.27879	P_{15}	0.30899
P_4	0.01394	P_{10}	0.27879	P_{16}	0.41221
P_5	0.09160	P_{11}	0.27879	P_{17}	0.20909

表 10-15 的结果显示，变迁 T_{12} 的利用率明显高于其他变迁。变迁的利用率反映应急行动各环节的耗时情况。T_{12} 表示灾后对极端旱灾应急过程的善后总结评价，时效性并不是首要原则，相反更多的是要求完整、客观与公正，因此不是本书的重点关注对象。T_7、T_8、T_9、T_{10} 则为应急响应阶段的调水工作、救援工作、宣传工作与挖井、通渠工作。极端旱灾应急响应过程中，随着旱情等级的变化，需要多次通过运水或通过挖井来控制旱情。实践中，可以根据历年旱灾的经验数据，提前做好水量调度方案，包括极端情况下的用水控制方案，在旱情发生之前进行救灾演练，当旱情发生时则直接执行方案即可。此外，对于这些耗时较长的环节可以适当地多加人手，或者提高综合监控的技术水平，也可以起到优化的效果。

表 10-15　变迁的利用率

变迁	利用率	变迁	利用率
$U(T_0)$	1.00000	$U(T_7)$	0.04167
$U(T_1)$	0.08333	$U(T_8)$	0.83333
$U(T_2)$	0.08333	$U(T_9)$	1.11111
$U(T_3)$	0.07143	$U(T_{10})$	1.11111
$U(T_4)$	0.12500	$U(T_{11})$	1.11111
$U(T_5)$	0.16667	$U(T_{12})$	1.11111
$U(T_6)$	0.12500		

地方政府收到上级下达旱情预警后，在尽量短的时间内完成蓄区群众转移安置工作，再将工作情况汇报至鄂尔多斯市防总，正是综合调度与应急救助交叉的阶段。为此，如何加强流域机构与地方政府之间的合作，将综合调度与应急救助有机结合，从而提高极端洪灾中的应急响应效率是优化的重点方向。

若根据历年的经验数据，提前生成鄂尔多斯市各旱情等级下的水量调度方案，包括极端情况下的用水控制方案，当应急预案启动后各部门直接按预案中规定的方案进行调水工作，并简化各单位文件批复流程，根据表 10-14 的结果，优化后整个系统的平均延迟时间为（减少 T_5、T_7）

$$T=\frac{\overline{N}}{R(T_a,p_2)}=\frac{\sum_i P[M(p_i)=1]}{W(T_a,p_2)U(T_a)\lambda_a}=\frac{3.19295}{1\times 1}=3.19295\text{d} \tag{10-2}$$

10.3.4　抗旱应急协同管理流程优化建议

（1）转变干旱灾害管理理念。鉴于鄂尔多斯市干旱灾害频繁发生“十年九旱”，传统被动反应式的干旱灾害应急管理模式暴露出越来越多的缺陷。应对这种不确定性的灾害情景，应建立旱灾风险管理意识，更加重视灾害预防。因此应结合用水控制政策，建立干旱灾害应急水资源储备，在灾情发生前提前演练救灾预案、定期检查救援设备以应对灾害造成的用水短缺现象，减轻灾害影响。

（2）构建多主体合作的极端干旱灾害应急管理模式。根据鄂尔多斯市实际情况，在完善现有救灾设备基础上，为有效提高极端干旱灾害应急管理效率，应简化各单位文件批复流程。此外，应积极整合社会应急力量，促进极端干旱灾害管理中多主体合作联盟的形成。可以采取预支付策略等激励政策，有助于实现极端干旱灾害应急水资源优化配置和经济社会的可持续发展。

（3）重视发挥应急第一响应者的有效作用。基于多主体合作的极端干旱灾害应急管理模式，组织结构中可考虑设立一线协调员角色，负责灾害信息更新与核实，避免信息缺失，对接协调社会应急力量，响应流程中则主要应利用并发式信息通报机制，增强响应流程可靠性。这些设置经验证，均可以有效提高极端干旱灾害应急响应效率。

10.4　鄂尔多斯市抗旱应急协同治理法治化保障框架

10.4.1　构建的抗旱法制框架的必要性

国务院的相关文件《中华人民共和国抗旱条例》中提到：抗旱工作要以人为本、因地制宜、统筹兼顾。重要江河、湖泊的防汛抗旱指挥机构，由相关省、自治区、直辖市人民政府和该江河、湖泊的流域管理机构组成，负责协调所辖范围内的抗旱工作；流域管理机构承担流域抗旱指挥机构的具体工作。抗旱规划应当与水资源开发利用等规划相衔接，并充分考虑区域的国民经济和社会发展水平、水资源综合开发利用情况、干旱规律和特点、可供水资源量和抗旱能力，以及城乡居民生活用水、工农业生产和生态用水的需求。审核通过的抗旱预案有关部门和单位必须执行。

一方面，从新形势新要求来看，实现国家治理体系和治理能力现代化，是以习近平同志为核心的党中央立足于党和国家未来发展，在国家治理方面做出的重大战略决策。实现国家治理体系和治理能力现代化就是要使国家治理体系制度化、规范化、程序化、科学化，使国家治理者善于运用科学思维、民主思维和法治思维，善于依靠法律制度来治理国家，从而把中国特色社会主义的制度优势转化为治理国家的效能。当前和今后一个时期，各行业都需要加强制度建设、强化制度落实，为实现国家治理体系和治理能力现代化奠定基础。鄂尔多斯市的用水保障与民生、经济、环境等多个方面息息相关，抓紧建立健全用水保障与抗旱的法治框架，探索法治化治理模式，是国家治理体系和治理能力的体现之一。

另一方面，随着全球经贸格局变化、我国经济结构调整、国家双碳战略实施，国家能源安全保障面临新挑战及机遇。鄂尔多斯市作为干旱地区的国家能源重镇，其城市抗旱应急不仅需要满足广大人民群众生活用水需求，更需为能源产业生产需水提供应急解决方案，因此，鄂尔多斯市抗旱应急工作必将面临更为严峻的供需冲突，迫切需要通过法治化治理模式厘清抗旱应急状态下的水资源配置规则、各部门参与权责体系、应急过程的奖惩条例等，协调现有涉水管理部门的权责关系，明确抗旱应急状态的管控规则，为鄂尔多斯市提供抗旱应急保障的基本法制遵循。

因此，开展抗旱应急法治化治理模式研究，构建鄂尔多斯市抗旱应急协同治理的法治化保障框架，具有很强的必要性和迫切性。

10.4.2　抗旱应急协同治理的法治化模式

城市抗旱应急协同治理的法治理念即法律原则与生态区一致，在此不再赘述。

鄂尔多斯市防汛抗旱指挥部下发《鄂尔多斯市抗旱应急预案》中明确了抗旱应急目标是为了提高应对干旱灾害的应急能力，最大限度地减轻旱灾对城乡人民生活、生产和生态环境等造成的影响和损失，保障经济和社会全面、协调、可持续发展。同时《鄂尔多斯市抗旱应急预案》中也明确了城市抗旱应急工作原则为：以习近平新时代中国特色社会主义思想为指导，坚持以人为本，贯彻“坚持以防为主、防抗救相结合、防重于抗、抗重于救，坚持常态减灾和非常态救灾相统一，努力实现从注重灾后救助向注重灾前预防转变，从应对单一灾种向综合减灾转变，从减少灾害损失向减轻灾害风险转变”的防灾减灾新理念；坚持“统筹兼顾，突出重点，兼顾一般”的原则，实行先生活、后生产，先地表、后地下，先节水、后调水，科学调度，优化配置，最大限度地满足城乡生活、生产、生态用水需求；坚持依法抗旱的原则；坚持科学、合理、实用、便于操作的原则；坚持水资源可持续利用，节约用水的原则；抗旱工作实行各级政府行政首长负责制，坚持统一指挥、部门联动、区域协调、属地组织、就地抗旱的原则。

为进一步提升《鄂尔多斯市抗旱应急预案》执行效果，从“硬法+软法”出发，结合《鄂尔多斯市防汛抗旱指挥部工作规则（试行）》中的内容，针对鄂尔多斯市抗旱应急中所涉及的组织指挥体系及职责、预防和预警机制、处置程序与措施、应急保障措施、恢复与重建措施和监督与管理机制等各环节，设计鄂尔多斯市抗旱应急协同治理法治化模式如下。

1.“硬法+软法”内涵界定

城市抗旱应急协同治理的法治化模式是指“硬法+软法”的综合系统，即以硬法为主，将重点放在硬法的相关条文上；软法为辅，通过移风易俗促进法规合乎风俗、深入人心。

硬法是指政府将现行的、依赖于国家拘束力、能够发挥作用的可执行性法律为代表的国家法律规范用于治理的模式。其主要具备三个特征：一是整体性治理，主要表现为以国家行为为代表的、针对有关问题的统筹治理，较为明显的就是国家针对防凌防汛抗旱等的立法行为、执法行为及司法行为；二是控制性治理，主要表现为依赖于政府公共管理职能的、针对相关问题的具体行政行为，如水库管理、污水处理、地下取水等行为；三是实效性治理，主要表现为针对相关问题在现行国家法中具有可操作性的、能够充分发挥实效的法律规范为依托的政府环境行政行为与司法机关环境司法行为。硬法治理主要依赖于法律，源自国家的拘束力。

软法治理是指社会个体、群体和组织之间依赖内部成员的自治互信、共同体的规则、社会舆论、利益驱动等非国家约束力的因素，达成治理目的的行为默契。其主要特征表现为：一是个体性治理。这种软法治理大量发生在社会成员内部，具有行业性、区域性等基本特点，是社会成员个性化的治理体现。二是自治性治理。该模式是环境审议的产物。它可以由权威主体（非国家和政府）单方制订，也可由联合体成员合意制订。三是局部受限的开放治理。该模式的开放性突破了硬法“法无规定不可为”的界限，却亦存在着自身边界，不能直接违背现行硬法治理的国家法，也不能忽视治理自身的规则和限制。

2. 基于“硬法+软法”的法治化模式

硬法治理模式有着软法治理模式所没有的强制力和效率性，而软法治理模式有着硬法治理模式无法具备的多元性和影响性。仅依靠其中的一种模式并不能达到理想的治理效果，将两种模式相结合可以达到更好的效果。

“硬法+软法”的法治化治理模式能够把硬法和软法整合在法治系统结构中，从而增强法治的效果；另一方面，合作治理能够把传统的管理方式和新型的治理方式整合在一个治理系统结构之中增强治理效果。综合而言，在内在机理层面，硬法与软法合作治理模式揭示了硬法和软法这一法治系统结构中的两个要素在城市抗旱应急协同治理过程中相互联系、相互作用、相互补充的内在运行规则和原理。具体而言，这种内在机理在于：硬法规制与软法引导的结合，硬法惩戒与软法激励的结合，硬法软化与软法硬化的结合，硬法与软法亦主亦辅的有机组合。

城市抗旱应急资源具有巨大的经济成本，监督管理部门必须依照《中华人民共和国水法》《中华人民共和国水污染防治法》《国家防汛抗旱应急预案》等国家法律法规对城市抗旱应急资源配置过程进行监督管理，合理规划，对违法行为依法进行相应的处罚。同时，城市也应出台相应物质和精神激励政策，建立抗旱应急工作绩效评估制度，引导城市抗旱应急相关管理部门的行为，增强城市抗旱应急各利益相关者的主体意识，调动他们参与城市抗旱应急协同治理的主动性、积极性和创造性，激励他们提升对城市抗旱应急资源自觉维护和文明使用的意识。

城市抗旱应急管理工作具有巨大的不确定性，硬法与软法的结合可增强政府治理的韧性，硬法软化，软法硬化，在城市抗旱应急过程中，既体现人本精神和人文关怀，又发挥硬法制度约束的力量，规范职能部门抗旱应急救灾行为。将协商精神引进硬法，强化协同治理的非强制性倾向和合作性倾向，循序渐进地推进协同治理的健康发展。软法硬化，可以解决协同治理过程中软法因为过“软”而产生的随意性、不确定性、不可操作等问题。城市应急抗旱协同治理作为新生事物，其发展路径还不够清晰，发展过程中还存在不确定性因素，因此针对发展规则需求，需要软法硬化来填补硬法的空缺。此外，“相互渗透的硬法与软法还有可能在法律理念、制度安排与机制设计上相互传染，从而在导致软法通过‘硬化’来增加其形式理性与确定性的同时，也导致硬法通过‘软化’来强化其协商性与互动性”。

城市抗旱应急协同治理过程中产生的各类问题因情境不同而呈现出差异性，这导致硬法与软法在治理方面不同的地位，两者的组合具有一定的层次性。因此，在治理中，要将硬法的稳定性、强制性与软法的灵活性、柔韧性结合起来，基于不同的实际问题采用不同的组合方式，从而提升城市抗旱应急协同治理效果。

10.4.3　抗旱应急协同治理的体制机制保障

根据《中华人民共和国抗旱条例》的相关规定，建立鄂尔多斯市的抗旱应急协同治理的体制机制。鄂尔多斯市人民政府作为第一负责单位，旗、区级人民政府听从市级人民政府指挥，各单位之间加强合作，对分配的任务高度负责。国家防汛抗旱总指挥部负责组织、领导全国的抗旱工作。国务院水行政主管部门负责全国抗旱的指导、监督、管理工作，承担国家防汛抗旱总指挥部的具体工作。国家防汛抗旱总指挥部的其他成员单位按照各自职责，负责有关抗旱工作。鄂尔多斯县级以上地方人民政府防汛抗旱指挥机构，在上级防汛抗旱指挥机构和本级人民政府的领导下，负责本行政区域内的抗旱工作的组织、指挥。该体制机制的核心是建立了一套多部门、多层级、协同作战的组织架构。在市级层面，设立了专门的抗旱指挥部，由鄂尔多斯市政府行政首长直接负责。同时，市级指挥部与各旗、区的抗旱指挥部建立了合作机制，确保信息畅通、协调一致，形成了整体抗旱合力。

1. 建立抗旱应急协同治理会商平台

鄂尔多斯市抗旱应急协同治理的协调、组织及决策，涉及的部门较多，且由于旱灾发生时间较长，影响范围较广，不同于传统的突发灾害的防灾救灾工作，需要更早地从多方面介入防灾，才能有效降低旱灾损失。因此，为加强跨区域跨部门之间的协调配合，提升鄂尔多斯市抗旱应急协同治理能力，建议进一步完善鄂尔多斯市抗旱指挥部职责，建立跨界协调机制，即鄂尔多斯市抗旱应急协同治理会商平台（以下简称会商平台）。

1）会商平台组织架构

会商平台由鄂尔多斯市发改委、市防指、水利局、应急局、气象局、公安局、财政局、自然资源局、生态环境局、交通运输局、卫健委、民政局等单位构成，市发改委为牵头单位，市应急局为组织单位。

市发改委主要负责同志担任会商平台召集人，各成员单位有关负责同志为会商平台成员。可根据工作需要，酌情邀请相关部门参与。会商平台成员因工作变动需要调整的，由所在单位提出，会商平台确定。

会商平台办公室设在应急局，承担日常工作，市应急局主要负责同志兼任办公室主任。会商平台设联络员，由各成员单位有关负责同志担任。

2）会商平台工作范围

会商平台主要工作是在掌握鄂尔多斯市旱灾情况，明确需水缺口及用水途径的基础上，对外协调跨区域应急调水。

会商平台开展工作需要各成员单位及时有效提供鄂尔多斯市旱灾基本情况，尽早明确灾情等级、需水缺口、用水途径等信息。

在此基础上，会商平台一方面负责沟通水利部、黄委会、内蒙古自治区政府，拓展鄂尔多斯市抗旱应急跨区域补水渠道。另一方面主动对接黄河“几字湾”城市，以协同合作、互通有无、互相支援、共建共享为原则，推动黄河“几字湾”城市群抗旱应急的信息共享、水量互济、资源统筹。

3）工作规则

会商平台根据工作需要定期或不定期召开会议，由召集人或召集人委托的同志主持。成员单位根据工作需要可以提出召开会议的建议。在全体会议之前，召开联络员会议，研究讨论会商平台议题和需提交会商平台议定的事项及其他有关事项。会商平台以会议纪要形式明确会议议定事项，印发有关方面并抄报鄂尔多斯市政府，重大事项按程序报批。

4）工作要求

各成员单位要按照职责分工，主动研究鄂尔多斯市抗旱应急相关问题，及时向牵头单位提出需会商平台讨论的议题，认真落实会商平台确定的工作任务和议定事项，及时处理鄂尔多斯市抗旱应急协同治理工作中需要跨部门协调解决的问题。各成员单位要互通信息，相互配合，相互支持，形成合力，充分发挥会商平台的作用。

2. 干旱风险管控中心

1）基本定位

鄂尔多斯市干旱风险管控中心（以下简称风控中心）是在市应急指挥部的基础上组建的一个专门机构或平台，负责对鄂尔多斯市的干旱风险进行全面管理和控制。其主要任务是通过数据收集、风险评估、预警和预防、应急响应、水资源管理等部门的协调和整合，提高政府和公众对干旱风险的认识、预测、应对和防范能力。

风控中心为鄂尔多斯市提供一站式的干旱风险管理服务，旨在通过科学、系统的方法，保护鄂尔多斯市的生态环境、农田和水资源，减少干旱对经济、社会和居民生活的不利影响。风控中心是干旱防治的中心枢纽，与相关部门、机构和社会各界进行合作，形成多元化、综合化的干旱防治体系，为鄂尔多斯市的可持续发展提供支持和保障。

2）核心干旱风险应对措施

风险评估和预警提供了对干旱风险的认知和预测，为干旱事件的及早应对提供了基础；而水资源管理和调配措施则通过合理利用和保护水资源，减轻干旱事件对水资源的影响，从根本上降低干旱风险。通过这两项核心任务的有机结合，鄂尔多斯市干旱风险管控中心能够更有效地应对干旱风险，保障市民的生活和经济的可持续发展。具体任务内容如下。

（1）风险评估和预警：通过收集和分析相关的气象、水文和土壤水分等数据，结合气象模型和统计方法，对干旱风险进行评估和预测。根据评估结果，制定相应的预警机制，及时发布干旱预警信息，提醒相关部门和公众注意干旱风险，并采取相应的应对措施。

（2）水资源管理和调配：在干旱期间，合理管理和调配水资源对缓解干旱风险至关重要。通过制定水资源管理政策和措施，确保水资源的合理分配和利用，提高水资源的利用效率，并推动水资源的节约和再利用。这可能包括加强水资源的监测和调度、提供节水技术和设备、推广水资源的多元化利用等措施，以应对干旱对水资源的压力。

3. 旱灾财务风险应对策略

干旱灾害的应急过程中伴随着各种各样财务风险的威胁，抗旱的每一步都离不开救灾基金的合理筹集和合法使用，建立鄂尔多斯市旱灾财务风险应对策略可以保障抗旱应急过程中所需资金的足量筹集和合理下发，减轻政府财务风险、减轻经济损失、促进风险管理和适应能力，同时增加投资和保险机构的参与，提升鄂尔多斯市的抗旱救灾能力。财务风险策略可以有以下几种：

（1）旱灾风险评估：对鄂尔多斯市进行全面的旱灾风险评估，包括分析面临的旱灾强度、频率和潜在影响。进行旱灾风险评估可以确定鄂尔多斯市需要救援的区域和制定资金计划的规模和范围。

（2）法律和政策支持：鄂尔多斯市政府通过制定相关的法律和政策来支持本市旱灾风险资金的建立和运作。过程中需要市立法机关的参与，确保法律和政策的制定和执行。

（3）友好合作伙伴关系：建立政府、城市规划部门、保险机构、金融机构和其他利益相关方之间的友好合作伙伴关系。确保各方协调合作，共同防范旱灾财务风险的发生，做到风险共担。

（4）筹资机制：确定抗旱资金的筹资机制，其中包括政府拨款、鄂尔多斯市税收收入、保险机构的保险金、国际援助或其他融资途径。确保能够筹集足够的资金来支持城市旱灾财务风险管理和应对措施。

（5）基金管理机构：鄂尔多斯市应该成立一个专门的管理部门来监督和管理基金。这个部门可以由政府、非营利组织或合作伙伴共同组成，并明文规定该部门的职责、权力和决策程序，确保资金使用的透明度和问责制。

4. 全社会参与的抗旱应急保障机制

思想观念的转变是政府职能转变的前提，是实现行动上转型的支撑条件。当务之急就是要通过宣传和教育方式，加快推进城市抗旱应急协同治理中政府职能转变工作：一是要全面树立有限政府和服务政府的观念。破除“全能政府”观，认识到政府是有限政府，即权力有限、职能有限和行动有限，是为了社会共同利益提供服务的组织。二是宣传教育的对象应面向全社会。对抗旱应急事务的政府公职人员树立正确的政府职能观，创新管理理念、改进工作方式和转变工作作风，完善政府信用体系的建设，提高管理工作效率和服务水平。还应注重对广大人民群众进行宣传教育，既让人民了解政府职能范围和服务根本，又能对政府进行社会监管，提高政府公信力和执行力。三是要采取多元化的宣传教育手段。充分利用各种媒介，如出版物、网络、微信、微博等，对城市抗旱应急协同治理中的政府职能进行宣传，既要有理论宣传教育，还要有实际的交流、访谈、参观等活动。

鄂尔多斯市抗旱应急协同治理采取全社会参与的目的是提高治理的透明度和公正

性，促进政府和公众之间的互动和沟通，增强公众对抗旱措施的信任和支持，从而加强整个社会对抗旱工作的共同参与和协作。公众参与可以帮助政府及时了解和解决抗旱工作中的问题和矛盾，避免因信息不对称而导致的不必要的误解和争议，提高抗旱工作的效率和成效。同时，公众参与还可以促进城市居民的环境保护意识和责任感，从而形成全社会共同关注和维护城市水资源的良好氛围。

成果与展望

11.1 主要成果

本书解决典型生态区与城市全景式流程再造及多维协同决策支持的科学问题，突破面向生态的多水源联合调配抗旱应急保障关键技术，为显著提升国家生态与城市抗旱应急保障能力、减少旱灾损失提供科技支撑。本书取得的重要成果主要包括：

（1）目前生态干旱概念及内涵尚不十分清晰，也没有被普遍接受的生态干旱评估指标。本书剖析了生态干旱概念，探究了干旱对生态系统核心要素的影响机制，建立了生态干旱评估指标体系与等级划分标准。

（2）已有研究主要关注多水源配置问题，对多水源多尺度联调联供抗旱应急保障规则与方法研究尚不深入。本书集成了生态干旱评估指标体系与等级划分标准，提出了考虑地表水、地下水、非常规水、外调水等多水源的联调和生活、生产、生态等多用户联供应急保障策略，构建了具备生态抗旱功能的多水源多尺度联调联供模型。

（3）目前研究还未将保障率可靠的城市应急供水系统作为城市防灾的主要措施。本书构建了城市旱灾风险评估方法，提出应急供水机制和雨水利用策略，优化了城市抗旱应急预案制定流程，提出基于城市应急供水措施的旱灾防治策略。

（4）应急抗旱技术是一种工程与非工程措施相结合的抗旱减灾措施，目前研究多集中于单一情景的危机管理模式，全景式抗旱应急管理模式研究有待深入。本书设计了典型生态区、城市抗旱应急混合动机多主体协同治理机制，构建宏观-中观-微观协同应急研讨决策模型，提出了基于 SPN 全景式抗旱应急流程优化技术优化了典型生态区、城市全景式应急流程。

11.2 展　望

关于生态干旱评估指标动态化选取及等级标准细化、生态干旱脆弱性评估、城市旱灾风险评估理论、旱情预报-旱情风险评估-抗旱应急决策一体化耦合技术等将是未来研究的主要内容。

（1）生态干旱评估指标动态化选取及等级标准细化。目前的指标是根据典型生态区生态环境特点进行选取，未来可建立生态干旱评估指标库，根据不同区域特征，动态化选取评估指标，进一步加强生态干旱评估体系的普适性。同时，可结合大数据抓取与分析、多源遥感数据反演等新技术，对生态干旱等级标准予以细化研究，增强生态干旱评估体系的适用性。

（2）生态干旱脆弱性评估。未来，可根据生态干旱变化特点，构建生态干旱脆弱性评估方程，定量描述生态干旱脆弱性时空分布特征，开展生态干旱脆弱性区划研究。

（3）城市旱灾风险评估理论。在我国城市抗旱的新需求下，可进一步深入探究城市旱灾风险孕育机理，构建旱灾演变定量描述方法，丰富我国抗旱减灾学科理论体系。

（4）旱情预报-旱情风险评估-抗旱应急决策一体化耦合技术。研发耦合预报、风险评估、应急决策全链条的技术体系和操控平台，为我国抗旱减灾智慧化，提升我国应急抗旱水平提供支撑。

参 考 文 献

安小米, 马广惠, 宋刚. 2018. 综合集成方法研究的起源及其演进发展[J]. 系统工程, 36 (10): 1-13.

毕于慧, 赖新, 曾熠, 等. 2016. 应急处置综合集成研讨厅体系设计研究[J]. 信息系统工程, 8: 136-138.

陈敏建, 周飞, 马静, 等. 2015. 水害损失函数与洪涝损失评估[J]. 水利学报, 46 (8): 883-891.

陈鹏. 2005. 综合集成方法与区域可持续发展战略规划研究[J]. 中国软科学, 10: 106-111.

陈太政, 侯景伟, 陈准. 2013. 中国水资源优化配置定量研究进展[J]. 资源科学, 35 (1): 132-139.

陈新明. 2019. 基于 SBM-DEA 模型的我国流域水资源治理协同绩效评价研究[J]. 政府管理评论, 1: 133-151.

慈晖, 张强. 2017. 新疆 NDVI 时空特征及气候变化影响研究[J]. 地球信息科学学报, 19 (5): 662-671.

董安祥, 李耀辉, 张宇. 2015. 1900 年前后中国特大旱灾的旱情及其形成的自然因素[J]. 高原气象, 34 (3): 771-776.

董娜. 2009. 白洋淀湿地生态干旱及两库联通补水分析[D]. 保定: 河北农业大学.

杜灵通, 刘可, 胡悦, 等. 2017. 宁夏不同生态功能区 2000—2010 年生态干旱特征及驱动分析[J]. 自然灾害学报, 5: 149-156.

冯平, 钟翔, 张波. 2000. 基于人工神经网络的干旱程度评估方法[J]. 系统工程理论与实践, 20 (3): 141-144.

顾基发. 2015. 协同创新-综合集成-大成智慧[J]. 系统工程学报, 30 (2): 145-152.

郭梦媚, 郭胜利, 周佳雯, 等. 2015. 江西省植被 NDVI 变化及其对气候变化的响应[J]. 江苏农业科学, 43 (11): 421-426.

侯军, 刘小刚, 严登华, 等. 2015. 呼伦湖湿地生态干旱评价[J]. 水利水电技术, 46 (4): 22-25.

黄晶, 付鹏, 许叶军. 2021. 基于随机 Petri 网的多部门协同农业抗旱应急处置流程建模—以内蒙古巴彦淖尔市为例[J].系统管理学报, 30 (6): 1142-1151.

黄玉芳, 娄广艳, 葛雷, 等. 2021. 基于时间序列遥感的 2020 年黄河三角洲湿地补水效果监测[J]. 人民黄河, 43 (7): 89-93.

姜波, 陈涛, 袁宏永, 等. 2022. 基于情景时空演化的暴雨灾害应急决策方法[J]. 清华大学学报（自然科学版）, 62 (1): 52-59.

姜旭炜, 文志诚, 邓勇杰. 2015.基于综合加权的层次化网络安全态势评估方法[J]. 微型机与应用, 34 (21): 3-6+29.

孔冬冬, 张强, 顾西辉, 等. 2016. 植被对不同时间尺度干旱事件的响应特征及成因分析[J]. 生态学报, 36 (24): 7908-7918.

李艾丽莎, 胡竹菁, 张庆林. 2011. 决策权力和社会角色对混合动机冲突决策的影响[J]. 心理与行为研究, 9 (2): 115-119+146.
李芬, 于文金, 张建新, 等. 2011. 干旱灾害评估研究进展[J]. 地理科学进展, 30 (7): 891-898.
李航宇, 刘伟, 郭伟. 2013. 联合模糊逻辑和神经网络的网络选择算法[J]. 计算机仿真, 30 (2): 286-290.
李佳, 张小咏, 杨艳昭. 2012. 基于 SWAT 模型的长江源土地利用/土地覆被情景变化对径流影响研究[J]. 水土保持研究, 19 (3): 119-124.
李琳斐. 2021. 钱学森大成智慧教育思想初探[J]. 中国航天, 2021 (12): 34-36.
李令跃, 甘泓. 2000. 试论水资源合理配置和承载能力概念与可持续发展之间的关系[J]. 水科学进展, 11 (3): 307-313.
李树军. 2014. 石家庄市城市干旱初探及对策[J]. 地下水, 36 (3): 127-128.
梁国付, 丁圣彦. 2012. 气候和土地利用变化对径流变化影响研究—以伊洛河流域伊河上游地区为例[J]. 地理科学, 32 (5): 635-640.
梁小军, 江洪, 朱求安, 等. 2008. 岷江上游流域不同土地利用与气候变化的径流响应研究[J]. 水土保持研究, 15 (5): 30-33.
廖婧. 2022. 国家治理现代化视角下协同治理模式构建[J]. 南方论刊, 10: 43-45.
刘丙军, 陈晓宏. 2009. 基于协同学原理的流域水资源合理配置模型和方法[J]. 水利学报, 40 (1): 60-66.
刘昌明. 2019. 对黄河流域生态保护和高质量发展的几点认识[J]. 人民黄河, 41 (10): 158.
刘东旭, 任凤仪, 董涛. 2022. 黄河流域河流分级及其水系组成规律[J]. 人民黄河, 44 (S2): 1-2+5.
刘绿柳, 魏麟骁, 徐影, 等. 2021. 气候变化对黄河流域生态径流影响预估[J]. 水科学进展, 32 (6): 824-833.
刘世梁, 田韫钰, 安南南, 等. 2015. 基于逐月标准化降水蒸散指数的多尺度方法分析气候变化对澜沧江流域归一化植被指数的影响[J]. 气候与环境研究, 20 (6): 705-714.
刘文琨, 裴源生, 赵勇, 等. 2014. 区域气象干旱评估分析模式[J]. 水科学进展, 25 (3): 318-326.
刘学峰, 苏志诚, 吕娟, 等. 2009. 城市抗旱经济效益评估方法探讨及实践[J]. 中国防汛抗旱, 6: 15-18.
刘彦随, 夏军, 王永生, 等. 2022. 黄河流域人地系统协调与高质量发展[J]. 西北大学学报（自然科学版）, 52 (3): 357-370.
罗定贵, 王学军, 郭青. 2004. 基于 MATLAB 实现的 ANN 方法在地下水质评价中的应用[J]. 北京大学学报（自然科学版）, 40 (2): 296-302.
吕行. 2011. 美国灾害应急机制及其对我国防汛抗旱应急管理的启示[J]. 中国防汛抗旱, 21 (5): 69-72.
吕治湖. 2006. 西峰区利用雨洪资源破解城市缺水难题[J]. 中国水利, 15: 59-59.
毛文静, 姜田亮, 粟晓玲. 2022. 黄河流域河流生态干旱指数构建及生态干旱演变规律[J]. 人民黄河, 44 (10): 71-77.
苗东升. 2010. 钱学森与《实践论》——再谈复杂性科学的认识论[J]. 西安交通大学学报（社会科学版）, 30 (1): 65-70.
倪深海, 顾颖, 刘学峰, 等. 2012. 我国提高抗旱应急供水能力的对策研究[J]. 中国水利, 11: 47-48.
裴源生, 赵勇, 张金萍. 2007. 广义水资源合理配置研究（Ⅰ）——理论[J]. 水利学报, 38 (1): 1-7.
邱国玉, 尹婧, 熊育久, 等. 2008. 北方干旱化和土地利用变化对泾河流域径流的影响[J]. 自然资源学报, 23 (2): 211-218.
屈艳萍, 郦建强, 吕娟, 等. 2014a. 旱灾风险定量评估总体框架及其关键技术[J]. 水科学进展, 25 (2):

297-304.
屈艳萍, 吕娟, 苏志诚. 2014b. 中国干旱灾害风险管理战略框架构建[J]. 人民黄河, 36 (4): 29-31.
商彦蕊. 2000. 干旱、农业旱灾与农户旱灾脆弱性分析: 以邢台县典型农户为例[J]. 自然灾害学报, 9 (2): 55-61.
盛前丽, 张洪江, 刘国栋. 2008. 环境变化对香溪河流域径流影响的研究[J]. 西部林业科学, 37 (4): 35-39.
史培军, 袁艺, 陈晋. 2001. 深圳市土地利用变化对流域径流的影响[J]. 生态学报, 21 (7): 1041-1049.
史晓亮, 杨志勇, 严登华, 等. 2014. 滦河流域土地利用/覆被变化的水文响应[J]. 水科学进展, 25 (1): 21-27.
谭佳音, 蒋大奎. 2020. 基于水资源合作的水资源短缺区域水资源优化配置[J]. 系统管理学报, 29 (2): 377-388.
谭俊峰, 张朋柱, 黄丽宁. 2005. 综合集成研讨厅中的研讨信息组织模型[J]. 系统工程理论与实践, 1: 86-91.
唐明, 邵东国. 2008. 旱灾风险管理的基本理论框架研究[J]. 江淮水利科技, 1: 7-8.
唐涛, 蔡庆华, 刘建康. 2002. 河流生态系统健康及其评价[J]. 应用生态学报, 13 (9): 1191-1194.
陶鹏, 童星. 2011. 我国自然灾害管理中的 “应急失灵”及其矫正[J]. 江苏社会科学, 2: 22-28.
王丹力, 戴汝为. 2001. 综合集成研讨厅体系中专家群体行为的规范[J]. 管理科学学报, 2: 1-6.
王丹力, 戴汝为. 2002. 专家群体思维收敛的研究[J]. 管理科学学报, 5 (2): 1-5.
王丹力, 郑楠, 刘成林. 2021. 综合集成研讨厅体系起源、发展现状与趋势[J]. 自动化学报, 47 (8): 1822-1839.
王冠军, 张秋平, 柳长顺. 2009. 构建与国家防汛抗旱应急响应等级相适应的分级投入机制探讨[J]. 中国水利, 17: 13-15.
王国庆. 2004. 灰色模型在环境评价中的应用[J]. 安全与环境工程, 11 (1): 9-11.
王浩. 2006. 面向生态的西北地区水资源合理配置问题研究[J]. 水利水电技术, 37 (1): 9-14.
王浩, 游进军. 2008. 水资源合理配置研究历程与进展[J]. 水利学报, 39 (10): 1168-1175.
王磊, 赵臣啸, 薛惠锋. 2021. 基于犹豫模糊语言的专家综合集成研讨方法[J]. 系统工程理论与实践, 41 (8): 2157-2168.
王绍春. 2013. 昆明城市抗旱应急供水方案探析[J]. 水利规划与设计, 6: 26-30.
王晓峰, 张园, 冯晓明, 等. 2017. 基于游程理论和 Copula 函数的干旱特征分析及应用[J]. 农业工程学报, 33 (10): 206-214.
王循庆. 2014. 基于随机 Petri 网的震后次生灾害预测与应急决策研究[J]. 中国管理科学, 22 (11): 158-165.
王雁林, 王文科, 杨泽元, 等. 2005. 渭河流域面向生态的水资源合理配置与调控模式探讨[J]. 干旱区资源与环境, 19 (1): 14-21.
王永强, 刘志明, 袁喆, 等. 2019. 气候变化对黄河流域地表水资源量的影响评估[J]. 人民黄河, 41 (8): 57-61+67.
王煜, 彭少明, 尚文绣, 等. 2021. 基于水-沙-生态多因子的黄河流域水资源动态配置机制探讨[J]. 水科学进展, 32 (4): 534-543.

王兆礼, 黄泽勤, 李军, 等. 2016a. 基于 SPEI 和 NDVI 的中国流域尺度气象干旱及植被分布时空演变[J]. 农业工程学报, 32 (14): 177-186.

王兆礼, 李军, 黄泽勤, 等. 2016b. 基于改进帕默尔干旱指数的中国气象干旱时空演变分析[J]. 农业工程学报, 32 (2): 161-168.

吴吉东, 傅宇, 张洁, 等. 2014. 1949—2013 年中国气象灾害灾情变化趋势分析[J]. 自然资源学报, 9: 1520-1530.

吴青熹. 2020. 资源下沉、党政统合与基层治理体制创新: 网格化治理模式的机制与逻辑解析[J]. 河海大学学报（哲学社会科学版), 22 (6): 66-74.

夏军, 刘柏君, 程丹东. 2021. 黄河水安全与流域高质量发展思路探讨[J]. 人民黄河, 43 (10): 11-16.

薛惠锋, 周少鹏, 侯俊杰. 2019. 综合集成方法论的新进展综合提升方法论及其研讨厅的系统分析与实践[J]. 科学决策, 8: 1-19.

杨毅, 杨立中. 2003. 模糊综合评价在环境质量评价中的应用[J]. 污染防治技术, S1: 17-18.

殷刚, 孟现勇, 王浩, 等. 2017. 1982—2012 年中亚地区植被时空变化特征及其与气候变化的相关分析[J]. 生态学报, 37 (9): 3149-3163.

于景元. 2021. 钱学森系统工程思想和系统论[J]. 网信军民融合, 12: 9-10.

于景元, 涂元季. 2002. 从定性到定量综合集成方法——案例研究[J]. 系统工程理论与实践, 5: 1-7.

于景元, 周晓纪. 2002. 从定性到定量综合集成方法的实现和应用[J]. 系统工程理论与实, 22 (10): 26-32.

臧雷振. 2011. 治理类型的多样性演化与比较——求索国家治理逻辑[J]. 公共管理学报, 8 (4): 40-49.

曾庆田, 鲁法明, 刘聪, 等. 2013. 基于 Petri 网的跨组织应急联动处置系统建模与分析[J]. 计算机学报, 36 (11): 2290-2302.

曾思栋, 夏军, 杜鸿, 等. 2014. 气候变化、土地利用/覆被变化及 CO_2 浓度升高对滦河流域径流的影响[J]. 水科学进展, 25 (1): 10-20.

张海滨, 郭旭宁, 郦建强, 等. 2017. 抗旱应急水源工程建设评估指标体系初探[J]. 中国防汛抗旱, 4: 19-27.

张海波, 童星. 2015. 中国应急管理结构变化及其理论概化[J]. 中国社会科学, 3: 58-84.

张金良, 金鑫, 赵梦龙, 等. 2023. 变化环境下黄河流域河流健康诊断研究[J]. 应用基础与工程科学学报, 31 (2): 363-373.

张乐, 王慧敏, 佟金萍. 2014. 云南极端旱灾应急管理模式构建研究[J]. 中国人口 • 资源与环境, 24 (2): 161-168.

张丽丽, 殷峻暹, 侯召成. 2010. 基于模糊隶属度的白洋淀生态干旱评价函数研究[J]. 河海大学学报（自然科学版), 38 (3): 252-257.

张庆林. 2000. 人类思维心理机制的新探索[J]. 西南师范大学学报（人文社会科学版), 6: 112-117.

张淑兰, 王彦辉, 于澎涛, 等. 2011. 泾河流域近 50 年来的径流时空变化与驱动力分析[J]. 地理科学, 29 (6): 721-727.

张铁男, 韩兵, 张亚娟. 2011. 基于 B-Z 反应的企业系统协同演化模型[J]. 管理科学学报, 14 (2): 42-52.

张艳芳, 吴春玲, 张宏运, 等. 2017. 黄河源区植被指数与干旱指数时空变化特征[J]. 山地学报, 2: 142-150.

赵勇, 陆垂裕, 肖伟华. 2007. 广义水资源合理配置研究（Ⅱ）——模型[J]. 水利学报, 38 (2): 163-170.

周洪华, 李卫红, 木巴热克 • 阿尤普, 等. 2012. 荒漠河岸林植物木质部导水与栓塞特征及其对干旱胁迫的响应[J]. 植物生态学报, 36 (1): 19-29.

Bailey R G. 1983. Delineation of ecosystem regions[J]. Environmental Management, 7 (4): 365-373.

Bain M B, Harig A L, Loucks D P, et al. 2000. Aquatic ecosystem protection and restoration: advances in methods for assessment and evaluation[J]. Environmental Science & Policy, 3 (supp-S1): 89-98.

Barriopedro D, Gouveia, Célia M, et al. 2012. The 2009/10 Drought in China: Possible Causes and Impacts on Vegetation[J]. Journal of Hydrometeorology, 13 (4): 1251-1267.

Benjamin J G, Nielsen D C, Vigil M F. 2003. Quantifying effects of soil conditions on plant growth and crop production[J]. Geoderma, 116 (1-2): 137-148.

Boulton A J, Moss G L, Smithyman D. 2003. Short-term effects of aerially-applied fire-suppressant foams on water chemistry and macroinvertebrates in streams after natural wild-fire on Kangaroo Island, South Australia[J]. Hydrobiologia, 498 (1-3): 177-189.

Brierley G J, Cohen T, Fryirs K, et al. 2010. Post-European changes to the fluvial geomorphology of Bega catchment, Australia: implications for river ecology[J]. Freshwater Biology, 41 (4): 839-848.

Brierley G, Fryirs K, Outhet D, et al. 2002. Application of the River Styles framework as a basis for river management in New South Wales, Australia[J]. Applied Geography, 22 (1): 91-122.

Burgos, Lorelie. A, del Norte-Campos, et al. 2015. Interannual Variability of Macrofaunal Assemblages in a NaGISA Seagrass Site in Southern Guimaras, Philippines Subjected to Anthropogenic and Natural Disturbances[J]. The Philippine Agricultural Scientist, 98 (1): 23-31.

Chu H, Venevsky S, Wu C, et al. 2018. NDVI-based vegetation dynamics and its response to climate changes at Amur-Heilongjiang River Basin from 1982 to 2015[J]. Science of The Total Environment, 650 (Pt 2): 2051-2062.

Dai A. 2011. Drought under global warming: a review[J]. Wiley Interdisciplinary Reviews Climate Change, 2 (1): 45-65.

Day J K, Pérez D M. 2013. Reducing uncertainty and risk through forest management planning in British Columbia[J]. Forest Ecology & Management, 300: 117-124.

Deng Q, Nie R S, Jia Y L, et al. 2015. A new analytical model for non-uniformly distributed multi-fractured system in shale gas reservoirs[J]. Journal of Natural Gas Science and Engineering, 27 (part 2): 719-737.

Diamond J, Stribling J R, Huff L, et al. 2012. An approach for determining bioassessment performance and comparability[J]. Environmental Monitoring & Assessment, 184 (4): 2247-2260.

Dijk E V, Cremer D D, Handgraaf M. 2004. Social value orientations and the strategic use of fairness in ultimatum bargaining[J]. Journal of Experimental Social Psychology, 40 (6): 697-707.

Dudley N J, Howell D T, Musgrave W F. 1971. Optimal Intraseasonal Irrigation Water Allocation[J]. Water Resources Research, 7 (4): 770-788.

Dutta D, Kundu A, Patel N R, et al. 2015. Assessment of agricultural drought in Rajasthan (India) using remote sensing derived Vegetation Condition Index (VCI) and Standardized Precipitation Index (SPI) [J]. Egyptian Journal of Remote Sensing & Space Sciences, 18 (1): 53-63.

Eslami, Babak, Solares, et al. 2016. Experimental approach for selecting the excitation frequency for maximum compositional contrast in viscous environments for piezo-driven bimodal atomic force microscopy[J]. Journal of Applied Physics, 119 (8): 084901-1-084901-7.

Estrela T, Vargas E. 2012. Drought management plans in the European Union: The case of Spain[J].Water Resources Management, 26 (6): 1537-1553.

Fang L, Hipel K W, Kilgour D M. 2007. Conflict models in graph form: Solution concepts and their interrelationships[J]. European Journal of Operational Research, 41 (1): 86-100.

Ghaffari G, Keesstra S, Ghodousi J, et al. 2010. SWAT-simulated hydrological impact of land-use change in the Zanjanrood basin, Northwest Iran[J]. Hydrological Processes, 24 (7): 892-903.

Gobron N, Pinty B, Mélin, et al. 2005. The state of vegetation in Europe following the 2003 drought[J]. International Journal of Remote Sensing, 26 (9): 2013-2020.

Hansen K. 2015. Trend analysis of MODIS NDVI time series for detecting land degradation and regeneration in Mongolia[J]. Journal of Arid Environments, 113 (2): 16-28.

Hart B T, Davies P E, Humphrey C L, et al. 2001. Application of the Australian River Bioassessment System (AUSRIVAS) in the Brantas River, East Java, Indonesia[J]. Journal of Environmental Management, 62 (1): 93-100.

Heon L J, Joo K C. 2013. A multimodel assessment of the climate change effect on the drought severity-duration-frequency relationship[J]. Hydrological Processes, 27 (19): 2800-2813.

Hipel K W, Kilgour D M, Fang L, et al. 1997. The decision support system GMCR in environmental conflict management[J]. Applied Mathematics & Computation, 83 (2-3): 117-152.

Hoffman M T, Carrick P J, Gillson L, et al. 2009. Drought, climate change and vegetation response in the succulent karoo, South Africa[J]. South African Journal of Science, 105 (1/2): 54-60.

Huang J, Wang H M, Dai Q, et al. 2017. Analysis of NDVI Data for Crop Identification and Yield Estimation[J]. IEEE Journal of Selected Topics in Applied Earth Observations & Remote Sensing, 7 (11): 4374-4384.

Ituarte L, Giansante C. 2000. Constraints to drought contingency planning in Spain: The hydraulic paradigm and the case of Seville[J]. Journal of Contingencies and Crisis Management, 8 (2): 93-102.

Joeres E F, Liebman J C, Revelle C S. 1971. Operating Rules for Joint Operation of Raw Water Sources[J]. Water Resources Research, 7 (2): 225-235.

Jr R C P. 2010. The RCE: a Riparian, Channel, and Environmental Inventory for small streams in the agricultural landscape[J]. Freshwater Biology, 27 (2): 295-306.

Karr J R. 1999. Defining and measuring river health[J]. Freshwater Biology, 41 (2): 221-234.

Karr J. 1981. Assessment of Biotic Integrity Using Fish Communities[J]. Fisheries, 6 (6): 21-27.

Kerr N L. 1989. Illusions of efficacy: The effects of group size on perceived efficacy in social dilemmas[J]. Journal of Experimental Social Psychology, 25 (4): 287-313.

Kilgour D M, Hipel K W, Fang L. 1987. The graph model for conflicts[J]. Automatica, 23 (1): 41-55.

Knapp P A, Soulé P T, Maxwell J T. 2013. Mountain pine beetle selectivity in old-growth ponderosa pine forests, Montana, USA[J]. Ecology & Evolution, 3 (5): 1141-1148.

Kuhlman D M, Marshello A F J. 1975. Individual differences in game motivation as moderators of preprogrammed strategic effects in prisoner's dilemma[J]. Journal of Personality and Social Psychology, 32: 922-931.

Kumar A, Monicha V K, Sakikumar K, et al. 1999. Fuzzy optimization model for water quality management of a river system[J]. Journal of Water Resources Planning and Management, 125 (3): 179-180.

Rêgo L C, Santos A D. 2018. Upper and lower probabilistic preferences in the graph model for conflict resolution[J]. International Journal of Approximate Reasoning, 98: 96-111.

Leppard G G, Munawar M. 1992. The ultrastructural indicators of aquatic ecosystem health[J]. Journal of Aquatic Ecosystem Health, 1 (4): 309-317.

Lotspeich F, Platts W. 1982. An Integrated Land-Aquatic Classification System[J]. North American Journal of Fisheries Management, 2 (2): 138-149.

Maddock I. 2010. The importance of physical habitat assessment for evaluating river health[J]. Freshwater Biology, 41 (2): 373-391.

MD Svoboda, Fuchs B A, Poulsen C C, et al. 2015. The drought risk atlas: Enhancing decision support for drought risk management in the United States[J]. Journal of Hydrology, 526: 274-286.

Mulvihill M E, Dracup J A. 1974. Optimal timing and sizing of a conjunctive urban water supply and waste water system with nonlinear programing[J]. Water Resources Research, 10 (2): 170-175.

Nie W, Yuan Y, Kepner W, et al. 2011. Assessing impacts of Landuse and Landcover changes on hydrology for the upper San Pedro watershed[J]. Journal of Hydrology (Amsterdam), 407 (1-4): 105-114.

Owen T W, Carlson T N, Gillies R R. 1998. An assessment of satellite remotely-sensed land cover parameters in quantitatively describing the climatic effect of urbanization[J]. International Journal of Remote Sensing, 19 (9): 1663-1681.

Palmer W. 1968. Keeping Track of Crop Moisture Conditions, Nationwide: The New Crop Moisture Index[J]. Weatherwise, 21 (4): 156-161.

Pan C, Chen Z. 2015. Research on joint probability distribution of drought duration and intensity of Hanjiang based on GH copula functions[J]. Acta Scientiarum Naturalium Universitatis Sunyatseni, 54 (1): 110-115.

Pereira A R. 1992. Simulation of ecophysiological processes of growth in several annual crops[J]. Agricultural & Forest Meteorology, 57 (4): 312-314.

Raynolds M K, Walker D A. 2016. Increased wetness confounds Landsat-derived NDVI trends in the central Alaska North Slope region, 1985–2011[J]. Environmental Research Letters, 11 (8): 085004.

Ritchie J T. 1972. Model for Predicting Evaporation from a Row Crop With Incomplete Cover[J]. Water Resources Research, 8 (5): 1204-1213.

Ryan S J, Getz W M. 2005. A spatial location-allocation GIS framework for managing water sources in a savanna nature reserve[J]. South African Journal of Wildlife Research. 2005, 35 (2): 153-178.

Shinoda M, Nachinshonhor G U, Nemoto M. 2010. Impact of drought on vegetation dynamics of the Mongolian steppe: A field experiment[J]. Journal of Arid Environments, 74 (1): 63-69.

Smith M J, Kay W R, Edward D H D, et al. 2010. AusRivAS: using macroinvertebrates to assess ecological condition of rivers in Western Australia[J]. Freshwater Biology, 41 (2): 269-282.

Sriwongsitanon N, Taesombat W. 2011. Effects of land cover on runoff coefficient[J]. Journal of Hydrology

(Amsterdam), 410 (3-4): 226-238.

Sudaryanti S, Trihadiningrum Y, Hart B T, et al. 2001. Assessment of the biological health of the Brantas River, East Java, Indonesia using the Australian River Assessment System (AUSRIVAS) methodology[J]. Aquatic Ecology, 35 (2): 135-146.

Telesca L, López-Moreno J I. 2013. Power spectral characteristics of drought indices in the Ebro river basin at different temporal scales[J]. Stochastic Environmental Research & Risk Assessment, 27 (5): 1155-1170.

Thomas J, Prasannakumar V. 2016. Temporal analysis of rainfall (1871-2012) and drought characteristics over a tropical monsoon-dominated State (Kerala) of India[J]. Journal of Hydrology, 534: 266-280.

Valenzuela A, Srivastava J, Lee S. 2005. The role of cultural orientation in bargaining under incomplete information: Differences in causal attributions[J]. Organizational Behavior and Human Decision Processes, 96 (1): 72-88.

Valor E, Caselles V. 1996. Mapping land surface emissivity from NDVI: Application to European, African, and South American areas[J]. Remote Sensing of Environment, 57 (3): 167-184.

Vicenteserrano S M, Beguería S, Lópezmoreno J I. 2010. A Multiscalar Drought Index Sensitive to Global Warming: The Standardized Precipitation Evapotranspiration Index[J]. Journal of Climate, 23 (7): 1696-1718.

Vicenteserrano S, Cabello D, Tomásburguera M, et al. 2015. Drought Variability and Land Degradation in Semiarid Regions: Assessment Using Remote Sensing Data and Drought Indices (1982-2011) [J]. Remote Sensing, 7 (4): 4391-4423.

Wang H, Chen A, Wang Q, et al. 2015. Drought dynamics and impacts on vegetation in China from 1982 to 2011[J]. Ecological Engineering, 75: 303-307.

Washington H G. 1984. Diversity, biotic and similarity indices: a review with special relevance to aquatic ecosystems[J]. Water Research, 18 (6): 653-694.

Weibust I. 2010. Who gets what? Domestic influences on international negotiations allocating shared resources[J]. Environmental Politics, 19 (3): 487-489.

Wilhite D A, Sivakumar M V K, Pulwarty R. 2014. Managing drought risk in a changing climate: The role of national drought policy[J]. Weather & Climate Extremes, 3 (C): 4-13.

Xia C Y, Meloni S, Perc M, et al. 2015. Dynamic instability of cooperation due to diverse activity patterns in evolutionary social dilemmas[J]. 109 (5): 58002.

Zhang A, Jia G. 2013. Monitoring meteorological drought in semiarid regions using multi-sensor microwave remote sensing data[J]. Remote Sensing of Environment, 134 (7): 12-23.

Zhang Y, Gao J, Liu L, et al. 2013. NDVI-based vegetation changes and their responses to climate change from 1982 to 2011: A case study in the Koshi River Basin in the middle Himalayas[J]. Global and Planetary Change, 108 (9): 139-148.